U0323969

江苏高校品牌专业建设工程资助项目(PPZY2015B144)

计算机地图制图算法与原理

主　编　王中元　杜培军
副主编　程朋根　余接情　闫志刚
吴　侃　张　锦　程　钢

中国矿业大学出版社

内容提要

计算机地图制图是地图学与地理信息系统的基础学科之一，旨在解决地理数据在媒介上的可视化问题。该学科基础的奠定及其后的发展和地图学、地理信息系统技术、计算机科学、几何学、图形学及图像处理技术等的发展密不可分。本书系统地阐述了计算机地图制图的基本原理和算法，全书共分八章，内容包括：绪论；计算机地图制图的基础知识；制图数据的获取与组织；基本矢量图生成算法；栅格图生成与处理算法；基本图形变换；计算机地图分析与制图模块；计算机地图制图系统设计。

本书可作为普通高等学校测绘工程、地理信息工程，以及计算机、地质、采矿、土地管理等相关专业本科生和研究生教材使用，也可供从事相关工作的技术人员和科研人员做工具书使用。

图书在版编目（C I P）数据

计算机地图制图算法与原理/王中元，杜培军主编. —徐州：中国矿业大学出版社，2018.2

ISBN 978-7-5646-3911-2

Ⅰ. ①计… Ⅱ. ①王…②杜… Ⅲ. ①地图制图自动化 Ⅳ. ①P283.7

中国版本图书馆 CIP 数据核字(2018)第 032087 号

书　　名 计算机地图制图算法与原理
主　　编 王中元　杜培军
责任编辑 周　红
出版发行 中国矿业大学出版社有限责任公司
（江苏省徐州市解放南路　邮编 221008）
营销热线 （0516)83885307　83884995
出版服务 （0516)83885767　83884920
网　　址 http://www.cumtp.com　**E-mail**:cumtpvip@cumtp.com
印　　刷 徐州市今日彩色印刷有限公司
开　　本 787×1092　1/16　**印张** 18.75　**字数** 468 千字
版次印次 2018 年 2 月第 1 版　2018 年 2 月第 1 次印刷
定　　价 32.00 元

前　言

计算机地图制图学是地图学发展到现阶段的重要表现形式，是计算机图形学与地图制图学等多学科的交叉产物，同时也与测绘学、地图学、计算机程序设计、遥感、地理信息系统等学科知识密切相关。学科涉及的关键问题除计算机图形学、制图数据获取与组织、矢栅数据生成、图形变换、制图数据处理等相关传统知识内容外，在当前虚拟现实与虚拟环境、计算机网络、数字城市与智慧城市、数字测量与大数据等诸多新技术、新概念背景下出现了新问题、新方法，同时计算机地图编制与生产工艺、地图表达方式与地图应用等领域也取得了新的进展。因此，重新阐述计算机地图制图的基础理论、算法和方法，为深入学习和发展计算机地图制图技术奠定良好基础成为本书编写的重要出发点。

本书是在杜培军、程朋根等几位老师2006年编写出版的《计算机地图制图原理与方法》一书基础上，总结该书在中国矿业大学、东华理工大学、太原理工大学等几所高校10年教学应用经验重新编写而成的。本书系统介绍了计算机地图制图的基本原理、算法和方法，并结合国内外该领域最新技术、应用、研究进展，进一步阐述了计算机地图制图系统的开发与应用思路。全书共分为八章：第一章介绍计算机制图的基本理论和发展过程；第二章介绍计算机地图制图的相关基础理论；第三章介绍地图制图数据的获取与组织；第四章介绍基本矢量图形生成的算法和原理；第五章介绍栅格图形的生成与处理算法；第六章介绍基本图形的变换方法；第七章介绍计算机地图制图处理模块的基本原理和算法；第八章介绍计算机地图制图系统的设计与应用。本书编写过程中，力图体现以下几方面特点：① 着重体现制图算法的重要性，并对大多数算法进行了程序实现；② 强调地图数据的特殊性，对算法的例子尽量采用地图数据加以表述；③ 尽量保障本教材内容与其他课程内容之间的衔接和配合，尽量减少重复知识点；④ 无论从全文的体系结构还是每部分内容所包含的不同方法和算法，都尽量体现内容的完整性特点。

本书由中国矿业大学王中元、佘接情、闫志刚、吴侃，南京大学杜培军，东华理工大学程朋根，太原理工大学张锦以及河南理工大学程钢八位老师共同编写完成，并由王中元主持完成全书的统稿工作。马效申、刘昶、胡超、范奎奎、田雨、范立、罗陶荣等研究生也参与了本书的资料收集、程序调试与图文整理等工作，在此表示衷心的感谢。本书的编写过程中还参阅了国内外大量相关文献资料，可能有些资料未能在教材中一一标出，在此向所有参考资料作者表示诚挚感谢。

限于作者水平有限，书中不足之处在所难免，希望各位读者、同行不吝赐教，提出宝贵意见。

编　者

2017 年 12 月

目　录

第1章 绪 论

1.1 计算机地图制图概述

地图学(Cartography)作为一门古老的学科，在人类生活和社会经济发展中起着重要作用。随着计算机技术的发展，传统地图学被赋予了新的内涵，计算机地图制图得到快速发展，电子地图、数字地图、虚拟现实地图等新的地图表达与应用方式为制作和使用地图提供了新的手段和媒介。地理信息系统的产生则为计算机地图制图提供了新的发展和应用平台。

地图制图学是研究地图编制及其应用的一门学科。随着现代科学技术的发展，地图制图学的研究重点已由普通地图制图转移到专题地图制图，并逐步向综合制图、实用制图、解析制图和系列制图方向发展，在技术手段上则向计算机地图制图发展。计算机地图制图是伴随着计算机及其外围设备的发展而兴起的一门应用技术学科，已在普通地图制图、专题地图制图、数字高程模型、地籍制图、地形因子制图、地理信息系统中得到了广泛的应用。

1.1.1 计算机地图制图的基本概念

地图是按照一定的数学法则，将地球(或星体)表面上的空间信息，经概括综合后以可视化、数字化或可触摸的符号形式，缩小表达在一定载体上的图形模型，用以传输、模拟和认知客观世界的时空信息。早期的地图生产制作主要是手工劳动，随着计算机技术的发展与应用，计算机地图制图已成为地图制作的主流。

所谓计算机地图制图，是指以计算机硬件设备为基础，在相应软件系统支持下，以数字格式对地图制图要素与现象数据进行采集、处理与管理，按照地图制作的规范进行符号化、图版制作与输出并提供地图自动分析的全过程。或者说，计算机地图制图是以传统的地图制图原理为基础，以计算机及其外围设备为工具，采用数据库技术和图形数字处理方法，实现地图信息的获取、变换、传输、识别、存储、处理、显示和绘图的应用技术。计算机地图制图是地图制图学与计算机图形学的交叉与结合，在两门学科基本理论、概念与方法交叉的基础上，又产生了一些新的方法与技术问题。

理解计算机地图制图的概念，应从以下几方面进行：

(1) 计算机地图制图的目的是制作地图。计算机地图制图最终提供给用户的仍是地图(包括普通地图、专题制图、影像地图等)，但这种地图的存储、处理是以数字格式的信息进行的，因此可以进行灵活多样的操作，可以通过硬拷贝、显示器等不同方式显示。

(2) 计算机地图制图强调以计算机技术作为制图手段。传统地图制图主要是通过人工操作与处理制作纸质地图(模拟地图),而计算机地图制图则强调人机交互下计算机图形处理为基础的地图制图,制图要素为数字化信息,地图表达、处理都为数字方式,人类工作由直接编制地图转变为操作计算机绘图、开发有关机助地图制图软件等。

(3) 计算机地图制图强调以数字化的格式存储和分析地图。相对传统地图制图学,计算机地图制图的根本区别在于以计算机可直接存储处理的数字格式表达和处理地图,充分应用了数字信息的优越性。数字地图具有无缝连接、灵活设置、多信息派生、数据库存储、自由缩放、信息重用等优越性,为地图信息共享提供了有力支持。

(4) 计算机地图制图对传统地图学提出了新的挑战。在促进地图制图学发展的同时,计算机地图制图也对传统的地图学提出了新的挑战与要求,同时为地图制图学的发展提供了良好的机遇。

计算机地图制图的本质作用是实现原始数据向数字地图的转换,如图 1-1 所示。

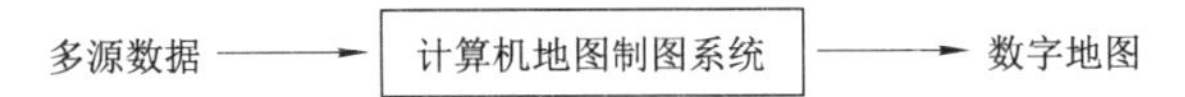

图 1-1 计算机地图制图系统的数据转换

具体来讲,计算机地图制图的体系与功能如图 1-2 所示。

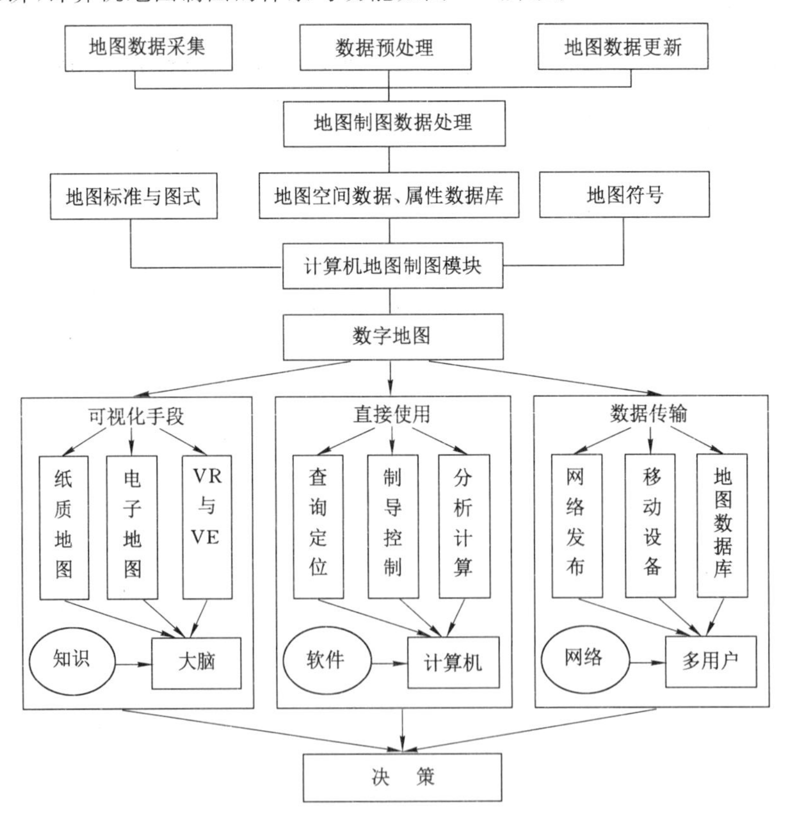

图 1-2 计算机地图制图的体系与功能(据王家耀等)

图 1-3 为计算机地图制图的一般过程。

(1) 数据获取阶段

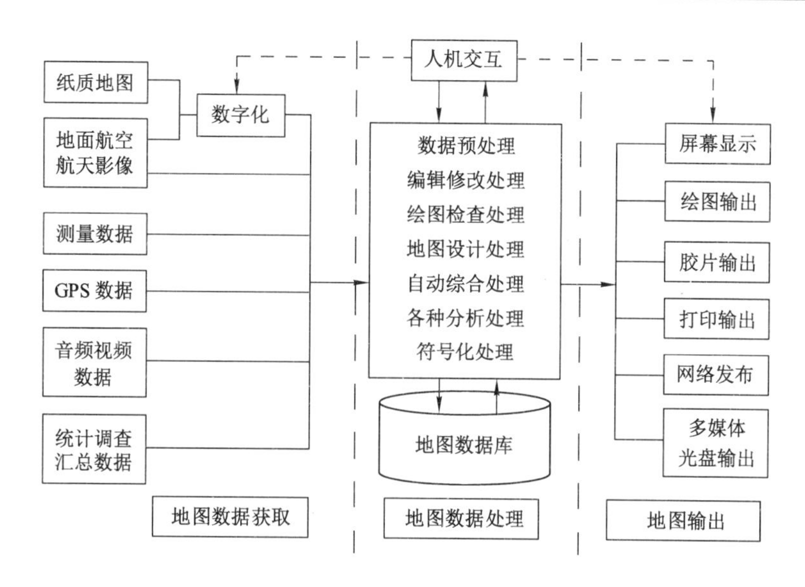

图 1-3 计算机地图制图的一般过程(据王家耀等)

纸质地图、航空航天遥感相片、地图数据或影像数据、统计资料、野外测量数据和地理调查资料等，都可作为计算机地图制图的信息源。数据资料可以通过键盘或转贮的方法输入计算机，图形和图像资料一般要通过图数转换装置转换成计算机能够识别和处理的数据。

纸质地图资料可用手扶跟踪或半自动跟踪数字化仪，按统一的编码系统和已准备好的数字化原图，将其图形离散成地图数据。地图资料也可用扫描数字化仪进行图数转换，这种方法采集数据的速度快，但因数据量大、图形要素自动识别困难，还需要人工干预。图像资料多采用扫描数字化仪将图像离散成栅格数据。

由图形或图像获取的地图数据以及由键盘键入和转贮的地图数据，都必须按一定的数据结构将它们进行存储和组织，建立标准的数据文件或地图数据库，才便于计算机处理或直接提供使用。

(2) 数据处理阶段

实际上，计算机地图制图的全过程都是在进行数据处理，但这里讲的数据处理阶段是指在数据获取以后、图形输出之前对地图数据的各种处理。具体内容包括：地图数据的预处理，如坐标变换，结点匹配、比例尺的统一、数据格式的变换(“矢-栅”变换或“栅-矢”变换)等；地图投影变换；地图内容的增删与综合；图形处理，如图形编辑、地图符号的图形生成、注记的配置和图廓整饰等。所有这些工作都是通过编辑系统和用户程序来完成的。

在数据处理时不但可对地图数据进行交互式处理，也可进行批处理。无论交互式处理或批处理，一般都采用联机方式，这是因为这种方式使用方便，易于实时处理，不易发生错误，是当前计算机地图数据处理的主要方式。

(3) 图形输出阶段

该阶段的主要任务是将地图数据处理的结果变成图形输出装置可识别的指令，以驱动图形输出装置产生地图图形。根据数据格式、地图用途和图形输出装置的性能不同，可采用矢量绘图机、栅格绘图机、图形显示器、缩微系统等绘制或显示地图图形；如果以产生出版原图为目的，可用带有光学绘图头或刻针(刀)的平台式矢量绘图机或高分辨率的栅格绘图机，它们可以产生线划、符号、文字等高质量的地图图形。

1.1.2 计算机地图制图的特点

计算机地图制图是计算机图形学和地图制图学的交叉与结合，具有以下特点：

① 计算机地图制图以数字方式存储和处理地图，具有无级缩放、无缝漫游的特点，地图存取与查询效率高；数字地图易于贮存，并保证了贮存中的不变性，从而提高了地图的使用精度。

② 计算机地图制图系统具有良好的交互性，地图制图自动化程度较高，制图效率高。用绘图机绘图不仅减轻了制图人员的劳动强度，而且减少了制图过程中由于制图人员的主观随意性而产生的偏差，为地图制图进一步标准化、规范化铺平了道路。

③ 计算机地图制图受人为因素和客观因素的影响较小，成图精度高，更新速度快；提高了成图速度，缩短了成图周期，改进了制图和制印工艺。例如，根据地图要素的属性从地图数据库中提取要素可绘制分要素地图，以减少制印中复照、翻版等工作。

④ 计算机地图制图更便于信息共享与交流，易于派生新信息；增加了地图品种，拓宽了服务领域。例如，用计算机处理地图信息，可制作用常规制图方法难以完成的坡度图、坡向图、地面切割密度图、通视图、三维立体图和视觉立体图等。

⑤ 数字地图的信息容量大，它只受计算机存储器的限制，因此可以包含比一般模拟地图多得多的地理信息。

⑥ 数字地图易于校正、编辑和更新，并可方便地根据地图用户要求改编地图，以增加地图的适应性、实用性和用户的广泛性。

⑦ 计算机地图制图系统易于与其他系统结合，如与地理信息系统、遥感、数字测图系统等结合，从而整合和利用多源数据和现代空间信息技术。

相对于传统的地图制图，计算机地图制图的优越性在于：

① 地图数据采集与存储的数字化；

② 地图表达与处理的数字化；

③ 地图分析的自动化与交互化；

④ 地图显示方式的多样化；

⑤ 灵活性。

相对于一般计算机图形学中的计算机制图，计算机地图制图的特点在于：

① 图形要素的特殊性和复杂性；

② 图形关系的特殊性；

③ 地图特点的体现；

④ 地图分析；

⑤ 数据来源的多格式性。

计算机地图制图绝不是数字处理设备与传统制图方法的简单组合，而是地图制图领域内的一次重大技术革命。这场革命的作用等于或超过由印刷机的发明和摄影测量技术的产生所引起的地图制图技术的巨大变化。计算机制图地图使整个地图学学科呈现三大特点：一是地图生产已摆脱了传统手工生产的模式，形成了从地图数据采集、处理、地图编辑到出版的集成化地图生产模式；二是数字地图的品种日益增多，需求量越来越大；三是基于数字地图的应用技术和应用系统发展迅速。

1.1.3 计算机地图制图的主要问题

任何科学领域，如果应用计算机技术，都必须将该学科的研究对象。由连续的系统（如果它的对象是连续的话）变成离散的系统。在计算机科学和数学处理过程中，处理这种连续和离散变换的原理，实际上就是数字地图制图形成和发展的基本原理。计算机地图制图的核心问题是如何使用计算机处理地图信息即解决地图信息如何以数字的形式表示、获取、存储、处理和输出。计算机地图制图需要解决三个主要问题：一是对连续的地图信息数字化、对不同技术获取多源制图空间数据标准化，以便计算机读取并相识别它的内容；二是计算机根据地图制图生产和地理信息应用的要求，对数字形式的地图信息进行一系列的加工处理，按照特定制图规范形成一定形式的数字地图产品，构成地图数据库；三是把数字地图的有关内容转换为人可阅读的地图图形。

因此，计算机地图制图需要解决的主要问题包括以下几方面：

① 计算机地图制图系统的体系结构与软硬件系统；

② 多源地图制图数据采集、输入与预处理；

③ 地图符号库设计与标准地图布局生成；

④ 地图数据管理（存储）与操作；

⑤ 地图设计与编绘（包括普通地图、专题地图等）；

⑥ 地图注记、排版与印刷；

⑦ 地图发布与传输；

⑧ 三维地形图、虚拟现实地图与虚拟地理环境；

⑨ 应用型计算机地图制图系统开发。

1.1.4 计算机地图制图的理论与技术基础

计算机地图制图是多学科理论交叉和多技术手段集成的产物，因此其理论和技术基础也涉及相关学科的方方面面。图1-4为计算机地图制图相关学科及其关系。可以看出，要掌握计算机地图制图的理论、方法和技术，必须具备相关学科与技术的基础知识。从大的方面来讲，计算机地图制图应涉及三个学科领域：测绘科学与技术，计算机科学与技术，其他基

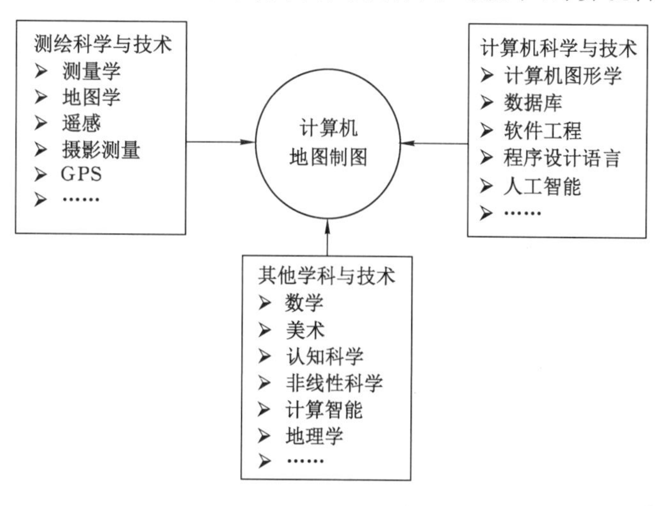

图1-4 计算机地图制图相关学科

础与应用学科(如美术、数学、认知科学等)。

1.1.4.1 地图学

地图学的研究对象是地图,任务是研究地图理论、地图制作和地图应用。

关于地图学的定义,多数地图学家认为,地图学是研究地图的理论、编制技术与应用方法的科学,是一门研究以地图图形反映与揭示各种自然和社会现象空间分布、相互联系及动态变化的科学、技术与艺术相结合的学科。作为一门古老而年轻的学科,地图学也得到了新的发展和突破,特别是自动化、计算机和遥感等技术引进地图学,引起地图制图技术的革命,同时各学科的相互渗透尤其是信息论、模式论、模糊理论、认知理论以及数学方法引进地图学,使地图学的理论有了很大的发展。我国著名地图学家廖克研究员提出了由理论地图学(地图学理论基础)、地图制图学(地图编制方法与技术)和应用地图学(地图应用原理与方法)三大部分构成的现代地图学的体系,如图 1-5 所示。

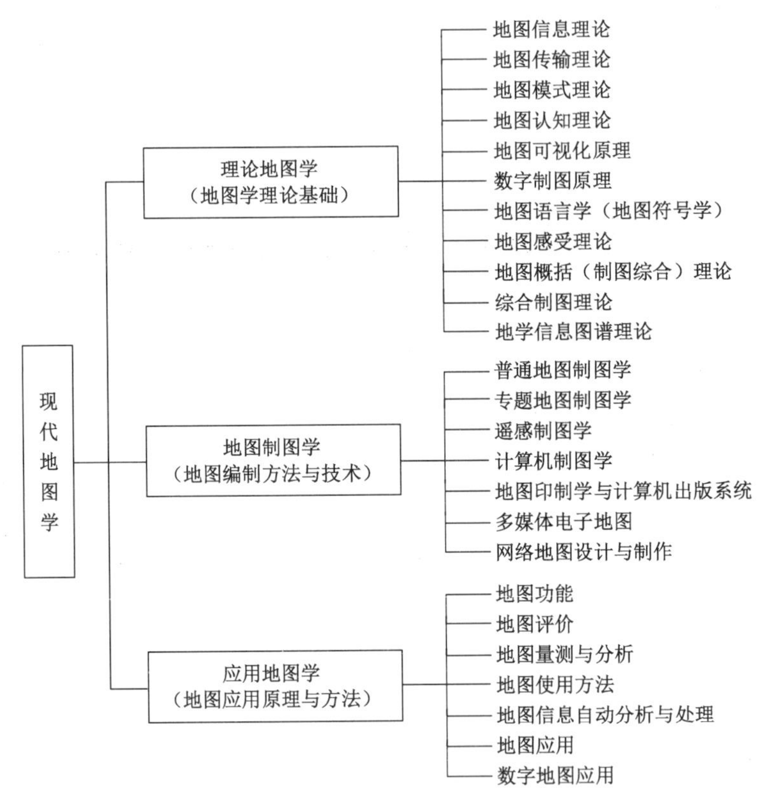

图 1-5 现代地图学体系

计算机地图制图是地图制图手段的一种变革,但同时对地图制图理论、制图方法与应用、地图应用原理与方法也产生了明显的影响。地图学的有关基础理论与方法如地图制图数学基础、地图符号、比例尺、地图概括、专题地图表达方式、地物地貌表达、地图分析方法等都是计算机地图制图的基础和指南,而且计算机地图制图必须按照有关地图制作的规范和标准进行。

1.1.4.2 计算机图形学与计算机制图

在计算机科学与技术领域,对计算机地图制图作用最大、影响最明显的当属计算机图形学与计算机制图技术。

计算机图形学(Computer Graphics, CG)是研究怎样用计算机生成、处理和显示图形的一门学科。计算机图形学的研究起源于美国麻省理工学院自20世纪50年代初到60年代中期现代计算机辅助设计/制造技术的开拓性研究,在50多年的发展中,计算机图形学在硬件、软件、理论与应用方面都得到了长足发展,已在用户接口、计算机辅助设计与制作(CAD/CAM)、计算机动画和艺术、建筑设计、地形地貌表达和自然资源制图等方面得到了广泛应用,而其中计算机地图制作则是计算机图形学重要的应用领域之一。

一方面,计算机图形学的理论与方法是计算机地图制图的基础;另一方面,一些已有的计算机制图软件系统如AutoCAD、CorelDraw等都通过直接制图、二次开发等手段为计算机地图制图提供了有力的支持。

1.1.4.3　测绘、遥感与摄影测量

测绘学与地图学具有密不可分的联系,测绘的英文词Surveying and Mapping即包含了测量和地图绘制两方面的内容。测量数据是地图制图的来源和基础,而地图则是测量成果最直接、最有效的表达方式,两者具有共同的数学基础、地理空间基础,内容密不可分,体系紧密关联,技术密切渗透。以全站仪、GPS接收机、数字水准仪等为代表的数字化测绘仪器使得野外测量从模拟走向数字化,这为数字制图、计算机地图制图提供了极大便利。

作为现代测绘科学与技术最重要的突破,摄影测量经历了模拟摄影测量、解析摄影测量与数字摄影测量三个阶段。通过摄影测量制作普通地图和专题制图的技术已非常成熟,航空摄影测量是中小比例尺地图制图与更新的主要技术。随着数字摄影测量技术的发展,制图数据正在从二维走向三维,从离散走向连续。

遥感不仅能够提供摄影型传感器的信息,还能够提供扫描型传感器获取的信息,其波段范围也从可见光拓展到了近红外、红外和微波波段。遥感制图是遥感技术重要的应用领域,基于遥感的地形制图、系列制图、专题制图、影像地图制作、地图更新等在我国国土资源调查、基础地理系统采集等方面得到了广泛应用。近年来,随着遥感分辨率的提高特别是米级分辨率卫星遥感如QuickBird、IKONOS等商业卫星信息源的推广与普及,高分辨率卫星遥感数据将成为地图制图重要的数据源。

测绘、摄影测量与遥感技术的发展,特别是通过这些技术可以直接获取数字形式的信息,利用计算机和专用软件对这些信息进行处理即可实现地图制图,极大地提高了地图制图效率和精度,这些技术将是计算机地图制图重要的技术支撑。同时,地图学的有关理论和技术如地图投影、坐标变换、地图符号等也为这些学科提供了支持,而且地图数据正在成为遥感影像解译有用的辅助信息源。另一方面,地图表达的直观性与影像的可视性正在结合,形成了数字正射影像、影像地图等新的空间信息表达方式。

1.1.4.4　地图数学模型

地图具有严格的数学基础,因此地图制图与数学模型相结合,产生了地图制图数据处理模型。何宗宜的专著《地图制图数据处理模型的原理与方法》中指出,地图制图数据处理模型的原理与方法是地图制图与数学模型相结合的一门边缘学科,它应用数学方法处理制图数据,用相应的地图制图模型表达数据处理的结果。早期的地图模型主要集中在制图综合方面,此后其研究领域的应用不断拓展,已在地图制图综合、地图设计、专题地图制图和空间数据处理中发挥着越来越重要的作用。地图制图综合模型主要包括定额选取模型、结构选择模型、图形化简模型等。在专题地图制图中的地图数据处理模型则主要包括地图制图要素的分级模型、地图制图要素的相关模型、地图制图要素空间分布趋势模型、地图制图要素预测模型、地图制图要素信息化简模型和地图制图要素类型划分模型等。具体内容可参考《地图制图数据处理模型的原理与方法》。

1.1.4.5 软件工程、程序设计与应用系统开发

软件工程是指用工程的概念、原理、技术和方法来开发和维护软件，把经过时间考验而证明正确的管理技术和当前能够得到的最好的技术方法结合起来，指导计算机软件的开发和维护的工程学科。软件工程四要素是软件开发方法、软件工具、软件工程环境、软件工程管理。软件工程的七条基本原理是：用分阶段的生命周期计划严格管理；坚持进行阶段评审；实行严格的产品管理控制；采用现代程序设计技术；应能清楚地审查结果；开发小组的人员应该少而精；必须不断改进软件工程的实践。

结构化程序设计是当前软件工程领域应用最为广泛的系统开发方法，主要包括结构化分析(Structured Analysis, SA)、结构化设计(Structured Design, SD)、程序编码结构化(Structured Programming, SP)三大过程。面向对象方法是针对结构化方法存在的代码重用率低、面向过程分析问题等缺点而提出的一种新的软件工程技术，它不是以函数过程、数据结构为中心，而是采取基于客观世界的对象模型的软件开发方法，按问题论域(problem clomain)设计程序模块，使人们对复杂系统的认识过程与系统的程序设计实现过程尽可能地取得一致。面向对象方法的基本出发点是尽可能按照人类认识世界的方法和思维方式来分析和解决问题，它与现实世界之间有着自然而直接的对应关系，能很好地仿真人工系统，模拟现实世界。

应用系统设计与开发是在软件工程原理与方法的指导下，采用一定的程序设计语言，针对特定领域的要求，进行系统分析、设计与实现的过程。计算机地图制图的实现必然要依赖于特定的专用应用系统的开发。因此综合应用软件工程、程序设计语言，结合计算机地图制图的特点和要求，进行应用系统开发在计算机地图制图领域具有重要的意义。

1.1.4.6 数据库技术

对于数字地图涉及的大量空间图形数据以及相关的属性数据而言，数据存储与管理是非常重要的一个环节。早期的数字地图数据管理主要采用文件格式，随着数据库技术的发展，数据库正在成为地图数据管理的主要手段，地图数据库即是一种特殊的数据库，也是计算机地图制图重要的技术支撑。

1.2 常用计算机地图制图软件

目前可以用于计算机地图制图的软件非常多，在功能上各具特色，下面主要介绍几种可以应用于计算机地图制图的软件。

1.2.1 CorelDraw 软件

CorelDraw 是加拿大 Corel 公司推出的集矢量图形绘制、文字编辑和印刷排版于一体的图形软件。CorelDraw 具有强大的平面设计功能，而且还提供了 3D 的效果设计，自推出以来，一直受到广大美术人员和平面设计人员的欢迎。鉴于其功能完善，操作设计简便，也越来越多地应用于地图的编绘工作之中。

它的主要特点有：

① 灵活的位图图像导入功能。CorelDraw 虽然是一个矢量图形设计软件，但仍然提供了各种格式的图像导入功能，从而可以导入扫描的地图图像作为基础图层，在其上进行数字化跟踪、编辑和符号化表达。

② 强大的图层和对象管理功能。CorelDraw 建立了对象管理器和对象数据管理器，可以方便增加、删除图层和设置、修改固层属性，并进一步对图层中各对象进行管理。通过对图层的“可见”、“可编辑”和“可打印”等特征项的设置，可以方便地控制地图的编辑和显示、打印输出。

③ 强大的绘线功能。尤其是绘制曲线，可以说是 CorelDraw 软件的一大特点。它拥有一组各具特色的绘线工具，可以根据用户的具体需要选择。其中有一种“贝塞尔工具”，可用于绘制平滑曲线，且节点很少。

④ 强大的节点编辑功能。节点编辑实际上就是线编辑。用节点编辑功能可以很方便地进行形状改变、线段连接和分割、曲线光滑和锐化等一系列的曲线编辑工作。

⑤ 强大的面填充功能。CorelDraw 在面填充方式中除了平铺色以外，还有图案花纹填充、PostScript 填充、渐变色填充等，大大丰富了地图的表现能力。

⑥ 丰富的文字注记和编辑功能。在一些计算机制图软件中，道路名和水系的注记不一定呈直线均匀排列，往往需要一个字一个字地输入、定位。而 CorelDraw 只要一个路名或几个路名以字符串的形式一次输入，执行一个“文本适合路径”的命令就可以沿着道路或河流自动注记，而且随着道路或河流的方向变化而自动改变其文字的方向。

⑦ 丰富的图形和文字效果功能。CorelDraw 软件能提供丰富的图形和文字效果，如立体的、阴影的、变形的等。这对于提高地图艺术效果是必不可少的，也是一般矢量制图软件所难以实现的。

⑧ 方便的图例符号建库和调用功能。CorelDraw 提供了图例符号库建立和调用的功能。可以有针对性地开发地图符号库，不管是点符号、线型符号还是面填充符号，调用都十分方便。符号库还有一个十分明显的特点是，符号可以无级缩放，并且只要事先设置好轮廓线的缺省值，符号再小，仍能保持它的精致程度。

⑨ 图形文件数据量小。同一个图形文件，从 AutoCAD 的 dxf 格式转为 CorelDraw 的 cdr 格式，其数据量减少了 7～10 倍，这对于大数据量的地图制图作业是十分有利的。

⑩ 可以输出众多格式的图形图像文件。包括常用的 AI，dxf，dwg，emf，svg，pct 等图形文件和 bmp，jpg，tif，gif，psd 等图像格式文件。可以方便地与其他软件系统实现数据共享，也有利于解决二次开发过程中的数据读取问题。

尽管 CorelDraw 软件在图形编辑、设计和表达上功能强大，但在地图制图方面仍然存在着局限性。由于 CorelDraw 并非专业的 CAC 系统，无法建立目标之间有效的空间关系，通常按照图形对象来组织地图目标的结构，缺乏更有效的描述和管理机制，在数据采集、编辑过程中往往存在步骤重复、操作烦琐的情况，难以提高地图制图的自动化程度。

1.2.2 AutoCAD 软件

AutoCAD 是 Autodesk 公司推出的工程设计制图软件，是目前计算机辅助设计领域最流行的 CAD 软件包。它广泛应用于建筑、机械设计和制造、服装设计、土木工程等领域。从最早的 20 版到以后的 R13、R14，2000，2002 直到如今的 2014 版，从最早期的 D05 操作命令到现在的 Windows 窗口式的操作界面，软件系统在功能、用户友好性和应用上已经有了显著的提高。

AutoCAD 软件最早是针对二维设计绘图而开发的，随着其产品的日益成熟，在二维绘图领域该软件已经比较完善，而且随着产品设计的发展需要，越来越多的产品设计已经不再停留在二维的设计领域，正在越来越多地朝着三维的产品设计发展，因此在 AutoCAD R12，R13 的版本中已经加入了三维设计的部分，而且随着版本的不断更新，三维设计的部分也在不断发展。

由于该软件开发中的自身原因，该软件也存在一些不足之处。例如，该软件在二维设计中无法做到参数化的全相关的尺寸处理，并且和 CorelDraw 一样，早期的 AutoCAD 也主要适用于图形设计。虽然价格较便宜，设计精度高，对所使用的微机要求较低，应用也比较简单，但并不能完全适应地图制图的需要。

目前 Autodesk 公司发布的 Autodesk AutoCAD Map 3D 2014 是一个综合性地图绘制软件包，包括 Autodesk Map 和 Autodesk Raster Design。Autodesk AutoCAD Map 3D 2014 是精确的地图绘制和 GIS 软件，可用来创建、维护和分析地图及地理数据。它在 AutoCAD 环境中运行，带有一些特殊开发的工具用于创建和处理地图和地理信息数据，并添加了所有 AutoCAD 软件的基本功能。Autodesk AutoCAD Map 3D 2014 是一个图像解决方案，用来显示、操作和输出具有矢量数据的光栅影像。

1.2.3 ArcGIS 软件

ArcGIS 是美国 ESRI 公司（Environment System Research Institute Inc.）开发的 GIS 软件，是世界上应用广泛的 GIS 软件之一，也是我国 G1S 领域常用的软件。从 1987 年第一个 ArcInfo 产品诞生以来，随着计算机技术的飞速发展以及 GIS 技术的不断成熟，ESRI 的 GIS 产品不断更新扩展，形成适应各种用户和机型使用的系列产品。1999 年推出的 ArcInfo 8 以及 2000 年推出的 ArcGIS 8 是 ESRI 在继承已有成熟技术的基础上，整合了 G1S 与数据库、软件工程、人工智能、网络技术及其他多个方面的计算机主流技术，成功地开发了新一代 G15 平台。

ArcGIS 8 包含了三个组成部分：桌面软件 Desktop、数据通路 ArcSDE 和网络软件 ArcIMS。ArcSDE 是 ArcGIS 的空间数据引擎，负责应用关系数据库系统存储、管理多用户空间数据库，提供数据接口支持。ArcIMS 主要提供基于 Internet 的分布式 GIS 数据管理和服务。

ArcGIS 8 Desktop 是 ArcGIS 中一组桌面 GIS 软件的总称，它包括 ArcView 8、ArcEditor 8 和 ArcInfo 8 三个等级，功能由简单到全面。其中，Arcview 8 是最低一级的软件，主要提供 GIS 数据的使用、地图的显示以及分析，它的数据编辑功能有限；ArcEditor 8 更高一级，在 ArcView8 的基础上增加了 GIS 数据管理与编辑功能，只有创建和管理关系、子类、几何网络和尺寸要素等作用；ArcInfo 8 是桌面 ArcGIS 的高端软件，除了包括 Arcview 8 和 ArcInfo 8 的所有功能外，还增加了空间处理能力，是一个完整的 GIS 数据建立、更新、编辑、查询、管理、分析与制图的集成系统。除此之外，ArcGIS 8 Desktop 还有若干可选的扩展模块，如 Spatial Analyst，3D Analyst，Geostatistical Analyst，ArcPress，Publisher 等。

三级桌面 ArcGIS 软件都由一组相同的应用环境构成，即 ArcMap，ArcCatalog，ArcTool-box，ArcMap 提供数据的显示、查询与分析；ArcCatalog 提供空间的、非空间的数据管理、生成和组织;ArcTool-box提供基本的数据转换。通过这三种应用环境的协调工作,可以完成任何从简单到复杂的GIS任务,包括数据采集、数据编辑、数据管理、地理分析和地图制图。

在ArcGIS系统中,三级桌面ArcGIS软件都具有地图制图、表达的功能。其中ArcView是新一代桌面地理信息系统的代表,其使用方便、灵活、操作简单、通用性强,已成为最常用的GIS软件之一。Arcview采用了可扩充的结构设计,整个系统由基本模块和可扩充功能模块构成。其中,基本模块包括对视图(Views)、表格(Tables)、图表(Chart)、图版(Layouts)和脚本(Scripts)的管理;扩充模块主要集中在空间分析功能上。例如网络分析、三维分析、影像分析、追踪分析等。

1.2.4 MapInfo软件

MapInfo是美国MapInfo公司开发的桌面地理信息系统软件。其中MapInfo Professional是一套业界中领先的windows平台的地图化解决方案。MapInfo Professional可以提供地图绘制、编辑、地理分析、网格影像等功能。由于其简单易学、功能强大、二次开发能力强,并且可以方便地与通用的关系数据库连接,因此用户数量增长十分迅速。随着每次版本的升级和新产品的推出,MapInfo Professional都有很大的改进,功能越来越强,界面也越来越完善和实用。现在的最新版本为MapInfo Professional 8.0,它为新老用户提供了更强大的数据维护、可视化、数据展现、输出能力和更好的可用性。

① MapInfo Professional提供一整套功能强大的工具来实现复杂的商业地图化、数据可视化和GIS功能。通过MapInfo Professional可连接本地及服务器端的数据库,创建地图和图表以揭示数据背后的真正含义。也可以定制MapInfo Professional,以满足用户的特定需要。

② MapBasic是为在MapInfo平台上开发用户定制程序的编程语言,它为所有新功能提供了可编程界面,在创建图表、目标处理和控制、投影等很多方面都有了很大程度的增强。通过MapBasic,用户可以使商业进程自动化,自定义菜单和界面来适应工业、商业的不同需要。

③ 运行平台Runtime与MapInfo Professional使用同样的内核,功能与其完全一样,与MapBasic同样兼容。但没有菜单、工具条等用户界面,也没有内置的MapBasic窗口,没有二次开发能力,为大量使用开发好的MapInfo应用程序提供了经济的运行平台。

④ MapInfo Professional for SQL Server是为那些支持Microsoft SQL server共享空间文件的用户设计的。它利用MapInfo Professional的界面和功能来访问和分析SQL server内部数据的单独产品。系统扩展了SQL server在处理、安全和可测量性上的共享,这些特性为MapInfo Professional的桌面用户提供了更多的附加价值。MapInfo Professional for SQL Server使最终用户能够感受在数据库支持方面的简单易用。并不是所有用户都必须通过SpatialWare将空间信息和非空间信息一同存储在SQL Server中来共享他们的数据,MapInfo Professional for SQL Server是一个简便而经济的解决方案。

1.2.5 GeoStar软件

GeoStar是原武汉测绘科技大学开发的面向大型数据管理的地理信息系统软件,主要功能包括图形矢量化、图形及属性编辑、空间数据库管理、拓扑关系建立与分析、与其他GIS

的数据接口、专题图制作、三维模型制作等，涵盖了 GIS 必备的所有功能。其功能模块包括：

（1）GeoStar 模块

该模块是整个系统的基本模块，提供的功能包括空间数据管理、数据采集、图形编辑、空间查询分析、专题制图和符号设计、元数据管理等，从而支持从数据录入到制图输出的整个 GIS 工作流程。

（2）GeoMap 模块

GeoMap 模块由一个 OLE 控件——GeoMap 和一组近 20 个 OLE 自动化对象构成，应用于标准 Windows 开发环境，用户可以根据需要选择合适的开发工具。GeoMap 是基于 Windows NT 4.0 开发的。因此其开发平台也立足于 Windows NT 4.0，Windows NT 4.0 下的 Visual Basic，DePhi，PowerBuilder 等环境均适合利用 GeoMap 进行软件开发。

（3）GeoGrid 模块

该模块将数字高程模型、数字正射影像与常规的矢量数据和各种属性信息集成在一起，建立起一体化的三维数据输入、操作与可视化机制，为数据处理、空间查询与分析和各种三维模型操作提供了更加有力的支持。

（4）GeoTIN 模块

该模块是专门针对大比例尺地形数据的处理而设计开发的，它可以利用各种随机分布的地形单点（包括随机点和特征点）和特征线数据，快速、高效地建立不规则三角形网格（TIN）模型。TIN DEM 数据来源可以是摄影测量、地面测量的数据，也可以是已有地图数字化或扫描数字化后形成的数据。由于顾及特征的 TIN 模型具有高逼真度和灵活方便的特点，可以广泛用于大比例尺地形图制图、土木工程设计、三维分析与仿真以及规则网格 DEM 的生产等领域。

（5）GeoDEM 模块

该模块是基于 OpenGL 1.1 开发的通用三维引擎，是场景浏览器、三维查询、三维分析的核心开发库。它是一套以数字高程模型（DEM）为主，集成数字正射影像（DOM）、数字线画图（DLG）作为综合处理对象的虚拟现实管理的二次开发平台。

（6）GeoImager 模块

该模块主要用于航空与多种卫星影像制图、地形图更新及其相关应用，同时为用户提供更复杂的、多波段的影像处理与分析、专题信息提取以及栅格与矢量数据的相互转换等功能。

（7）GeoSurf 模块

该模块是基于当今最先进的 Internet/Intranet 的分布式计算环境，系统各个模块采用部件化构造、分布式处理形式，同时以 Java/JDBC 构造了多数据源地理信息互操作中间件，不但实现了系统平台与硬件的无关性，而且矢量图形与主数据库的无缝连接，使得用户对地理数据可互操作以及异质数据透明地获取、操作。

（8）GeoImageDB 模块

该模块用于建立多尺度的大型遥感影像数据库系统，以管理省级和国家级多尺度、多数据源、多时相的航空、航天遥感影像数据为目标。

1.2.6　MAPCAD软件

MAPCAD是中国地质大学(武汉)开发的彩色地图编辑出版系统,实现了彩色地图的输入、编辑、出版全过程计算机化。其主要特点为:

- 灵活先进的图形输入功能(数字化仪输入、彩色扫描矢量化输入、GPS输入);
- 强大独特的编辑及处理功能(拓扑处理、误差校正、投影变换、任意裁剪);
- 自由拓展的系统库(线型库、子图符号库、可选汉字库、花纹图案库、颜色库);
- 高质量的彩色输出功能(彩喷输出,PS、EPS页面格式输出);
- 多种图形数据交换格式(如ARC/INFO,MAPINFO,AUTOCAD,SPDF,DLG等)。

MAPCAD软件由MAPCAD桌面版、MAPCAD测图版和MAPCAD工程版三级软件构成,每一级软件都比前一级功能更完善。

(1) MAPCAD桌面版

MAPCAD桌面版是MAPCAD系统的低级版本,主要提供了地图的输入子系统、处理子系统和实用服务子系统。

在输入子系统中,提供了数字化仪交互采集、扫描矢量化输入、数据转换输入等多种数据采集方式;可以实现地图的分层管理、图形与属性数据的连接,交互式、半自动、全自动等多种矢量化采集;运用人工智能及模式识别技术,可以实现灰度地图、彩色扫描地图的矢量化;能接受ARC/INFO,MAPINFO,AUTOCAD,SPDF,DLG,DGN等多种格式的数据。

在图形处理子系统中,提供了基本CAD编辑(图元的创建、修改、删除等)、方便的图形窗口操作、智能查询编辑及图形参数替换、对图元的移动及定位功能,同时提供了模拟及数字操作两种方式,可以实现面元编辑、裁剪、拓扑编辑、地图投影变换、误差校正、显示坐标系设置等多种功能。

实用服务子系统是为地图编绘提供数据和接口服务的功能模块,可以借助强大的编辑功能,方便地建立专用的系统库(子图生僻字库、线型库、图案库、颜色库),增强地图的表现力;可以运用错误检查辅助功能,对线段自相交、图元参数、拓扑关系等进行错误检核,从而节约修编时间、提高数据质量;可以应用数据交换功能,进行MAPGIS与其他系统(如CAD、GIS)的诸多格式数据的交换,如DXF、MAPINFO、SPDF(国家数据交换格式)、ARC/INFO公开格式、标准格式、E00格式及DLG文件等。

(2) MAPCAD测图版MAPSUV

MAPSUV在MAPCAD桌面版的全部功能基础上,增加了外业测图系统,可以将全站仪采集的数据存储在便携式或掌上式笔记本电脑、全站仪内存中,然后用MAPSUV读取,也可以直接读入山维、瑞得等格式的数据。

(3) MAPCAD工程版

MAPCAD工程版在MAPCAD测图版MAPSUV的全部功能基础上,着重增加了输出子系统,包括版面编排、WMF显示输出、打印输出、印前出版输出、喷绘输出、电子报表输出等,也可以直接转换成指定分辨率的高清晰度的栅格图像。

MAPCAD系统支持应用开发工具VC、VB等,实施以上功能的二次开发。

1.3 计算机地图制图系统的构成和功能

计算机地图制图系统具备通用制图系统的基本结构，同时又具有体现地图特点的组成部分，本节将以计算机制图系统的构成为基础，结合地图制图的要求，对计算机地图制图系统的构成予以介绍。总体来看，计算机地图制图系统由五个部分组成，包括硬件、软件、制图数据、地图模型与方法以及操作管理与应用人员。

典型的计算机地图制图系统包括两种情况：个人计算图形系统和工作站图形系统。个人计算图形系统是由个人计算机（PC）加上图形输入输出设备和有关图形支撑软件集成起来的系统，价格便宜、功能及性能不强；工作站图形系统是由高性能的计算机配备 UNIX、OPENGL、图形系统软件等集成起来的系统，价格较贵、功能强大、性能良好。

1.3.1 计算机地图制图硬件系统

计算机地图制图系统中的硬件设备主要包括：① 地图数字化输入设备：键盘、鼠标、扫描仪、数字化仪等；② 计算机硬件系统：主机、显示器等；③ 地图输出设备：各类绘图仪，电子屏幕等。

1.3.1.1 输入设备

最常用的图形输入设备就是基本的计算机输入设备——键盘和鼠标。人们一般利用一些图形软件通过键盘和鼠标直接在屏幕上定位和输入图形，如人们常用的 CAD 系统就是通过鼠标和键盘命令生产各种工程图的。此外还有跟踪球、空间球、数据手套、光笔、触摸屏等输入设备。跟踪球和空间球都是根据球在不同方向受到的推或拉的压力来实现定位和选择。数据手套则是通过传感器和天线来获得和发送手指的位置和方向的信息。这几种输入设备在虚拟现实场景的构造和漫游中特别有用。

数字化仪是在专业应用领域中一种用途非常广泛的图形输入设备，是由电磁感应板、游标和相应的电子电路组成。电磁感应板中布满了金属栅格，当触笔在数据板上移动时，其正下方的金属栅格上就会产生相应的感应电流。根据已产生电流的金属栅格的位置，就可以判断出触笔当前的几何位置。当使用者在电磁感应板上移动游标到指定位置，并将十字叉的交点对准数字化的点位时，按动按钮，数字化仪则将此时对应的命令符号和该点的位置坐标值排列成有序的一组信息，然后通过接口（多用串行接口）传送到主计算机。图 1-12 为数字化仪的外观。

扫描仪是直接把图形和图像扫描到计算机中以像素信息进行存储的设备。扫描仪的核心部分是完成光电转换的部件——扫描元件（也称为感光器件）。目前市场上扫描仪所使用的感光器件有四种：电荷耦合元件 CCD（硅氧化物隔离 CCD 和半导体隔体 CCD）、接触式感光器件 CIS、光电倍增管 PMT 和互补金属氧化物导体 CMOS。由于 CCD 感光器件光敏度高，成像效果好，所以对于大幅面扫描仪来说最常用的是 CCD 感光器件。现在市面上能见到的一般是 36 位或 48 位真彩色扫描仪，绝大多数采用的固态器件是电荷耦合器件（CCD Charge Coupled Device）。

CCD 扫描仪的工作原理就是用光源照射原稿，投射光线经过一组光学镜头射到 CCD 器件上，得到元件的颜色信息，再经过模/数（A/D）转换器，图像数据暂存器等，最终输入到计算机。

为了使投射在原稿上的光线均匀分布，扫描仪中使用的是长条形光源。扫描仪的两个重要指标是分辨率和支持的颜色。扫描仪特点为输入速度快，但扫描数据的自动识别仍有困难。

其他常用的地图制图数据采集、输入设备：全站仪、GPS 接收机、全数字化摄影测量工作站、三维激光扫描仪、数码相机等。

1.3.1.2 地图显示设备

图形输出包括图形的显示和图形的绘制。图形显示指的是在屏幕上输出图形；图形绘制通常指把图形画在纸上，也称硬拷贝，打印机和绘图仪是两种最常用的硬拷贝设备。

现在的图形显示设备绝大多数是基于阴极射线管（CRT，Cathode-Ray Tube）的监视器。CRT 显示器历经发展，目前技术已经越来越成熟，显示质量也越来越好，大屏幕也逐渐成为主流，但 CRT 固有的物理结构限制了它向更广的显示领域发展。正如前面所说的屏幕的加大必然导致显像管的加长，显示器的体积必然要加大，在使用时候就会受到空间的限制。另外，由于 CRT 显示器是利用电子枪发射电子束来产生图像，产生辐射与电磁波干扰便成为其最大的弱点，而且长期使用会对人们健康产生不良影响。在这种情况下，人们推出了液晶显示器（LCD，Liquid Crystal Display）。

等离子显示器是用许多小氖气灯泡构成的平板阵列，每个灯泡处于“开”或“关”状态。等离子板不需要刷新。目前典型的等离子板可以做到 15 英寸左右，每英寸安装有 175 个左右的灯泡。要达到商品化需要等离子板须做到 40 英寸×40 英寸。等离子显示器一般由三层玻璃板组成。在第一层的里面涂有导电材料的垂直条，中间层是灯泡阵列，第三层表面涂有导电材料的水平条。要点亮某个地址的灯泡，开始要在相应行上加较高的电压，等该灯泡点亮后，可用低电压维持氖气灯泡的亮度。关掉某个灯泡，只要将相应的电压降低。灯泡开关的周期时间是 15 毫秒，通过改变控制电压，可以使等离子板显示不同灰度的图形。彩色等离子板目前还处于研究阶段。等离子显示器的优点是平板式、透明、显示图形无锯齿现象，也不需要刷新缓冲存储器。几种显示技术的比较如表 1-1 所示。

表 1-1　　几种图形显示技术的比较

性　质	阴极射线管	液晶显示器	等离子显示器
功　耗	大	小	中
屏　幕	大	小	中
厚　度	大	小	小
平面度	一般	好	中
亮　度	好	适中	好
分辨率	中	一般	好
对比度	中	差	好
灰度等级	好	差	差
视　角	大	一般	中
色　彩	丰富	中	中
价　格	低	低	中

1.3.1.3 图形处理设备

一个光栅显示系统离不开图形处理器，图形处理器是图形系统结构的重要元件，是连接计算机和显示终端的纽带。

应该说有显示系统就有图形处理器（俗称显卡），但是早期的显卡只包含简单的存储器和帧缓冲区，它们实际上只起了一个图形的存储和传递的作用，一切操作都必须由 CPU 来控制。这对于文本和一些简单的图形来说是足够的，但是当要处理复杂场景特别是一些真实感的三维场景，单靠这种系统是无法完成任务的。所以以后发展的图形处理器都有图形处理的功能。它不单单存储图形，而且能完成大部分图形函数，这样就大大减轻了 CPU 的负担，提高了显示能力和显示速度。随着电子技术的发展，显卡技术含量越来越高，功能越来越强，许多专业的图形卡已经具有很强的 3D 处理能力，而且这些 3D 图形卡也渐渐地走向个人计算机。一些专业显卡具有的晶体管数甚至比同时代的 CPU 的晶体管数还多。比如 2000 年加拿大 ATI 公司推出的 RADEON 显卡芯片含有 3 千万颗晶体管，达到每秒 15 亿个像素填写率。

一个显卡的主要配件有显示主芯片、显示缓存（简称显存）、数字模拟转换器（RAMDAC），如图 1-6 所示。

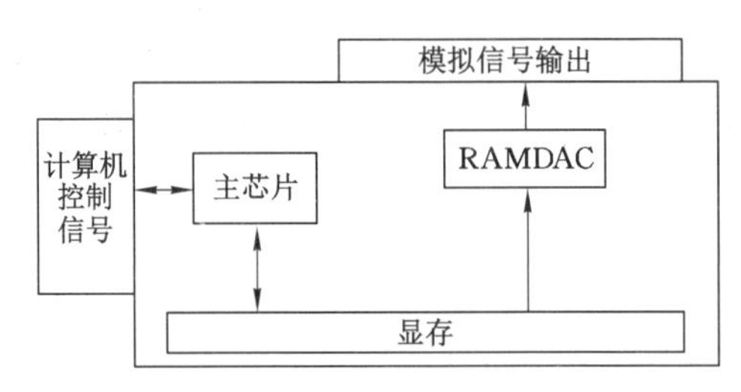

图 1-6 显卡工作原理简单示意图

显示主芯片是显卡的核心，俗称 GPU，它的主要任务是对系统输入的视频信息进行构建和渲染，各图形函数基本上都集成在这里。比如现在许多 3D 卡都支持的 OpenGL 硬件加速功能和 DirectX 功能以及各种纹理渲染功能就是在这里实现的。显卡主芯片的能力直接决定显卡的能力。显存是用来存储将要显示的图形信息以及保存图形运算的中间数据的，它与显示主芯片的关系，就像计算机的内存与 CPU 一样密不可分。显存的大小和速度直接影响着主芯片性能的发挥，简单地说当然是越大越好、越快越好。

RAMDAC 就是视频存储数字模拟转换器。它在视频处理中，它的作用就是把二进制的数字转换成为和显示器相适应的模拟信号。

1.3.1.4 绘图设备

绘图设备包括常用打印机和专用绘图仪。打印机包括激光打印机、针式打印机、喷墨打印机等，绘图仪包括喷墨绘图仪、静电绘图仪和笔式绘图仪（平板式、滚筒式）。

喷墨式打印机既可用于打印文字又可用于绘图（实质是打印图纸）。喷墨打印机的关键部件是喷墨头，通常分为连续式和随机式。连续式的喷墨头射速较快，但需要墨水泵和墨水回收装置，机械结构比较复杂。随机式主要表现是墨滴的喷射是随机的，只有在需要印字（图）时才喷出墨滴，墨滴的喷射速度较低，不需墨水泵和回收装置。此时若采用多喷嘴结构也可以获得较高的印字（图）速度。随机式喷墨常用于普及型便携式印字机，连续式多用于喷墨绘图仪。喷墨绘图仪的精度高低取决于分解力，一般用 dpi 表示。

静电绘图仪是一种光栅扫描设备，利用静电同极相斥、异极相吸的原理。单色静电绘图仪是把像素化后的绘图数据输出至静电写头上，一般静电写头是双行排列，头内装有很多电极针。写头随输入信号控制每根极针放出高电压，绘图纸正好横跨在写头与背板电极之间，纸通过写头时，写头便把图像信号转换到纸上。带电的绘图纸经过墨水槽时，因为墨水的碳微粒带正电，所以墨水被纸上的电子吸附，在纸上形成图像。彩色静电绘图的原理与单色静电绘图的原理基本相同。

笔式绘图仪分为滚筒式和平板式。顾名思义，平板式笔式绘图仪是在一块平板上画图，绘图笔分别由 X、Y 两个方向进行驱动。而滚筒式绘图仪是在一个滚筒上画图，图纸在一个方向(如 X 方向)滚动，而绘图笔在另一个方向(如 Y 方向)移动。两类绘图仪都有各自的系列产品，其绘图幅面从 A_3 到 A_0 以及 A_0 加长等。

笔式绘图仪的主要技术指标：步距，定位精度和重复误差。绘图机每接受一个脉冲，绘图笔在 X 或 Y 方向可移动的距离称为步距。对于地形绘图，一般要求绘图机步距在 0.0125～0.02 mm 之间，定位精度在 0.03～0.06 mm 之间，重复误差在 0.02 mm 以下。

1.3.2 计算机地图制图软件系统

计算机地图制图软件系统可以划分为四个层次，即：计算机系统软件(包括操作系统、语言处理程序、数据库等)、计算机制图函数库与基础软件(如图形支撑软件 OpenGL 函数库等，可选)、计算机地图制图软件系统、计算机地图制图应用系统。

1.3.2.1 计算机系统软件

计算机系统软件对计算机系统进行管理，协调整个系统的工作，并为应用软件的开发和应用提供平台，主要包括操作系统、语言处理程序、图形专用语言和数据库等。

1.3.2.2 计算机图形学基础软件

计算机图形学基础软件是为了支持计算机制图而开发的专用软件、函数库等。主要包括以下几个方面：

(1) 图形支撑软件，如 OpenGL 等。尽管各种高级程序设计语言如 Visual Basic、Visual C++、Delphi 等都具有良好的绘图开发语句、函数，但相对而言，这些基本语句在具体应用中仍需进行大量开发工作。针对这一情况，许多公司推出了针对计算机制图开发的图形支撑软件，其中最为典型的当属 Sun 公司推出的 OpenGL 函数库，为用户进行计算机绘图软件开发提供了有力的支持。

(2) 图形数据接口与交换标准。数据接口与图形交换标准一直是计算机图形领域重要的研究方向之一。美国 1974 年成立了图形标准化规划委员会(GSPC)，提出了世界上第一个图形标准方案 Core，与此同时各国也在陆续制定自己的图形标准，其中以德国的 GKS(Graphics Kernel System，计算机核心图形系统)标准最为著名。1985 年，第一个国际计算机图形信息标准——计算机图形核心系统 GKS 得以正式颁布，之后，三维图形核心系统(GKS-3D)、程序员层次交互式图形系统(PHIGS)、计算机图形原文件(CGM)、计算机图形接口(CGI)、初始图形交换规范(IGES)以及产品数据交换标准(STEP)等相继制定并颁布。

(3) 图形对象库、操作方法库与模型库。针对计算机图形系统中常用的图形对象、图形操作与图形模型具有的共性，可以通过组件、库函数、OLE 对象等建立相应的对象库、方法库和模型库，作为计算机图形系统的一部分。这些库函数可以直接提供用户二次开发使用，从而提高图形应用系统开发的效率。

(4) 计算机制图应用软件,如 AutoCAD、CorelDraw 等。目前已有一些优秀的计算机制图应用软件,这些软件提供了良好的图形设计与开发接口,能够适用于不同领域制图的需求。计算机地图制图既可以直接采用这些软件,也可以利用这些软件提供的二次开发接口进行。

1.3.2.3 计算机地图制图软件

通用计算机图形系统主要是针对规则的简单对象,而对于复杂的地图而言,通用图形系统的图形对象、符号等都不能满足要求,因此需要建立针对计算机地图制图的专业软件。计算机地图制图软件既可以是独立的软件系统,也可以是嵌入其他软件系统,目前以后者为主,如数字测图系统 CASS、EPSW,摄影测量软件系统 Virtuozo、遥感数据处理系统 ENVI、ERDAS 等都具有基于不同来源的数据进行地图制图的功能。开发专业的计算机地图制图软件系统,实现对不同来源、不同格式数据的读取、处理与制图,将是计算机地图制图专业软件系统建立的一个重要方面。

计算机地图制图软件系统的建立往往通过两种途径:一种是直接应用程序设计语言进行底层开发,建立软件系统,其周期长,规模大;另一种则是应用一些计算机制图软件系统进行二次开发,从而形成计算机地图制图软件,如基于 AutoCAD 开发的计算机地图制图软件系统。

1.3.2.4 计算机地图制图应用系统

在计算机地图制图软件系统的基础上,已有一些面向典型领域的应用开发的应用系统,如武汉大学面向电子地图生成的远图软件、威远图公司 Cito Map 等。这些应用系统除具备了常规的计算机地图制图功能外,特别强调地图分析与量算、面向特定领域的地图制作与处理等方面,从而建立计算机地图制图的应用系统。同时,有些计算机地图制图进一步进行拓展、深入开发,形成了地理信息系统软件,如 MapCAD 制图系统向 MapGIS 软件的过渡即是其中一例。计算机地图制图系统在具备了完整的属性数据库、强大的空间分析功能后,即可发展成为地理信息系统。

1.3.3 地图数据

地图是以图形的形式表达关于空间实体及其属性、时态特征的一种方式。地图数据主要包括以下几方面:

1.3.3.1 地理要素空间数据

任何地理实体在地图上都具有其对应的空间位置数据。点的位置数据直接用其坐标表示,线的位置则用构成线的一系列点串来表示,面的位置用面的边界线上点的坐标串来表示且首尾点坐标相等。位置数据是地图的基础数据,也是最为重要的地图信息,所在地理要素都是基于其位置数据在地图上得到体现的。位置数据一般是通过各种测量手段获得的。

1.3.3.2 地理要素属性数据

位置数据仅能解决“在哪儿(Where)”的问题,而对于地图要素来讲,在既定的位置选用什么样的符号表达,则还需要解决该位置实体“是什么(What)”的问题,即具有关于要素的属性数据。尽管地图上表现出来的地物属性往往只是简单的类别、名称等若干个简单属性,但在计算机地图制图系统中,则需要存储和组织更多的属性数据,以便于进一步派生其他专题地图,提供数字地图的多种应用。

1.3.3.3　地图要素空间关系数据

地理要素在概念世界和逻辑世界具有复杂的空间关系，同样反映在地图上地图要素之间也具有各种空间关系，如点—线关系、线—面关系、面—面关系等，以及点与点之间的连接关系等，都需要在地图制图系统中得到表达和体现，这些都是通过表达地图要素空间关系的数据来进行描述的。

1.3.3.4　地图符号库

计算机地图制图系统中还有一种特殊的数据——地图符号。地图符号是地图的图解语言，是用来沟通客观世界、制图者和用图者，传输地理信息的媒介。地图符号系统被称为地图的语言。广义的地图符号是指表示地表各种事物现象的线划图形、色彩、数学语言和注记的总和，也称为地图符号系统，它既包括地图上的线划符号，也包括地图色彩，还包括地图注记。完整的地图符号系统由图解语言（地图符号）、写出语言（色彩和地貌立体表示）、自然语言（名称注记）和数学语言（地图投影、比例尺、方向）四部分构成。狭义的地图符号是指在图上表示制图对象空间分布、数量、质量等特征的标志、信息载体，包括线划符号、色彩图形和注记。

地图符号库是计算机地图制图的基础，制图实体符号化是自动制图的关键环节。地图符号可理解为计算机地图制图中一种特殊的数据进行管理与维护。在地图制图系统中，既应提供有关地图图式（标准）规定的标准符号，同时还应提供良好的符号设计子系统供用户进行自定义符号的设计。

1.3.3.5　地图注记数据

地图注记也是一种典型的地图数据，它往往被视为地图符号系统中不可缺少的一个组成部分，但考虑到其特殊性，将注记数据单独作为一种地图数据进行介绍。

地图注记信息的存储方式可以采用不同的方式。如一种方式是将注记数据与地图数据集中存储，从每一实体的地图数据中可以获取其注记数据，另一种方式则是单独建立对应于地图的注记数据库，包括内容、字体、字号、方向、排列方式，起始点坐标、对应地图实体等。

1.3.3.6　地图元数据

数字地图是国家空间数据基础设施的重要组成部分，特别是随着多时相、多比例尺地图的获取和积累，地图数据管理、查询与质量控制将成为相当重要的一个环节，元数据将在其中发挥重要的作用。元数据（Metadata）是“关于数据的数据”，传统纸质地图中的地图说明信息（如比例尺、坐标系统、生产单位、时间等）以及图例（Legend）均是元数据的典型实例。针对数字地图以及以此为基础的地理信息管理与应用的需求，国内外都制订了相关的标准。如我国由国家基础地理信息中心等负责起草的国家标准《地理信息 元数据》经过几年的研究编制、多次征求意见和修改完善，于2005年8月1日实施。

1.3.4　地图制图员与用户（Mapmaker and Map reader）

人在计算机应用系统中发挥着重要作用，在任何计算机系统中，人既是系统的生产者、开发者，同时也是系统的应用者，因此计算机应用系统中必须重视人的因素，在计算机地图制图系统中也不例外。计算机地图制图中主要涉及的人员包括地图制图系统开发者、地图制图工作人员、地图数据采集人员和地图应用人员，前三种一般为专业人员，统称为地图制图员（Mapmaker），地图应用人员则为最广大的普通用户（Map reader）。

1.3.5 地图模型与方法

如前所述，各种地图模型特别是地图数学模型、地图分析与处理方法在整个计算机地图制图与数字地图分析应用中发挥着重要的作用，因此地图模型方法是计算机地图制图系统中非常重要的一个组成部分。一些重要的地图模型与方法有地图制图综合模型、地图叠加分析等。随着地图学研究的深入，更多的地图模型和方法将嵌入到计算机地图制图中，从而使地图不仅成为信息表达的手段，而且是决策分析重要的技术支持。

1.4 计算机地图制图的发展

1.4.1 计算机地图制图的发展阶段

计算机地图制图是计算机图形学在地图制图领域的应用，它随着计算机图形学的发展而发展。目前，计算机地图制图技术不仅广泛应用于各类地图制图中，也广泛应用于已有纸质地图的数字化中；在计算机图形学发展的带动下，多媒体地图集与互联网地图集也得到迅速推广。计算机地图制图有时也称为自动化制图(Automatic Cartography)或机助地图制图(Computer-Aided Cartography)。它的诞生为传统的地图制图学开创了一个崭新的计算机制作技术领域，也有力地推动了地图制图学理论的发展和技术改造的进程。自计算机地图制图诞生以来，它已经历了理论探讨、设备研制、软件开发和应用试验等发展阶段，现在处于推广应用阶段。

从 20 世纪 50 年代末到 60 年代中期，由于研究和实验的进展、图数转换装置和数控绘图机的问世，具有传统内容和形式的地图制图工艺有了实现自动化的可能，并为 70 年代计算机地图制图的发展奠定了基础。

1970～1980 年，在新的技术条件下，对计算机地图制图的理论和应用问题，如地图图形的数字表示和数学描述、地图资料的数字化和数据处理方法、地图数据库、制图综合和图形输出等方面的问题进行了深入的研究，许多国家相继建立了硬软件相结合的交互式计算机地图制图系统，进一步推动了地理信息系统的发展。例如，1974 年已建成并投入使用的加拿大地理信息系统，1974 年开始筹建、1980 年完成的日本国土信息系统等，这些系统都在评价、预测、决策、规划和管理中显示出重要的作用。

如果说 70 年代是计算机地图制图蓬勃发展的时期，那么 80 年代则是它开花结果、大放异彩的时期。在这 10 年间，各种类型的地图数据库和地理信息系统都相继建立起来，计算机地图制图，尤其是机助专题地图制图得到了极大发展和广泛应用。例如，1982 年美国地质调查局建成了本国 1∶200 万地图数据库，用于生产 1∶200 万～1∶1 000 万比例尺的各种地图；1983 年开始建立 1∶10 万国家地图数据库；1985 年开始研究从传统生产模式向数字化制图体系过渡的程序和技术问题；1988 年还发布了“数字化制图数据标准”。又如，英国目前已建成大比例尺国家地形图数据库，其数据资源可供编制 1∶1 万、1∶5 万、1∶25 万比例尺地形图之用。最近，美国环境系统研究所已建成全世界 1∶100 万地图数据库。

我国从 60 年代末开始进行计算机地图制图的研究工作，至今已经历了设备研制、软件开发、应用实验和系统建立等发展阶段。近 10 年来，随着我国现代化建设事业的不断发展，计算机地图制图无论是在理论研究方面，还是在实际应用的深度和广度方面，都有很大提高。

在硬件研究方面，采用引进、消化、改造和研制等方法，我国已陆续生产了多种系列或多种型号的计算机、数字化仪、绘图机和图形显示设备。

在软件研制方面，地图制图科技工作者本着自力更生、引进改造的原则，研制了大量的基本绘图程序和应用绘图程序以及相应的程序系统。计算机专题地图制图系统已建立并开始应用于生产，如《中国人口地图集》、《京津塘生态环境电子地图集》、《江苏省人口地图集》、《中国之窗地图大系》（“电子地图集”版）等，在设计和生产过程中都采用或部分采用了自行研制的计算机地图制图系统。至于普通地图的计算机制图，已完成了包括地图投影的机助设计和自动展绘、基本要素的自动绘制、图廓及图外整饰、基本符号库的建立、数字地图接边和恢复等成套软件，已绘制了多幅大比例尺地形图和小比例尺地图的样图。近来，又对机助制图综合的研究给予了高度的重视，并已取得了可喜的成果。

计算机地图制图专家系统也已陆续问世，如武汉测绘科技大学研制的“地图设计生产智能化系统”（MAPICEY），中国科学院地理研究所研制的“统计制图专家系统”（SCES），郑州测绘学院研制的“地图投影选择和应用专家系统”（ESMPSU）和“专题地图设计专家系统”（TMDES），它们都在专题地图制图、地图设计和色彩整饰、地图投影的选择、地图要素的制图综合和黄土高原土地评价等领域的研究和试验中取得了良好的效果。

特别值得提出的是，近几年来我国对地理信息系统和数据库的研究、建立和应用非常重视，在关键技术方面取得了突破性的进展，开发出了 GeoStar（武汉大学）、MapGIS（中国地质大学）、SuperMap（中国科学院地理科学与资源研究所）等国产地理信息系统平台；先后建成了全国的国土基础信息系统、黄土高原（重点产沙区）信息系统、旅游资源信息系统、黄河中下游灾情预测预报系统；全国 1∶400 万地图数据库、全国县界数据库、海南省 1∶5 万数字地图数据库等。这些实用性系统的建立，已在国家和地区的经济建设中发挥了重要作用。全国的数字化测绘生产技术体系正在研究和逐步建立，这将有力地推动计算机地图制图的发展。

1.4.2 计算机地图制图与地理信息系统的关系

计算机地图制图与地理信息系统从它们的形成开始一直发展至今，都是紧密联系在一起的，很难区分。它们的主要区别在于最终的目的不同：计算机地图制图的目的是快速、精确地编制高质量的地图，而地理信息系统则是为地理研究和地理决策提供服务。

地理信息系统是以计算机地图制图方法作为基础和技术保证，反过来，由于地理信息系统具有强大的空间分析功能，可使地图制作更方便、精确。地理信息系统载负的地理信息更广泛，地理信息系统可以包含计算机地图制图系统，反之，不成立。

1.4.3 计算机地图制图的当前发展特点

当前计算机地图制图的发展呈现出以下特点：

① 多元数据采集手段一体化。集成野外实测数据采集、现有地图数字化采集、遥感影像数据采集、GPS 数据采集、数码相机数据采集、音频数据采集等，使数据采集手段一体化。

② 数据标准化。数据标准化的研究包括数据采集编码的标准化、数据格式转换的标准化、数据分类的标准化等。实现数据标准化是计算机制图系统普及和应用的必要条件。

③ 数据库集成化。在计算机地图制图系统中引入数据库管理系统，建立空间数据库和

属性数据库之间的连接，并实现其共同管理和相互查询。地理信息系统与计算机地图制图系统的主要区别在于前者具有空间分析功能，其大多数分析功能都是建立在图形元素的拓扑关系基础之上。因此，建立数据的拓扑关系是计算机制图系统向地理信息系统发展的主要环节。

④ 地图产品多元化。计算机技术的飞速发展，促进和形成多种测绘数字产品的出现，地图将不拘形式，形成多元化格局，如移动地图、电子地图、多媒体地图、网络地图等，也促进了地图应用的普及推广和持续深化。

⑤ 地图分析的深入。对地图分析正在从传统的简单量算发展到模型分析、地图数据挖掘等新的处理层次，通过对地图隐含信息的深层次挖掘和地图信息与相关模型的集成，基于地图的建模、智能化地图综合、地图数据挖掘等成为地图分析新的热点方向。

⑥ 地图表达方式多样化。地图表达方式正在从二维到三维、从静态到动态、从固定到移动、从单机到网络、从矢量地图到矢量栅格结合的影像地图过渡，从而形成了丰富的地图信息表达方式，地图已成为普通大众喜闻乐见的媒介，从而促进了地图的应用。

⑦ 地图及相关应用系统的商业化。地图及围绕地图制作正在成为地理信息产业的一个重要组成部分，各种专题地图、电子制图、应用地图的生成也是地理信息增值的重要环节。与此同时，许多从事地图与地理信息系统的公司正在推出一系列具有强大功能的数字测图、地图制图以及地理信息系统软件，从而为地图应用提供了有力的保证。

1.5 计算机地图制图的主要研究内容

根据国内外学者的研究，我们总结归纳出计算机地图制图的研究内容主要包括：

(1) 计算机地图制图硬件设备研制与开发

计算机地图制图硬件设计的研制和开发与通用制图硬件设备开发同步进行，如数字化仪、扫描仪、绘图仪等。随着电子技术、光电技术、通信技术的不断发展，地图输入、显示、处理与输出设备的性能价格比将不断提升，并出现一些更为先进的地图制图硬件。

(2) 制图数据采集与预处理

计算机地图制图的数据源既有数字格式的数据，也有模拟数据。对多源数据进行采集、整理与预处理是计算机地图制图的基础，一些典型的预处理有投影转换、坐标变换等。从目前来看，预处理技术已比较成熟，但随着非线性科学与计算智能的进展，这些新理论与方法被应用于预处理，如基于数学形态学的地图扫描识别、基于神经网络的坐标转换方法等。

(3) 地图要素表达与数据结构

数字地图的表达从广义来讲包括两种方式：栅格地图和矢量地图。栅格地图以格网为基本图形对象，与图像具有相同的操作处理方式，因此通常将其作为图像处理。狭义的地图是指矢量地图，即以点、线、面为基本图形对象的地图，本书中所指地图均指矢量地图。地图要素表达与数据结构研究也是计算机地图制图的研究内容之一，目前的一些研究热点有基于本体的地图对象表达、面向对象的地图要素定义、面向对象的地图数据结构等。

(4) 地物符号设计

符号是地图的语言，符号设计是计算机地图制图系统中最重要的工作之一，提供良好的符号设计界面是计算机地图制图系统性能优劣的重要标志。计算机地图制图系统一方面应建立地图符号库,供用户选择使用;另一方面应提供良好的开发工具供用户自行建立符号库。

(6) 地形表达

地形图主要由地貌和地物两部分构成,专题图则是在地形图上叠加了各种社会经济和自然地理要素。地貌表达是地图制图非常重要的环节,早期的纸质地图主要采用等高线来表达地貌,随着GIS与计算机制图的发展,数字地面模型(DTM)已成为以数字方式表达地貌最为重要的手段,包括格网DEM、不规则三角网(TIN)、等高线等都得到了广泛应用。对等高线的研究正在从传统的单纯注重等高线生成转向等高线自动综合、等高线空间关系等的研究,而格网DEM、TIN的研究则是当前计算机地图制图、GIS领域重要的研究方向。

(7) 地图数据存储与组织

地图数据组织一般采用分幅、分层的方式进行。所谓分幅即按照地图分幅的思想,每幅地图为一个存储单元。所谓分层即对地图中的信息按照相应的专题进行分层存储,每一主题为一个层,通过多层数据叠加可灵活生成各种地图数据。

地图数据存储早期主要是采用数据文件的方式,随着数据库技术的发展,地图数据库得到了广泛应用。计算机地图制图必须以地图数据库为核心,有效地实现地图信息采集、存储、检索、分析处理与图形输出的系统化,地图数据库是计算机制图系统的核心,也是地理信息系统的重要组成部分。元数据管理也是地图数据库的重要组成部分,通过元数据可以提高地图管理的效率,从而为计算机地图制图系统与数字地图的广泛应用提供支持。

数字地图是国家(地区)空间数据基础设施,是4D产品的重要组成部分。从空间数据基础设施、数字地球、数字化区域、数字省市等角度也都对数字地图提出了更多的挑战。

(8) 地图操作

对数字地图的各种操作是计算机地图制图重要的部分。一些主要的操作有漫游、缩放、旋转、平移、压缩、制图综合、坐标变换、开窗处理、地图填充等。地图操作算法目前已相对比较成熟,目前的一些研究热点主要集中在自动制图综合、地图无缝漫游、无级缩放以及网络环境下的地图操作等。

(9) 地图空间分析与地图空间关系

地图分析、量算与地图应用方法是地图学特别是应用地图学的重要内容。地图目视分析、地图量算分析、地图图解分析、地图数理统计分析、地图数学模型分析等都是当前地图分析应用的热点,而且正在与地理信息系统、领域应用相结合,形成了地图学发展的新方向。近年来,随着数据挖掘等相关技术的发展,基础地理信息分析、地图空间关系、地图数据挖掘等方面的研究得到了重视。

(10) 输入/输出

输入、输出是地图学的入口与出口。关于数据输入目前主要集中在多源制图数据的集成与融合、扫描地图自动识别等方面。地图输出的研究则主要集中在地图符号库设计、地图版式设计、标准地图模板建立、专题地图制图向导开发等方面,从而使得用户能够获得灵活多样、信息丰富、满足要求的普通或专题地图。

(11) 三维地形可视化、虚拟现实地图与虚拟地理环境

三维地形可视化是科学计算可视化、真实感图形图像技术在地图学领域应用的成功体现,《地形三维可视化技术》对三维地形可视化的相关问题进行了全面探讨。虚拟现实技术与地图学结合,产生了虚拟现实地图,也称之为“可进入”地图。虚拟现实地图就是以虚拟现

实技术为基础的新型的数字地图，它可以通过多重感觉通道使人沉浸于三维地理环境之中，同时可以通过人机交互工具模拟人在自然环境中的空间认知方式，并进行各种地理空间分析。虚拟地理环境（VGE，Virtual Geographical Environment）也是当前研究的热点。

（12）地图制图新技术应用

随着移动计算、网络技术等新技术的发展，地图制图技术也发生了深刻的变革，出现了移动制图系统（MMS，Mobile Mapping System）、网络地图发布、地学信息图谱等新的研究课题。地图学是一门古老而年轻的科学，其年轻的一个方面就在于其"与时俱进"，不断与各种新技术相结合。这方面的研究也将是今后计算机地图制图一个最具发展潜力的方向。

（13）计算机地图制图软件系统与应用系统开发

作为计算机地图制图最直观的表达，应用软件的开发无疑是最为重要、最为实用的一个方面。计算机地图制图应用软件开发是硬件、软件、算法、方法和应用相结合的产物，也是当前及今后计算机地图制图教学与人才培养方面非常重要的一个环节。

第 2 章　计算机地图制图基础知识

2.1　平面几何基础

二维地图空间上所表达的几何元素可以划分为点、线、面三类。因此，在计算机地图制图学的范畴，就几何元素的关系而言，需要讨论以下六类，即点点关系、点线关系、点面关系、线线关系、线面关系和面面关系。在这六类关系中，点点关系比较简单，此节不做专门论述。下文就其余五类关系及其相关算法进行详细阐述。

2.1.1　点线关系

点线之间的拓扑关系有点在线上和点线相离两种。下面论述点线侧位关系判断、点线拓扑关系的判别方法及点到线的距离计算。

(1) 点线侧位关系判断

设一条直线方程为：$Ax+By+C=0$，则对于函数 $f(x,y)=Ax+By+C$，任取空间一点 $m(x_0,y_0)$，有

$$f(x_0,y_0)=Ax_0+By_0+C\begin{cases}>0\text{，点 } m \text{ 位于直线一侧}\\=0\text{，点 } m \text{ 位于直线上}\\<0\text{，点 } m \text{ 位于直线另一侧}\end{cases}$$

(2) 点线拓扑关系的判别方法

点线拓扑关系判别的目的之一是确定点是否在线上。设点为 $A(x_A,y_A)$，折线 $P=P_1,P_2,\cdots,P_m$。判别算法分三步：

第一步，计算折线的最小投影矩形。该投影矩形是由折线上的拐点的最大、最小坐标组成的；

$$x_{\min}=\min(x_{P_1},x_{P_2},\cdots,x_{P_m})$$
$$y_{\min}=\min(y_{P_1},y_{P_2},\cdots,y_{P_m})$$
$$x_{\max}=\max(x_{P_1},x_{P_2},\cdots,x_{P_m})$$
$$y_{\max}=\max(y_{P_1},y_{P_2},\cdots,y_{P_m})$$

投影矩形的左下角为点 $(x_{\min},y_{\min})$，右上角为点 $(x_{\max},y_{\max})$。

第二步，判断点 A 是否在投影矩形内。若 A 不在投影矩形内，结论为点 A 与折线 P 相离，算法结束；否则，转第三步。

第三步，判断点 A 是否在线段 P_iP_{i+1} 上 $(0\leqslant i\leqslant m-1)$，方法是：先比较点 A 与 P_i、P_{i+1} 的坐标，若

$$x_{P_i} \leqslant x_A \leqslant x_{P_{i+1}} \text{或者} x_{P_{i+1}} \leqslant x_A \leqslant x_{P_i} \text{且} y_{P_i} \leqslant y_A \leqslant y_{P_{i+1}} \text{或者} y_{P_{i+1}} \leqslant y_A \leqslant y_{P_i}$$

即表明点 A 位于点 P_i 和点 P_{i+1} 的投影矩形中，则可以进一步计算点 A 是否在线段 P_iP_{i+1} 上，否则继续进行点 A 和下一条线段的关系判断。

计算点 A 是否在线段 P_iP_{i+1} 上的方法是把点 A 的坐标代入直线 P_iP_{i+1} 的方程。若点 A 的坐标满足直线方程，则点 A 在线段上。

当计算出点 A 在一条线段上时，算法结束。

(3) 点到线的距离计算

先来看一点与一条线段的距离计算方法。显然，点到线段的距离可能是该点与线段某一端点的距离[图 2-1(a)]，也可能是点到线段的垂距[图 2-1(b)]，其计算比较简单，具体公式此处从略。

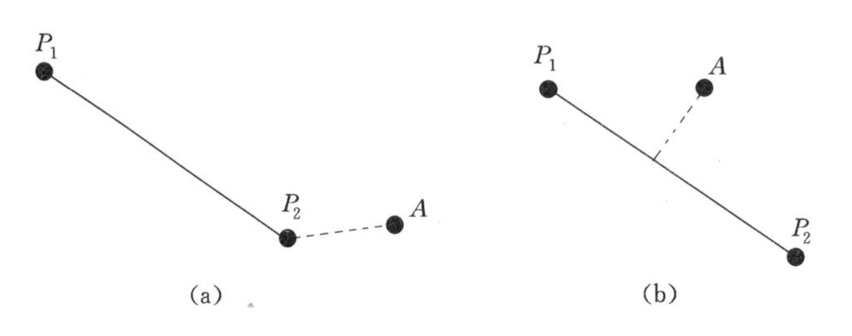

图 2-1　点与线段最近距离的两种情形

点到线的距离一般包括最远距离和最近距离(图 2-2)。最远距离是一点到折线拐点距离的最远者，比较容易得到。最近距离是指一点到折线上各线段中距离的最近者。因此，计算最近距离时，需要分别计算点与折线各拐点的距离中的最小者和点到各线段距离的最小者，然后求出它们二者中的小者。

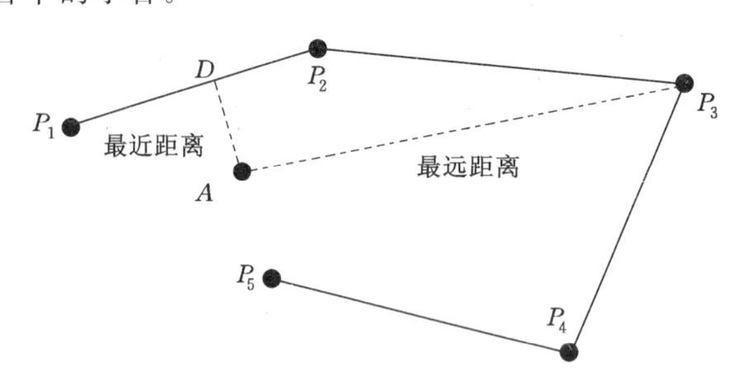

图 2-2　点与线的最远距离和最近距离

2.1.2　线线关系

线线之间的拓扑关系包括相离、共位、相交等。在这些关系的计算中，基础是判断两线段相交的算法。本节主要论述该算法，进而论述判断两折线相交的算法。

(1) 两线段相交与否的判断方法

欲判断两条线段 $S_1(P_1, P_2)$、$S_2(P_3, P_4)$ 是否相交，可先设：

$$x1_{\min} = \min(P_1.x, P_2.x)$$
$$y1_{\min} = \min(P_1.y, P_2.y)$$
$$x1_{\max} = \max(P_1.x, P_2.x)$$

$$y1_{max}=\max(P_1.y, P_2.y)$$
$$x2_{min}=\min(P_3.x, P_4.x)$$
$$y2_{min}=\min(P_3.y, P_4.y)$$
$$x2_{max}=\max(P_3.x, P_4.x)$$
$$y2_{max}=\max(P_3.y, P_4.y)$$

这里，$P_i.x$ 和 $P_i.y$ 是点 P_i 的纵横坐标。

若 $x1_{max}<x2_{min}$ 或 $y1_{max}<y2_{min}$ 或 $x1_{min}>x2_{max}$ 或 $y1_{min}>y2_{max}$，则 S_1、S_2 不相交。否则，需要进一步判断。为此设：

$$dx=P_1.x-P_2.x$$
$$dy=P_1.y-P_2.y$$

P_1P_2 的直线方程为 $f(x,y)=dx(y-P_1.y)-dy(x-P_1.x)$，凡在 P_1P_2 上的点必满足

$$dx(y-P_1.y)-dy(x-P_1.x)=0$$

而其他点使

$$dx(y-P_1.y)-dy(x-P_1.x)\neq 0$$

且在直线 P_1P_2 两侧的半平面内的点使上式异号。因此，判断 P_3、P_4 在 P_1 不同侧的充分必要条件是：

$$f(P_3.x, P_3.y)\cdot f(P_4.x, P_4.y)\leqslant 0$$

同理可写出直线 P_3P_4（即 S_2 所在的直线）的直线方程，进而可得判断 P_1、P_2 在 S_2 不同侧的充分必要条件。

显然，若两个线段的端点都在对方的不同侧，则此两线段必然相交。

（2）两折线相交与否的判断

容易想到的判断折线自相交的方法是：对于折线上的线段，顺次利用上述判断线段相交与否的方法，对每个线段建立直线方程并两两判断有无交点。该方法的优点是直观，缺点是计算繁琐，编程工作量大，且在时间上不是最优。下面介绍一种运算时间占优的基于单调链的算法。

先介绍单调链的概念。

对于某一这线段 $L=\{l_1, l_2, \cdots, l_n\}$，$l_i.x_i$ 是点 l_i 的横坐标，如果总有 $l_i.x_i\leqslant l_{i+1}, x_{i+1}$（或 $l_i.x_i\geqslant l_{i+1}.x_{i+1}$），称折线为关于 X 轴的单调（增/减）链。同样可定义关于 Y 轴的单调（增/减）链。由定义可知，单调链是简单折线，不自相交。

假设两折线为 $L=\{l_1, l_2, \cdots, l_n\}$，$K=\{k_1, k_2, \cdots, k_n\}$，判断两折线是否相交的算法如下：

第一步，把折线 L、K 都划分成单调链。

具体方法是：首先，求出每条折线的最小外接矩形（不妨设为 R），令 $D_X=\mathrm{abs}(R.\mathrm{left}-R.\mathrm{right})$，$D_Y=\mathrm{abs}(R.\mathrm{top}-R.\mathrm{bottom})$。

这里，R. left 是 Visual C++的写法，余同。

然后，对于 L 或 K，若 $D_X>D_Y$，则整个折线划分成关于 X 轴的单调链，否则折线划分成关于 Y 轴的单调链。设 L、K 被划分为 n_l、n_k 个单调链。

如图 2-3 所示，折线 L 按照横坐标变化被划分为 3 个单调链，折线 K 按照纵坐标变化被划分为 1 个单调链。

第二步，计算出 L、K 的每个单调链的最小投影矩形（如图 2-3 中虚线所示的矩形）。

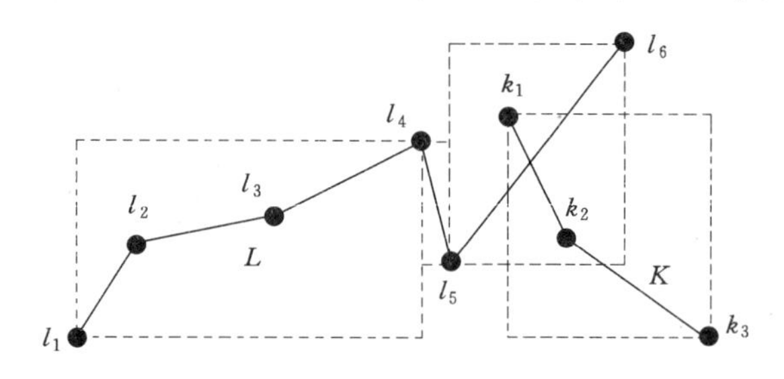

图 2-3　折线的单调链划分及其投影矩形

第三步，顺次比较 L 的单调链的一个投影矩形与 K 的单调链的一个投影矩形是否相交。若相交，再运用上述判断两线段是否相交的算法确定线段是否有交点。

在图 2-3 中，L 的最后一个单调链的投影矩形和 K 单调链的投影矩形相交，故计算只限于线段 l_5l_6 与线段 k_1k_2 之间。

2.1.3　点面关系

点面关系研究的重点之一是点是否在面（或多边形）内的判别。本处主要讨论该类问题。

2.1.3.1　点与三角形位置关系的计算

三角形作为最简单的多边形，其与点的位置关系的判断较其他多边形特殊。因此，在这里单独论述。

如图 2-4 所示，设有△ABC 及点 $P(x_P, y_P)$，有直线 AB 对应的函数为 $f_1(x,y)=a_1x+b_1y+c_1$；直线 BC 对应的函数为 $f_2(x,y)=a_2x+b_2y+c_2$；直线 CA 对应的函数为 $f_3(x,y)=a_3x+b_3y+c_3$。

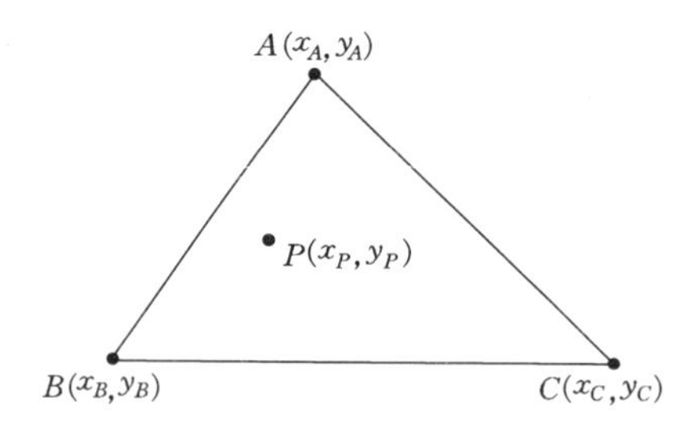

图 2-4　点与三角形的位置关系

对于点 $P(x_P, y_P)$，若满足：

$$f_1(x_C, y_C)\cdot f_1(x_P, y_P)>0$$

$$f_2(x_A, y_A)\cdot f_2(x_P, y_P)>0$$

$$f_3(x_B, y_B)\cdot f_3(x_P, y_P)>0$$

则点 P 位于三角形的内部，否则点 P 位于三角形的外部。

2.1.3.2　点与多边形位 t 关系的计算

下面的论述用到向量的基本知识，这里对此先作简单介绍。

(1) 矢量及其性质

既有大小又有方向的量叫向量(或矢量)。

向量可以用有向线段来表示。如图2-5所示，从O点到A点的有向线段以OA表示，其长度表示矢量的大小，而它的指向表示矢量的方向。

矢量具有如下性质：

① 零向量：指长度为零而方向不确定的向量。

② 相等：长度和方向相同的两个矢量相等。

③ 矢量的长度。

在二维欧氏空间中，建立直角坐标系$\{O,\boldsymbol{i},\boldsymbol{j}\}$，其中$O$表示坐标原点，$\boldsymbol{i}$、$\boldsymbol{j}$表示两个坐标轴正向的单位向量。这样，一个二维空间向量可表达为

$$\boldsymbol{r}=x\boldsymbol{i}+y\boldsymbol{j}=(x,y)$$

式中，x、y分别表示矢量$\boldsymbol{r}$沿x轴、y轴的分量。矢量的长度为

$$|\boldsymbol{r}|=\sqrt{x^2+y^2}$$

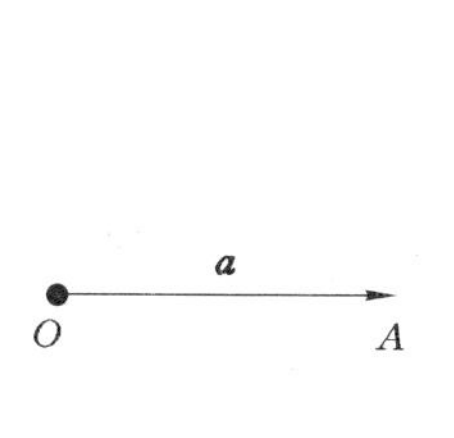

图2-5　矢量的概念

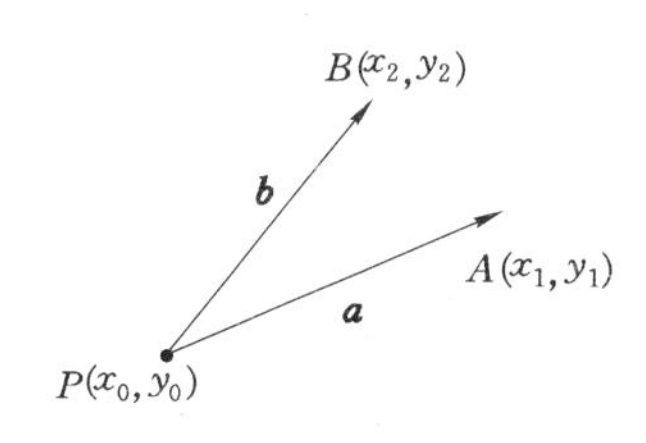

图2-6　矢量求积

④ 矢量的数量积(点积)和矢量积(叉积)。

已知三点$A(x_1,y_1)$、$B(x_2,y_2)$、$P(x_0,y_0)$，如图2-6所示，用$\boldsymbol{a}$表示PA，$\boldsymbol{b}$表示PB，则

$$\boldsymbol{a}=(x_1-x_0,y_1-y_0)=(x_1-x_0)\boldsymbol{i}+(y_1-y_0)\boldsymbol{j}$$

$$\boldsymbol{b}=(x_2-x_0,y_2-y_0)=(x_2-x_0)\boldsymbol{i}+(y_2-y_0)\boldsymbol{j}$$

则$\boldsymbol{a}$、$\boldsymbol{b}$的数量积为

$$\boldsymbol{a}\cdot\boldsymbol{b}=(x_1-x_0)(x_2-x_0)+(y_1-y_0)(y_2-y_0)$$

或者表达为

$$\boldsymbol{a}\cdot\boldsymbol{b}=|\boldsymbol{a}|\,|\boldsymbol{b}|\cos\theta$$

式中，$|\boldsymbol{a}|$、$|\boldsymbol{b}|$分别为矢量$\boldsymbol{a}$、$\boldsymbol{b}$的模；θ为矢量$\boldsymbol{a}$、$\boldsymbol{b}$的夹角。

$\boldsymbol{a}$、$\boldsymbol{b}$的矢量积为

$$\boldsymbol{a}\times\boldsymbol{b}=[(y_2-y_0)(x_1-x_0)+(x_2-x_0)(y_1-y_0)]k$$

或者表达为

$$\boldsymbol{a}\times\boldsymbol{b}=|\boldsymbol{a}|\,|\boldsymbol{b}|\sin\theta\cdot k$$

(2) 判断点与多边形位置关系的夹角求和算法

如果组成多边形的各边互不相交(相邻边除外)，且该多边形连续、中间无岛屿，则称该多边形为简单多边形。夹角求和算法是适用于判断简单多边形与点的包含关系的一个算法。对有孔(或曰岛屿)的多边形需要改进的算法或其他算法。

设有一简单n边形，其顶点可以表示为$P_i(x_i,y_i)$，$i=1,2,\cdots,n$，另有待判别的独立点

$A(x_A, y_A)$。连接点 A 与多边形的各个顶点，计算其夹角和，且规定顺时针方向旋转的角度为正，逆时针方向旋转的角度为负(图 2-7 和图 2-8)。若有

$$\sum_{i=1}^{n-1} \angle P_i A P_{i+1} + \angle P_n A P_1 = \begin{cases} \pm 2\pi, \text{点 } A \text{ 在多边形内} \\ 0, \text{点 } A \text{ 在多边形外} \end{cases}$$

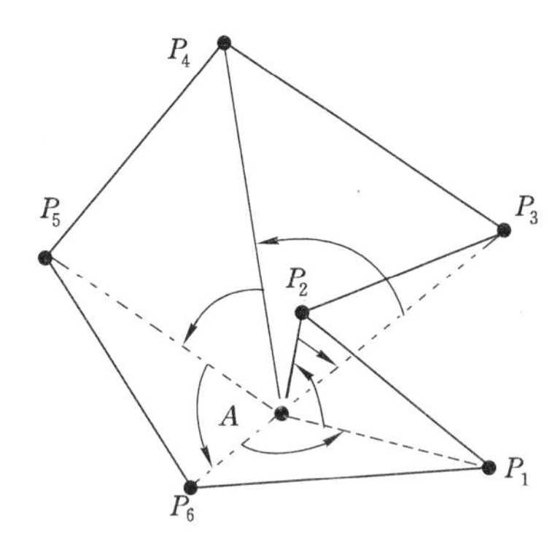

图 2-7　点在多边形内

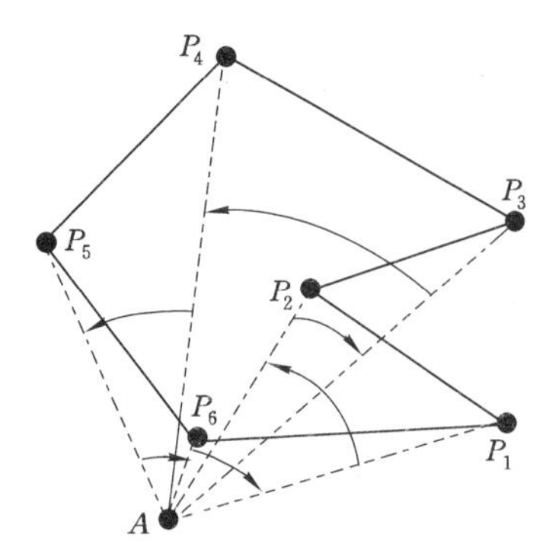

图 2-8　点在多边形外

对于$\angle P_i A P_{i+1}$的求法有很多种，以下介绍两种求夹角的方法，即矢量法和方位角法。首先介绍矢量法。

对于 n 边形的顶点序列，设其第 $n+1$ 个顶点为 $P_{n+1}(x_{n+1}, y_{n+1}) = P_1(x_1, y_1)$，待判别的点仍设为 $A(x_A, y_A)$，则点 $P(x_P, y_P)$和 $P_i(x_i, y_i)$构成向量 $\boldsymbol{v}_i$，即

$$\boldsymbol{v}_i = P_i - A$$

设$\angle P_i A P_{i+1} = \alpha_i$，则由点积公式

$$\boldsymbol{v}_i \cdot \boldsymbol{v}_{i+1} = |\boldsymbol{v}_i| |\boldsymbol{v}_{i+1}| \cos \alpha_i$$

容易得到

$$\alpha_i = \arccos\left(\frac{\boldsymbol{v}_i \cdot \boldsymbol{v}_{i+1}}{|\boldsymbol{v}_i| \cdot |\boldsymbol{v}_{i+1}|}\right)$$

进而由 α_i 可得角度和。这种方法需要计算一个点积、两个开平方和一个反余弦，另外还必须以叉积计算角度的方向。故从算法的时间复杂性来说，并不是最好的。

因此，下面介绍较常用的方位角求和法。

在笛卡儿坐标系中，从 x 轴正向起逆时针旋转某一射线得到一个角度β，可定义 β 为该方向的方位角。如图 2-9 所示，射线 OP 的方位角β。方位角的取值范围是 $0° \leqslant \beta \leqslant 360°$。

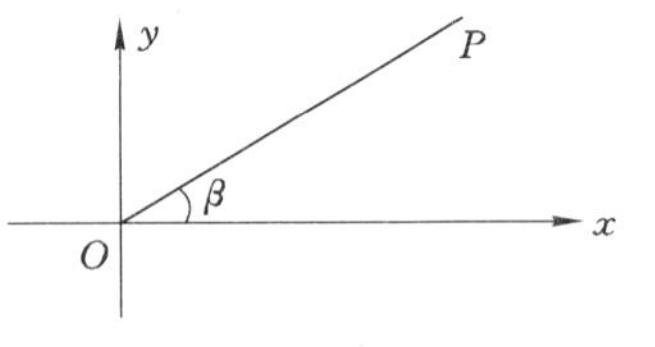

图 2-9　方位角示例

设有射线 AB，$A(x_A, y_A)$，$B(x_B, y_B)$，则 AB 的方位角 β_{AB} 可由下式计算：

令：$D_x = x_B - x_A$，$D_y = y_B - y_A$。

① 若 $D_x = 0$，$D_y > 0$，则 $\beta_{AB} = 90°$；

② 若 $D_x = 0$，$D_y < 0$，则 $\beta_{AB} = 270°$；

③ 若 $D_x > 0$，$D_y \geqslant 0$，则 $\beta_{AB} = \arctan \dfrac{D_y}{D_x}$；

④ 若 $D_x > 0$，$D_y < 0$，则 $\beta_{AB} = \arctan \dfrac{D_y}{D_x} + 360°$；

⑤ 若 $D_x<0$，则 $\beta_{AB}=\arctan\dfrac{D_y}{D_x}+180°$。

注意：若 $D_x=0$，$D_y=0$，则两点重合不存在方位角。

得到方位角后，进一步可以计算任意两点射线的夹角 $\alpha(0°\leqslant\alpha\leqslant360°)$。对于上述的 n 边形和点 $A(x_A,y_A)$，方位角为 $\alpha_i=P_iAP_{i+1}$，则有：

$$\alpha_i=\begin{cases}\beta_{i+1}-\beta_i, & 0°\leqslant\beta_{i+1}-\beta_i\leqslant360°\\ \beta_{i+1}-\beta_i+360°, & \beta_{i+1}-\beta_i<0°\\ \beta_{i+1}-\beta_i-360°, & 360°\leqslant\beta_{i+1}-\beta_i\end{cases}$$

进而可得

$$\begin{cases}\sum_i\alpha_i=360°, & \text{点 } A \text{ 在多边形内}\\ \sum_i\alpha_i=0°, & \text{点 } A \text{ 在多边形外}\end{cases}$$

该方法较矢量算法来说，具有直观、计算量小的优点，在计算两矢量夹角时被经常使用。

(3) 判断点与多边形位置关系的铅垂线内点算法

铅垂线内点算法的基本思想是从待判别点引铅垂线，由该铅垂线（注意：是一条射线）与多边形交点个数的奇偶性来判断点是否在多边形内。若交点个数为奇数，则点在多边形内；若交点个数为偶数，则该点在多边形外（图 2-10）。下面详细阐述铅垂线内点算法。

第一步，计算多边形最小投影矩形，若点在最小投影矩形外，则点一定在多边形外，算法结束；否则执行第二步。

第二步，设置记录交点个数的计数器 Num＝0。

第三步，从待判断的点作铅垂线，顺次判断该铅垂线与多边形各边是否相交，若相交，求出交点并记录下来。每有一次相交，把 Num 数值增加 1。

第四步，若 Num 为偶数，则该点在多边形外；否则，该点在多边形内。算法结束。

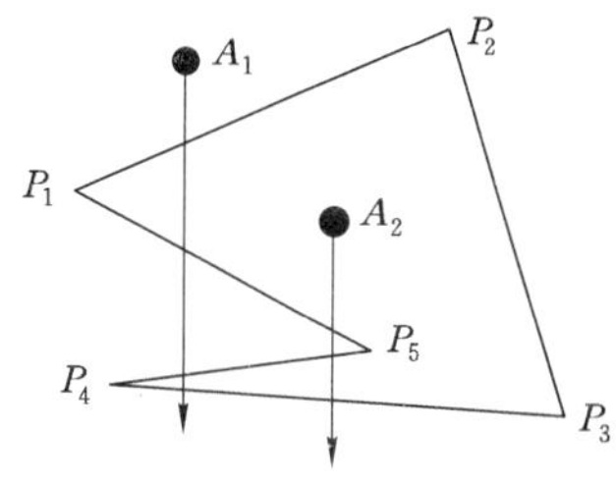

图 2-10　由交点数奇偶性判断点面包含关系

运用铅垂线内点算法求交点时，需要注意交点位于多边形顶点（图 2-11）或铅垂线与多边形的一条边重合的特殊情况（图 2-12）。

当求出铅垂线交于多边形的一个顶点时，需要综合考虑图 2-11、图 2-12 的四种情形，决定交点计数器是否增加。基本思路是：当求得一个交点是顶点时，记录该交点，Num 不

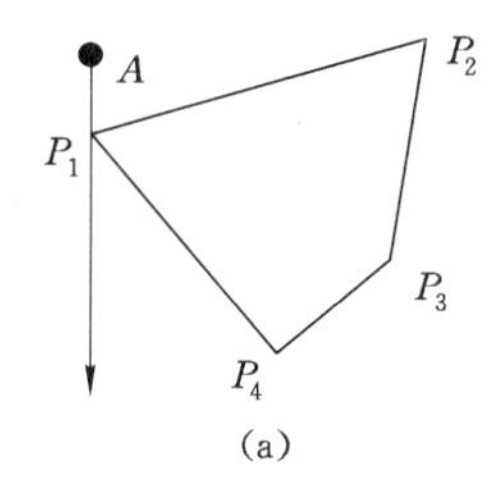

(a)

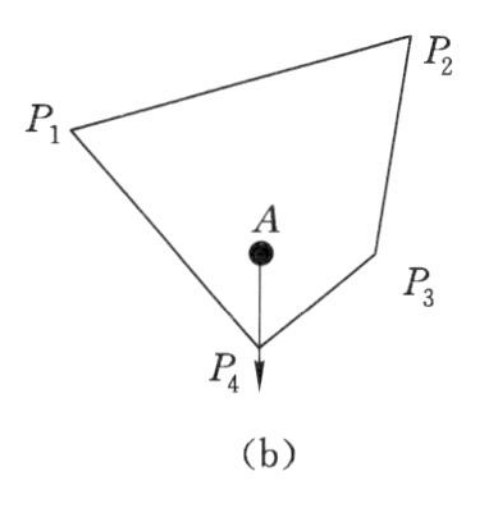

(b)

图 2-11　铅垂线交于多边形的顶点

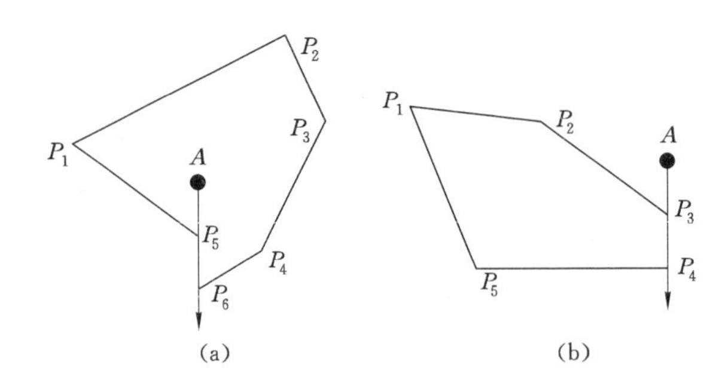

图 2-12　铅垂线与多边形的一边相重合

变，继续判断多边形的下一条边是否和铅垂线相交。此时可能是：① 相交且仍交于该顶点（图 2-11 的两种情形）；② 该边与铅垂线部分重合。

对于前一种情形，可建立铅垂线的直线方程，判断该顶点前、后相邻的两顶点是否在铅垂线的同侧，若在同侧，Num 不变，否则 Num 加 1。图 2-11(a)中，P_1 为交点，P_2P_4 在过 A 的铅垂线的同侧，故 Num 不变，最后交点总数为 0(偶数)；图 2-11(b)中，P_4 为交点，P_1、P_3 在过 A 的铅垂线的异侧，故 Num 加 1，最后交点总数为 1(奇数)。

对于后一种情形，同样建立铅垂线的直线方程，判断与该边两端点相邻的前、后两顶点是否在铅垂线的同侧，若在同侧，Num 不变，否则 Num 加 1。

2.1.4　线面关系

线面关系的重点之一是求线与面的相交部分，这在地图符号生成（如居民地符号内的晕线填充）、图形开窗等算法中有重要用途。下面介绍求线段与多边形交线的算法。求折线与多边形交线的算法是该算法的扩展，本节不做讨论。

第一步，求多边形的最小投影矩形。

第二步，判断线段是否有端点在该最小投影矩形中。若不在，线段与多边形相离，算法结束；否则，执行第三步。

第三步，顺次判断线段与多边形各边是否有交点，若有交点，则求出并保存该交点坐标。

第四步，对交点坐标排序。计算各交点与线段一端点的距离，然后按照距离由小到大的顺序对交点编号排序。

图 2-13 中，对于线段 QH 与多边形的交点，依照与 Q 的距离升序排列为 $q_1, q_2, \cdots, q_9$，q_{10}；对于线段 KM 与多边形的交点，依照与 K 的距离升序排列为 k_1, k_2, k_3。

第五步，连接各个交点，得到位于多边形内部的交线。连接交点的规律是：在交点排序中，作为距离起算点的线段端点若位于多边形外，则连接交点 1～2、3～4、5～6…否则，连接交点 0～1、2～3、4～5…这里第 0 点即指作为距离起算点的线段端点。

如图 2-13 所示，QH 与多边形的交线为 q_1q_2、q_3q_4、q_5q_6、q_7q_8、q_9q_{10}；KM 与多边形的交线为 Kk_1，k_2k_3。

2.1.5　面面关系

此处只对面面关系中任意两多边形（在这里面与多边形是一个概念，亦即多边形包括了其边界和内部）求交进行论述，其余如两多边形求和、求差等，由于方法类似，此处从略。

任意两多边形求交问题解决的基础是两个简单多边形求交、求差和求并的算法。由于

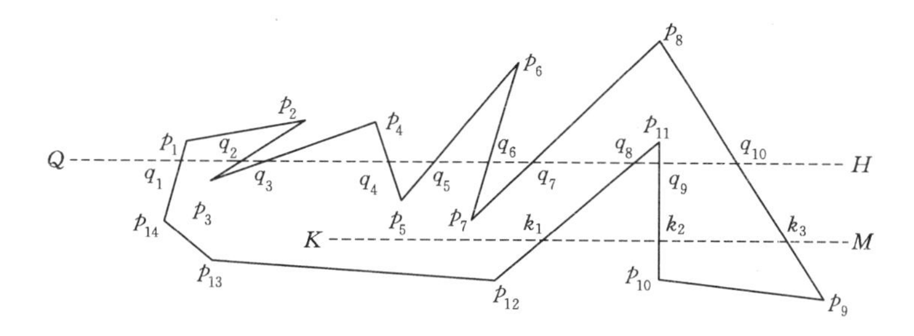

图 2-13　线段与多边形相交时的交点连接规律

这两类算法大体相似，下文只给出求交的详细解法。

2.1.5.1　计算简单多边形交集的算法

设有两个简单多边形 $P=\{p_1,p_2,\cdots,p_m\}$，$Q=\{q_1,q_2,\cdots,q_n\}$。各多边形顶点 p_iq_i 逆时针排列，确定它们的交 $F=P\cap Q=\{k|k\in P\cap k\in Q\}$。

第一步，求出多边形 P、Q 顶点的最大、最小 x、y 坐标。

$$XP_{\min}、YP_{\min}、XP_{\max}、YP_{\max}、XQ_{\min}、YQ_{\min}、XQ_{\max}、YQ_{\max}$$

第二步，若 $XP_{\max}\leqslant XQ_{\min}$ 或 $YP_{\max}\leqslant YQ_{\min}$ 或 $YP_{\min}\leqslant XQ_{\max}$ 或 $YP_{\min}\geqslant YQ_{\max}$，则两个多边形的交 $F=P\cap Q=\varnothing$ 结束运算。否则，执行第三步。

第三步，定义 $m\times n$ 的二维数组 A，用于记录两多边形的各边相交与否，P 的第 i 条边与 Q 的第 j 条边相交则记录 $A_{ij}=1$，否则 $A_{ij}=0$。又定义 $m\times n$ 的二维数组 B 用于记录两多边形各边交点坐标。

从 P 的第一条边出发，依次与 Q 的第 1 到第 n 条边比较，修改数组 A、B，直到所有线段全部遍历为止。

第四步，完成交集多边形的搜索。搜索数组 A，若 A 中元素全部为 0，则两多边形交集为空，转第五步。否则 $A_{ij}=1$，则 $p_{i-1}p_i$ 与 $q_{j-1}q_j$ 有交点，该交点必是交集多边形上的一点。可以从该点起，探测搜索交集多边形的下一点，方法是(以图 2-14 为例，以 k_4 为起点)：从该交点所在的 P 或 Q 的边出发(不失一般性，设从 P 的边出发)，向该边的一端探测(规定该方向为探测的前进方向)，若该端点在另一多边形 Q 内或该探测方向的线段上出现另外一个交点，则连接该交点和该端点(或交点)的线段必然是交集多边形的边(如图 2-14 中的 k_4p_5)否则向另外一端探测，并规定面向该端的方向为探测的前进方向。若探测前进方向上

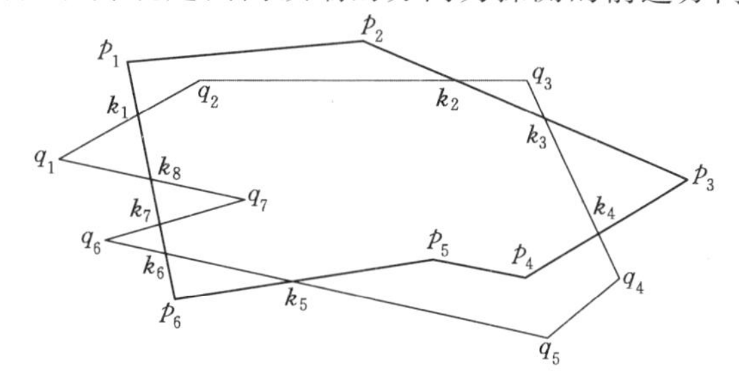

图 2-14　简单多边形求交

(图 2-14 中，从 k_5 出发，搜索到的交集多边形为 $k_5p_5k_4p_4k_3k_2q_2k_1k_8q_7k_7k_6$)

P 的端点位于多边形 Q 外(亦即探测到了另外一个交点),则沿新交点所在的多边形 Q 的边继续向前搜索,直至回到搜索的起点形成一个封闭多边形。

继续搜索数组 A,并把已经连接的交点的对应 A 中元素置为 0,跟踪多边形,直到 A 中元素全部为 0。跟踪得到的多边形集合(非空)就是 $F=P\cap Q$ 的解。若解集为空,转向第五步。

第五步,取 P 上(或 Q)一端点,判断该端点是否在 Q(或 P)中。若在,则交集为 P(或 Q);否则,交集为空(图 2-15)。

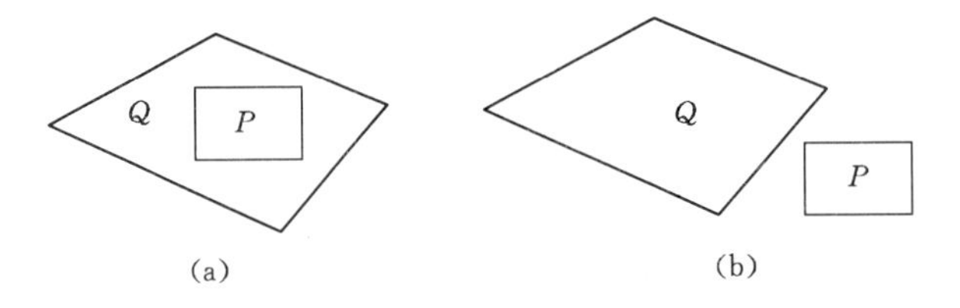

图 2-15　求交时多边形包含和相离的情形

需要注意的是:两多边形的交集可能为一到多个简单多边形。

2.1.5.2　计算任意多边形交集的算法

对任意两个多边形求交问题叙述如下:平面上给定两个多边形 P、Q(它们可以是简单多边形,也可以是复杂多边形),P 的外围多边形为 P_0,内嵌 $m(m\geqslant 0)$ 个岛屿多边形为 P_1,P_2,…,P_m,Q 的外围多边形为 Q_0,内嵌 $n(n\geqslant 0)$ 个岛屿多边形为 Q_1,Q_2,…,Q_n,各多边形顶点逆时针排列,确定它们的交 $F=P\cap Q=\{q|q\in P\cap q\in Q\}$。

复杂多边形求交的解法比较复杂,是简单多边形交、开、差等基本运算的混合运算,另外对数据结构的设计也有较高的要求。下面给出该算法的描述。

第一步,求出 P、Q 的外围多边形的交,若 $F=P_0\cap Q_0=\varnothing$ 结束运算。

第二步,若非空,分别计算各个岛屿多边形(P_1,P_2,…,P_m 及 Q_1,Q_2,…,Q_n)与 F 的交集(运用上述两简单多边形求交的算法)F_{P1},F_{P2},…,F_{Pm},F_{Q1},F_{Q2},…,F_{Qn}。

第三步,最终结果集合为 $P\cap Q=F_{P1}\cup F_{P2}\cup F_{Q1}\cup F_{Q2}\cup F_{Qn}$。

如图 2-16 所示,两复杂多边形 P、Q 求交后的结果是虚线阴影部分的多边形,它由 $P_0\cap Q_0$ 去除 P_1 的部分组成。

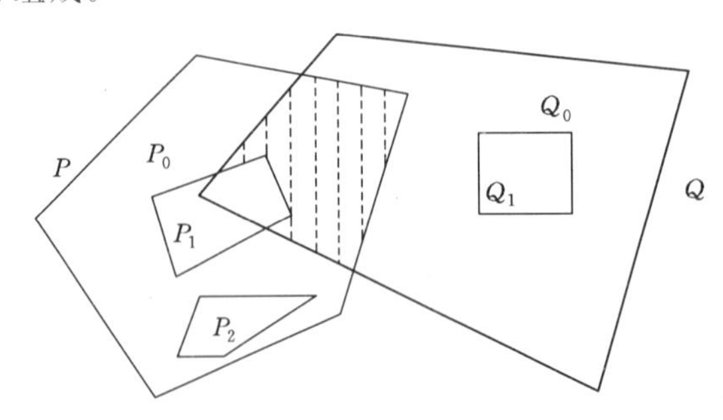

图 2-16　两复杂多边形求交

2.2　立体几何基础

2.2.1　平面的点法式方程

如果非零向量垂直于一平面，这向量就叫做该平面的法线向量。因为过空间一点可以作而且只能作一平面垂直于一已知直线，所以当平面 Π 上一点 $M_0(x_0, y_0, z_0)$ 和它的一个法向量 $n(A,B,C)$ 为已知时，平面的位置就是完全确定的，如图 2-17 所示。下面来建立平面的方程。

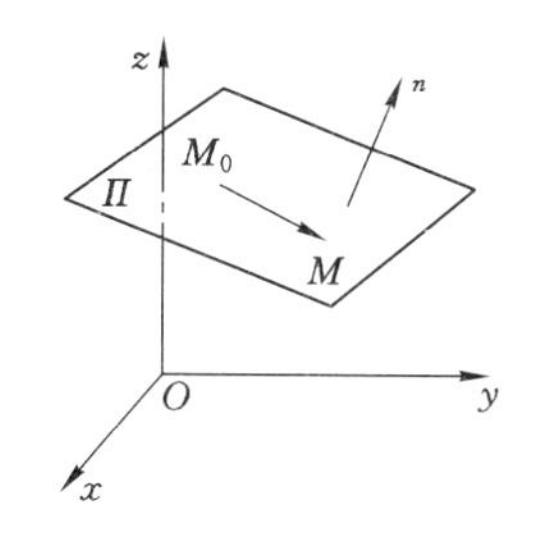

图 2-17　平面向量与法向量关系图

设 $M(x,y,z)$ 是平面 Π 上的任一点，那么向量 $\overrightarrow{M_0M}$ 必与平面 Π 的法向量 n 垂直，即它们的数量等于零。

$$n \cdot \overrightarrow{M_0M} = 0$$

由于 $n=(A,B,C)$，$\overrightarrow{M_0M}=(x-x_0, y-y_0, z-z_0)$，所以有

$$A(x-x_0)+B(y-y_0)+C(z-z_0)=0 \tag{2-1}$$

这就是平面 Π 上任一点 M 的坐标 (x,y,z) 所满足的方程。

由于方程是由平面 Π 上的一点 $M_0(x_0, y_0, z_0)$ 以及它的一个法向量 $n=(A,B,C)$ 确定的，所以方程被称为平面的点法式方程。

2.2.2　平面的一般方程

由于平面的点法式方程是 x,y,z 的一次方程，而任一平面都可以用它上面的一点以及它的法线向量来确定，所以任一平面都可以用三元一次方程来表示。设有三元一次方程：

$$Ax+By+Cz+D=0 \tag{2-2}$$

我们任取满足该方程的一组数 x_0, y_0, z_0，即：

$$Ax_0+By_0+Cz_0+D=0 \tag{2-3}$$

把上述两等式相减，得：

$$A(x-x_0)+B(y-y_0)+C(z-z_0)=0 \tag{2-4}$$

把它和平面的点法式方程(2-1)作比较，可以知道方程(2-4)是通过点 $M_0(x_0, y_0, z_0)$ 且以 $n=(A,B,C)$ 为法线向量的平面方程。但方程(2-2)和方程(2-4)同解，这是因为由方程(2-2)减去方程(2-3)即得到方程(2-4)，又由方程(2-4)加上方程(2-3)就得方程(2-2)。由此可知，任一三元一次方程(2-2)的图形总是一个平面，方程(2-2)称为平面的一般方程，其中 x,y,z 的系数就是该平面的一个法线向量 n 的坐标，即 $n=(A,B,C)$。

当 $D=0$ 时，方程(2-2)成为 $Ax+By+Cz=0$，表示一个通过原点的平面。

当 $A=0$ 时，方程(2-2)成为 $By+Cz+D=0$，表示一个平行于 x 轴的平面。

同样的，方程 $Ax+Cz+D=0$ 和 $Ax+By+D=0$ 分别表示一个平行于 y 轴和 z 轴的平面。

当 $A=B=0$ 时，方程(2-2)成为 $Cz+D=0$，表示一个平行于 xOy 面的平面。

同样的，方程 $Ax+D=0$ 和 $By+D=0$ 分别表示一个平行于 yOz 面和 xOz 面的平面。

将方程(2-2)做变换得 $Ax+By+Cz=0$，两边同除以 D，得方程：

$$\frac{x}{a}+\frac{y}{b}+\frac{z}{c}=1$$

称上式为平面的截距式方程，其中 $a=-\frac{D}{A}$，$b=-\frac{D}{B}$，$c=-\frac{D}{C}$，它们是平面在 x、y、z 轴上的截距。

2.2.3 两平面的夹角

两平面的法线向量(通常指锐角)称为两平面的夹角。

设平面 Π_1 和 Π_2 的法线向量依次为 $n_1=(A_1,B_1,C_1)$ 和 $n_2=(A_2,B_2,C_2)$，那么平面 Π_1 和 Π_2 的夹角 θ 应是 (n_1,n_2) 和 $(-n_1,n_2)=\pi-(n_1,n_2)$ 两者中的锐角，因此，$\cos\theta=|\cos(n_1,n_2)|$，如图 2-18 所示。

按两向量夹角余弦的坐标表达式，平面 Π_1 和 Π_2 的夹角可由：

$$\cos\theta=\frac{|A_1A_2+B_1B_2+C_1C_2|}{\sqrt{A_1^2+B_1^2+C_1^2}\cdot\sqrt{A_2^2+B_2^2+C_2^2}}$$

来确定。

Π_1 和 Π_2 互相垂直相等于 $A_1A_2+B_1B_2+C_1C_2=0$。

Π_1 和 Π_2 互相平行或重合相当于 $A_1/A_2=B_1/B_2=C_1/C_2$。

点到平面的距离：设 $P_0(x_0,y_0,z_0)$ 是平面 $Ax+By+Cz+D=0$ 外一点，$P_1(x_1,y_1,z_1)$ 是平面内任一点，如图 2-19 所示。

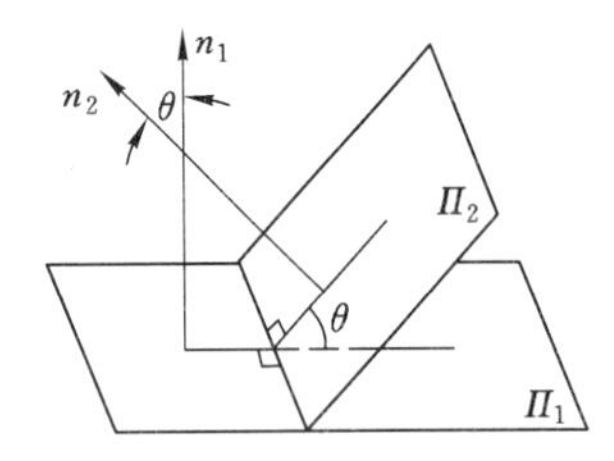

图 2-18 两平面夹角示意图

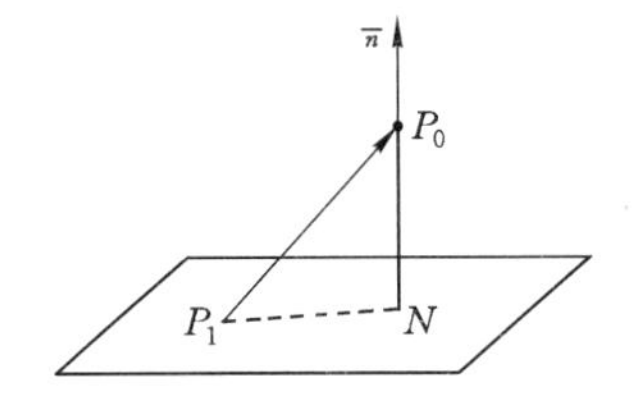

图 2-19 点到平面的距离示意图

则有
$$d=|\mathrm{Prj}_n\,\overrightarrow{P_1P_0}|=|\overrightarrow{P_1P_0}\cdot\vec{n^0}|$$

其中有
$$\overrightarrow{P_1P_0}=\{x_0-x_1,y_0-y_1,z_0-z_1\}$$

$$\vec{n^0}=\left\{\frac{A}{\sqrt{A^2+B^2+C^2}}\cdot\frac{B}{\sqrt{A^2+B^2+C^2}}\cdot\frac{C}{\sqrt{A^2+B^2+C^2}}\right\}$$

则有
$$\mathrm{Prj}_n\,\overrightarrow{P_1P_0}=\overrightarrow{P_1P_0}\cdot\vec{n^0}=\frac{A(x_0-x_1)}{\sqrt{A^2+B^2+C^2}}+\frac{B(y_0-y_1)}{\sqrt{A^2+B^2+C^2}}+\frac{C(z_0-z_1)}{\sqrt{A^2+B^2+C^2}}$$

$$=\frac{Ax_0+By_0+Cz_0-(Ax_1+By_1+Cz_1)}{\sqrt{A^2+B^2+C^2}}$$

又有
$$Ax_1+By_1+Cz_1+D=0$$

所以，得
$$d=\frac{Ax_0+By_0+Cz_0+D}{\sqrt{A^2+B^2+C^2}}$$

这就是点到空间平面的距离公式。

2.3　面向对象程序设计基础

Visual C++6.0(以下简称 VC++)是图形图像领域内使用极为广泛的可视化编程平台。它提供了一个集成开发环境,用于建立、调试 Windows 应用程序,可以大大简化复杂程序的开发过程。使用 Visual C++的 MFC 开发框架开发的图形,与使用 Turbo C 语言开发的图形相比,不仅可以显示 24 位真彩色,而且可以实现交互式绘图,如图 2-20 和图 2-21 所示。本书讲解的所有原理均使用 Visual C++的 MFC(Microsoft foundation class library)框架进行编程。Visual C++是一种面向对象的程序设计语言,需要读者具备基本的面向对象程序设计知识。

  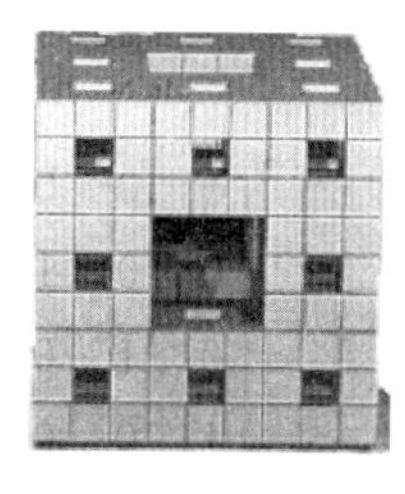 

图 2-20　Turbo C 绘制的 Menger 海绵

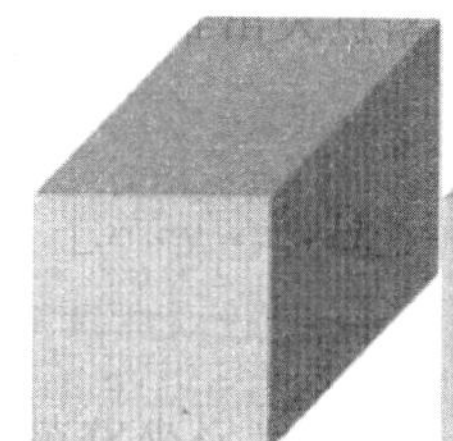   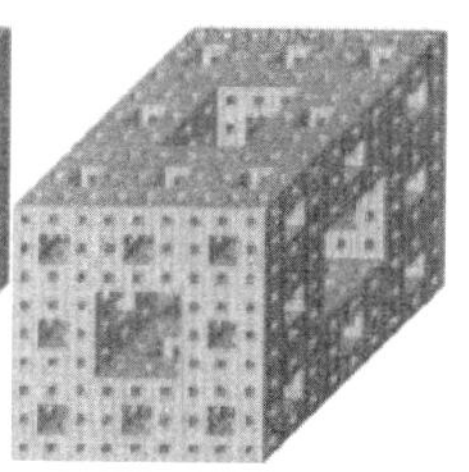

图 2-21　使用 Visual C++的 MFC 框架绘制的 Menger 海绵

2.3.1　面向对象编程的类和对象

类是用户自己定义的一种数据类型,是封装属性和操作的基本单元。类的属性用成员变量表示,类的操作用成员函数表示。对象是用"类"类型定义的"变量",称为类的实例。可以这么说,类是对象的抽象,对象是类的实例,在程序中实际使用的是对象。

2.3.1.1　类的定义

格式:

```
class 类名
{
public:
成员变量和成员函数的声明;
private:
成员变量和成员函数的声明;
protected:
```

成员变量和成员函数的声明；

}；

类具有对数据的封装和隐蔽特性。在类体部分，有 public、private、protected 3 个访问权限控制符。其中，public 表示公有成员，其成员可以被类内和类外的函数自由访问；private 表示私有成员，只有类自己的成员函数或友元函数可以访问；protected 表示保护成员，除类自己的成员函数、友元函数外，派生类的成员函数也可以访问。Visual C++规定，类成员隐含的访问权限是 private，即不加访问权限控制符的成员都默认为私有成员。

一般将类的声明和成员函数的定义分开，在类内声明成员函数，而在类外定义成员函数。此时，每个成员函数名前必须使用类名和作用域运算符"::"来指定其归属，否则该函数将被认为是不属于任何类的普通函数。

2.3.1.2　类成员函数的定义

格式：

类型说明符类名::成员函数名(＜参数表列＞)

{

函数体；

}

::表示作用域运算符，指明该成员函数是属于哪一个类的。

2.3.1.3　对象的定义

格式：

类名对象表列(＜参数表列＞)

一个类被定义后，并不占用内存空间。只有当类被实例化为对象后，对象才占用内存空间。对象的成员就是所属类的成员。类是永恒的，对象是暂时的，类和对象的关系就像人类和每个人的关系一样，人类永远存在，而每个人都有诞生和死亡。人从诞生到死亡的阶段称为生存期，对象也有生存期，也需要创建和撤销，这就要用到类的构造函数和析构函数。

2.3.2　继承与派生

继承是面向对象程序设计的重要机制，可以有效地减少程序重复设计的工作量以实现软件重用。继承是指在已有类的基础上增加新的内容创建一个新类。在继承过程中，已经存在的类称为基类，新创建的类称为派生类。

2.3.2.1　派生类的定义

格式：

class 派生类名:[继承方式]基类名

{

派生类新增加的成员；

}；

继承方式是指派生类的访问控制方式，用于控制基类中声明的成员在多大的范围内能被派生类中的成员函数访问。继承方式包括 3 种：公有继承(public)、私有继承(private)和保护继承(protected)。继承方式可以省略，默认为私有继承。派生类新增加的成员包括数据成员和成员函数。这样，派生类的成员就包括从基类继承过来的成员和新增加的成员两大部分。

需要注意基类的构造函数是不能被继承的，对继承过来的基类成员的初始化工作要由派生类的构造函数来完成，所以在设计派生类的构造函数时，不仅要考虑对派生类新增加的数据成员初始化，还应当考虑对基类数据成员初始化。实现方法是执行派生类的构造函数时，调用基类的构造函数。

2.3.2.2　派生类构造函数的定义

格式：

派生类构造函数名(总参数表列)：基类构造函数名(参数表列)

{派生类中新增成员变量初始化语句}

2.4　MFC 绘图基础

MFC(Microsoft Foundation Class Library)不仅运算功能强大，而且拥有完备的绘图功能。在 Windows 平台上，应用程序的图形设备接口(GDI，Graphics Device Interface)被抽象为设备上下文(DC，Device Context)。在 Windows 平台上直接接收图形数据信息的是设备上下文 DC。在微软基类库 MFC 中，CDC 类是定义设备上下文对象的基类，所有绘图函数都在 CDC 基类中定义。当需要输出文字或图形时，就需要调用 CDC 类的成员函数，这些成员函数具有输出文本、绘制图形的功能。本节讲解的示例程序全部在 TestView. cpp 文件的 void CTestView::OnDraw(CDC * pDC)函数中实现。

2.4.1　CDC 类结构与 GDI 对象

2.4.1.1　CDC 类

CDC 类派生了 CClientDC 类、CMetaFileDC 类、CPaintDC 类和 CWindowDC 类，如图 2-22 所示。

CClientDC 类：显示器客户区设备上下文类。CClientDC 只能在窗口的客户区(不包括边框、标题栏、菜单栏以及状态栏的空白区域)进行绘图，坐标原点(0,0)是客户区的左上角点。其构造函数自动调用 GetDC()函数，析构函数自动调用 ReleaseDC()函数。

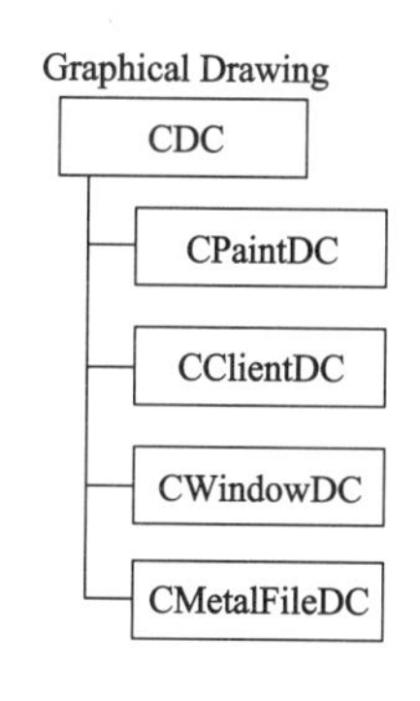

图 2-22　CDC 类

CMetaFileDC 类：Windows 图元文件设备上下文类。CMetaFileDC 类封装了在 Windows 中绘制图元文件的方法。图元文件(扩展名为 wmf)通常用于存储一系列由绘图命令所描述的图形。在建立图元文件时不能实现即绘即得，而是先将 GDI 调用记录在图元文件中，然后在 GDI 环境中重新执行图元文件，才可显示图像。

CPaintDC 类：成员函数 OnPaint()中使用的显示器上下文类。CPaintDC 只在处理 WM_PAINT 消息中使用，用户一旦获得相关的 CDC 指针，就可以将它当做任何设备环境(包括屏幕、打印机)的指针来使用，CPaintDC 类的构造函数会自动调用 CWnd::BeginPaint()，而它的析构函数则会自动调用 CWnd::EndPaint()。注意，如果使用 OnPaint()函数响应了 WM_PAINT 消息，则 OnDraw()函数会被自动屏蔽。

CWindowDC 类：整个窗口区域的显示器设备上下文类，包括客户区（工具栏、状态栏和视图窗口的客户区）和非客户区（标题栏和菜单栏）。CWindowDC 允许在整个屏幕任意区域进行绘图，坐标原点(0,0)指整个屏幕的左上角。其构造函数自动调用 GetWindowDC()函数，析构函数自动调用 ReleaseDC()函数。

2.4.1.2 常用绘图类

常用绘图类包括 CPoint、CRect、CSize 等。由于 CPoint、CRect 和 CSize 是对 Windows 的 POINT、RECT 和 SIZE 结构体的封装，因此可以直接使用其成员变量。

CPoint 类：存放二维点坐标(x,y)。

CRect 类：存放矩形左上角顶点和右下角顶点的坐标(left,top,right,bottom)，其中(left,top)为矩形的左上角点，(right,bottom)为矩形的右下角点。

CSize 类：存放矩形 x 方向的长度和 y 方向的长度(cx,cy)，其中 cx 为矩形的宽度，cy 为矩形的高度。

2.4.1.3 绘图工具类

绘图工具类包括 Bitmap、CBrush、CFont、CPalette、CPen、CRgn 等，如图 2-23 所示。

CGdiObject 类：GDI 绘图工具的基类，一般不能直接使用。

CBitmap 类：封装了一个 GDI 位图。提供位图操作的接口。

CBrush 类：封装了 GDI 画刷，可以选作设备上下文的当前画刷。画刷用于填充图形的内部。

CFont 类：封装了 GDI 字体，可以选作设备上下文的当前字体。

CPalette 类：封装了 GDI 调色板，提供应用程序和显示器之间的颜色接口。

CPen 类：封装了 GDI 画笔，可以选作设备上下文的当前画笔。画笔用于绘制图形的边界线。

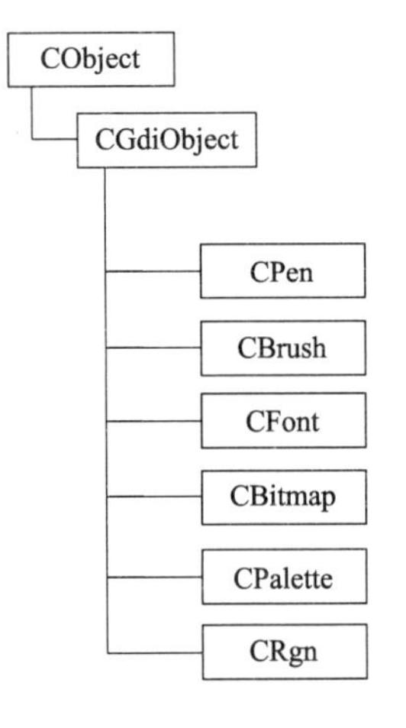

图 2-23 绘图工具类

CRgn 类：封装了一个 Windows 的 GDI 区域，这一区域是某一窗口中的一个椭圆或多边形区域。

在选择 GDI 对象进行绘图时，需要遵循以下步骤：

① 绘图开始前，创建一个 GDI 对象，并选入当前设备上下文，同时保存原 GDI 对象指针。

② 使用新 GDI 对象绘图。

③ 绘图结束后，使用已保存的原 GDI 对象指针将设备上下文恢复原状。

2.4.2 映射模式

将图形显示在屏幕坐标系中的过程称为映射，根据映射模式的不同可以分为逻辑坐标和设备坐标。逻辑坐标的单位是米制尺度或其他与字体相关的尺度，设备坐标的单位是像素。映射模式都以“MM_”为前缀的预定义标识符，代表 MapMode。VC++系统提供了几种不同的映射模式，见表 2-1。

表2-1　　映射模式

映像方式	说　　明
MM_ANISOTROPIC	在逻辑和物理坐标间的映像使用成比例的可变坐标；当重画时，逻辑窗口内图像可在任何方向上扩大。此方法不改变当前窗口或视图的设置。利用CDC::SetViewPorExt()方法可改变单位、原点和缩放比例。向右是X轴的正方向，向下是Y轴的正方向
MM_HIENGLISH	在逻辑窗口中每单位长度是0.001英寸，向右是X轴的正方向，向上是Y轴的正方向
MM_HIMETRIC	在逻辑窗口中每单位长度是0.01 mm，向右是X轴正方向，向上是Y轴的正方向
MM_ISOTROPIC	逻辑和物理坐标间的映像使用相同的缩放坐标；逻辑窗口内图像可在任何方向重定尺寸，但重画时要保持同一长宽比。为确保X和Y单位一致，必要时要调整GDI尺寸大小。给MM_ISOTROPIC设置映像方式并不改变当前窗口或视图的设置。使用SetWindowExt()和SetViewPort()方法可以改变单位、原点和比例因子，向右是X轴正方向，向上是Y轴的正方向
MM_LOENGLISH	每个逻辑单位以0.01 mm表示，向右是X轴正方向，向上是Y轴的正方向
MM_LOMETRIC	每个逻辑单位以0.1 mm表示，向右是X轴正方向，向上是Y轴的正方向
MM_TEXT	向右是X轴正方向，向下是Y轴的正方向
MM_TWIPS	每个逻辑单位以1/20点表示。一个点是1/72英寸，也即一个逻辑单位以1/1440英寸表示。向右是X轴正方向，向上是Y轴的正方向

默认情况下使用的是设备坐标系MM_ TEXT，一个逻辑坐标等于一个像素，像素的物理大小随设备的不同而不同，设备坐标原点位于客户区的左上角，X轴水平向右，Y轴垂直向下，设备坐标基本单位为一个像素。

2.4.2.1　设置映射模式函数

类属：CDC::SetMapMode

原型：

Virtual int SetMapMode(int nMapMode)；

返回值：原映射模式，用整数值表示。

参数：nMapMode是表2-1的模式代码

2.4.2.2　设置窗口范围函数

类属：CDC::SetWindowExt

原型：

Virtual CSize SetWindowExt(int cx,int cy)；

Virtual CSize SetWindowExt(SIZE size)；

返回值：原窗口范围的CSize对象。

参数：cx窗口x范围的逻辑坐标，cy窗口y范围的逻辑坐标；size是窗口的SIZE结构或CSize对象。

2.4.2.3　设置视区范围函数

类属：CDC::SetViewportExt

原型：

Virtual CSize SetViewportExt (int cx,int cy)；

Virtual CSize SetViewportExt (SIZE size)；

返回值:原视区范围的 CSize 对象。

参数:cx 视区 x 范围的逻辑坐标,cy 视区 y 范围的逻辑坐标;size 是视区的 SIZE 结构或 CSize 对象。

2.4.2.4 设置窗口原点函数

类属:CDC::SetWindowOrg

原型:

```
Virtual CPoint SetWindowOrg(int x,int y);
Virtual CPoint SetWindowOrg(POINT point);
```

返回值:原窗口原点的 CPoint 对象。

参数:x,y 是窗口新原点坐标;point 是窗口新原点的 POINT 结构或 CPoint 对象。

2.4.2.5 设置视区原点函数

类属:CDC::SetViewportOrg

原型:

```
Virtual CPoint SetViewportOrg (int x,int y);
Virtual CPoint SetViewportOrg (POINT point);
```

返回值:原视区原点的 CPoint 对象。

参数:x,y 是视区新原点坐标;point 是视区新原点的 POINT 结构或 CPoint 对象。视区坐标系原点必须位于设备坐标系的范围之内。

说明:当使用各向同性的映射模式 MM_ISOTROPIC 和各向异性的映射模式 MM_ANISOTROPIC 时,需要调用 SetWindowExt()和 SetViewportExt()函数来改变窗口和视区的设置,其他模式则不需要调用。"窗口"和"视区"的概念往往不容易理解。"窗口"可以理解是一种逻辑坐标系下的窗口,而"视区"是实际看到的那个窗口,也就是设备坐标系下的窗口。根据"窗口"和"视区"的大小就可以确定 x 和 y 的比例因子,它们的关系如下:x 比例因子=视区 x/窗口 x ,y 比例因子=视区 y/窗口 y。

2.4.3 使用 GDI 对象

2.4.3.1 创建画笔函数

MFC 中的画笔是用来绘制直线、曲线或图形的边界线。画笔通常具有线型、宽度和颜色三种属性。画笔的线型通常有实线、虚线、点线、点画线、双点画线、不可见线和内框架线 7 种样式,画笔样式都是以"PS_"为前缀的预定义标识符,代表 PenStyle。画笔的宽度用像素表示的线条宽度。画笔的颜色是用 RGB 宏表示线条颜色。默认的画笔绘制一个像素宽度的黑色实线。要想更换新画笔,可以在创建新画笔对象后,将其选入设备上下文,就可使用新画笔进行绘图,使用完新画笔后要将设备上下文恢复原状。

类属:CPen::CreatePen

原型:

```
BOOL CreatePen(int nPenStyle,int nWidth,COLORREF crColor);
```

返回值:如果调用成功,返回"非 0";否则,返回"0"。

参数:nPenStyle 是画笔样式(见表 2-2);nWidth 是画笔的宽度;crColor 是画笔的颜色。

表 2-2　**画笔样式**

画笔样式	说　明
PS_SOLID	创建实线的画笔
PS_DASH	当画笔宽度为 1 时，创建虚线画笔
PS_DOT	当画笔宽度为 1 时，创建点线笔
PS_DASHDOT	当画笔宽度为 1 时，创建具有交替虚线和点线的画笔
PS_DASHDOTDOT	当画笔宽度为 1，创建具有交替虚线和双点线的画笔
PS_NULL	创建空的画笔(看不见的)
PS_INSIDEFRAME	创建在 WindowsGDI 矩形边界内绘制形状的画笔

说明：当画笔的宽度大于一个像素时，画笔样式只能取 PS_SOLID、PS_NULL 和 PS_INSIDEFRAME。

2.4.3.2　创建画刷函数

画刷用于对图形内部进行填充，默认的画刷是白色画刷。若要更换新画刷，可以在创建新画刷对象后，将其选入设备上下文，就可以使用新画刷填充图形内部，使用完新画刷后要将设备上下文恢复原状。画刷仅对使用 Chord()、Ellipse()、FillRect()、FrameRect()、InvertRect()、Pie()、Polygon()、PolyPolygon()、RoundRect()等函数所绘制的闭合图形有效。

(1) 创建实体画刷函数

类属：CBrush::CreateSolidBrush

原型：

BOOL CreateSolidBrush(COLORREF crColor);

返回值：如果调用成功，返回"非 0"；否则，返回"0"。

参数：crColor 是画刷的颜色。

说明：实体画刷是用指定的颜色填充图形内部。

实体画刷也可以使用构造函数直接定义。原型为：

CBrush(COLORREF crColor);

(2) 创建阴影画刷函数

类属：CBrush::CreateHatchBrush

原型：

BOOL CreateHatchBrush(int nIndex,COLORREF crColor);

返回值：如果调用成功，返回"非 0"；否则，返回"0"。

参数：nIndex 是阴影样式，如表 2-3 所示；crColor 是阴影线的颜色。

(3) 创建位图画刷函数

类属：CBrush::CreatePatternBrush

原型：

BOOL CreatePatternBrush(CBitmap *pBitmap);

返回值：如果调用成功，返回"非 0"；否则，返回"0"。

表 2-3　　常用的阴影线样式

阴影样式	说　明
HS_BDIAGONAL	45°下降阴影线的画刷
HS_CROSS	水平和垂直交叉阴影线画刷
HS_DIAGCROSS	45°十字交叉阴影线画刷
HS_FDIAGONAL	45°上升阴影线的画刷
HS_HORIZONTAL	水平阴影线的画刷
HS_VERTICAL	垂直阴影线的画刷

说明：阴影画刷使用指定的阴影样式和颜色填充图形内部。

参数：pBitmap 是位图标识符。

说明：位图画刷使用位图创建一个逻辑画刷，位图可以是从资源中导入的 DDB 位图。

使用位图画刷时，如果确保位图在画刷中的相对位置不变，需使用 SetBrushOrg()函数设置画刷起点。

位图画刷也可以使用构造函数直接定义。原型为：

CBrush(CBitmap *pBitmap);

2.4.3.3　选入 GDI 对象

GDI 对象创建完毕后，只有选入当前设备上下文中才能使用。

类属：CDC::SelectObject

原型：

CPen *SelectObject(CPen *pPen);

CBrush *SelectObject(CBrush *pBrush);

CBitmap *SelectObject(CBitmap *pBitmap);

返回值：如果成功，返回被替换对象的指针；否则，返回 NULL。

参数：pPen 是将要选择的画笔对象指针；pBrush 是将要选择的画刷对象指针；pBitmap 是将要选择的位图对象指针。

说明：本函数将设备上下文中的原 GDI 对象换为新对象，同时返回指向原对象的指针。

2.4.3.4　删除 GDI 对象

类属：CGdiObject::DeleteObject

原型：

BOOL DeleteObject();

返回值：如果成功删除 GDI 对象，返回“非 0”；否则，返回“0”。

参数：无。

说明：GDI 对象使用完毕后，如果程序结束，会自动删除 GDI 对象。如果程序未结束，并重复创建同名 GDI 对象，则需要先把已成自由状态的原 GDI 对象从系统内存中清除。这里请注意不能使用 DeleteObject()函数删除正在被选入设备上下文中的 CGdiObject 对象。

2.4.3.5　选入库对象

除了自定义的 GDI 对象外，Windows 系统中还准备了一些使用频率较高的画笔和画刷，不需要创建，就可以直接选用。同样，使用完库画笔和画刷后也不需要调用 DeleteObject()函数,从内存中删除。

类属:CDC::SelectStockObject

原型:

Virtual CGdiObject *SelectStockObject(int nIndex);

返回值:如果调用成功,返回被替代的CGdiObject类对象的指针;否则返回NULL。

参数:参数nIndex可以是表2-4所示的库画笔代码或表2-5所示库画刷代码。

表2-4 3种常用库画笔

库画笔代码	含义
HS_BDIAGONAL	宽度为一个像素的黑色实线画笔
HS_CROSS	透明画笔
WHITE_PEN	宽度为一个像素的白色实线画笔

表2-5 7种常用库画刷

库画刷代码	含义	对应RGB
BLACK_BRUSH	黑色的实心画刷	RGB(0,0,0)
DKGRAY_BRUSH	暗灰色的实心画刷	RGB(64,64,64)
GRAY_BRUSH	灰色的实心画刷	RGB(128,128,128)
HOLLOW_BRUSH	空心画刷	
LTGRAY_BRUSH	淡灰色的实心画刷	RGB(192,192,192)
NULL_BRUSH	透明画刷	
WHITE_BRUSH	白色的实心画刷	RGB(255,255,255)

说明:库对象的返回类型是CGDIObject* ,使用时请根据具体情况进行相应类型转换。

2.4.4 CDC类的主要绘图成员函数

2.4.4.1 绘制像素函数

类属:CDC::SetPixel。

原型:

COLORREF SetPixel (int x , int y , COLORREF crColor);

返回值:实际指向的像素点的RGB值口。

参数说明:SetPixel函数中,COLORREF是32位颜色数据类型;第1和第2个参数x,y是像素点位置的逻辑坐标值,第i个参数crColor是像素点的颜色值,COLORREF型变量可以利用RGB(bRed, bGreen ,bBlue)来指定相应的颜色值,每种颜色用1 B长度表示,可以被设定为0~255的任意值,0代表无色,255代表全色。

2.4.4.2 获取像素颜色函数

类属:CDC::GetPixel。

原型:

COLORREF GetPixel (int x , int y)const;

返回值:指定像素的RGB值。

参数说明：得到指定像素的 RGB 颜色值。本函数是常成员函数。

例 2-1 在屏幕的(20,20)坐标位置处绘制一个红色像素点。然后取出该像素点的颜色，在屏幕的(60,20)坐标处绘制一个相同颜色的像素点，其结果如图 2-24 所示。

```
void CTestView::OnDraw(CDC *pDC)
{
  CTestDoc *pDoc =  GetDocument();
  ASSERT_VALID(pDoc);
  if (! pDoc)
    return;
  COLORREF  c;
  pDC- > SetPixel(20, 20, RGB(255, 0, 0));
  c= pDC- > GetPixel(20, 20);
  pDC- > SetPixel(60, 20, c);
}
```

图 2-24　例 2-1 程序运行效果图

程序解释：第 1 个语句声明一个 COLORREF 变量 c，用于存放像素点的颜色值。第 2 个语句在屏幕的(20,20)坐标位置处，绘制一个红色的像素点。第 3 个语句用变量 c 保存该像素点的颜色。第 4 个语句在像素点(60,20)处以颜色值 c 绘制一个像素点。

说明：本书在以后的程序中约定，阴影部分表示用户自己添加的代码。其余部分是系统框架自动生成的代码。程序解释部分的语句编号从阴影部分计起。

2.4.4.3　画笔函数

VC++中的画笔是用来绘制直线、曲线或图形的边界线，是绘图工具类之一。画笔通常具有线型、宽度和颜色这 3 种属性。画笔的线型通常有实线、虚线、点线、点画线、双点画线、不可见线和内框架线 7 种，这种线型都是以“PS_”为前缀的预定义标识符。画笔的宽度用于确定所画的线条宽度，是用设备坐标像素表示的。画笔的颜色确定所画线条的颜色。默认的画笔是一个像素单位的黑色实线。要想更换新画笔，可以在创建新画笔对象后，将其选入设备上下文，就可使用新画笔进行绘图。

(1) 创建画笔函数

类属：CPen：：CreatPen。

原型：

BOOLCreatPen(int nPenStyle,int nWidth, COLORREF crColor)；

返回值：非“0”。

参数说明：第1个参数nPenStyle是画笔的风格代码，见表2-6；第2个参数nWidth是画笔的宽度；第3个参数crColor是画笔的颜色。

表2-6

风格代码	线　型	宽　度	颜色
PS_SOLID	实　线	任意指定	纯色
PS_DASH	点　线	1(不可任意指定)	纯色
PS_DOT	虚　线	1(不可任意指定)	纯色
PS_DASHDOT	点画线	1(不可任意指定)	纯色
PS_DASHDOTDOT	双点画线	1(不可任意指定)	纯色
PS_NULL	不可见线	1(不可任意指定)	纯色
PS_INSIDEFRAME	内框架线	任意指定	纯色

(2) 选择画笔函数

类属：CPen::SelectObject。

原型：

CPen *SelectObject (CPen *pPen)；

返回值：被替代画笔的指针。

参数说明：参数pPen是CPen类被选中的新画笔对象指针。本函数把原画笔换成新画笔，间时返回指向原画笔的指针。

(3) 删除画笔函数

类属：CGdiObject::DeleteObject。

原型：

BOOL DeleteObject()；

返回值：非“0”。

参数说明：画笔使用完毕，把已成自由状态的画笔从系统内存中清除。

(4) 选择一支库画笔函数。

类属：CDC::SelectStockObject。

原型：

virtual CGdiObject *SelectStockObject(int nIndex)；

返回值：被替代的CGdiObject类对象的指针。

参数说明：参数nInde是库笔代码，见表2-7。Windows系统中准备了一些使用频率较高的画笔，不需要创建，可以直接选用。同样，使用完库画笔时也不需要调用DeleteObject()函数从内存中删除已使用过的画笔。

表 2-7 3种常用库笔

库笔代码	含　　义
BLACK_PEN	宽度为1的白色实线笔
WHITE_PEN	宽度为1的白色实线笔
NULL_PEN	透明笔

2.4.4.4 *画刷函数*

VC++的画刷用于对图形内部进行填充，也是绘图工具类之一。在使用VC++的画刷之前必须先创建或选择画刷对象。

(1) 创建实体画刷函数

类属：CBrush::CreatSolidBrush。

原型：

```
BOOL CreatSolidBrush(COLORREF crColor);
```

返回值：非"0"。

参数说明：参数crColor是画刷的颜色。

(2) 选择画刷函数

类属：CBrush::SelectObject。

原型：

```
CBrush *SelectObject (CBrush *pBrush);
```

返回值：被替代画刷的指针。

参数说明：参数pBrush是选中的CBrush对象的指针。

(3) 删除画刷函数

类属：CGdiObject::DeleteObject。

原型：

```
BOOL DeleteObject();
```

返回值：非"0"。

参数说明：把已成自由状态的画刷从系统内存中清除，此函数类同删除画笔函数。

(4) 创建阴影画刷函数

类属：CBrush::CreatHatchBrush。

原型：

```
BOOL CreatHatchBrush(int nIndex, COLORREF crColor);
```

返回值：非"0"。

参数说明：第一个参数nIndex是阴影样式代码，见表2-8；第二个参数crColor是阴影线的颜色。

(5) 选择一支库画刷函数

类属：CDC::SelectStockObject。

原型：

```
virtual CGdiObject *SelectStockObject (int nIndex);
```

表 2-8　常用的阴影线样式

阴影样式代码	含　义
HS_BDIAGONAL	45°下降阴影线(从左到右)
HS_CROSS	水平和垂直交叉阴影线
HS_DIAGCROSS	45°十字交叉阴影线
HS_FDIAGONAL	45°上升阴影线(从左到右)
HS_HORIZONTAL	水平阴影线
HS_VERTICAL	垂直阴影线

返回值:被替代的 CGdiObject 对象指针。

参数说明:nIndex 是库画刷代码,见表 2-9。使用库画刷时不需要调用 DeleteObject()函数从内存中删除使用过的画刷。此函数类同删除画笔函数。

表 2-9　七种常用库画刷

库画刷代码	含　义	对应的 RGB
BLACK_BRUSH	黑色的实心刷子	RGB(0,0,0)
DKGRAY_BRUSH	暗灰色的实心刷子	RGB(64,64,64)
GRAY_BRUSH	灰色的实心刷子	RGB(128,128,128)
LTGRAY_BRUSH	浅灰色的实心刷子	RGB(192,192,192)
WHITE_BRUSH	白色的实心刷子	RGB(255,255,255)
NULL_BRUSH	透明刷子	
HOLLOW_BRUSH	空心刷子	

2.4.4.5　绘制直线函数

(1) 设置直线的起点位置。

类属:CDC::MoveTo。

原型:

CPoint MoveTo(int x,int y);

返回值:原先位置的 CPoint 对象。

参数说明:本函数只将画笔的当前位置移动到坐标(x,y)处,不画线。

(2) 设置直线的终点位置

类属:CDC::LineTo。

原型:

BOOL LineTo(int x,int y);

返回值:如果画线成功,非"0",否则为"0"。

参数说明:画笔从当前位置绘制直线,但不包括(x,y)点。不包括终点坐标是为了实现多线段连接时公共交点的处理,即采用起点闭区间,终点开区间的处理方法。绘制直线的函数不指定直线的颜色,直线颜色可以通过画笔函数来指定。

例 2-2 从屏幕的点(20,30)～(200,300)画一条一像素宽的蓝色直线，其结果如图 2-25 所示。

```
void CTestView::OnDraw(CDC *pDC)
{
  CTestDoc *pDoc = GetDocument();
  ASSERT_VALID(pDoc);
  if (! pDoc)
    return;
  CPen MyPen,*pOldPen;
  MyPen.CreatePen(PS_SOLID, 1, RGB(0, 0, 255));
  pOldPen = pDC- > SelectObject(&MyPen);
  pDC- > MoveTo(20, 30);
  pDC- > LineTo(200, 300);
  pDC- > SelectObject(pOldPen);
  MyPen.DeleteObject();
}
```

程序解释：第 1 条语句定义了一个 CPen 类的画笔对象 MyPen 和一个画笔对象指针 OldPen。第 2 条语句调用 CreatPen()函数，创建风格为实线、宽度为一个像素的蓝色画笔。第 3 条语句调用 SelectObject()函数，用新画笔替换原画笔，同时将指向原画笔的指针返回给 OldPen，以备新画笔用完之后可以用 OldPen 来将设备上下文恢复原状。第 4 条语句将当前点移动到起点(20,30)。第 5 条语句从当前点画直线到终点(200,300)。第 6 条语句在新画笔使用完毕后，调用 SelectObject()函数用原画笔将设备上下文恢复原状。第 7 条语句是新画笔使用完毕后，调用 DeleteObject()函数将已成自由状态的新画笔从内存中清除。

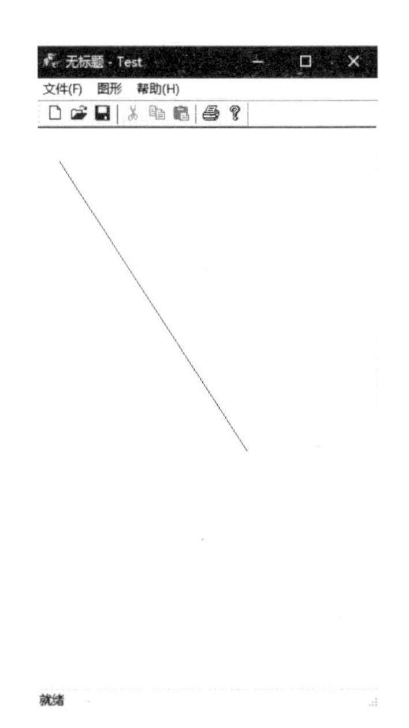

图 2-25 例 2-2 程序运行结果

2.4.4.6 *填充函数*

类属：CDC::FillRect。

原型：

void FillRect(LPCRECT lpRect,CBrush *pBrush);

返回值：无。

参数说明：第一个参数 lpRect 指定矩形，是一个 Rect 结构或 CRect 对象；第二个参数 pBrush 指定画刷对象指针。该函数将用当前画刷填充矩形内部，但不画边界线。

例 2-3 绘制(100,100)和(400,400)确定的红色矩形，其结果如图 2-26 所示。

```
void CTestView::OnDraw(CDC *pDC)
{
  CTestDoc *pDoc = GetDocument();
  ASSERT_VALID(pDoc);
  if (! pDoc)
```

```
    return;
  CRect rect;
  CBrush pBrush(RGB(255, 0, 0));
  CBrush *OldBrush = pDC- > SelectObject(&pBrush);
  rect.left= 100;rect.top= 100;rect.right= 400;rect.bottom= 200;
  pDC- > FillRect(rect, &pBrush);
  pDC- > SelectObject(OldBrush);
}
```

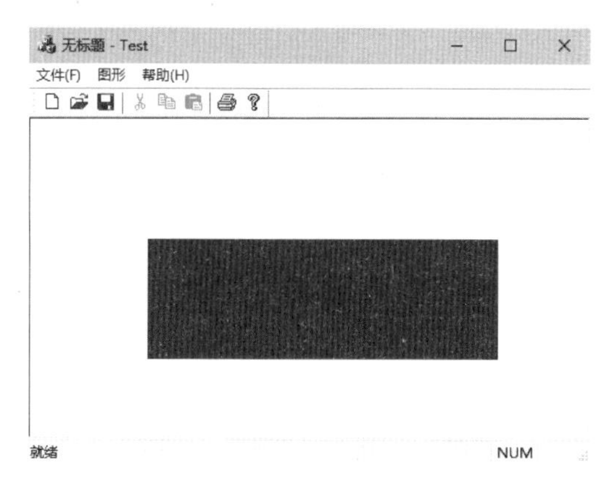

图 2-26　例 2-3 程序运行结果

2.4.4.7　*路径层函数*

设备上下文提供了路径层(pathbracket)的概念，可以在路径层内进行绘图。比如使用 MoveTo()函数和 LineTo()函数可以绘制一个闭合的多边形，那么如何对该多边形填充颜色呢？这里需要使用路径层来实现。MFC 提供了 BeginPath()和 EndPath()两个函数来定义路径层。BeginPaht()的作用是在设备上下文中打开一个路径层，然后利用 CDC 类的成员函数可以进行绘图操作。绘图操作完成之后，调用 EndPath()函数关闭当前路径层。

(1) 打开路径层

类属：CDC：BeginPath。

原型：

BOOL BeginPath()；

返回值：如果调用成功，返回“非 0”；否则，返回“0”。

参数：无。

说明：打开一个路径层。

(2) 关闭路径层

类属：CDC：EndPath。

原型：

BOOL EndPath()；

返回值：如果调用成功，返回“非 0”；否则，返回“0”。

参数：无。

说明：关闭当前路径层，并将该路径层选入设备上下文。

（3）填充路径层

类属：CDC：FillPath。

原型：BOOLFillPath ()；

返回值：如果调用成功，返回“非 0”；否则，返回“0”。

参数：无。

说明：

① 使用当前画刷和填充模式填充路径层内部，同时关闭已经打开的路径层。路径层填充完毕后，将被设备上下文废弃。

② 该函数不绘制路径层轮廓。

（4）绘制并填充路径层

类属：CDC：StrokeAndFillPath。

原型：BOOLStrokeAndFillPath ()；

返回值：如果调用成功，返回“非 0”；否则，返回“0”。

参数：无。

说明：使用当前画笔绘制路径层的轮廓，并使用当前画刷填充路径层内部，同时关闭已经打开的路径层。

例 2-4 绘制 3 个相同的多边形。第一个和第二个多边形使用 MoveTo()函数和 LineTo()函数绘制，分别使用 FillPath()函数和 StrokeAndFillPath ()函数填充；第三个多边形使用 Polygon()函数绘制。多边形边界为 1 像素的蓝线，内部填充为绿色，试观察 3 种填充效果的异同图 2-27。

```
void CTestView::OnDraw(CDC *pDC)
{
  CTestDoc *pDoc =  GetDocument();
  ASSERT_VALID(pDoc);
  if (! pDoc)
    return;
  //绘制第一个多边形，用 FillPath()函数填充
  CPoint p[7];
  p[0] =  CPoint(220, 140); p[1] =  CPoint(140, 60);
  p[2] =  CPoint(100, 160); p[3] =  CPoint(140, 270);
  p[4] =  CPoint(200, 200); p[5] =  CPoint(240, 270); p[6] =  CPoint(320, 120);
  CPen NewPen,*pOldPen;
  NewPen.CreatePen(PS_SOLID, 1, RGB(0, 0, 255));
  pOldPen =  pDC- > SelectObject(&NewPen);
  CBrush NewBrush,*pOldBrush;
  NewBrush.CreateSolidBrush(RGB(0, 255, 0));
  pOldBrush =  pDC- > SelectObject(&NewBrush);
  pDC- > BeginPath();
  pDC- > MoveTo(p[0]);
  for (int i =  1; i< 7; i+ + )
    pDC- > LineTo(p[i]);
```

```
    pDC- > LineTo(p[0]);
    pDC- > EndPath();
    pDC- > FillPath();
    //绘制第二个多边形,用 StrokeAndFillPath()函数填充
    p[0] =  CPoint(520, 140); p[1] =  CPoint(440, 60);
    p[2] =  CPoint(400, 160); p[3] =  CPoint(440, 270);
    p[4] =  CPoint(500, 200); p[5] =  CPoint(540, 270);
    p[6] =  CPoint(620, 120);
    pDC- > BeginPath();
    pDC- > MoveTo(p[0]);
    for (int i =  1; i <  7; i+ + )
      pDC- > LineTo(p[i]);
    pDC- > LineTo(p[0]);
    pDC- > EndPath();
    pDC- > StrokeAndFillPath();
    //绘制第三个多边形,用画刷填充
    p[0] =  CPoint(820, 140); p[1] =  CPoint(740, 60);
    p[2] =  CPoint(700, 160); p[3] =  CPoint(740, 270);
    p[4] =  CPoint(800, 200); p[5] =  CPoint(840, 270);
    p[6] =  CPoint(920, 120);
    pDC- > Polygon(p, 7);
    pDC- > SelectObject(pOldBrush);
    NewBrush.DeleteObject();
    pDC- > SelectObject(pOldPen);
    NewPen.DeleteObject();
}
```

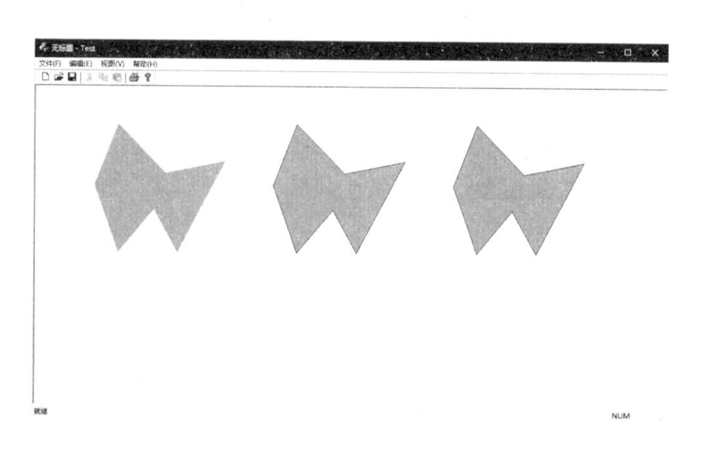

图 2-27　例 2-4 程序运行结果

程序解释:本例通过将第一个多边形的顶点连续两次向右平移 300 个像素绘制第二个和第三个多边形。路径层方法可以填充使用 MoveTo()函数和 LineTo()函数绘制的多边形,如果填充函数选择为 FillPath(),将不会绘制多边形边界线;如果调用填充函数选择为 StrokeAndFillPath(),则将绘制边界线。Polygon()函数绘制的多边形默认为绘制边界线,

绘制效果与 StrokeAndFillPath()函数的填充效果一致。

2.4.4.8 位图操作函数

通过 MFC 的资源视图标签页可以导入一幅 BMP 位图，显示在屏幕客户区内。

(1) 创建位图函数

类属：CBitmap::CreateCompatibleBitmap。

原型：

```
BOOL CreateCompatibleBitmap(CDC* pDC,int nWidth,int nHeight);
```

返回值：如果调用成功，返回"非 0"；否则，返回"0"。

参数：pDC 是显示设备上下文指针，nWidth 是位图宽度，nHeight 是位图高度。

(2) 导入位图函数

类属：CBitmap::LoadBitmap。

原型：

```
BOOLLoadBitmap(UINT nIDResource);
```

返回值：如果调用成功，返回"非 0"；否则，返回"0"。

参数：nIDResource 是位图资源的 ID 编号。

(3) 创建与指定设备兼容的内存设备上下文函数

类属：CBitmap::CreateCompatibleDC。

原型：

```
virtual BOOLCreateCompatibleDC(CDC* pDC);
```

返回值：如果调用成功，返回"非 0"；否则，返回"0"。

参数：pDC 是显示设备上下文指针。

(4) 检索位图信息函数

类属：CBitmap::GetBitmap。

原型：

```
int GetBitmap(BITMAP* pBitMap);
```

返回值：如果调用成功，返回"非 0"；否则，返回"0"。

参数：pBitMap 是指向 BITMAP 结构体的指针。BITMAP 结构体定义了逻辑位图的高度、宽度、颜色格式和位图的字节数据。

(5) 传送位图函数

类属：CDC::BitBlt。

原型：

```
BOOLBitBlt(int x,int y,int nWidth,int nHeight,CDC* pSrcDC,int xSrc,int ySrc,
DWORD dwRop);
```

返回值：如果调用成功，返回"非 0"；否则，返回"0"。

参数：x,y 是目标矩形区域的左上角点坐标，nWidth 和 nHeight 是目标区域和源图像的宽度和高度，pSrcDC 是源设备上下文的指针，xSrc 和 ySrc 是源位图的左上角点坐标，dwRop 是光栅操作码，光栅操作码有多种，最常用的是 SRCCOPY，表示将源位图直接复制到目标设备上下文中。

例 2-5 在屏幕客户区内显示一幅位图，如图 2-28 所示的"图书馆"位图(253×212)。

请使用 BitBlt()或 StretchBlt()函数绘制。

首先，要将位图添加到工程的 BITMAP 资源中，打开资源视图，通过添加资源文件的方式将要显示的位图文件添加到工程中。

```
void CTestView::OnDraw(CDC *pDC)
{
  CTestDoc *pDoc =  GetDocument();
  ASSERT_VALID(pDoc);
  if (! pDoc)
    return;
  CRect rect;//声明客户区
  GetClientRect(&rect);//获得客户区坐标
  CDC memDC;//声明一个内存设备上下文对象
  CBitmap NewBitmap,*pOldBitmap;//定义一个 CBitmap 对象和一个 CBitmap 对象指针
  NewBitmap.LoadBitmapW(IDB_BITMAP1);//为 NewBitmap 对象加载资源位图
  memDC.CreateCompatibleDC(pDC);//创建与显示设备上下文兼容的内存设备上下文
  pOldBitmap =  memDC.SelectObject(&NewBitmap);//在内存设备上下文中选入位图对象
  BITMAP bmp;//声明位图结构体对象
  NewBitmap.GetBitmap(&bmp);//获得位图数据
  pDC- > StretchBlt(0, 0, rect.Width(), rect.Height(), &memDC, 0, 0, bmp.bmWidth, bmp.
bm Height, SRCCOPY);//将位图从内存设备上下文传送到显示设备上下文
  memDC.SelectObject(pOldBitmap);//将内存设备上下文恢复原状
}
```

图 2-28　例 2-5 程序运行结果图

2.4.4.9　文本函数

(1) 设置文本颜色函数

类属：CDC::SetTextColor。

原型：virtual COLORREFSetTextColor(COLORREFcrColor)；

返回值：原文本颜色的 RGB 值。

参数：crColor 是新的文本颜色的 RGB 值。

(2) 设置文本背景颜色函数

类属：CDC::SetBkColor。

原型：virtual COLORREFSetBkColor(COLORREFcrColor)；

返回值：原文本背景色的 RGB 值。

参数：crColor 是新的文本背景颜色的 RGB 值。

(3) 设置文本背景模式函数

类属：CDC::SetBkMode。

原型：int SetBkMode(int nBkMode)；

返回值：原文本背景模式。

参数：nBkMode 可以取 OPAQUE 或 TRANSPARENT。

(4) 输出文本函数

类属：CDC::TextOut。

原型：BOOL TextOut(int x,int y,const CString& str)；

返回值：如果调用成功，返回"非 0"；否则，返回"0"。

参数：x,y 是文本的起点逻辑坐标，str 是 CString 对象。

(5) 设置文本格式函数

类属：CDC::Format。

原型：void Format(LPCTSTR lpszFormat,…)；

返回值：无。

参数：lpszFormat 是格式控制字符串，如%d、%f、%c 等。

(6) 文本的属性

文本的属性主要有字样、风格和字体。字样是指宋体、楷体、隶书等特定模式。风格表现为字体的粗细、是否倾斜等特点。字体是指逻辑字体的定义，包括高度、宽度等。在使用逻辑字体输出文本时，系统会采样将逻辑字体映射为最匹配的物理字体。

(7) 创建字体

类属：CDC::CreateFontIndirect。

原型：BOOLCreateFontIndirect (const LONGFONT *lpLongFont)；

返回值：如果调用成功，返回"非 0"；否则，返回"0"。

参数：lpLongFont 是 LONGFONT 结构体的指针。

例 2-6 设置屏幕客户区背景色为黑色。在点(20,20)处以"幼圆"字体输出白色文本"中国矿业大学"。改变字体颜色为红色，文本背景色为黄色，在(100,80)处整数(19,30)。设置文本背景模式为 TRANSPARENT，改变文本颜色为绿色，在(100,120)处输出浮点数(5.5,6.8)。

```
void CTestView::OnDraw(CDC *pDC)
{
  CTestDoc *pDoc =  GetDocument();
  ASSERT_VALID(pDoc);
  if (! pDoc)
    return;
  CRect rect;
  GetClientRect(&rect);
  pDC- > FillSolidRect(rect, RGB(0, 0, 0));
```

```
    pDC- > SetTextColor(RGB(255, 255, 255));
    CString data, str = (CString)"中国矿业大学";
    CFont NewFont,*pOldFont;
    LOGFONT lf;
    memset(&lf, 0, sizeof(LOGFONT));
    lf.lfHeight = 30;
    lf.lfCharSet = GB2312_CHARSET;
    strcpy_s(((char* )lf.lfFaceName), MAXLEN_IFDESCR, "幼圆");
    NewFont.CreateFontIndirectW(&lf);
    pOldFont = pDC- > SelectObject(&NewFont);
    pDC- > TextOutW(20, 20, str);
    pDC- > SelectObject(pOldFont);
    NewFont.DeleteObject();
    pDC- > SetTextColor(RGB(255, 0, 0));
    pDC- > SetBkColor(RGB(255, 255, 0));
    int a1 = 19, b1 = 30;
    double a2 = 5.5, b2 = 6.8;
    data.Format((char)"% d,% d", a1, b1);
    pDC- > TextOutW(100, 80, data);
    pDC- > SetTextColor(RGB(0, 255, 0));
    pDC- > SetBkMode(TRANSPARENT);
    data.Format((char)"% f,% f", a2, b2);
    pDC- > TextOutW(100, 120, data);
}
```

第 3 章 制图数据的获取与组织

3.1 地图数据采集与输入

数字地图是一类特殊的图形，实质上是空间点集在二维平面上的投影。无论地图图形多么复杂，都可将其分解为点、线、面 3 种基本图形元素，其中点是最基本的图形元素。在计算机地图制图中，各地图图形元素在二维平面上的矢量数据表示为点、线、面。点用一对 (x,y) 坐标表示；线用一串有序的 (x,y) 坐标对表示，若在曲线上按一定规则顺序取点，使相邻两点间连接的直线逼近弧线，则地图上的光滑曲线便能用折线逼近；面用一串有序的首尾坐标相同的 (x,y) 坐标对表示其轮廓范围。图 3-1 为地图图形的基本元素示意图。

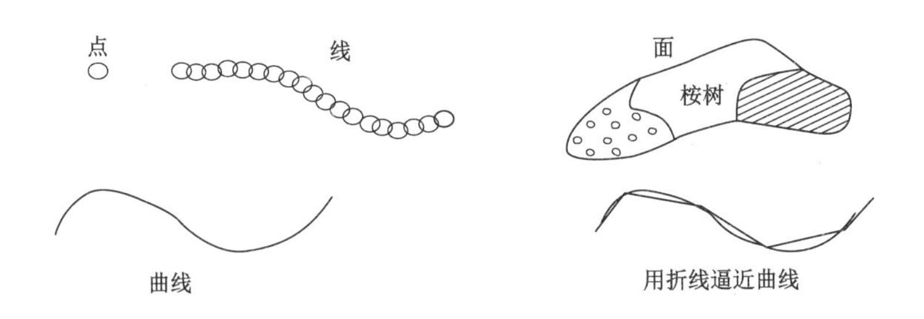

图 3-1 地图图形的基本元素

地图数据与其他大多数由计算机处理的科学数据是极其不同的。它具有以下 2 个方面的主要特征：

① 地图数据量比较大，例如一幅典型的比例尺为 1∶25 000 的地图，大约需要 1 百万至 3 百万对坐标，才能使获得的数字地图的几何精度达到一定的要求。

② 地图数据具有定位、定性和时间的特性。大部分地图数据都是反映制图现象的地理分布，故具有定位的性质，也称这类地图数据为空间数据（或几何数据）。空间数据可反映点、线和面状物体的定位特性。还有一部分地图数据是用来描述制图现象的质量和数量特征，如哪是河流，哪是道路，哪是居民点以及它们的名称和其他有关的特征描述等，这类数据通常称之为属性数据。任何地图数据都有时间性，即现势性，这是显而易见的。

地图数据的来源是多方面的，来源不同，采集的方法也各不相同。

3.1.1 几何数据的采集

几何数据是根据给定各要素相对位置或绝对位置的坐标来描述的。其获取的方法主要有：外业测量、栅格形式的空间数据转换、现有地图数字化。

3.1.1.1　外业测量采集

(1) 全站仪测量

全站仪是电子经纬仪和激光测距仪的集成，它可以同时测量空间坐标的距离和方位数据，并且可进一步得到它的大地坐标数据。

全站仪作为空间数据采集工具有两种主要的方式。一种是全站仪与电子手簿相连，在野外测量时先将空间目标的距离和方位数据或空间坐标的坐标数据存储于电子手簿内，同时在野外人工绘制草图。回到室内以后，将电子手簿的数据导入到计算机内，根据电子手簿中空间目标的编码关系和野外绘制的草图进行适当的编辑处理，则可得到数字地图。这种工作方式设备成本较低，不需要将计算机带到野外，主要缺点是工作繁琐，既要注意电子手簿中地物目标的编码，又要绘制草图，室内编辑的工作量较大。在获取电子手簿内的空间坐标的数据之后，也有两种模式进行空间数据的编辑处理和制图，一种是用 AutoCAD 等图形软件进行图形的处理与制图，另一种是自行编制数字制图软件进行空间数据处理与制图。

全站仪空间数据采集的另一种方法是所谓的电子平板，将便携机直接与全站仪相连，测量的结果直接显示在屏幕上。在野外直接进行空间目标的图形连接和编辑处理，然后进行符号化、注记与制图。电子平板仪的工作原理如图 3-2 所示。

(2) GPS 测量

GPS 用户使用适当的接收机接收卫星信号码及载波相位并提取传播的信息，将接收到的卫星信号码与接收机产生的复制码匹配比较，便可确定接收机至卫星的距离。如果接收机能够同时接收 4 颗以上卫星的信号，如图 3-3 所示，根据三维空间后方交会的原理，由卫星的位置及接收机与卫星的距离，即可以计算出 GPS 接收机天线所在位置的三维地心坐标(以 WG84 为标准) 的椭球面坐标。若用于高精度的大地测量，则需要记录并处理载波或信息波的相位数据。

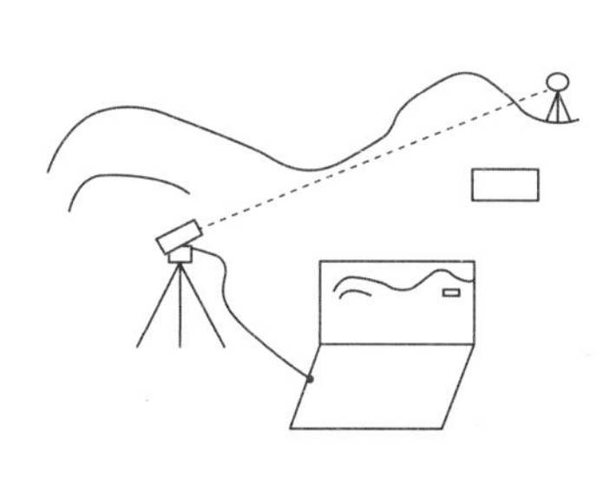

图 3-2　电子平板仪的测量示意图

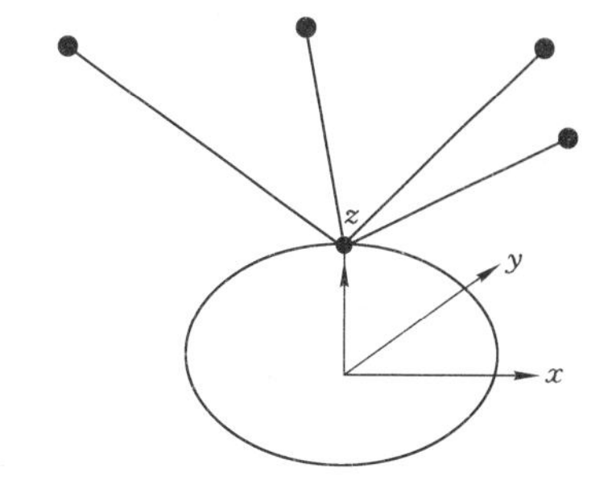

图 3-3　GPS 测量原理

为了消除各种误差，需要通过使用差分 GPS 来测量地面点的坐标。差分 GPS 是通过使用两个或更多的 GPS 接收机来协同工作，将一台 GPS 接收机安置在已知点上，作为基准站，另一台接收机用于空间目标的测量。由于在已知位置的基点可以确定卫星信号中包含的人为误差和其他某些误差(如电离层的影响误差)，因此可大大降低 GPS 的定位误差。当然，要想得到精确的结果，基准站位置的精度至关重要。

3.1.1.2 栅格形式的空间数据转换

从图件（如手工制图原稿或现有地图），或者从卫星遥感图像、扫描仪扫描光学模拟图像（如航摄像片）等都可以获得栅格数据。采用栅格数据矢量化的方法，可以将此类数据转化为矢量数据。

3.1.1.3 从现有地图数字化采集

地图数字化目前仍是GIS中获取空间数据的主要手段，因为它最简便，效率最高，但它的精度比野外测量差。目前通用的数字化方法有：手扶跟踪数字化法和地图扫描数字化法。

(1) 手扶跟踪数字化法

手扶跟踪数字化法也称手工数字化仪法或称数字化板输入法，它是采用因数模式转换原理将模拟（图形）信息转换成数字信息并输入到计算机的过程。它适用于工作底图为纸质图、聚酯薄膜图的情形。手扶跟踪数字化是利用数字化仪和相关的图形处理软件进行的，其工作原理是：首先将数字化板正确地与计算机连接，把准备数字化的工作底图放置于数字化板上并固定，用手持定标设备（鼠标）对地图进行定向和确定图幅范围。然后跟踪每一个地图特征，由数字化仪和相应数字化软件在工作底图上进行数据采集，将经过图纸定位后被数字化仪采集并由相关软件转换后的地图坐标系的图形坐标数据（矢量数据）发送给计算机，经过软件编辑后获得最终的矢量化数据即数字化地图。这个过程相当于用一支数字笔将原有地图在计算机里再描一遍，是一个直接将光栅模式的图纸描成矢量格式的过程。在许多绘图软件及自主开发的各种地形测图软件中都提供对手扶跟踪数字化仪的支持，用手扶跟踪数字化方法数字化地图，可在地图数据输入时由人工方式将不同信息分层，非常直观。

手扶跟踪数字化对复杂地图的处理能力较弱，对不规则曲线如等高线只能采用取点模拟的方式，耗时多且处于半自动状态，效率不高。因而，手扶跟踪数字化适用于时间要求不紧迫，地图所包含信息不太复杂的情况。手扶跟踪数字化的精度取决于工作底图上地图要素的宽度、复杂程度、数字化仪器的性能（主要是分辨率）、作业人员的工作熟练程度等多种因素。

(2) 地图扫描数字化法

该方法的基本原理是首先使用具有适当分辨率、消蓝功能和扫描幅面的扫描仪及相关扫描图像处理软件，把各种类型的工作底图转化为栅格影像图，变成光栅文件。光栅数据的内容被表示成黑点和白点（二值模式）或彩色点组成的一个矩阵（点阵），单个的点被排在地图图纸的x、y方向上、点与点之间彼此没有任何逻辑上的联系，这些点以镶嵌的形式在计算机屏幕上显示。对光栅图影像而言，图像的放大或缩小，会使图像信息发生失真，尤其是放大时图像目标的边界会发生阶梯效应。因而，需对光栅图像进行诸如点处理、区域处理、几何处理等，在此基础上对栅格影像进行矢量化处理和编辑，包括图像二值化、黑白反转、线细化、噪声消除、结点断开、断线连接等。这些处理由专业扫描图像处理软件进行，其中区域处理是二值图像处理（如线细化）的基础，而几何处理则是进行图像坐标纠正处理的基础，通过处理达到提高影像质量的目的。然后利用软件矢量化的功能，采用交互矢量化或自动矢量化的方式，对地图的各类要素进行矢量化，并对矢量化结果进行编辑整理，存储在计算机上，最终获得矢量化数据，即数字化地图，完成扫描矢量化的过程。

扫描的过程就是将图纸由光栅格式转换成矢量格式的过程，扫描数字化法是目前比较先进的地图数字处理方法，作业速度快，精度高。扫描数字化地图的最终精度即所获得的矢量化数据的精度，取决于地图底图上描述地图要素的宽度、复杂程度、扫描仪的扫描分辨率、地图工作底图的变形误差、作业员的熟练程度等。地图工作底图的要素越简单、扫描仪的扫描分辨率越高、地图底图变形越小、作业人员熟练程度越高，数据转化过程中误差就会越小。

（3）地图数字化方法

数据采集是数字化地图最重要的工作，在数字化过程中各种地物的数字化均有自身特点，因而，在数字化作业时必须充分考虑各种类型地物的特点进行数据采集。对于点状类符号（如独立地物符号），仅需采集符号的定位点数据。对折线类型的线状符号只需采集各转折点数据；曲线类型的线状符号，只对其特征点的数据进行采集，用程序自动拟合为曲线。特征点的选择与地形测图时的方法相同，曲线上明显的转弯点等均是特征点。对于斜坡、陡坎、围墙、栏杆等有方向性的线状类符号，数据的采集要结合图式符号库的具体算法进行，数据采集只在定位线上进行，采集数据的前进方向的选择要按软件图式符号库的规定进行，如规定有方向性的线状类符号的短毛线或小符号在前进方向右侧（或左侧），由此可结合图上符号的具体位置决定数据采集的前进方向；对面状类符号，则只需采集在其轮廓线上的拐点或特征点。面状符号内部有填充符号时，面状符号的轮廓线必须闭合，软件会根据输入地物的编码和轮廓线的位置自动配置并填充符号。

地图数字化的目的就是提取地图中反映现实世界空间对象的“骨架”数据。“骨架”数据的提取不仅与地图上符号的表示形式有关，而且与系统软件符号化原则（如有方向性的线状符号左推或右推）有关。在地图地物符号采集时，为保证采集的点位数据的正确性，必须首先掌握各种地物符号的定位点、定位线的基本知识；其次就是了解软件系统各种符号的符号化规则。图形数字化规则为：

① 固定方向（如南向）的点状符号数字化时采集符号的定位点(x,y)。点状符号的定位点、定位线的位置会因地物不同而异、数据采集时应加以注意。类似三角点、导线点、检查井等的圆形、矩形、三角形等几何图形符号，图形的几何中心为其定位点。蒙古包、烟囱、独立石类的宽底符号，其底线中心为定位点。风车、路标等类的底部为直角形的符号，其底部直角的顶点为定位点。气象站、雷达站、无线电杆等类地物的定位点，在其下方图形的中心点或交叉点。没有宽底线或直角顶点的点符号，如亭子、露天设备等符号，定位点在其下方两端点间连线的中心点。

② 有向点状符号数字化时采集符号的定位点和方向(x,y,θ)或定位线$(x_1,y_2;x_2,y_2)$，究竟采取哪种方法取决于系统中有向点状符号的数据存储结构。但数据采集时，第一点为符号的定位点，第二点为方向点，例如窑、山洞、水流向、桥梁、水闸、挡水坝、溶斗等有向符号。

③ 对称型线状符号数字化符号的中心线。例如篱笆、铁丝网、通讯线路、窄道路、管道等符号。

④ 侧向型线状符号数字化符号的基线，考虑系统符号化的左推或右推规则。例如陡坎、围墙符号。

⑤ 像大比例尺地形图中的输电线、通讯线等符号，称为导线型符号，这类符号数字化时依次数字化符号定位线的转折点，并构成一条线。当所配置的点符号为非对称符号时，还需要考虑系统符号化的左推或右推规则。

⑥ 像斜坡符号，可以称为带状符号，首先数字化定位线并考虑系统符号化的左推或右

推规则，然后再数字化符号范围线。

⑦ 面状符号数字化符号的外围线要求闭合。对于像棚房一类的在边界线转折处需要绘符号的面状符号，数字化时需要考虑系统符号化的左推或右推规则。

⑧ 在工作底图上闭合的图形，数字化时也需闭合。闭合的方法有自动闭合和人工闭合2种，这是因数字化软件的功能不同而决定的。有的软件需输入闭合命令实现自动闭合，而有的软件则规定需对闭合图形的起始点(即闭合点)数据重复采集一次才能实现闭合。

⑨ 对于注记不进行数字化，在图形编辑时另行加入即可，数字化软件都提供加入注记的功能。

⑩ 对闭合图形公共边数据的采集需按专门规定进行。基本要求是数据采集既要满足多边形闭合的条件，可进行面积计算，又能实现对公共边数据不进行重复采集。大部分数字化软件对此进行了合理设计，数据采集时只需进行结点捕捉，无需直接采集。

3.1.2 属性数据的获取

3.1.2.1 特征码

地图要素是根据各自的位置和属性说明进行编码的，仅有描述空间位置的几何数据是不够的，还必须有描述它们的属性说明。用来描述要素类别、级别等分类特征和其他质量特征的数字编码叫特征码，它是地图要素属性数据的主要部分。其作用是反映地图要素的分类分级系统，同时也便于按特定的内容提取、合并和更新，因此特征码表的编制应根据原图内容和新编图的要求设计。

一般地，对地图要素进行分类编码时应遵循以下原则：

① 科学性和系统性，即以适合计算机和数据库技术应用和管理为目标，按国土基础信息的属性或特征进行严格的科学分类，形成系统的分类体系；

② 相对稳定性，即分类体系以各种地图要素最稳定的属性或特征为基础，能在较长时间里不发生重大变更；

③ 不受地图比例尺的限制，即同一地图要素在不同比例尺的地图数据库中有一致的分类代码，虽然分类不一定与多种比例尺地图一一对应，但分类码要覆盖各种比例尺的地图符号，即每类地图符号都应具有相应的代码；

④ 完整性和可扩充性，即要素的分类既要反映其属性，又要反映其相互联系，具有完整性；代码结构应留有适当的可扩充的余地，具有可扩充性；

⑤ 与国家已颁布的有关规范和标准一致，即直接引用或参照相关的国家规范和标准；

⑥ 运用性，即特征码(或属性编码)尽可能地简短和便于记忆。

依据上述原则，以国土基础信息为例，其编码可分为大类，并依次再分为小类，分类代码由6位数字组成，其结构如下：

*	*	* *	*	*
大类码	小类码	一级代码	二级代码	识别码

制图要素分类编码如表3-1所示。

表 3-1　　制图要素分类编码

特征码	制图要素名称	特征码	制图要素名称
6	境界	71010	实测等高线
61000	行政区划界	71020	草绘等高线
61010	国界	72000	高程
61011	界桩、界碑	72010	高程点
61012	同号双立的界碑	72020	特殊高程点
61013	同号三立的界桩、界碑	72021	最大洪水位高程点
61020	未定国界	72022	最大潮位高程点
61030	省、自治区、直辖市界	72023	溢洪道口底面高程点
61031	界桩、界标	72024	坝顶高程点
61040	自治州、地区、盟、地级市界	72025	堤顶高程点
61050	县、自治区、旗、县级市界	72026	井口高程点
61060	乡、镇、国营农场、林场、牧场界	72027	水位点
62000	其他界线	72028	桥面高程点
62010	特殊地区界	72030	比高
62020	自然保护区界	73000	冰川地貌
7	地形与土质	73010	粒雪原
71000	等高线	73011	雪崩锥

3.1.2.2　特征码的输入

特征码通常与几何数据一起存入地图数据库。特征码的输入有两种方式，一是事先设置好清单，在采集几何数据时，选择特征码；二是在 GIS 中，选择对象，弹出一个属性数据框，用键盘输入对象的特征码等属性数据。

3.2　计算机地图制图数据预处理

数据处理是计算机地图制图过程中的一个重要环节，包括对制图数据的存储、选取、分析、加工、输出等操作，以完成地图制作过程中的几何纠正、比例尺和投影变换、要素的制图综合、数据的符号化等。

数据的预处理主要内容包括几何纠正、数据压缩、数据规范化和数据匹配。

3.2.1　几何纠正

数据编辑处理一般只能消除或减少在数字化过程中因操作产生的局部误差或明显差错，但因图纸变形和数字化过程中产生的随机误差，则必须经过几何纠正才能消除。

3.2.1.1　一次变换

同素变换和仿射交换均为一次变换。

同素变换是一种较复杂的一次变换形式，其函数式为

$$x' = \frac{a_1 x + a_2 y + a_3}{c_1 x + c_2 y + c_3}$$

$$y' = \frac{b_1 x + b_2 y + b_3}{c_1 x + c_2 y + c_3} \tag{3-1}$$

其主要性质是：

① 直线变换后仍为直线，但同一线段上长度比不是常数；

② 平行线变换后为直线束；

③ 同一线束中任一割线的交叉比在变换前后保持不变；

④ 通过同一割线上相应各点的线束的交叉比在变换前后也保持不变。

仿射变换是一种比较简单的一次变换，其表达式为

$$x' = a_1 x + a_2 y + a_3$$

$$y' = b_1 x + b_2 y + b_3 \tag{3-2}$$

式中对待定系数，只要知道不在同一直线上的3个对应点坐标即可求得。实际应用时，往往利用4个以上对应点坐标和最小二乘法求解变换系数，以提高变换精度。

仿射交换的主要性质是：

① 直线变换后仍为直线；

② 平行线变换后仍为平行线，并保持简单的长度比；

③ 不同方向上的长度比发生变化。

3.2.1.2 二次变换和高次变换

这两种变换是实施地图内容转换的多项式拟合方法，它由下列多项式表达：

$$x' = f_1(x,y) = a_1 x + a_2 y + a_{11} x^2 + a_{12} xy + a_{22} y^2 + A$$

$$y' = f_2(x,y) = b_1 x + b_2 y + b_{11} x^2 + b_{12} xy + b_{22} y^2 + B \tag{3-3}$$

式中 x,y 为变换前坐标，x',y' 为变换后坐标；系数 a,b 是函数 f_1,f_2 的待定系数。A 和 B 代表三次以上高次项之和。上式是高次曲线方程，符合此方程的变换称为高次变换。若不考虑 A 和 B，则上式为二次曲线方程，即

$$x' = f_1(x,y) = a_1 x + a_2 y + a_{11} x^2 + a_{12} xy + a_{22} y^2$$

$$y' = f_2(x,y) = b_1 x + b_2 y + b_{11} x^2 + b_{12} xy + b_{22} y^2 \tag{3-4}$$

符合上列二次曲线方程的变换为二次变换。这两种变换的实质是：制图资料上的直线经变换后可能为二次曲线或高次曲线，它适用于原图有非线性变形的情况。

在二次变换中有5对未知数，理论上只要知道数字化原图上5个点的坐标及其相应的理论值，便可能算出系数 a 和 b，从而建立起变换方程，完成几何纠正的任务，即对数字化的地图的所有几何数据进行改正。实际应用时，可取多于5个点及其理论值，并用最小二乘法求解，以提高解算系数的精度。所选点的分布应能控制全图。

3.2.2 数据压缩

数据压缩是把大量的原始数据或由存储器取出来的数据转换为有用的、有条理的、精炼而简单的信息的过程，又称数据简化或数据综合。其目的是删除冗余数据，减少数据的存储量，节省存储空间，加快后续处理速度。本节以曲线的数据压缩为例进行介绍。

3.2.2.1 间隔取点法

间隔取点法又可细分为两种：第一种是以曲线坐标串系列号为主，规定每隔 k 个点取一

点;第二种则以规定距离为间隔的临界值,舍去那些离已选点比规定距离更近的点。间隔点法可以大量压缩数字化仪用连续方法获取的点串中的点,但不一定能恰当地保留曲率显著变化的点。由于首末点在地图制图中具有特殊的意义,所以首末点一定要保留。图 3-4 中,由 a 舍去每两点中一点得 a′,由 b 仅保留与已知点距离超过临界值的点得 b′。

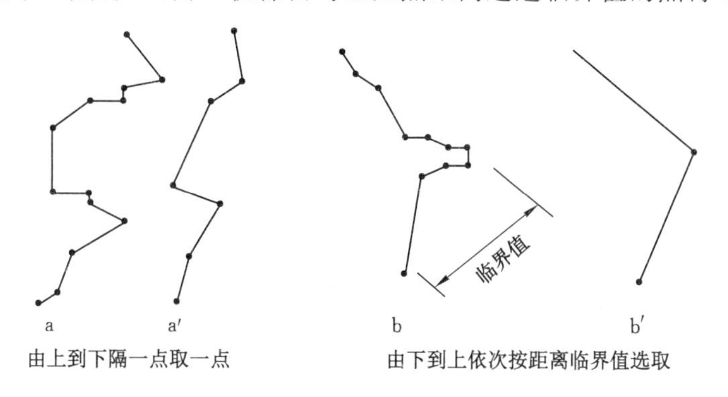

图 3-4　间隔取点法示意图

3.2.2.2　垂距法和偏角法

这两种方法是按垂距或偏角的限差选取符合或超过限差的点,其过程见图 3-5。

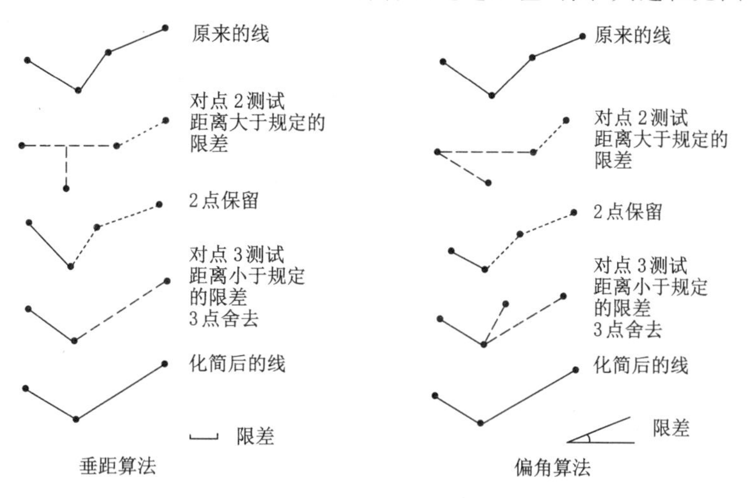

图 3-5　按垂距和偏角限差取点的过程

3.2.2.3　道格拉斯-普克法

该方法试图保持整条曲线的走向,并允许制图人员规定合理的限差。其数据压缩的步骤为:

① 在给定的曲线的两端点(M、N)之间连一直线,确定直线 MN 方程:

$$Ax + By + C = 0 \tag{3-5}$$

② 计算中间各点 $P(x_i, y_i)$到直线 MN 的距离。

$$d_i = | Ax_i + By_i + C | / \sqrt{A^2 + B^2} \tag{3-6}$$

③ 求距离 d_i 的最大值 d_j:

$$d_j = \max(d_1, d_2, \cdots, d_n) \tag{3-7}$$

选择距离最大的点 P_j，若 P_j 到直线的距离大于某一阈值 ε，则 P_j 为保留点，同时 P_j 将原曲线分成两段 MP_j、P_jN，对它们递归调用该算法；若 P_j 到直线的距离小于某一阈值 ε，那么就用该线段近似表示原曲线。图 3-6 为道格拉斯-普克法数据压缩方法示意图。

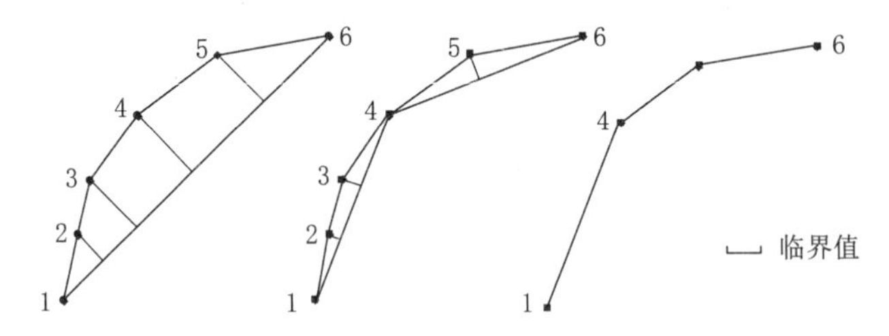

图 3-6　道格拉斯-普克法

3.2.2.4　光栏法

光栏法按预先定义的一个扇形，根据曲线上各节点是在扇形外还是在扇形内，决定节点是保留还是舍去。

设有曲线点列 $\{p_i\}$，$i=1,2,\cdots,n$，"光栏口径"为 d（用户自定义），则该方法实施的具体步骤如下（图 3-7）：

① 连接 p_1 和 p_2 点，过 p_2 点作一条垂直于 p_1p_2 的直线，在该垂线上取两点 a_1 和 a_2，使 $a_1p_2=a_2p_2=d/2$，此时 a_1 和 a_2 为"光栏"边界点，p_1 与 a_1、p_1 与 a_2 的连线为以 p_1 为顶点的扇形的两条边，这就定义了一个扇形（这个扇形的口朝向曲线的前进方向，边长是任意的）。通过 p_1 并在扇形内的所有直线都具有这种性质，即 p_1 p_2 上各点到这些直线的垂距都不大于 $d/2$。

② 若点 p_3 在扇形内，则舍去 p_2 点。然后连接 p_1 和 p_3，过 p_3 作 p_1 p_3 的垂线，该垂线与前面定义的扇形边交于 c_1 和 c_2。在垂线上找到点 b_1 和 b_2 点，使 $p_3b_1=p_3b_2=d/2$，若 b_1 或 b_2 点落在原扇形外面，则用 c_1 或 c_2 取代。

③ 检查下一节点，若该点在新扇形内，则重复第②步；直到发现有一个节点在最新定义的扇形外为止。

④ 当发现在扇形外的节点，如图中的 p_4，此时保留点 p_3，以 p_3 作为新起点，重复步骤①～③。如此继续下去，直到整个点列检测完为止。所有被保留的节点（含首、末点），顺序地构成了简化后的新点列。

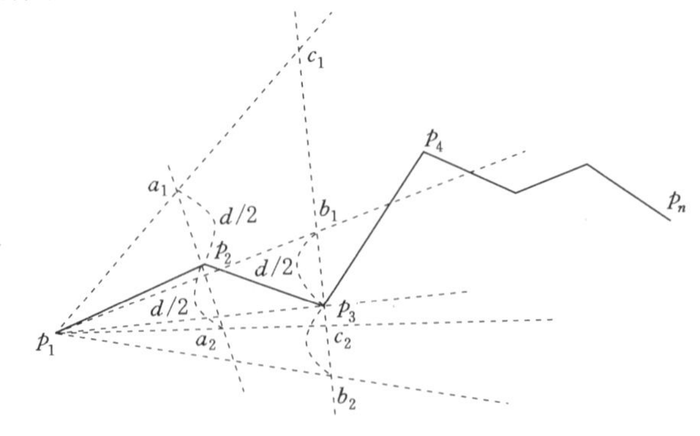

图 3-7　光栏法原理图

3.2.2.5　几种压缩方法的比较

数据压缩的判别标准可以采取:简化后曲线的总长度、总面积、坐标平均值等与原始曲线的相应数据的对比。

一般情况下,道格拉斯-普克法的压缩效果最好,但必须在对整条曲线数字化完成后才能进行处理,且计算量较大;光栏法的压缩算法也很好,并且可在数字化时实时处理,每次判断下一个数字化的点,且计算量较小;垂距法、偏角法算法简单,速度快,但有时会将曲线的弯曲极值点 p 值去掉而失真。

3.2.3　数据规范化

从事地图数据采集和应用的部门日益增多,为了协调数字化地图的生产和提高数据的共享程度,地图数据规范化的工作引起了许多国家的重视,是国际地图制图协会的重要研究方向之一。

(1) 定义规范

该部分使用零维、一维和二维数据,系统地、广泛地定义一组基本的、单一的制图目标,它们是单纯的几何目标、几何和拓扑目标、单纯的拓扑目标,并以此来建立地图要素的数字表示法。规定了本标准中使用的主要概念性术语:要素、实体和目标。要素是指一个确定的实体及其目标的表示;实体是描述地球上一种不能再细分的真实的现象;目标是一个实体的全部或部分的数据表示。

(2) 空间数据转换规范

制定该规范的目的是方便空间数据从一个空间数据处理系统向另一个空间数据处理系统转换,而与它们使用的计算机硬件和操作系统无关。内容包括各种转换模块;每个模块包含一组模块记录;每个模块记录包括若干个数据字段,它们按信息的目的和功能分组;数据字段包含要转换的信息。这些模块可完成矢量转换、关系转换和栅格转换等。

(3) 数字制图数据质量控制规范

每幅数字地图都必须有一份质量报告,其内容包括数据情况略图、位置精度、属性精度、逻辑一致性和完整性等五个部分。

(4) 制图要素规范

这一部分包括说明制图要素的概念模型和一份实体及属性定义表。概念模型定义了三个概念和两个辅助项,它们是实体、属性、属性值、标准项和内含项。

3.2.4　数据匹配

数据匹配是实现误差纠正的又一种方法,是数据处理的一个重要方面,包括顶点匹配、数字接边。

(1) 顶点匹配

在数字化多边形地图和其他网结构图形时,同一点(如几个多边形的公共顶点)可能被数字化好几次,即使在数字化时很仔细,但由于仪器本身的精度和操作上的问题,都不能保证几次数字化获得同样的坐标值。为此在数据处理时,需将它们的重心重新安放,这就是"顶点匹配"(或称结点匹配),如图3-8所示。该方法是用匹配程序对多边形文件进行处理,即让程序按规定搜索位于一

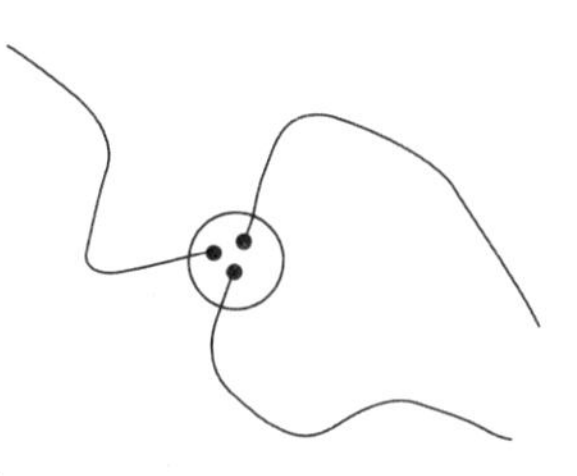

图3-8　顶点匹配

定范围内的点，求其坐标的平均值，并以这个平均值取代原来点的坐标。经处理后，在多边形生成时若再发现少数顶点不匹配，经查明原因后可辅以交互编辑的方法处理。

(2) 数字接边

在数字化地图时，一般是一幅一幅地进行，如果受数字化仪幅面的限制，有时一幅图还需分块进行，如图 3-9 所示。由于纸张的伸缩或操作误差，相邻图幅公共图廓线(或分块线)两侧本应相互连接的地图要素会发生错位，这是不可避免的[见图 3-9(b)]。因此在拼幅或合幅时均须对这些分幅数字地图在公共边上进行相同地图要素的匹配，这就是数字接边，接边后的结果如图 3-9(c)所示。

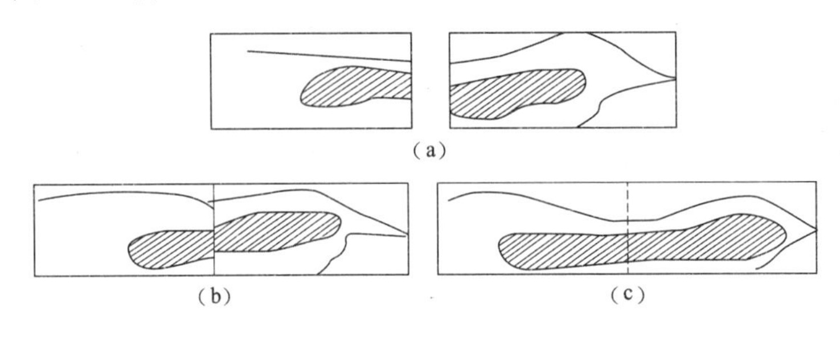

图 3-9　数字接边过程

数字接边在数字地图更新时也是非常重要的，尤其是在局部区域内的数据需全部更新时，新旧资料拼接线上的要素必须作接边处理。

除了上述的两种数据匹配外，数据匹配还包括属性匹配，即属性数据与几何数据的匹配、几何匹准的数据其属性是否一致。此外，几何图形校正(如矩形图形的四个角不全为直角)和齐边改正(如线段端点与图边、水涯线等的正确接合)等的数据处理也属于数据匹配的范畴。

3.3　图形数据结构

图形数据结构是指图形数据在计算机内的组织和编码形式。它是一种适合于计算机存储、管理和处理图形数据的逻辑结构，是图形对象的空间排列和相互关系的抽象描述。它是对数据的一种理解和解释。

3.3.1　基本图元及其特征

客观世界的图形对象非常复杂，为了能用计算机来处理图形，就要对图形对象进行分解和综合，也就是说，将复杂对象看做是由比较简单的对象按某种规则构造出来，比较简单的对象又是由更简单的对象构造而成的，分解到最后就是基本图形元素(primitives)。

通常在二维图形系统中将基本图形元素称为图素或图元，而在三维图形系统中称为体素。图素是指可以用一定的几何参数描述的最基本的图形输出元素，包括点、线、圆、圆弧、椭圆、二次曲线等；体素的定义相对复杂一些，是三维空间中可以用有限个参数定位和定形的最基本单元体。

基本图元是图形系统中的基本图形元素。基本图元只含有一个图形实例，使用数据和方法标识图形对象。图形系统的基本图元与系统处理的目标有关，一般的图形系统都参考图形核心系统GKS(Graphical Kernal System)规定的8种图元(点、多点标记、线、折线、正文、区域填充、点阵图形、广义图元)。

地图图形实际上是空间点集在一个二维平面上的投影,它们都可以分解为点、线、面三种图形元素,其中点是最基本的图形元素,这是因为一组有序的点集可连成线,而线可围成面,面域内由各种线划符号或文字表示其属性。若在曲线上按一定规则顺序取点,使相邻两点间连接的直线逼近弧线,地图上光滑曲线变可以用折线逼近。因此地图制图系统一般有点、线、面、文字注记四类基本图元。

由于基本图元是图形系统中最小的图形单元,它不可以再细分,而且通过它们能表达系统中的所有图形对象,所以计算机图形系统的基本图元应当具有唯一性、简练性和完整性。基本图元集的信息模型决定了图形数据的组织方式及图形对象数据库的数据模型。

3.3.2　空间对象及其定义

地图是一种特殊的图形,是GIS的重要数据源,地图对象也随着GIS的发展而不断发展。随着3D GIS研究的日益深入,地图对象不再限于平面图形,而逐渐发展为空间对象(也称几何实体)。

空间对象可分为简单对象、复合对象和复杂对象。按空间图形的物理特征分类,图形可分为基本图形和复合图形,基本图形是只包含一个图形实例且不能再分割的图形对象;复合图形中包含多个图形实例,每个图形实例按一定的复合规则结合到图形对象中,复杂空间对象是由一个或多个其他简单空间对象或复合空间对象组成。根据空间特性,简单空间对象可分为点空间对象、线空间对象、面空间对象。当然,在不同的系统、标准和教科书中,空间对象的定义也不尽相同。OGC(Open GIS Consortium)组织推出了空间对象定义的标准,并提出了相应的空间对象模型,如图3-10所示。

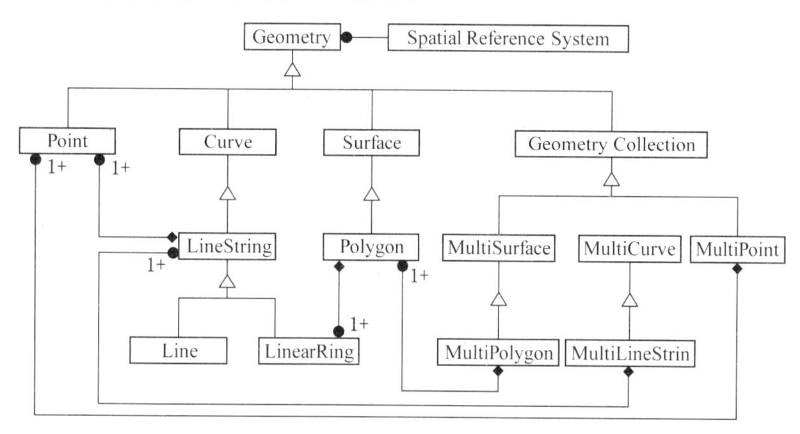

图3-10　Geometry类层次结构图

(1) Geometry

Geometry是几何对象层次模型的根类,它是一个抽象类(不可实例化)。在二维的坐标空间中,Geometry的可实例化的子类被限制定义为零维、一维、二维几何对象。在OGC的说明中,所有可实例化的几何对象的定义都包括了其边界的定义,也就是它们是拓扑闭合的。

(2) Geometry Collection

Geometry Collection 是一个或多个 Geometry 对象的集合。在这个集合中的所有元素都必须有同样的空间参考。

(3) Point

Point 是零维的几何对象,表示空间中一个单独位置信息,点的边界是一个空集。在数学中,一维空间中的点用一元组$\{t\}$表示;二维空间中的点用二元组$\{x, y\}$或$\{x(t), y(t)\}$表示;三维空间中的点用三元组$\{x, y, z\}$或$\{x(t), y(t), z(t)\}$表示;n 维空间中的点在齐次坐标系下用$n+l$维表示。

根据系统要求,数字地图中点可以表示是二维或三维点。点是地图图形的最基本元素,计算机地图制图实质就是对点集及其连接关系的处理。

(4) MultiPoint

MultiPoint 是零维几何对象的集合,MultiPoint 中的元素必须是 Point,Point 之间没有相连或有序关系。若没有任何两个点是等同的(有一样的坐标值),则 MultiPoint 是"简单"的,MultiPoint 的边界是空集。

(5) Curve

Curve 是一维几何对象,通常作为一系列点来存储。OGC 定义了一个 Curve 的子类 LineString,LineString 在两点之间采用了线性插值。

从拓扑角度看,Curve 是一维的几何对象,它与真实图像是同形的。如果它没经过同一点两次,则 Curve 是简单的。如果起始点与终点是等同的,则 Curve 是闭合的。如果 Curve 是简单并且是闭合的,则它是一个环(Ring)。一个没有闭合的 LineString 的边界是它的两个端点。

(6) LineString、Line、LinearRing

LineString 是 Curve 的子类,它在两点之间采用了线性插值。每一对连续的点都是一条线段。Line 是只有两个点的 LineString。LinearRing 是一个闭合的、"简单"的 LineString。图 3-11 描述了几种 LineString 和 LinearRing。

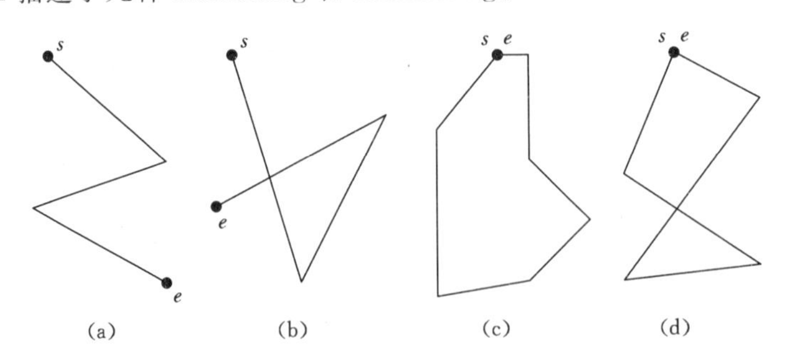

图 3-11 LineString 和 LinearString

(a) "简单"的 LineString;(b) 不"简单"的 LineString;(c) "简单"闭合的 LineString(LinearRing);(d) 不"简单"闭合的 LineString

(7) MultiCurve

MultiCurve 是一个一维几何对象集合,其元素都是 Curve。在 OGC 的说明中,MultiCurve 是不可实例化的类,其子类定义了一些方法,这些方法是可扩展的。

在 MultiCurve 的元素中，所有元素都是“简单”的，并且任何两个元素的交集（如果有的话）仅在两个元素的边界上，则 MultiCurve 对象也是简单的。

（8）MultiLineString

当 MultiCurve 中的所有元素都是 LineString 时，它可定义为 MultiLineString。图 3-12 是几个 MultiLineString 的示例。其中图 3-14(a)的边界是 $\{s_1, e_2\}$，图 3-12(b)的边界是 $\{s_1, e_2\}$，图 3-12(c)的边界是空。

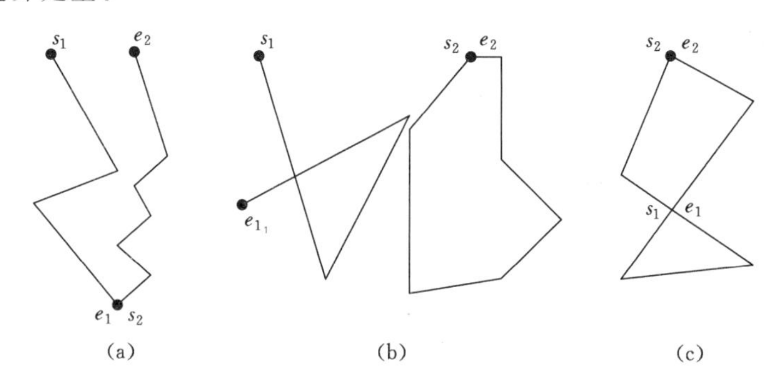

图 3-12　MultiLineString 的示例

(a)“简单”的 MultiLineString；(b) 不“简单”的有 2 个元素的 MultiLineString；(c) 不“简单”闭合的有 2 个元素的 MultiLineString(LinearRing)

（9）Surface

Surface 是二维的几何对象。OGC 定义了一个“简单” Surface：它是由一个单独的小片(Patch)组成，Patch 关联一个外圈，0 个或多个内圈。在三维空间中，“简单”的 Surface 等价于平面的 Surface。二维空间的多面体是通过将 Surface 的边界缝合而形成的，而三维空间的多面体不会是平面的。

“简单”的 Surface 的边界是由相关于它的外圈和内圈的闭合 Curve 组成。Surface 唯一可实例化的子类是 Polygon，它是一个简单的、平面的 Surface。

（10）Polygon

Polygon 对象是平面 Surface，是由一个外圈和 0 个或多个内圈组成的复合对象。每个内圈被认为是 Polygon 的一个“岛”。关于 Polygon 的一些定义如下：

① Polygon 是拓扑闭合的。

② Polygon 的边界是由一组 LinearRing(线环)组成的，这些 LinearRing 形成它的外边界和内边界。

③ 在 Polygon 的边界中，任意两个 LinearRing 都不是相互穿越的。这些 LinearRing 可以相切于一点。

④ Polygon 不可以有切线、峰值和穿孔。

⑤ 每个 Polygon 内部是连续的点集。

⑥ 有一个或多个“岛”的 Polygon 的外部是不连通的，每个岛定义了一个 Polygon 的外部连通分量。

在上面的声明中，内部、外部、闭合都有标准的拓扑定义。定义①、②使得 Polygon 是一个规则的、闭合的点集。Polygon 是简单的几何对象。

图 3-13 是一些 Polygon 的例子。图 3-14 是一些违反了上述声明的几何对象，它们不能表示一个单独的 Polygon。

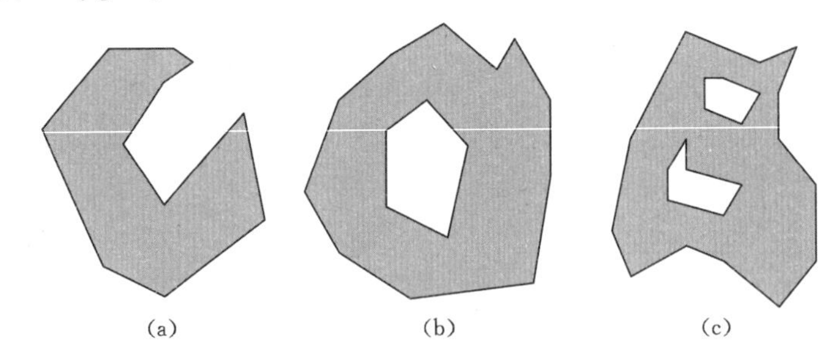

图 3-13　有 0、1、2 个环的 Polygon

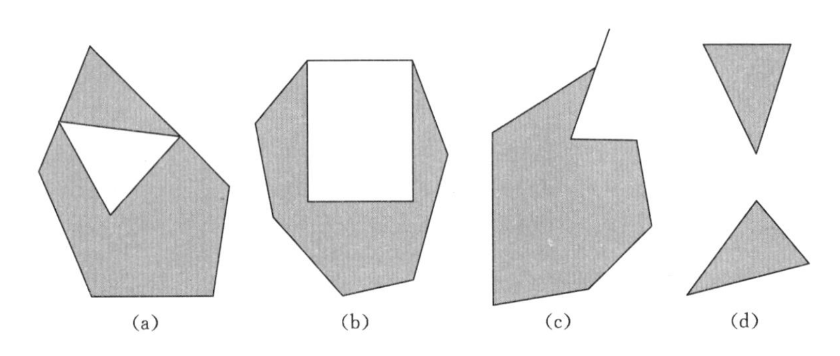

图 3-14　几个违反 Polygon 定义的几何对象

(11) MultiSurface

MultiSurface 是二维几何对象集合，它的元素是 Surface。在 MultiSurface 中，任意两个 Surface 的内部都不可以相交，任何两个元素的边界可以相交于有限的点。

在 OGC 说明中，MultiSurface 是不可实例化的类，其子类定义了一些方法，这些方法是可扩展的。MultiSurface 可实例化的子类是 MultiPolygon 的集合。

(12) MultiPolygon

当 MultiSurface 的所有元素都是 Polygon 时，它可被定义为 MultiPolygon。关于 MultiPolygon 的声明如下：

① 在 MultiPolygon 中，任何两个 Polygon 元素内部是不能相交的。

② 在 MultiPolygon 中，任何两个 Polygon 的边界不能相互穿越但可以相交于有限的点。

③ MultiPolygon 是拓扑闭合的。

④ MultiPolygon 不可以有切线、峰值和穿孔，是规则的、闭合的点集。

⑤ 在多于一个 Polygon 的 MultiPolygon 的内部是不连通的，MultiPolygon 内部的连通分量的编号等于 MultiPolygon 中的 Polygon 元素编号。

⑥ MultiPolygon 的边界由一些 Curve(LineString)组成，这些 Curve 是 MultiPolygon 中每一个 Polygon 元素的边界。

图 3-15 是一些合法的 MultiPolygon 的例子，它们分别有 1、3、2、2 个 Polygon 元素。

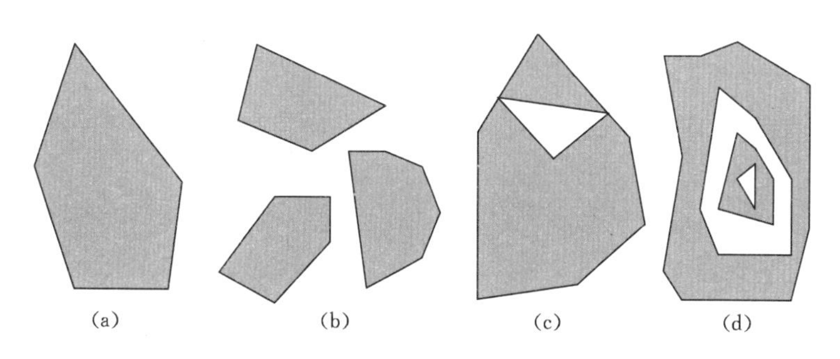

图 3-15　几个 MultiPolygon 的实例

图 3-16 是几个不能作为单个 MultiPolygon 实例的例子。

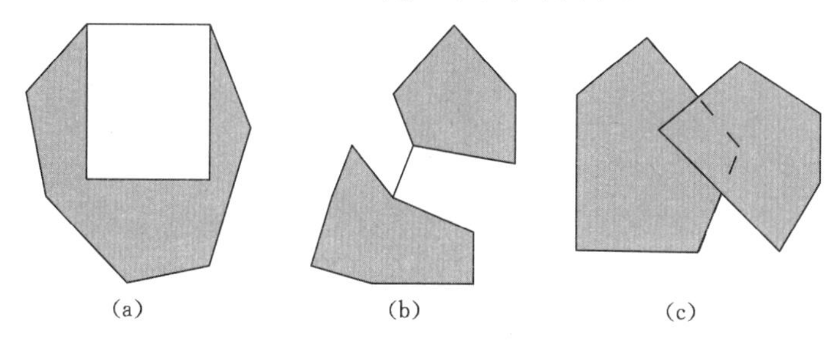

图 3-16　几个不能作为单个 MultiPolygon 的实例

3.3.3　图形对象的图形信息

图形对象的描述离不开大量的图形信息，如：对象及构成它的点、线、面的位置及其相互间关系和几何尺寸等都是图形信息；而表示这些图形对象的线型、颜色、亮度以及供分析和模拟用的质量、比重和体积等数据是有关对象的非图形信息。图形信息又往往从几何信息和拓扑信息这两个方面进行考虑。几何信息一般是指形体在欧氏空间中的位置和大小；而拓扑信息则是形体各分量的数目及其相互间的连接关系。

3.3.3.1　几何信息

(1) 几何分量的表示

形体中常用几何分量的数学表示如下：

点：　(x,y,z)

线：　$x-x_0=(y-y_0)/a=(z-z_0)/b$

平面：　$ax+by+cz+d=0$

用几何分量表示的线、平面都没有考虑它们的边界，在实用中还得把几何分量的数学表示及其边界条件结合在一起考虑。

在计算机地图制图中，各地图图形元素在二维平面上的矢量数据表示为点、线、面。点用一对 x，y 坐标表示；线用一串有序的 x，y 坐标对表示；面用一串有序的但首尾坐标相同的 x，y 坐标对表示其轮廓范围。此外，还经常遇到规则曲线和自由曲线，规则曲线可表示为函数形式或参数方程，如圆锥曲线；自由曲线无法用标准代数方程表示，通常由一些数据样点(也称为节点)通过曲线插值和拟合的方法得到，常用的有贝塞尔曲线、样条曲线。对于规则曲线，可以通过一系列折线段来逼近，自由曲线本身由节点控制，只需记录控制点信息即可。

(2) 几何分量之间的相互关系

图形的几何分量之间的相互关系如图 3-17 所示，可以相互导出，对于不同的用户，感兴趣的几何分量并不相同。在笔画式的输入输出设备中以描述形状的轮廓线为主，故形体顶点的几何信息较为实用；在光栅扫描型的输入输出设备中主要处理具有明暗度和阴影的图，因而，形体的面几何信息较为实用。但只用几何信息来表示形体还不充分，常常还会出现形体表示的二义性，因此，形体的表示除了需要几何信息外，还应提供几何分量之间的相互连接关系，即拓扑关系。

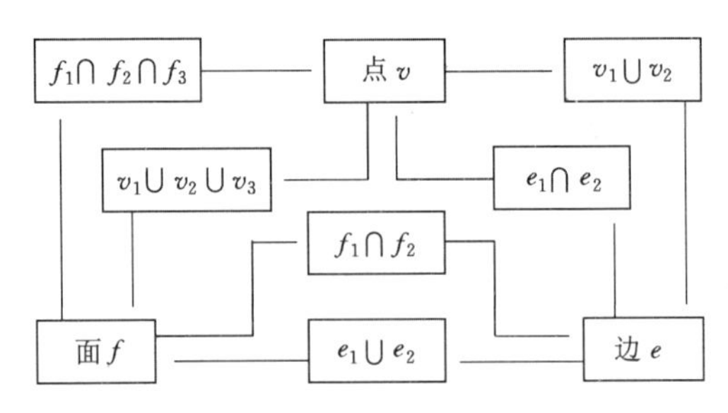

图 3-17 图形几何分量及其相互关系

3.3.3.2 拓扑信息

拓扑关系是一种对空间结构关系进行明确定义的数学方法，是指图形在保持连续状态下变形，但图形关系不变的性质。地图数据可抽象为点(结点)、线(链、弧段、边)、面(多边形)三种要素，即称为拓扑元素。

点(结点)：孤立点、线的端点、面的首尾点、链的连接点等。

线(链、弧段、边)：两结点间的有序弧段。

面(多边形)：若干条链构成的闭合多边形。

图形实体间的拓扑关系有多种描述，对于地图数据来说，主要是点、线、面所表示的实体之间的拓扑关系。包括：

① 拓扑邻接：指存在于空间图形的同类图形实体之间的拓扑关系，如结点与结点，链与链，面与面等。邻接关系是借助于不同类型的拓扑元素描述的，如面通过链而邻接，结点通过弧段邻接。

② 拓扑关联：指存在于空间实体中的不同类图形实体之间的拓扑关系，如弧段在结点间的连接关系及多边形与弧段的连接关系。

③ 拓扑包含：指在不同级别或不同层次的多边形图形实体之间的拓扑关系。例如，点、线、面在某面内，则称为被该面包含；某省包含湖泊、河流，国家由省(自治区、直辖市)组成等。

④ 其他拓扑关系：相交、相离、重叠、连通性、有向性、定义性等。

地图数据的主要拓扑关系可用 9 种不同的形式描述(见图 3-18)：$v \rightarrow \{v\}$、$v \rightarrow \{e\}$、$v \rightarrow \{f\}$、$e \rightarrow \{v\}$、$e \rightarrow \{e\}$、$e \rightarrow \{f\}$、$f \rightarrow \{v\}$、$f \rightarrow \{e\}$、$f \rightarrow \{f\}$，其中“→”表示数据结构中包含了从左端元素指向右端元素的指针，表明可以从左端元素直接找到右端元素。每一种关系都可由其他关系通过适当的运算得到。对于面实体之间，还存在不同层次上的包含关系。这种包含关系需要通过计算求得。

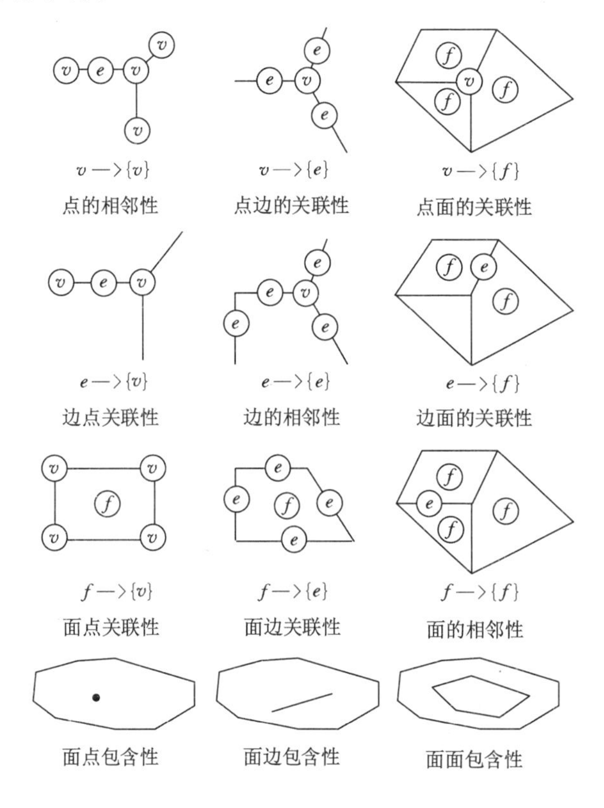

图3-18　图形的拓扑关系

与几何信息一样，不同的功能需求对不同的拓扑关系感兴趣。对地图网络分析来说，知道 $v\to\{v\}$、$v\to\{e\}$、$e\to\{v\}$这些拓扑关系就可以知道从某一结点到另一结点的连通路径；在地图拼合运算中，则希望知道顶点的邻接面，即：$v\to\{f\}$。显然，已知某些拓扑关系可以推导出另外一些拓扑关系。

在拓扑关系中，允许形体做弹性运动，因此，有人将研究拓扑关系形象地比喻为橡皮绳上的几何学，即在拓扑关系中，对图形可随意地伸张、扭曲，这些运动使得图上的各个点仍为不同的点，绝不允许把不同的点合并成一个点。因此，所谓两个图形是拓扑等价的，意即一个图形做弹性运动可使之与另一个图形重合。一个图形的拓扑性质就是那些与该图形拓扑等价的图形所具有的性质。

拓扑关系是空间数据区别于其他数据的一个重要标志，这些关系的空间逻辑意义更重要于其几何意义。因为它能从质上或从整体上反映空间实体之间的结构关系。充足的定位信息能推导出拓扑关系，但拓扑信息没有量度和精确的定位性能，不能由拓扑信息给出确切定位信息。

3.3.4　图形对象的属性信息

图形属性是描述图形外貌和细节的因素集合。图形属性与图形对象有关，同时又受计算机软硬件和编码方案的限制。图形属性主要是图形的几何属性，包括点样式、线样式、填充样式、方式、颜色或灰度等。图形属性有时也包括图形对象具有的性质，如名称、类别等。

图形属性本质上是图形对象的一种特征，把图形属性作为对象属性符合其自身性质，但由于图形对象中图形属性起着主要作用，并且图形属性比较复杂且有着相同的性质，所以把图形属性作为图形对象处理也比较合理。图形属性作为图形对象处理还有利于图形属性的管理、处理和维护。例如，当需要新增加图形属性时，可以通过建立新图形属性对象来实现；当要对原有的图形属性进行修改时，只需要修改其图形属性对象定义。图形属性形成的图形对象，要依附于其他图形对象，以图形实例的身份加入到其他图形对象中，而不直接被图形系统调用。

图形属性作为对象还是作为属性要视具体情况而定，一般来说，对于图形系统能够直接提供的，比较简单的图形属性作为图形对象的组成成分比较方便，而对复杂的或用户自定义的图形属性应作为图形属性来管理和维护。

常见的几何图形属性有颜色、点样式、线样式、填充样式。点样式主要是点的大小和形状；线样式主要是线宽和线型，线宽是指线的宽度，用像素或毫米单位标识，线型是指线的绘制序列；填充样式指闭合区域中填充图案的样式和填充图案的色彩。

地图作为特殊的图形，对图形属性的处理有更高的要求。地图通过符号来表达地理信息，而符号制作正是通过图形的点、线、面样式以及颜色值绘制完成的。地图要素中与位置、分布、形状等空间信息无关的特性需要通过属性数据来表示，如"道路"属性的描述，可以有名称、起点、终点、长度、路宽、路面性质、道路等级、限速、限压等。不同地图制图系统对这些属性信息的要求不同，对于城市交通管理来说，大部分内容是必需的，甚至要补充；而对于城市人口管理来说，以上信息未必都是必需的，可能要有较大程度的简化。对于同样是线状要素的河流来说，用于航运的地图系统和用于水资源利用的地图系统，属性数据的选择同样会有很大的不同，所以，地图属性数据的种类与处理方式千差万别，不能按照一般图形系统的模式来管理图形属性，需要在地图制图系统中合理组织属性信息。

有效的空间数据管理，要求定位数据（亦称几何数据或图形数据）与非定位数据（亦称属性数据和描述数据）彼此独立地进行交换，既是说当属性改变具体性质时，空间位置可保持不变，反之亦然。在矢量数据模型中，空间数据单元是抽象化的点、线、面数据对象，其属性数据的具体内容一般要比空间数据灵活，原因是其在很大程度上依赖于系统的设计对属性数据的内容和处理要求。

属性数据这种随应用而变化的随意性，决定了它不可能有统一的数据格式，因而从数据结构角度讲也难以建立数据项之间的彼此联系，所以地图要素的不同属性数据，只能处理为属性向量形式，即将各属性项看做是彼此无关的独立量。

3.4 地图数据结构与数据组织

数据结构即数据组织的形式，是适合于计算机存储、管理、处理的数据逻辑结构。换句话说，是指数据以什么形式在计算机中存储和处理。数据按一定的规律储存在计算机中，是计算机正确处理和用户正确理解的保证。

地图数据是以点、线、面等方式采用编码技术对地图要素进行特征描述及在要素间建立相互联系的数据集。地图数据包括图形数据、专题数据、统计数据等。地图数据结构是指地图数据在计算机中的组织存储形式。数据结构是有效地描述地图信息，灵活地进行地图数据操作和处理的基础。如何高效地管理、处理地图数据是制图系统的核心技术，这就必须研究地图数据的存储和组织方法，即地图数据组织和数据结构。

地图数据不仅用于地图制图，还是GIS系统建设的基础数据。地图数据结构的作用在于：

① 地图数据结构决定了系统能否成功表达各种地物要素和地理现象；

② 地图数据结构决定了地图制图系统的基本功能能否得以实现；

③ 地图数据结构对各种GIS分析模型实现具有关键意义；

④ 地图数据结构决定了地图数据库的效率和管理难易；

⑤ 地图数据结构是地图制图系统的基石，决定了系统的性能。

地图数据组织，就是有效管理地图数据以及它们之间的关系，主要有如下要求：

① 能有效管理各类地图要素，对其分类分级操作；

② 图形数据与属性数据既要紧密联系但又彼此独立；

③ 要考虑物体之间的相互联系，主要是空间关系（方向、距离、拓扑关系等）和某些非空间关系；

④ 对于特殊的制图系统，要考虑地图数据的时间效应。

数据结构可分逻辑结构和物理结构。数据的逻辑结构是指从应用角度观察、组织数据，注重描述数据之间的逻辑关系，一般用数据元素记录和文件标识。数据的物理结构是在物理存储器上的组织方式，也称存储结构，一般因计算机和存储介质的不同其存储结构也不同，在物理结构中用位（bit）、字节、字、块等标识数据。这里，讨论地图数据结构是指数据的逻辑结构。

目前尚无一种统一的数据结构能够同时存储各种类型的地图数据，只能将不同类型的地图数据以不同的数据结构存储。一般来说，描述地理位置及其空间关系的空间特征数据是地图制图系统所特有的数据类型，主要以矢量数据结构和栅格数据结构两种形式存储；属性数据与其他信息系统一样采用二维关系表格形式存储；元数据以特定的地图元数据格式存储。下面介绍主要的两类地图数据结构。

在地图制图系统中，地图数据结构分为两大类：矢量结构与栅格结构。两类结构都能描述点、线、面这三种基本的地图对象。矢量数据就是代表地图要素（地表实体）的各离散点平面坐标(x,y)的有序集合，栅格数据就是地图图形栅格单元（又称像元或像素）按矩阵形式的集合。矢量数据和栅格数据可以互相转换。通常，数字地图制图采用的是矢量数据格式。

矢量结构中，地图要素被抽象成点、线、面来表达，强调地物要素的离散性，即所有地物都有边界，尽管这些边界在实际上可能不存在。矢量结构的地图对象与地物要素具有一一对应的关系。

栅格结构中，地图被规则地划分为栅格（通常为正方形）。地物要素的位置状态用它们占据栅格的行、列号来定义，每个栅格的大小代表空间分辨率，栅格的值表达了该位置的状态。最小的栅格单元与它表达的地物要素没有直接的对应关系。

3.4.1 栅格数据结构

3.4.1.1 栅格数据的概念

栅格数据结构是以规则的像元阵列来表示地图要素及其分布的数据结构，其阵列中的每个数据表示地物属性特征。栅格数据所表示的地物要素很容易隐含在文件的存储结构中，行列坐标可以方便地转换为其他坐标系下的文件，在文件中每个代码本身明确地代表了空间对象的属性和属性编码。

在栅格数据结构中：

① 点实体——表示为一个像元，如图 3-19 中的要素 1 所示。

② 线实体——表示为在一定方向上连接成串的相邻像元的集合，如图 3-19 中的要素 2 所示。

③ 面实体——表示为聚集在一起的相邻像元的集合，如图 3-19 中的要素 3 所示。

栅格数据记录的是属性数据本身，而位置数据可以由属性数据对应的行列号转换为相应的坐标。栅格数据的行列表示很容易为计算机存储和操作，不仅直观，而且容易维护和修改。栅格数据结构非常适合于表达遥感影像数据和 DEM。

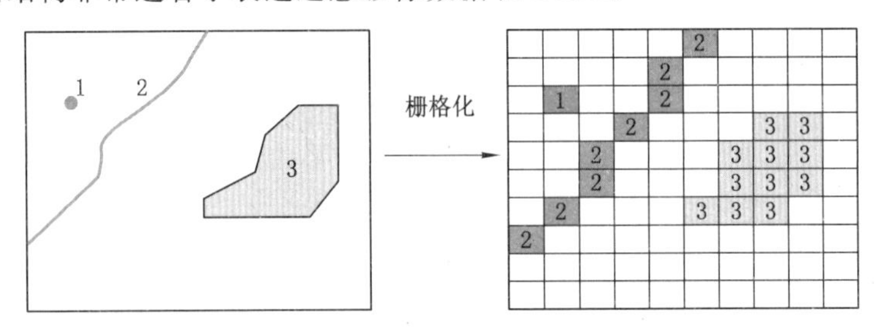

图 3-19　栅格数据结构的实体表达

栅格数据表示的是二维表面上的地理数据的离散化数值。在栅格数据中，地表被分割为相互邻接、规则排列的地块，每个地块与一个像元相对应。因此，栅格数据的比例尺就是栅格（像元）的大小与地表相应单元的大小之比，当像元所表示的面积较大时，对长度、面积等的量测有较大影响。每个像元的属性是地表相应区域内地理数据的近似值，因而有可能产生属性方面的偏差。

3.4.1.2　数据组织

由于地理信息具有多维结构，而栅格结构中赋予每一个栅格的属性值是唯一的，这就要用多个栅格层数据来存储同一个地理区域的不同侧面信息。假设地图空间可以用平面笛卡儿空间描述，而每个单元只能有一个属性值，同一单元要表示多种地物属性时则需要多个笛卡儿平面，这种平面称为“层”。对于给定一个用户笛卡儿叠置层组成的栅格数据文件，在计算机内组织分层的栅格数据方法一般有三种：

① 以栅格单元为记录序列，不同层上同一单元位置上的各属性表示为一个列数组，见图 3-20(a)。

② 以层为基础，每一层又以栅格单元顺序记录它的坐标和属性值，一层记录完后再记录第二层。该方法简单但需要的存储空间最大，见图 3-20(b)。

③ 以层为基础，每一层内则以多边形（也称制图单元）为序记录多边形的属性值和充满多边形的各栅格单元的坐标，见图 3-20(c)。

栅格文件一般很大，需要进行压缩存储。常用的压缩方法有游程编码和四叉树编码。

3.4.2　矢量数据结构

矢量数据结构是主要的地图数据结构，它通过记录坐标的方式尽可能精确地表达点、

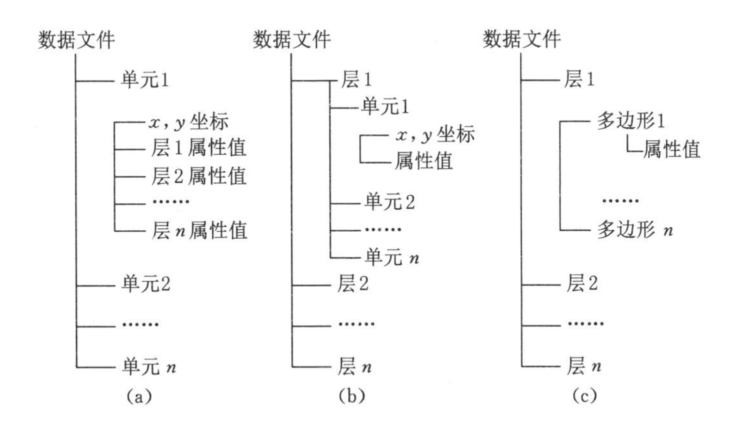

图 3-20　栅格数据组织方法

线、面分布的地物要素。矢量数据结构具有结构紧凑，冗余度低，利于网络检索分析等优点，并具有空间实体的拓扑信息，便于深层次分析。而且，矢量数据的输出质量好、精度高。

矢量数据结构不仅要记录地图要素的空间位置，有时还要记录要素间的空间关系。平面地图中要素的空间关系主要通过拓扑结构表达。通过拓扑结构记录空间关系信息，可极大简化空间分析操作的复杂度，提高效率。但制图系统为了记录空间关系，势必增加数据存储量，数据更新非常困难。因此，在专门的空间分析系统中需要采用矢量拓扑数据结构，如 ESRI 的 Coverage 数据；其他制图系统则可以不存储空间关系，以简化系统，如 MapInfo、MGE、Arcview 等。

矢量数据的表示方法多种多样，但基本上类似。在地图制图系统中，矢量数据的组织应考虑以下问题：

· 矢量数据自身的存储和处理；

· 与属性数据的联系；

· 矢量数据之间的空间关系(拓扑关系)；

下面介绍几种地图矢量数据结构。

(1) 无拓扑关系的矢量结构——Spaghetti 模型

它仅记录地物要素的位置坐标和属性信息，如图 3-21 所示，而不记录它的拓扑关系。

① 点对象：唯一标志码，要素编码，(X, Y)。

② 线对象：唯一标志码，要素编码，(X_1, Y_1)，(X_2, Y_2)，…，(X_n, Y_n)。

③ 面对象：唯一标志码，要素编码，(X_1, Y_1)，(X_2, Y_2)，…，(X_n, Y_n)，(X_1, Y_1)。

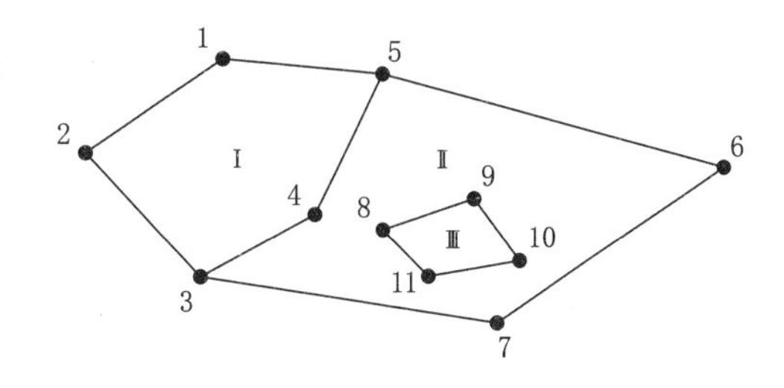

图 3-21　无拓扑的矢量数据结构

多边形与结点关系如表 3-2 所示。

表 3-2　　多边形与结点关系

多边形	数　据　项
Ⅰ	$(X_1,Y_1),(X_2,Y_2),(X_3,Y_3),(X_4,Y_4),(X_5,Y_5)(X_1,Y_1)$
Ⅱ	$(X_5,Y_5),(X_4,Y_4),(X_3,Y_3),(X_7,Y_7),(X_6,Y_6)(X_5,Y_5)$
Ⅲ	$(X_8,Y_8),(X_9,Y_9),(X_{10},Y_{10}),(X_{11},Y_{11}),(X_8,Y_8)$

这种模型的优点是编码容易,数字化操作简单,数据编码直观,显示速度快。其缺点是相邻的公共边界数字化了两次,造成数据冗余,并且数字化时易出现重叠或裂缝,如图 3-22 所示,引起数据不一致。该数据模型缺少拓扑关系,空间分析较困难。

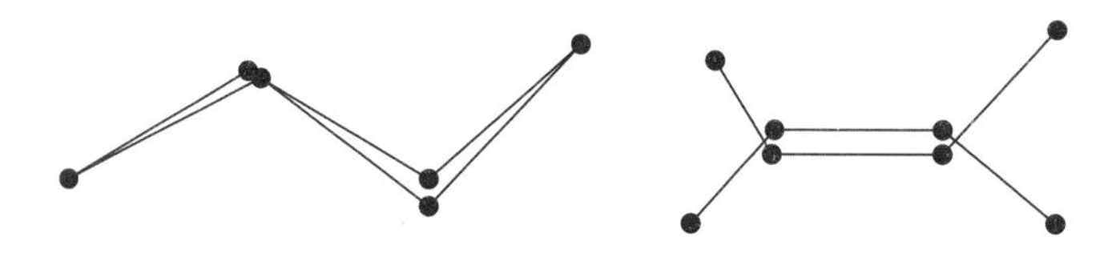

图 3-22　数据的裂缝与重叠

(2) 无拓扑关系的矢量结构——点位字典法

为了克服 Spaghetti 模型的缺点,产生了公用点位字典法。点位字典包含地图上每一个边界点的坐标,然后建立点、线、多边形的边界表,如图 3-23 所示,它们由点位序号组成。

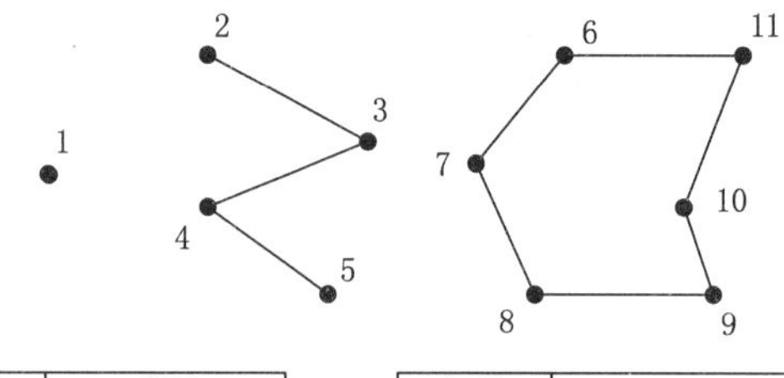

点号	坐标
1	x_1, y_1
2	x_2, y_2
3	x_3, y_3
4	x_4, y_4
5	x_5, y_5
……	……

目标	序号
A	1
B	2, 3, 4, 5
C	6, 7, 8, 9, 10, 11

图 3-23　无拓扑的矢量结构——点位字典法

① 点位字典:点号,(X,Y);

② 点对象:唯一标志码,要素编码,点号;

③ 线对象:唯一标志码,要素编码,点号 1,点号 2,…,点号 n;

④ 面对象:唯一标志码,要素编码,点号 1,点号 2,…,点号 n,点号 1。

点位字典法消除了多边形边界可能出现的裂缝与重叠,并且不再重复存储坐标数据,但它仍然没有建立各多边形对象间的拓扑关系。

(3) 有拓扑关系的矢量结构

为了表达拓扑关系，需要对点、线、面要素进行约定。

点(结点)——孤立点、线的端点、面的首尾点、链的连接点等；

线(链、弧段、边)——两结点间的有序弧段；

面(多边形)——若干条链构成的闭合多边形。

有拓扑关系的矢量模型主要表示关联和邻接两种基本的空间关系。在目前的地图制图、GIS系统中，关于拓扑关系的表示方法不尽相同。下面列举一个典型的结点—弧段—多边形的矢量拓扑数据结构实例，如图3-24，表3-3至3-6所示。

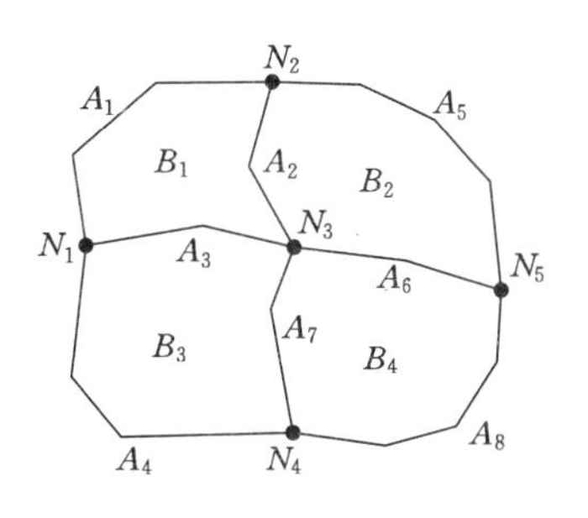

图3-24　结点-弧段-多边形间的拓扑关系

表3-3　多边形-弧段的拓扑关系

多边形	弧段
B_1	A_1、A_2、A_3
B_2	A_2、A_5、A_6
B_3	A_3、A_4、A_7
B_4	A_6、A_7、A_8

表3-4　结点-弧段的拓扑关系

结点	弧段
N_1	A_1、A_3、A_4
N_2	A_1、A_2、A_5
N_3	A_2、A_3、A_6、A_7
N_4	A_4、A_7、A_8
N_5	A_5、A_6、A_8

表3-5　弧段-结点的拓扑关系

弧段	起点	终点
A_1	N_1	N_2
A_2	N_2	N_3
A_3	N_1	N_3
A_4	N_1	N_4
A_5	N_2	N_5
A_6	N_3	N_5
A_7	N_3	N_4
A_8	N_4	N_5

表3-6　弧段-多边形的拓扑关系

弧段	左多边形	右多边形
A_1	0	B_1
A_2	B_2	B_1
A_3	B_1	B_3
A_4	B_3	0
A_5	0	B_2
A_6	B_2	B_4
A_7	B_4	B_3
A_8	B_4	0

3.4.3　矢量数据、栅格数据的比较

矢量数据结构与栅格数据结构的比较见表3-7。

表 3-7 矢量数据结构与栅格数据结构比较

栅格模型	矢量模型
优点： 1. 数据结构简单 2. 叠加操作易实现 3. 能有效表达空间可变性 4. 栅格图像便于做图像的有效增强	优点： 1. 提供更严密的数据结构 2. 提供更有效的拓扑编码，因而对需要拓扑信息的操作更有效，如网络分析 3. 图形输出美观
缺点： 1. 数据结构不严密不紧凑，需要用压缩技术解决这个问题 2. 难以表达拓扑关系 3. 图形输出不美观，线条有锯齿，需要增加栅格数量来克服，但会增加数据量	缺点： 1. 比栅格数据结构复杂 2. 叠加操作没有栅格有效 3. 表达空间变化性能力差 4. 不能像数字图形那样做增强处理

3.5 地图数据库

3.5.1 地图数据库的概念

地图制图是一种信息传输过程，也是地图数据的处理过程。这个过程必须以数据库为中心，以便更有效地实现地图信息采集、存储、检索、分析处理与图形输出等。地图数据库是计算机制图系统的核心，也是地理信息系统的重要组成部分。

地图数据库可以从两个方面理解：一是把它看做软件系统，即“空间数据库管理系统”，如：ESRI 公司的 ArcSDE+Geodatabase，超图的 SuperMap SDX；二是把它看做地图信息的载体，即“图形文件”，是以数字的形式把一幅地图的诸要素及它们之间的相互联系有机地组织起来，并存储在计算机中的一批相互关联的数据文件，如 ESRI 公司的 Coverage、Shape 文件等。随着图形文件结构日趋复杂，图形对象的组织越来越严密，图形文件也被称为“图形数据库”，如 AutoCAD 的 DWG 文件格式就是典型的图形数据库。

从应用方面来看，地图数据库主要有两种类型，即地理信息系统中的地图数据库和地图制图系统中的地图数据库。地理信息系统与地图制图系统是既相近又相异的两类系统，地图制图是地理信息系统的必备功能，可以看做是简单的地理信息系统，两者互相渗透，彼此交错。因此，它们支持相同的数据格式。

地理信息系统的数据量日趋庞大，数据的采集、存储、维护越来越重要，尤其是地理信息的集中式管理与服务的要求，使地理信息系统越来越倾向于“空间数据库管理系统+客户程序”模式，因此，地理信息系统的地图数据库倾向于“空间数据库管理系统”；而计算机制图系统主要是管理图形数据，满足各类地图制作要求与地图数据处理服务，要求图形编辑功能强、图形操作方便、软件规模较地理信息系统小，因此，多采用文件方式管理地图数据，也就是图形数据库。图形数据库结构紧凑，读写速度快，数据存储量小，非常适合于制图系统。

目前，地理信息系统的数据管理以图形数据库、空间数据库管理系统并重，地图制图系统以图形数据库为主。空间数据库管理系统与图形数据库在各自领域发挥着重要作用，并且可以互相转换。对地图制图来说，地图数据库依然是图形数据库模式，也就是文件管理模式。

基于关系数据库或者对象关系数据库的空间数据管理技术已经成为发展潮流。国际 GIS 厂商纷纷研制空间数据库解决方案。空间数据库在数据维护与安全、多用户并发操作、权限管理、分布式体系结构等诸多方面有优势，适合建设大型工程项目。

与传统的事务关系型数据库相比，空间数据库要操作的图形对象为不定长数据，无法用统一的数据类型来描述，并且，如何表达矢量模型的拓扑关系是难点；与一般的图形数据库比，地图数据由于要保存大量的属性信息，如何设计属性数据结构、实现图形属性的实时交互、保证它们的统一性至关重要。并且空间数据库要适合不同的数据模型，不同的数据模型导致空间数据库的结构不同，实现方式迥异。

图形信息的复杂性增加了空间数据在管理、应用上的难度，必须在现有的数据库管理技术基础上进行扩展，下面介绍基于关系数据库的空间数据管理技术。

3.5.2　地图数据管理的几个阶段

计算机对数据的管理经历了三个阶段：程序管理阶段、文件管理阶段、数据库管理阶段。

（1）程序管理阶段

程序管理是计算机早期的数据管理模式，直接将数据嵌入程序中，管理极不方便。

（2）文件管理阶段

文件管理是把数据的存取抽象为一种模型，使用时只要给出文件名称、格式和存取方式等，其余的一切组织与存取过程由专用软件和操作系统来完成。文件管理系统的特点如下：

① 文件和文件名面向用户并存储在计算机存储设备上，可以反复利用；

② 数据文件是面向用户的，用户可通过程序界面对数据进行查询、修改、插入、删除等操作；

③ 数据文件与对应的程序具有一定的独立性，即程序员可以不关心数据的物理存储状态，只需考虑数据的逻辑存储结构，从而可以大量地节省修改和维护程序的工作量；

④ 数据文件的缺点是只能对应于一个或几个应用程序，不能摆脱程序的依赖性；数据文件之间不能建立关系，呈现出无结构的信息集合状态，往往冗余度大，不易扩充、维护和修改。

（3）数据库管理阶段

数据库是存储在计算机内的有结构的数据集合；数据库管理系统（DBMS）是一个软件，用以维护数据库、接受并完成用户对数据库的一切操作；数据库系统指由硬件设备、软件系统、专业领域的数据体和管理人员构成的一个运行系统。DBMS 的最大优点是提供了程序和数据两者之间的数据独立性，即应用程序访问数据文件时，不必知道数据文件的物理存储结构。数据库管理系统的特点在于：

① 数据管理方式建立在复杂的数据结构设计的基础上，将相互关联的数据集—文件赋于某种固有的内在联系。各个相关文件可以通过公共数据项联系起来。

② 数据库中的数据完全独立，不仅是物理状态的独立，而且是逻辑结构的独立，即程序访问的数据只需提供数据项名称。

③ 数据共享成为现实，数据库系统的并发功能保证了多个用户可以同时使用同一个数据文件，而且数据处于安全保护状态。

④ 能够维护数据的完整性、有效性和相容性，保证其最小的冗余度，有利于数据的快速

查询和维护。

3.5.3 地图数据库的数据模型

数据模型是数据库系统中关于数据内容和数据之间联系的逻辑组织的形式表示。数据库系统的数据模型可以归纳为:传统的基于记录的数据模型和新兴的基于对象的数据模型,而基于记录的数据模型又分为:层次模型、网络模型和关系模型。由于关系模型具有严密的数学基础和操作代数基础,易于计算机实现,使其成为流行的、商业化数据库系统,绝大多数数据库系统都是关系数据库。当前的面向对象数据库、空间数据库均以关系数据库为基础。下面以地图M(图3-25)为例,简单介绍一下地图数据库的几种数据模型。

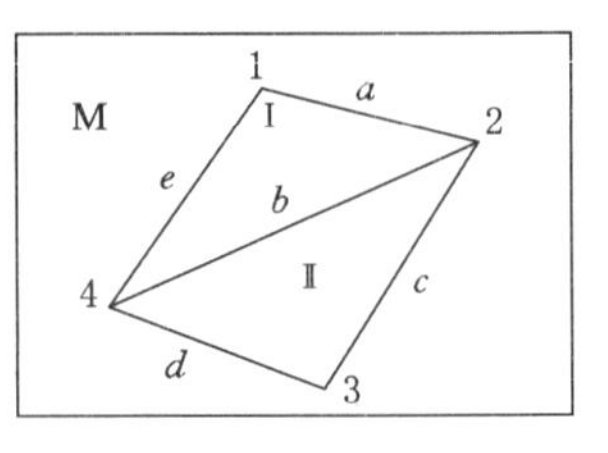

图3-25 地图M示例

3.5.3.1 层次模型

层次数据库模型是将数据组织成一对多(或双亲与子女)关系的结构。其特点为:有且仅有一个结点无双亲,这个结点即树的根;其他结点有且仅有一个双亲。地图M的层次表示见图3-26。

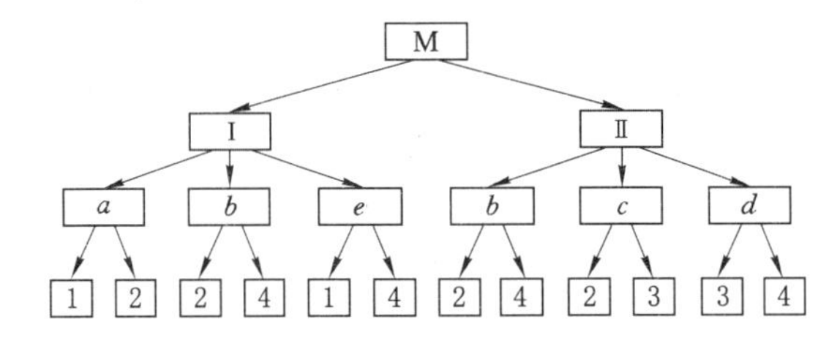

图3-26 地图M的层次表示

层次模型的优点是层次和关系清楚,检索路线明确;层次模型的缺点就是不能表示多对多的联系。层次模型适合于表达分级组织的实体,难以顾及公共点、线数据的共享和实体元素间的拓扑关系。

3.5.3.2 网络模型

各记录类型间可具有任意多连接的联系。一个子结点可有多个父结点,可有一个以上的结点无父结点,父结点与某个子结点记录之间可以有多种联系(一对多、多对一、多对多)。用网络模型表示地图M见图3-27。

网络数据库结构特别适用于数据间相互关系非常复杂的情况,除了上面说的图形数据外,不同企业部门之间的生产、消耗联系也可以很方便地用网状结构来表示。网络模型可以描述实体间复杂的关系。但由于数据间联系要通过指针表示,指针数据项的存在使数据量大大增加,当数据间关系复杂时指针部分会占大量数据库存储空间。另外,修改数据库中的数据,指针也必须随着变化。因此,网络数据库中指针的建立和维护可能成为相当大的额外负担。

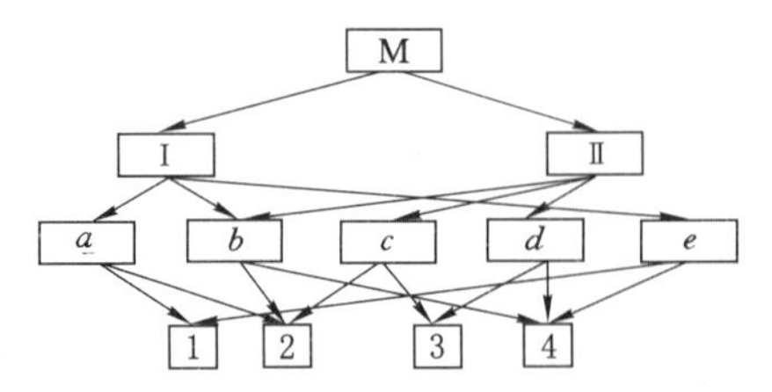

图3-27 地图M的网络模型表示

3.5.3.3　关系模型

关系模型的基本思想是用二维表形式表示实体及其联系。二维表中的每一列对应实体的一个属性，其中给出相应的属性值；每一行形成一个由多种属性组成的多元组，或称元组，与一特定实体相对应。实体间联系和各二维表间联系采用关系描述或通过关系直接运算建立。元组（或记录）是由一个或多个属性（数据项）来标识，这一个或一组属性称为关键字，一个关系表的关键字称为主关键字，各关键字中的属性称为元属性。关系模型可由多张二维表形式组成，每张二维表的“表头”称为关系框架，故关系模型即是若干关系框架组成的集合。地图 M 的关系表示如表 3-8 所示。

关系模型用于设计地图数据模型的优点在于：

① 结构灵活，可满足所有用布尔逻辑运算和数字运算规则形成的询问要求；

② 能搜索、组合和比较不同类型的数据；

③ 加入和删除数据方便；

④ 适宜地理属性数据的模型。

但关系模型也具有缺点，主要体现在许多操作都要求在文件中顺序查找满足特定关系的数据，若数据库很大的话，这一查找过程要花很多时间。

表 3-8　　地图 M 的关系表

多边形号	多边形属性	多边形号	边号	边号	起点	终点	边属性	结点号	结点坐标	结点属性
Ⅰ	…	Ⅰ	a	a	1	2	…	1	x_1, y_1	…
Ⅱ	…	Ⅰ	b	b	2	4	…	2	x_2, y_2	…
		Ⅰ	e	c	2	3	…	3	x_3, y_3	…
		Ⅱ	b	d	3	4	…	4	x_4, y_4	…
		Ⅱ	c	e	4	1	…			
		Ⅱ	d							
多边形记录		边界关系		边界—结点关系				结点坐标关系		

在纯关系数据库管理方式下，地图图形数据和属性数据都采用关系数据库来存储，难点是如何存储变长结构的图形数据，一般可以采用两种方法处理：

① 对变长的图形数据进行关系范式分解，使之成为若干定长的记录。显然，该方法费时，效率不高。

② 利用存储变长记录的二进制字段类型，如 Oracle 公司的 Long Raw 数据类型；SQL Server 的 IMAGE 数据类型，这些数据类型可以被通用数据访问接口（ADO、ODBC）访问，但效率比定长的属性字段低得多。

3.5.3.4　对象-关系数据库模型

面向对象的数据库可以被看做是一个面向对象的程序设计语言所创建对象的持久的存储形式。与程序设计中的对象不同的是，面向对象数据库中的对象不随程序的终止而消失。面向对象数据库技术现在仍处于发展和探索阶段，尚无成熟的面向对象的数据库系统，通常的做法是对关系数据库进行扩展，将对象作为记录字段来处理，下面对此加以介绍。

(1) 面向对象的地物要素模型

从几何方面划分地图的各种地物可抽象为:点状地物、线状地物、面状地物以及由它们混合组成的复杂地物,每一种几何地物又可能由一些更简单的几何图形元素构成。可参考后文中的OGC空间对象模型。

地图M可用面向对象的方式简单表示为结点类、弧段类、多边形类,多边形由弧段聚合而成,弧段由结点聚合而成。多边形Ⅰ、Ⅱ是两个多边形类的对象,边 a、b、c、d、e 是弧段类的对象,点1、2、3、4结点类的对象,地图M是这些对象的聚合体。

(2) 面向对象的属性数据模型

关系数据模型和关系数据库管理系统基本上适应于地图制图中属性数据的表达与管理。若采用面向对象数据模型,语义将更加丰富,层次关系也更明了。可以说,面向对象数据模型是在包含关系数据库管理系统的功能基础上,增加面向对象数据模型的封装、继承、信息传播等功能。

(3) 拓扑关系与面向对象模型

通常地物之间的相邻和关联关系可通过公共结点、公共弧段的数据共享来隐含表达。

(4) 对象在关系数据库中的存储

在关系数据库中,对地图对象的访问是以记录集为媒介的,当把地图对象存入数据库中以后,对这些对象的访问、修改就比较容易,对记录的操作也相当简单。采用的方法都是将给定的空间、属性条件组织成标准的SQL语句,输入查询算子里面执行即可。当然,对于空间查询条件的处理,需要相应的程序扩展来实现,可以开发访问引擎以实现地图对象的操作。

采用面向对象的地图数据模型,并以关系数据库系统来管理地图数据,是目前GIS软件开发商首选的技术方案,即对象—关系数据库模式,该模式有以下特点:

① 在关系数据库管理系统基础上扩展;

② 采用对象关系数据模型;

③ 将空间对象保存在变长字段中;

④ 增加空间数据管理的操纵函数;

⑤ 本身无法支持拓扑关系,但可以通过关系运算、字段约束等建立拓扑关系表达;

⑥ 必须建立高效的空间索引机制。

由于对象—关系数据库在数据库开发商方面提供了对于非结构化的数据管理的扩展,其效率比纯关系数据库管理方式高得多,同时,它又具有数据的安全性、一致性、完整性、并发控制以及数据修复等方面的功能,支持海量数据管理,目前,正成为大型GIS系统常用的数据管理方式。

3.5.4 地图数据的数据库管理

在传统地图制图系统中,一般是将图形数据与属性数据完全分开来存放在文件中,但随着图形数据量日趋庞大,尤其是地图数据集中管理和服务的要求,使这种分离管理已经不能满足当前地图数据管理的需要。从文件管理到数据库管理是地图制图系统的必然要求。

目前,各GIS、地图制图系统的数据管理模式有文件管理和数据库管理两种,使用的数据库管理系统均为关系数据库,表3-9是文件管理与关系数据库管理的对比。

表 3-9　文件系统与关系数据库管理系统的管理性能对比

性　　能	文件系统	关系数据库管理系统
易掌握性	容易	困难
成本	低	高
检索能力	无	有
数据安全管理	困难	容易实现
数据完整性检查	困难	容易实现
并发控制	困难	容易实现
数据共享	困难	容易实现
图形、属性数据的一体化管理	难以实现	容易实现
与操作系统的集成性	无关	紧密相关

3.5.4.1　基于关系数据库的地图数据组织

参考上面所讲的关系模型，地图数据库的数据组织如图 3-28 所示。图中的各个表具有用于描述本层表格自身的特点的基本信息和可随意添加的多个属性值。

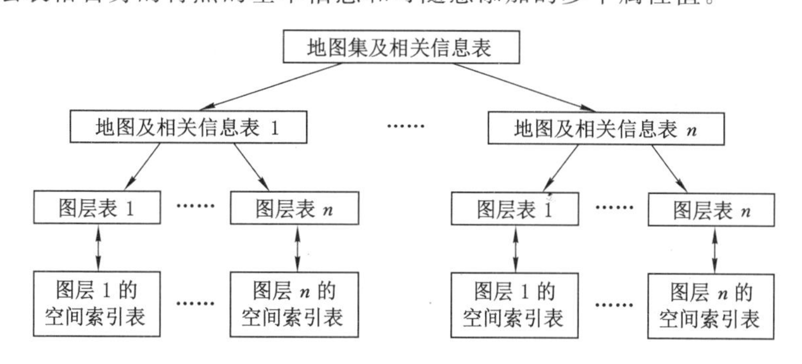

图 3-28　基于关系数据库的空间数据组织模型

① 地图表集：整个系统具有这样一个表，它可以作为一个地图集中的最高层次表格，在实现上可以作为多个数据库的总体规划表格。它本身具有各个地图的引用和描述信息。

② 地图表：每个地图都有这样一个表，它可以作为管理一个工程中地图的最高表格，它是以一个数据库的总体规划表格的方式实现。该表具有各层参照、描述和引用信息。

③ 地图层表：每个地图层都有这样一个表，它作为管理一个图层的表格。该表具有本图层的空间对象及各个空间对象的相应描述信息。

④ 空间索引表：每个地图层对应一个空间索引表，它用于协助进行空间分析，以加快空间分析的速度。

3.5.4.2　地图数据的访问模型

将属性数据与空间数据统一存放在关系数据库中，实现数据的统一管理，如图 3-29、图 3-30所示。

空间数据有其特殊性，需要对传统关系数据库进行必要的功能扩展，使之成为空间数据库管理系统。目前有两种技术路线：其一，数据库开发商在标准的关系数据库上扩充 SQL 查询语言，支持空间数据的查询，增加空间数据管理功能，如 Oracle Spatial；其二，GIS 开发

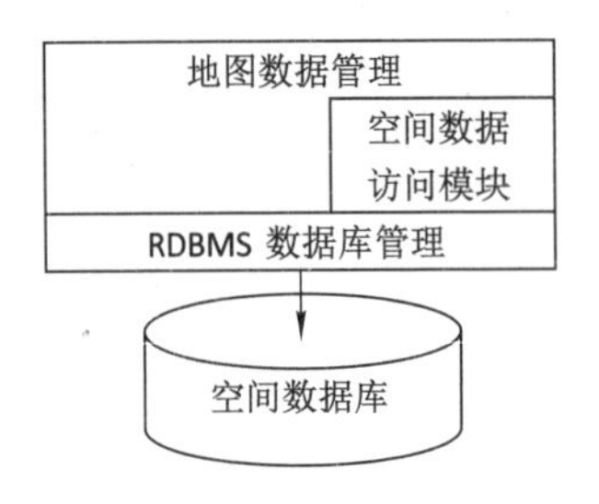

图 3-29　地图数据的关系数据库管理

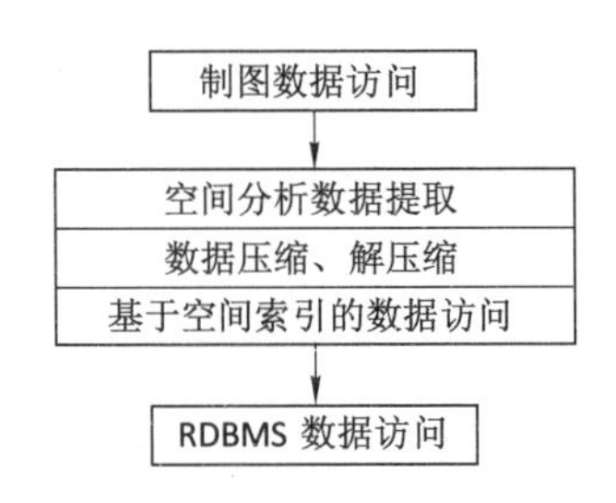

图 3-30　空间数据访问模块

商通过扩展的空间数据引擎来管理图形对象，保证图形信息的完整性与一致性，动态保持图形信息的逻辑关系，支持空间分析与查询，维护图形信息的安全，以及图形数据与属性数据的连接等。典型的应用是 ESRI 公司的 ArcSDE＋Geodatabase。

两种技术路线在各自的技术领域都有优势，但基本原理都是一致的，主要是利用数据库的 BLOB(二进制数据块)字段来存储图形对象，并将传统的关系数据库管理系统扩展为对象-关系数据库管理方式，以此实现图形数据、属性数据的统一管理。

扩展的空间数据访问模块的主要功能有：进行空间数据的压缩、解压缩、空间分析、空间数据提取等，它向上提供一般地理信息系统的空间分析、数据提取功能，向下则具有调用 RDBMS 的功能，是整个空间关系数据库模型中数据访问的核心(见图 3-30)。

关系型数据库管理系统可以根据应用的需求，对空间数据所在的关系表赋予完整性检查、检索、操作、部分可检索、触发器约束等权限，以实现应用系统对空间数据的安全管理。大型关系型数据库管理系统中数据安全管理方面的工具有：

① 数据完整性检查：包括唯一性检查、主键、外键、触发器、视图约束等；

② 数据安全管理机制：包括账户安全性、对象权限、系统级角色和权限等；

③ 数据备份/恢复功能：包括输出备份、脱机备份、实例失败的恢复、意外删除或修改对象的恢复等。

相对于文件系统管理方式，全关系化管理方式下的数据存储容量扩充了 2～3 倍，因此全关系化数据管理方式的 GIS 系统、地图制图系统一般应将数据分配到不同的服务器上，以实现数据的分布式管理。

3.5.4.3　图形数据与属性数据的组织

在地图数据库中，图形数据连同几何属性一并组织存储，统称为图形数据，图形数据与专题属性数据要分别组织存储，以增强整个系统数据处理的灵活性，尽可能减少不必要的时间、空间开销。然而，地图数据处理又要求对图形数据和属性数据进行综合性处理。因此，图形数据与属性数据的连接非常重要。图形数据与属性数据的结合方式大致有如下几种：

(1) 图形文件

以一定的数据结构存储图形信息，并被特定的图形软件解析、生成，保存图形操作的结果，是图形的二级对象。属性数据看做是图形的一部分加以存储，属性数据格式固定、同质同构，用户无法自定义属性项。这种方式适合于特定的制图系统，只能操作固定的属性数据，如图形面积、周长、颜色、图案等。早期的地图制图系统多采用这种模式。

(2) 图形数据库

与图形文件是同一层次的概念，是可扩展的文件格式，按一定的层次关系存储图形信息，常见于CAD系统，在图形数据库中，提供了属性扩展的机制，用户可以自定义属性值，系统通过特定的标识符来识别用户属性。

（3）图形文件＋外挂属性数据

由于属性数据在地图制图中的特殊意义与重要作用，单纯的图形文件无法满足系统对大量异构属性数据的处理要求，因此，早期地图制图系统、地理信息系统都采用了图形数据与属性数据分离的处理方式，通过唯一的标识符来连接图形对象与属性数据。比较典型的有ArcInfo、Mapinfo等。其中，图形文件用来存储图形数据及它们其拓扑关系，利用属性数据文件或关系数据库来存放属性数据，如图3-31所示。

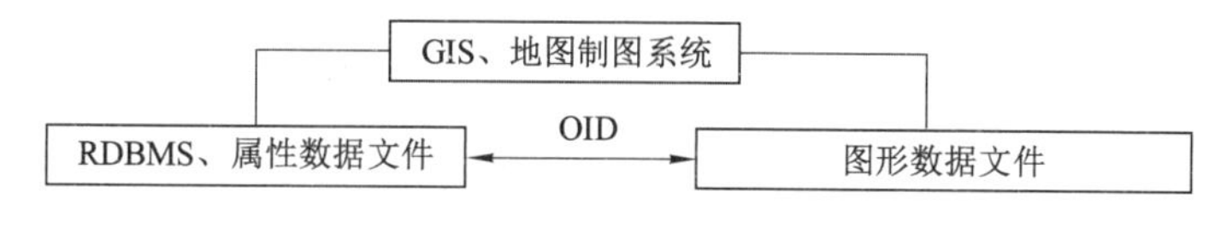

图3-31　图形数据与属性数据的连接

在这种混合方式下，图形数据与属性数据各自独立组织、管理与检索，仅仅通过OID进行关联。图形处理与属性处理需要分别进行，同时启动两个系统（地图制图系统与关系数据库管理系统），使用起来非常不方便，并且分开操作容易破坏数据的一致性与完整性，数据安全也得不到有效保障，数据维护困难，也不适合于多用户操作。

① 图形数据、属性数据一体化管理。即通过扩展的空间数据访问功能将图形、属性数据用同一RDBMS管理。但图形与属性之间依然通过OID进行关联。

② 面向对象的组织模式。面向对象的数据模型为用户提供了丰富的数据语义，从概念上对地图数据库提高了一个新的高度。它既能容纳复杂的地图对象，又能有效地表达属性数据，具有很大的优越性。完全采用面向对象的数据模型来同时管理和表达图形、属性数据，取代传统的数据管理模式是完全可能的。

3.5.5　空间数据引擎

3.5.5.1　空间数据引擎的概念

空间数据引擎指提供存储、查询、检索空间数据，以及对空间数据进行空间关系运算和空间分析的程序功能集合。正是空间数据库引擎的引入，才建立了真正意义上的面向分布式的空间数据库。在三层客户机/服务器的环境下，为了建立GIS应用体系，作为客户应用和空间数据库中间层的空间数据库引擎必须具备以下基本功能。

（1）多用户管理

实现多用户共享空间数据库引擎的服务，提供对用户的多线程执行，支持多用户对数据库的并发访问，确保用户对空间数据库的合法访问。

（2）多空间数据库管理

为用户建立多空间数据库管理，维护空间数据库相关信息，方便用户对不同空间数据库的操作，实现用户对空间数据库的透明、安全访问。

（3）空间数据的索引

空间数据索引作为一种辅助性的空间数据结构，介于空间操作算法和图形对象之间，它通过筛选，排除大量与特定空间操作无关的图形对象，从而缩小了空间数据的操作范围，提高了空间操作的速度和效率。

(4) 空间关系运算和空间分析功能

由于关系数据库并不直接支持对几何数据的运算,在 GIS 系统体系结构中,都需要空间数据库引擎对空间数据加以处理,提供对空间地理数据必要的空间关系运算和空间分析功能。

(5) GSQL 语句的解释执行

对用户提交的 GSQL 语句进行语义分析,根据 GSQL 语句的语义,对数据库中的数据进行必要的操作,构造执行结果。其中包括对空间关系的操作。

3.5.5.2 空间数据库引擎的关键技术

(1) 空间数据模型的建立

空间数据模型是空间数据库的核心,指现实地理世界中各种地理实体及其之间联系用数据及数据间的联系来表示的一种方法。空间数据模型的建立,直接影响着空间数据的定义、存储、查询、更新模式,进而会关系到空间分析、辅助决策等系统功能。

目前,关系数据模型、面向对象数据模型和对象关系混合数据模型是 3 种常用的空间数据模型。关系数据模型既具有关系代数和关系演算的理论基础,又有成熟的关系数据库支持,使得它在空间数据的管理功能上具有很大优势。关系模型的最大特点在于描述的一致性,空间对象之间的联系可以通过公共键值隐含的表示,因而具有结构简单和灵活、数据修改与更新方便、容易维护等特点。但关系模型在对空间特征的表达能力上有欠缺,不能直接表达一些空间数据关系,而是将关系进行转换和隐式的表达,所以显得非常牵强。ESRI 公司的空间数据库引擎 ArcSDE 以及 Oracle 公司的低版本 Spatial 空间数据插件都采用这种数据模型。

面向对象数据模型具有表达能力强的特点,它能很好地解决对空间实体的描述。但这种模型缺乏对对象的统一管理组织,再加上各个具体模型对实体的抽象各不相同,造成数据管理上的不一致,因而数据的检索和更新比较困难。同时面向对象数据库目前尚未成熟,在对象存储上缺乏有力的支持,限制了面向对象数据模型在空间数据管理方面的应用。

对象-关系模型就是设想把以上两种模型结合起来,发挥各自优点的一种数据模型。对象-关系模型把空间特征对象作为存储和操作的基本单元,用关系数据库表与表之间的关系建立空间实体的联系。例如 ESRI 公司的 Geodatabase 地理信息模型和 Oracle 公司的高版本 Spatial 插件就是使用该模型的典型代表。

(2) 空间查询语言(GSQL)

目前,空间查询语言主要是基于 SQL 扩展的空间查询语言 GSQL,GSQL 包括数据模式定义、数据查询、数据更新等 SQL 标准语句的扩展,从而支持空间数据类型、空间数据运算符、空间关系运算以及空间分析功能。GSQL 语言在 SQL 语言的基础上进行了扩展,提供对空间数据库管理任务的有效表达。它要在数据类型和相应的运算符两个方面对 SQL 语言进行扩展。在数据类型上,不但要支持结构化的数据,而且要支持像点、线、面这样的空间数据类型。在空间运算符上,针对空间数据类型,应扩展相应于操作这些数据类型的空间运算和空间分析功能。通过这样的扩展,使空间数据类型完全地集成于 SQL 语言,实现了统一的概念模型。SQL 语句的扩充包括以下几方面:① 扩充空间几何数据类型;② 建立拓扑关系运算;③ 增加空间分析功能;④ 增加索引功能。

(3) 空间数据的索引

空间数据的组织关键是数据的索引与检索。空间索引的性能优劣直接影响空间数据库和地理信息系统的整体性能。尽管有许多特定的数据结构和算法用来完成空间索引，但基本原理相似，即采用分割原理，把查询空间划分为若干区域（通常为矩形或多边形）。这些区域或单元包含空间数据并可唯一标识。目前，国际上研究出许多高效的空间索引方法，比如，规则格网索引方法、BSP 树、KDB 树、R 树等。

从空间数据存储介质角度看：空间数据索引包括基于文件索引、基于内存索引和基于数据库索引。空间数据库引擎的索引是基于数据库的空间索引。它与基于文件和基于内存的索引方式有着本质的不同，比如存储方式、实现手段等。在基于数据库的索引中，由于数据库系统本身高度封装，用户调用接口集中在 SQL 语言的使用，对数据全部操作都是通过 SQL 调用实现的。基于数据库的索引，实质上是基于数据库的 SQL 语言优化，通过适当的表结构设计、表索引设计，以及 SQL 查询的设计，达到对空间数据的快速检索。所以，研究的起始点不同，在基于数据库的空间索引中，必须从一定的表结构出发，从访问 SQL 语句的优先级别入手研究。

（4）数据一致性问题

空间数据库引擎的最大特点就是支持多用户的操作。只有保证数据的一致性，才能使获取的空间地理数据成为可用的数据，而不是垃圾数据。该问题有众多的解决方式。

第 1 种方式是当某一用户对某一空间地理数据进行编辑修改时，系统将该数据进行锁定。在这种情况下，该数据不能被其他用户使用，直到编辑用户提交对该数据的修改。显然，这种解决方式有着很多的局限性，最大的局限就是数据在一定时间段内只能被一个用户使用，不能真正实现对数据的多用户并行操作，效率比较低下。

第 2 种方式是在用户对某一空间地理数据进行编辑修改时，系统给编辑用户提供的并非源数据，而是源数据一个拷贝。这样多个用户就可以对同一图层的多个数据拷贝进行操作，显然效率有了很大提高。然而，这就需要系统对多用户的编辑结果进行冲突处理来保证编辑后数据的一致性。此时，系统应该以某种方式将结果冲突告知用户，最好的方式就是将不同用户编辑结果的冲突以图形的方式显示出来，用户可以通过自己的分析、判断，使用冲突解决工具合理地解决编辑结果的冲突。

第 3 种方式是 ArcSDE 提出的版本方式。其基本思路与第 2 种类似，不同的是 ArcSDE 并不是对数据进行复制，而是提出用优化锁定的方法产生数据的多个表达。即首先将数据的原始状态作为缺省版本，每个用户在自己的版本（可以是缺省版本或后续版本）中工作，用户版本及其所有的改变都将被存储起来，当用户完成它们的编辑后，版本可以被合并生成新的版本即后续版本，其他用户和版本就能够获取这些变化。版本的更新可在规定的时间间隔内进行，每一版本只代表了在特定时间的数据。

第4章 基本矢量图生成算法

光栅显示器上显示的图形称之为光栅图形。光栅显示器可以看做是一个像素矩阵，在光栅显示器上显示的任何一个图形实际上都是一些具有一种或多种颜色和灰度的像素集合。以后，提到“显示器”时，如未特别声明，均指光栅显示器。

对一个具体的光栅显示器来说，像素个数是有限的，像素的颜色和灰度等级也是有限的，且像素是有大小的，因此光栅图形只是近似的实际图形。如何使光栅图形最完美地逼近实际图形，便是光栅图形学要研究的内容。

在图形输出时，从图形对象的几何和拓扑信息出发，如何确定最佳逼近图形的像素集合，并用指定的颜色和灰度设置像素的过程称为图形的扫描转换或光栅化，它是光栅图形学要研究的内容。

对于一维图形，在不考虑线宽时，用一个像素宽的直、曲线来显示图形。二维图形的光栅化必须确定区域对应的像素集，并用指定的属性或图案进行显示，即区域填充。

复杂的图形系统，都是由一些最基本的图形元素组成的。利用计算机编制图形软件时，编制基本图形元素是相当重要的，也是必需的。本章主要讲述如何在指定的输出设备(如光栅图形显示器)上利用点构造其他基本二维几何图形(如点、直线、圆、椭圆、多边形域及字符串等)的算法与原理，并利用C#编程实现这些算法。

4.1 光栅图形中点的表示

像素是组成图形的基本元素，一般称为“点”。它与显存的地址单元式一一对应的。如果是光栅显示器，则在屏幕上相对应的坐标位置上选中那个像素，并将其颜色或其他属性值写入显存中的相应单元，C#中，读/写某一像素的函数为GetPixel(x,y)和SetPixel(x,y)。

点是通过电子束打击在屏幕上某一位置发光显示的。电子束的定位取决于采用的显示技术，在光栅图形显示系统中，画点命令存放在显示列表中，而坐标位置被转换成帧缓冲中屏幕像素的位置，点的颜色值被转换成电压值。

4.2 直线的生成算法

在数学上，理想的直线是没有宽度的，它是由无数个点构成的集合。当对直线进行光栅化时，只能在显示器所给定的有限个像素组成的矩阵中，确定最佳逼近该直线的一组像素，并且按扫描线顺序对这些像素进行操作，这就是通常所说的直线的扫描转换。

为了在输出设备上输出一个点，需要将应用程序中的坐标信息转换成所用输出设备上的相应命令。对于一个显示器来说，输出一个点就是在指定的屏幕位置上开启电子束，使该处的荧光点辉亮。电子束的定位技术取决于显示技术。对于黑白光栅显示器来说，要将帧缓存中指定位置处的 1，然后，当电子束扫描每一条水平扫描线时，一旦遇到帧缓存值为 1 的点就发射电子脉冲，即输出一个点。彩色显示器则是在帧缓存中装入颜色码，以表示屏幕像素位置上将要显示的颜色。对于随机扫描显示器，画点的指令保存在显示文件中，该指令把坐标值转换成偏转电压，并在每一个刷新周期内，使电子束偏转到屏幕指定位置。

用计算机回执三维立体图时，首先要将三维立体图形投影到二维平面上，而绘制二维图形时要用到大量的直线段，当然绘制曲线和各种复杂的图形时也要用一组短小的直线来逼近。因此直线的生成算法是图形生成技术的基础。由于一幅图中可以包含成千上万条直线，所以要求绘制算法应尽可能地快。

直线是点的集合，几何学中的一条直线是由两点决定，直线在数学上可以有多种表示方法，而在计算机图形学里，直线是由离散的像素点逼近理想直线段的点的集合。数学上的直线是没有宽度的，而计算机图形学中显示出的直线的宽度与像素点的大小有关，一个像素宽的直线的线粗为像素的边长。由计算机生成的图形中有大量的直线段，而且曲线也是由一系列短直线段逼近生成的。因此，研究直线生成的方法是计算机图形学的基本问题之一。

对计算机生成直线的一般要求是：

① 所绘线应尽可能的直，尽量避免阶梯效应；

② 所绘制的直线应具有精确的起点与终点，具有连续性；

③ 所显示的亮度或颜色应该在直线长度范围内是均匀不变的，与盲线的长度和方向无关；

④ 直线的生成速度要快；

⑤ 尽量适合硬件实现。

本节介绍一个像素宽直线的常用算法：数值微分法（DDA）、中点画线法、Bresenham 算法。

4.2.1 DDA（数值微分）算法

DDA（Digital Differential Analyzer）方法是利用计算 Δx 或 Δy 的一种线段扫描转换算法。在一个坐标轴上以单位间隔对线段采样，决定另一个坐标轴上最靠近线段路径的对应整数值。

先考虑具有正斜率，从左端点到右端点进行处理的线段。若斜率 $k \leqslant 1$，则在单位间隔（$\Delta x=1$）取样并计算每个顺序的 y 值：

$$k=\Delta y/\Delta x$$

其中 $\Delta x=x_1-x_0$，$\Delta y=y_1-y_0$，(x_0,y_0) 和 (x_1,y_1) 分别是直线的端点坐标。

然后，从直线的起点开始，确定最佳逼近于直线的 y 坐标。假定端点坐标均为整数，让 x 从起点到终点变化，每步递增 1，计算对应的 y 坐标，$y=kx+B$，并取像素（x，round(y)）。用这种方法既直观又可行，然而效率较低，这因为每步运算都需要一个浮点乘法与一个舍入运算。注意到：

$$y_{i+1}=kx_{i+1}+B=k(x_i+\Delta x)+B$$

$$=kx_i+B+k\Delta x=y_i+k\Delta x$$

因此，当 $\Delta x=1$ 时，则 $y_{i+1}=y_i+k$，即当 x 每递增 1 时，y 递增 k。一开始，直线起点 (x_0, y_0) 作为初始坐标，用此算法绘制的直线如图 4-1 所示。

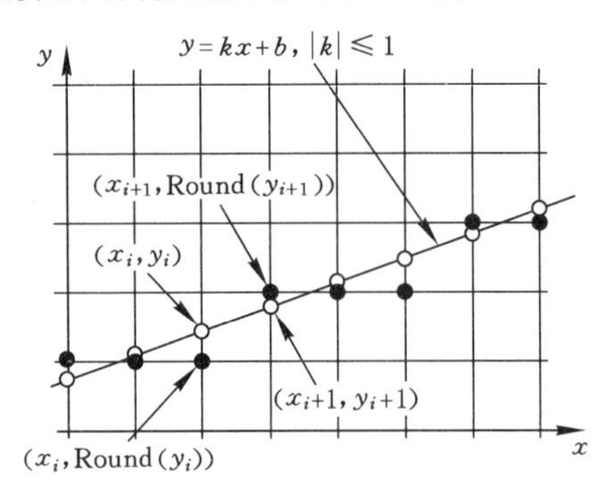

图 4-1　数值微分法示意图

上述分析的算法仅适用于 $k\leqslant 1$ 的情形。在这种情况下，x 每增加 1，y 最多增加 1。当 $k\geqslant 1$ 时，必须把 x，y 地位互换，y 每增加 1，x 相应增加 $1/k$。

DDA 画线算法程序：

```
void DDALine(int x0,int y0,int x1,int y1,int color)
{ int x;
  float dx,dy,y,k;
  dx = x1- x0; dy= y1- y0;/* x的增量 y的增量 */
  k= dy/dx;              /* 直线斜率 */
  y= y0;
  for (x= x0;x< = x1;x+ + )/* 从 x的左端点向右端点步进 */
  {
    SetPixel (x,int(y+ 0.5),color);
      /* int(y+ 0.5)表示对 y的值进行四舍五入取整,color为该点指定的颜色值 */
    y= y+ k;
  }
}
```

通常情况下，直线的方向分为八个不同的区域，每个区域的处理方法有所不同，如表4-1所示。

表 4-1

区域	dx	dy	区域	dx	dy
1a	1	$\Delta y/\Delta x$	1b	$\Delta y/\Delta x$	1
2a	−1	$\Delta y/\Delta x$	2b	$\Delta y/\Delta x$	1
3a	−1	$\Delta y/\Delta x$	3b	$\Delta y/\Delta x$	−1
4a	1	$\Delta y/\Delta x$	4b	$\Delta y/\Delta x$	−1

4.2.2　中点画线法

中点画线法的基本原理如图 4-2 所示。在画直线段的过程中，当前像素点为 $P(x_P, y_P)$，下一个像素点有两种选择，点 P_1 或点 P_2。$M(x_{P+1}, y_P+0.5)$ 为 P_1 与 P_2 中点，Q 为理想直线与 $x=x_P+1$ 线的交点。当 M 在 Q 的下方时，则 P_2 应为下一个像素点；当 M 在 Q 的上方时，应取 P_1 为下一点。

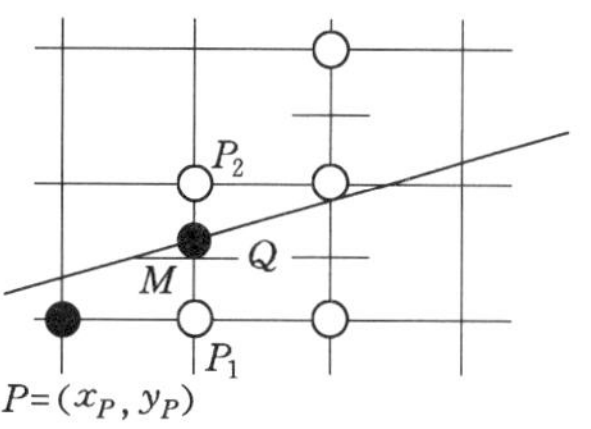

图 4-2　中点画线基本原理

中点画线法的实现：令直线段为 L 的起始点和终点分别为 (x_0, y_0) 和 (x_1, y_1)，其方程式 $F(x, y)=ax+by+c=0$。

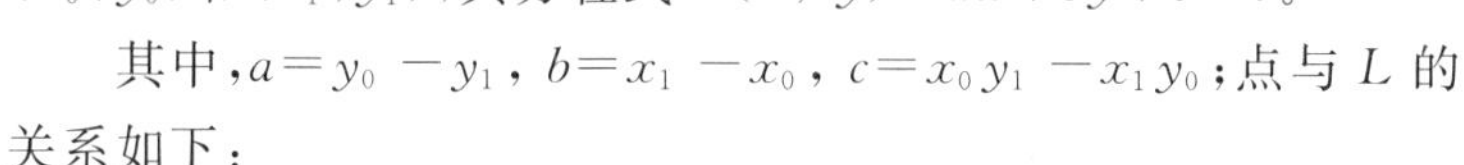
其中，$a=y_0-y_1$，$b=x_1-x_0$，$c=x_0y_1-x_1y_0$；点与 L 的关系如下：

在直线上，$F(x, y)=0$；

在直线上方，$F(x, y)>0$；

在直线下方，$F(x, y)<0$。

把 M 代入 $F(x,y)$，判断 F 的符号，可知 Q 点在中点 M 的上方还是下方。为此构造判别式 $d=F(M)=F(x_P+1, y_P+0.5)=a(x_P+1)+b(y_P+0.5)+c$。

当 $d<0$，L(Q 点)在 M 上方，取 P_2 为下一个像素；当 $d>0$，L(Q 点)在 M 下方，取 P_1 为下一个像素；当 $d=0$，选 P_1 或 P_2 均可，取 P_1 为下一个像素。

当前像素点为 $P(x_P, y_P)$，当 $d<0$，L(Q 点)在 M 上方，取 P_2 为下一个像素点。计算再下一个像素点：

$$\begin{aligned} d_1 &= F(x_P+2, y_P+1.5)=a(x_P+2)+b(y_P+1.5)+c \\ &= [a(x_P+1)+b(y_P+0.5)+c]+a+b=d+a+b \end{aligned}$$

d 增量为 $a+b$。

当 $d\geqslant 0$ 时，取 P_1 为下一个像素，计算下一个像素点：

$$\begin{aligned} d_2 &= F(x_P+2, y_P+0.5)=a(x_P+2)+b(y_P+0.5)+c \\ &= [a(x_P+1)+b(y_P+0.5)+c]+a=d+a \end{aligned}$$

d 增量为 a。

其中第一个像素点 (x_0, y_0) 对应的 d 值为 d 的初始值 d_0：

$$\begin{aligned} d_0 &= F(x_0+1, y_0+0.5)=a(x_0+1)+b(y_0+0.5)+c \\ &= (ax_0+by_0+c)+a+0.5b=F(x_0, y_0)+a+0.5b \end{aligned}$$

因为 $F(x_0, y_0)=0$，所以 $d_0=a+0.5b$

考虑 d 的增量均为正数，用 $2d$ 代替 d 摆脱对浮点数的计算，相应 d_1 和 d_2 两个增量也分别改为 $2(a+b)$ 和 $2a$。

中点画线算法程序如下：

```
void MidpointLine(int x0,int y0,int x1,int y1,int color)
{
  int a,b,dt1,dt2,d,x,y;
  a= y0- y1;
  b= x1- x0;
  d= 2 * a+ b;
```

```
    dt2= 2 * a;
    dt1= 2 * (a+ b);
    x= x0;
    y= y0;
    putpixel(x,y,color);
    while (x< x1)
    {
      if (d< 0)
      {
        x+ + ;
        y+ + ;
        d+ = dt1;
      }
      else
      {
        x+ + ;
        d+ = dt2;
      }
      putpixel(x,y,color);
    }
}
```

4.2.3 Bresenham 算法

Bresenham 算法克服上述画线算法设计中取整和乘积运算，使得直线扫描效率更高，是计算机图形学领域使用最广泛的直线扫描转换算法。由误差项符号决定下一个像素取右边点还是右上方点。

设直线从起点(x_1,y_1)到终点(x_2,y_2)。直线可表示为方程 $y=mx+b$，其中 $b=y_1-mx_1$，$m=(y_2-y_1)/(x_2-x_1)=\mathrm{d}y/\mathrm{d}x$；此处的讨论直线方向限于第一象限，如图 4-3 所示，当直线光栅化时，x 每次都增加 1 个单元，设 x 像素为(x_i,y_i)。下一个像素的列坐标为 x_i+1，行坐标为 y_i 或者递增 1 为 y_i+1，由 y 与 y_i 及 y_i+1 的距离 d_1 及 d_2 的大小而定。计算公式为：

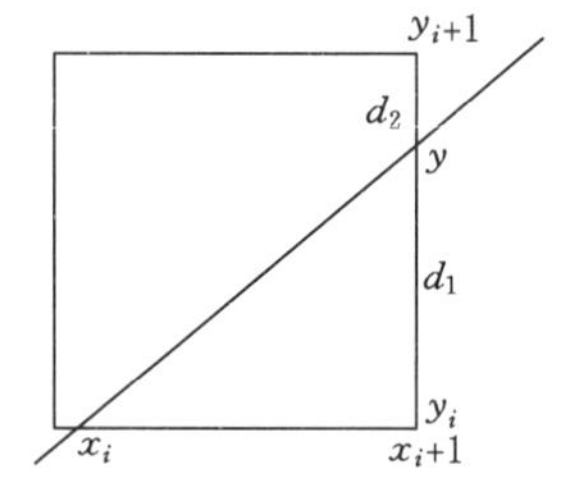

图 4-3　第一象限直线光栅化 Bresenham 算法

$$y=m(x_i+1)+b \tag{4-1}$$

$$d_1=y-y_i=m(x_i+1)-b-y_i \tag{4-2}$$

$$d_2=(y_i+1)-y=y_i+1-[m(x_i+1)+b] \tag{4-3}$$

如果 $d_1-d_2>0$，则 $y_{i+1}=y_i+1$，否则 $y_{i+1}=y_i$。

将式(4-1)、式(4-2)、式(4-3)代入 d_1-d_2，并以 $P_i=(d_1-d_2)\Delta x$，把 $k=\Delta y/\Delta x$ 代入上述等式，得

$$P_i=2x_i\Delta y-2y_i\Delta x+2\Delta y+(2b-1)\Delta x \tag{4-4}$$

d_1-d_2 是用以判断符号的误差。由于在第一象限，Δx 总大于 0，所以 P_i 仍旧可以用做

判断符号的误差。

$$P_{i+1} = P_i + 2\Delta y - 2(y_{i+1} - y_i)\Delta x \tag{4-5}$$

求误差的初值 P_1，可将 x_1、y_1 和 b 代入式(4-4)中的 x_i、y_i，而得到 $P_1=2\Delta x-\Delta y$。

综述上面的推导，第一象限内的直线 Bresenham 算法思想如下：

① 画点(x_1,y_1)，$\Delta x=x_2-x_1$，$\Delta y=y_2-y_1$，计算误差初值 $P_1=2\Delta x-\Delta y$。

② 求直线的下一点位置 $x_{i+1}=x_i+1$，如果 $P_i>0$，则 $y_{i+1}=y_i+1$，否则 $y_{i+1}=y_i$。

③ 画点(x_{i+1},y_{i+1})。

④ 求下一个误差 P_{i+1}，如果 $P_i>0$，则 $P_{i+1}=P_i+2\Delta y-2\Delta x$，否则 $P_{i+1}=P_i+2\Delta y$。

⑤ $i=i+1$；如果 $i<\Delta x+1$ 则转步骤②，否则结束操作。

Bresenham 画线算法程序：

```
void Bresenhamline (int x0,int y0,int x1, int y1,int color)
{ int x, y, dx, dy;
  float k, e;
  dx= x1- x0;dy= y1-  y0;k= dy/dx;
  e= - 0.5; x= x0,;y= y0;
  for (i= 0;i< = dx;i+ + )
  {Setpixel (x, y, color);
  x= x+ 1;e= e+ k;
  if (e≥0)
  {y+ + ; e= e- 1;}
  }
}
```

根据 Bresenham 画线算法可以编制程序如下：

```
void BresenhamLine(int x0,int y0,int x1,int y1,int color)
{
  int dx,dy,x,y,d,d1,d2,inc,tmp;
  dx= x1- x0;
  dy= y1- y0;
  if()dx * dy> = 0)
    inc= 1;
  else
    inc= - 1;
  if(abs(dx)> abs(dy))
  {
    if(dx< 0)
    {
      tmp= x1;x1= x2;x2= tmp;
      tmp= y1;y1= y2;y2= tmp;
      dx= - dx;dy= - dy;
    }
    d= 2 * dy- dx;
    d1= 2 * dy;
```

```
        d2= 2 * (dy- dx);
        x= x0;
        y= y0;
        putpixel(x,y,c);
        while(x< x1)
        {
          x+ + ;
          if(d< 0)
            d+ = d1;
          else
          {
            y+ = inc;
            d+ = d2;
          }
          putpixel(x,y,c);
        }
    }
    else
    {
        if(dy< 0)
        {
          tmp= x1;x1= x2;x2= tmp;
          tmp= y1;y1= y2;y2= tmp;
          dx= - dx;dy= - dy;
        }
        d= 2 * dx- dy;
        d1= 2 * dx;
        d2= 2 * (dx- dy);
        x= x0;
        y= y0;
        putpixel(x,y,c);
        while(y< y1)
        {
          y+ + ;
          if(d< 0)
            d+ = d1;
          else
          {
            x+ = inc;
            d+ = d2;
          }
          putpixel(x,y,c);
        }
```

```
    }
}
```

4.2.4　程序设计

4.2.4.1　程序设计功能说明

为编程实现上述算法，本程序利用最基本的绘制元素（如点、直线等），绘制图形。如图 4-4 所示，为程序运行主界面，通过选择菜单及下拉菜单的各功能项分别完成各种对应算法的图形绘制。

图 4-4　基本图形生成的程序运行界面

4.2.4.2　创建工程名称为“基本图形的生成”单文档应用程序框架

① 启动 VC，选择“文件”|“新建”菜单命令，并在弹出的新建对话框中单击“工程”标签。

② 选择 MFC AppWizard(exe)，在“工程名称”编辑框中输入“基本图形的生成”作为工程名称，单击“确定”按钮，出现 Step 1 对话框。

③ 选择“单个文档”选项，单击“下一个”按钮，出现 Step 2 对话框。

④ 接受默认选项，单击“下一个”按钮，在出现的 Step 3～Step 5 对话框中，接受默认选项，单击“下一个”按钮。

⑤ 在 Step 6 对话框中单击“完成”按钮，即完成“基本图形的生成”应用程序的所有选项，随后出现工程信息对话框（记录以上步骤各选项选择情况），如图 4-5 所示，单击“确定”按钮，完成应用程序框架的创建。

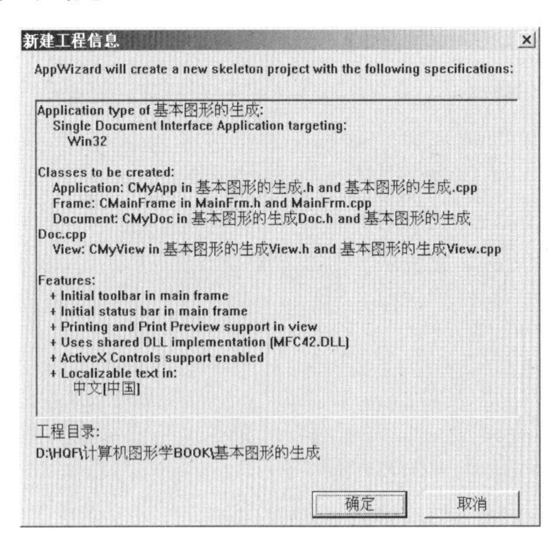

图 4-5　信息程序基本

4.2.4.3　编辑菜单资源

设计如图 4-4 所示的菜单项。在工作区的 ResourceView 标签中，单击 Menu 项左边

“+”,然后双击其子项 IDR_MAINFRAME,并根据表 4-2 中的定义编辑菜单资源。此时 VC 已自动建好程序框架,如图 4-5 所示。

表 4-2 菜单资源表

菜单标题	菜单项标题	标示符 ID
直线	DDA 算法生成直线	ID_DDALINE
	Bresenham 算法生成直线	ID_BRESENHAMLINE
	中点算法生成直线	ID_MIDPOINTLINE

4.2.4.4 添加消息处理函数

利用 ClassWizard(建立类向导)为应用程序添加与菜单项相关的消息处理函数,ClassName 栏中选择 CMyView,根据表 4-3 建立如下的消息映射函数,ClassWizard 会自动完成有关的函数声明。

表 4-3 菜单项的消息处理函数

菜单项 ID	消　息	消息处理函数
ID_DDALINE	CONMMAN	OnDdaline
ID_MIDPOINTLINE	CONMMAN	OnMidpointline
ID_BRESENHAMLINE	CONMMAN	OnBresenhamline

4.2.4.5 程序结构代码

在 CMyView.cpp 文件中相应位置添加如下代码:

```
// DDA 算法生成直线
void CMyView:: OnDdaline()
{
CDC *pDC= GetDC();//获得设备指针
int xa= 100,ya= 300,xb= 300,yb= 200,c= RGB(255,0,0);//定义直线的两端点,直线颜色
  int x,y;
  float dx, dy, k;
  dx= (float)(xb- xa), dy= (float)(yb- ya);
  k= dy/dx, y= ya;
  if(abs(k)< 1)
  {
  for (x= xa;x< = xb;x+ + )
  {pDC- > SetPixel (x,int(y+ 0.5),c);
  y= y+ k;}
  }
  if(abs(k)> = 1)
  {
  for (y= ya;y< = yb;y+ + )
  {pDC- > SetPixel (int(x+ 0.5),y,c);
```

```
   x= x+ 1/k;}
   }
  ReleaseDC(pDC);
 }
```

说明：

① 以上代码理论上通过定义直线的两端点，可得到任意端点之间的一直线，但由于一般屏幕坐标采用右手系坐标，屏幕上只有正的 x，y 值，屏幕坐标与窗口坐标之间转换知识请参考第 3 章。

② 注意上述程序考虑到当 $k \leqslant 1$ 的情形 x 每增加 1，y 最多增加 1；当 $k>1$ 时，y 每增加 1，x 相应增加 $1/k$。在这个算法中，y 与 k 用浮点数表示，而且每一步都要对 y 进行四舍五入后取整。

```
//中点算法生成直线
void CMyView::OnMidpointline()
{
CDC *pDC= GetDC();
int xa= 300, ya= 200, xb= 450, yb= 300,c= RGB(0,255,0);
  float a, b, d1, d2, d, x, y;
  a= ya- yb, b= xb- xa, d= 2 * a+ b;
  d1= 2 * a, d2= 2 * (a+ b);
  x= xa, y= ya;
  pDC- > SetPixel(x, y, c);
  while (x< xb)
  { if (d< 0)   {x+ + , y+ + , d+ = d2; }
    else    {x+ + , d+ = d1;}
    pDC- > SetPixel(x, y, c);
  }
ReleaseDC(pDC);
}
```

说明：

① 其中 d 是 x_p，y_p 的线性函数。为了提高运算效率，程序中采用增量计算。具体算法如下：若当前像素处于 $d>0$ 情况，则取正右方像素 $P_1(x_p+1,\ y_p)$，判断下一个像素点的位置，应计算 $d_1=F(x_p+2,\ y_p+0.5)=a(x_p+2)+b(y_p+0.5)=d+a$；其中增量为 a。若 $d<0$ 时，则取右上方像素 $P_2(x_p+1,\ y_p+1)$。再判断下一像素，则要计算 $d_2=F(x_p+2,\ y_p+1.5)=a(x_p+2)+b(y_p+1.5)+c=d+a+b$，增量为 $a+b$。

② 画线从 $(x_0,\ y_0)$ 开始，d 的初值 $d_0=F(x_0+1,\ y_0+0.5)=F(x_0,\ y_0)+a+0.5b$，因 $F(x_0,\ y_0)=0$，则 $d_0=a+0.5b$。

③ 程序中只利用 d 的符号，d 的增量都是整数，只是初始值包含小数，用 $2d$ 代替 d，使程序中仅包含整数的运算。

```
//Bresenham 算法生成直线
void CMyView::OnBresenhamline()
{
  CDC *pDC= GetDC();
```

```
  int x1= 100, y1= 200, x2= 350, y2= 100,c= RGB(0,0,255);
  int i,s1,s2,interchange;
  float x,y,deltax,deltay,f,temp;
  x= x1;
  y= y1;
  deltax= abs(x2- x1);
  deltay= abs(y2- y1);
  if(x2- x1> = 0) s1= 1; else s1= - 1;
  if(y2- y1> = 0) s2= 1; else s2= - 1;
  if(deltay> deltax){
  temp= deltax;
  deltax= deltay;
  deltay= temp;
  interchange= 1;
}
else interchange= 0;
f= 2 * deltay- deltax;
pDC- > SetPixel(x,y,c);
for(i= 1;i< = deltax;i+ + ){
  if(f> = 0){
      if(interchange= = 1) x+ = s1;
      else y+ = s2;
      pDC- > SetPixel(x,y,c);
      f= f- 2 * deltax;
  }
  else{
      if(interchange= = 1) y+ = s2;
      else x+ = s1;
      f= f+ 2 * deltay;
    }
  }
}
```

说明：

(1) 以上程序已经考虑到所有象限直线的生成。

(2) Bresenham 算法的优点如下：

① 不必计算直线的斜率，因此不做除法。

② 不用浮点数，只用整数。

③ 只做整数加减运算和乘 2 运算，而乘 2 运算可以用移位操作实现。

④ Bresenham 算法的运算速度很快。

4.3　圆的生成算法

圆的生成即是找出逼近圆的一组像素，按扫描线顺序，对这些像素进行写操作。

圆被定义为到给定中心位置(x_c，y_c)距离为 r 的点集，如图 4-6 所示。这里只讨论中心在原点、半径为整数 R 的圆 $x^2+y^2=R^2$。对于中心不在原点的圆，可先通过平移变换为中心在原点的圆，再进行扫描转换，把所得的像素坐标加上一个位移量即得所求像素坐标。圆心位于原点的圆有四条特殊的对称轴 $x=0$，$y=0$，$x=y$ 和 $x=-y$，若已知圆弧上一点(x，y)，可以得到其关于四条对称轴的其他 7 个点，这种性质称为圆的八对称性。

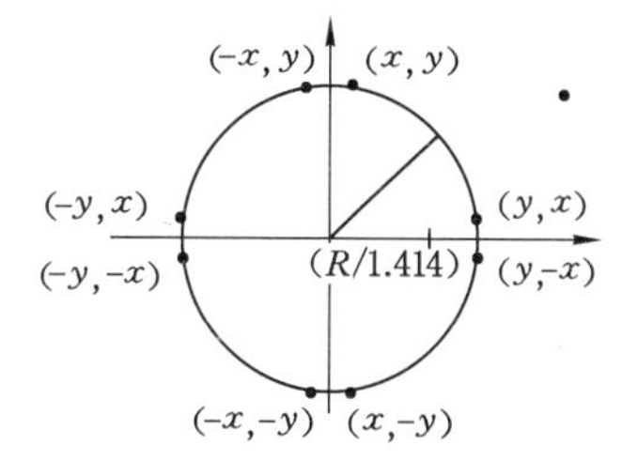

图 4-6　圆的对称性

因此，在进行圆的扫描转换时，只要能生成 8 分圆，那么圆的其他部分可通过一系列的简单对称变换得到。如图 4-6 所示，假设已知一个圆心在原点的圆上一点(x，y)，根据对称性可得另外 7 个 8 分圆上的对应点(y，x)、(y，$-x$)、(x，$-y$)、($-x$，$-y$)、($-y$，$-x$)、($-y$，x)、($-x$，y)。因此，只需讨论 8 分圆的扫描转换。

4.3.1　直角坐标法

直角坐标系圆的方程为：

$$(x-x_c)^2+(y-y_c)^2=r^2$$

由上式导出：

$$y=y_c\pm\sqrt{r^2-(x-x_c)^2}$$

当 $x-x_c$ 从 $-r$ 到 r 做加 1 递增时，就可以求出对应的圆周点的 y 坐标。但是这样求出的圆周上的点是不均匀的，$|x-x_c|$ 越大，对应生成圆周点之间的圆周距离也就越长。因此，所生成的圆不美观。

4.3.2　圆弧的扫描法

已知圆的圆心坐标为(x_c，y_c)，半径为 r，圆的直角坐标方程为 $(x-x_c)^2+(y-y_c)^2=r^2$，则：

$$y=y_c\pm\sqrt{r^2-(x-x_c)^2}$$

结算步骤为：

$$\begin{cases}x_0=x_c-r\\ y_0=y_c\end{cases}\Rightarrow x_{i+1}=x_i+1\Rightarrow y_{i+1}\Rightarrow(x_i+1,\mathrm{Round}(y_{i+1}))。$$

缺点：① 运算速度慢；② 显示质量不好。

4.3.3　角度 DDA 法

由圆的参数方程：$\begin{cases}x=x_0+R\cos\theta\\ y=y_0+R\sin\theta\end{cases}$ 可以得到：

$$\mathrm{d}x=-R\sin\theta\mathrm{d}\theta$$

$$\mathrm{d}y=R\cos\theta\mathrm{d}\theta$$

$$x_{n+1}=x_n+\mathrm{d}x$$

$$y_{n+1}=y_n+\mathrm{d}y$$

$$x_{n+1}=x_n-(y_n-y_0)\mathrm{d}\theta$$

$$y_{n+1}=y_n+(x_n-x_0)\mathrm{d}\theta$$

显然，确定 x,y 的初值及 $\mathrm{d}\theta$ 值后，即可以增量方式获得圆周上的坐标，然后取整可得像素坐标。但要采用浮点运算、乘法运算，并且 $\mathrm{d}\theta$ 的取值不容易确定，与半径大小有关，容易出现重复像素或漏失像素。

4.3.4 圆的中点画法

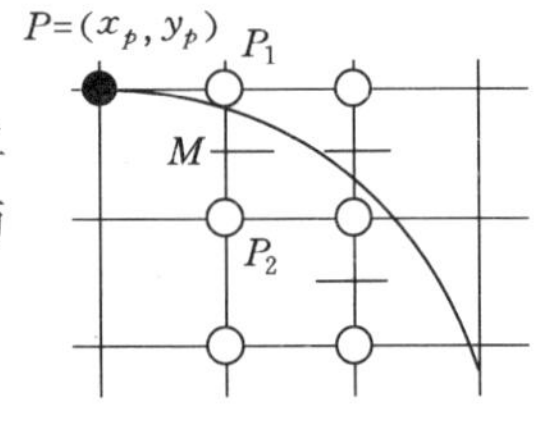

图 4-7

如图 4-7 所示，函数为 $F(x, y)=x^2+y^2-R^2$ 的构造圆，圆上的点为 $F(x,y)=0$，圆外的点 $F(x,y)>0$，圆内的点 $F(x,y)<0$，与中点画线法一样，构造判别式：

$$d=F(M)=F(x_p+1,y_p-0.5)=(x_p+1)^2+(y_p-0.5)^2-R^2$$

若 $d<0$，则应取 P_1 为下一像素，而且下一像素的判别式为

$$d_1=F(x_p+2,y_p-0.5)=(x_p+2)^2+(y_p-0.5)^2-R^2=d+2x_p+3$$

若 $d\geqslant 0$，则应取 P_2 为下一像素，而且下一像素的判别式为

$$d_2=F(x_p+2,y_p-1.5)=(x_p+2)^2+(y_p-1.5)^2-R^2=d+2(x_p-y_p)+5$$

我们讨论按顺时针方向生成第二个八分圆，则第一个像素是 $(0,R)$，判别式 d 的初始值为：

$$d_0=F(1,R-0.5)=1.25-R$$

中点画圆算法：

```
MidPointCircle(int r, int color)
{ int x,y;
    float d;
    x= 0; y= r; d= 1.25- r;
    circlepoints (x,y,color);
    while(x< = y)
{ if(d< 0) d+ = 2 * x+ 3;
    else { d+ = 2 * (x- y)+ 5; y- - ;}
    x+ + ;
    circlepoints (x,y,color);
  }
}
void CirclePoints(int x,int y,int color)
{ Setpixel(x,y,color); Setpixel(y,x,color);
    Setpixel(- x,y,color); Setpixel(y,- x,color);
    Setpixel(x,- y,color); Setpixel(- y,x,color);
    Setpixel(- x,- y,color); Setpixel(- y,- x,color);
}
```

在上述算法中，使用了浮点数来表示判别式 d。为了进一步提高算法的效率，可以将上面的算法中的浮点数改写成整数，将乘法运算改成加法运算，即仅用整数实现中点画圆法。

令 $e=d-0.25$ 代替 d。显然，初始化运算 $d=1.25-R$ 对应于 $e=1-R$。判别式 $d<0$

对应于 $e<-0.25$。算法中其他与 d 有关的式子可把 d 直接换成 e。又由于 e 的初值为整数，且在运算过程中的增量也是整数，故 e 始终是整数，所以 $e<-0.25$ 等价于 $e<0$。

圆的中点生成算法计算简单，像素位置与圆周轨迹逼近精度高，得到了较广泛的应用，算法只包含整数变量，避免了浮点运算，适合硬件实现。

4.3.5　Bresenham 算法

对 Bresenham 画圆算法，我们依旧只考虑中心在原点、半径为 R 的圆第二 8 分圆，如图 4-8 所示。现在从 A 点开始向右下方逐点来寻找弧 AB 要用的点。如图中点 P_i 是已选中的一个表示圆弧上的点，根据弧 AB 的走向，下一个点应该从 H_i 或者 L_i 中选择。显然应选离 AB 最近的点作为显示弧 AB 的点。

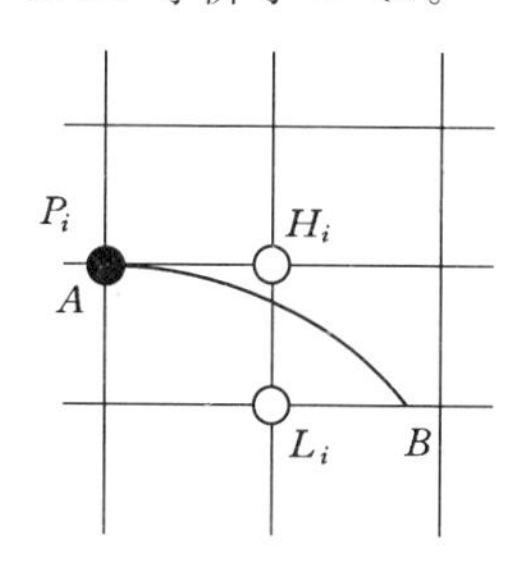

图 4-8　Bresenham 画圆算法示意图

$$d_i = x_{i+1}^2 + y_i^2 + x_{i+1}^2 + (y_i - 1)^2 - 2R^2$$
$$= 2x_{i+1}^2 + 2y_i^2 - 2y_i - 2R^2 + 1$$
$$d_{i+1} = (x_{i+1}+1)^2 + y_{i+1}^2 + (x_{i+1}+1)^2 + (y_{i+1}-1)^2 - 2R^2$$
$$= 2x_{i+1}^2 + 4x_{i+1} + 2y_{i+1}^2 - 2y_{i+1} - 2R^2 + 3$$

假设圆的半径为 R，显然，当 $x_{hi}^2 + y_{hi}^2 - R^2 \geqslant R^2 - (x_{li}^2 + y_{li}^2)$ 时，应该取 L_i，否则取 H_i。令 $d_i = x_{hi}^2 + y_{hi}^2 + x_{li}^2 + y_{li}^2 - 2R^2$，显然，当 $d_i \geqslant 0$ 时应该取 L_i，否则取 H_i。剩下的问题是如何快速地计算 d_i，设图中 P_i 的坐标为 (x_i, y_i)，则 H_i 和 L_i 的坐标为 (x_i+1, y_i) 和 (x_i+1, y_i-1)。

当 $d_i<0$ 时，取 H_i，$y_{i+1}=y_i$，则 $d_{i+1}=d_i+4x_i+6$；

当 $d_i \geqslant 0$ 时，取 L_i，$y_{i+1}=y_i-1$，则 $d_{i+1}=d_i+4(x_i-y_i)+10$。

易知：$x_1=0, y_1=R, x_2=x_1+1, d_0=3-2R$。

Bresenham 画圆算法：

```
int x= 0,y= r,d= 3- 2* r;
while(x< = y) {
    circlepoints (x,y,color);
    if (d< 0)
      d= d+ 4* x+ 6;
    else {
      d= d+ 4* (x- y)+ 10;
      y- - ;
    }
    x+ + ;
}
```

Bresenham 画圆算法：

```
void bresenham_arc(int R,int color)
{
    int x,y,d;
    x= 0;y= R;
    d= 3- 2* R;
    while(x< y)
```

```
  {
    putpixel(x,y,color);
    if(d< 0)
      d+ = 4 * x+ 6;
    else
    {
      d+ = 4 * (x- y)+ 10;
      y- = 1;
    }
    x+ + ;
  }
  if(x= = y)
    putpixel(x,y,color);
}
```

4.3.6 程序设计

(1) 创建应用程序框架

以上面建立的单文档程序框架为基础。

(2) 编辑菜单资源

在工作区的 ResourceView 标签中，单击 Menu 项左边“+”，然后双击其子项 IDR_MAINFRAME，并根据表 4-4 中的定义添加编辑菜单资源。此时建好的菜单如图 4-9 所示。

表 4-4　菜单资源表

菜单标题	菜单项标题	标示符 ID
圆	中点画圆	ID_MIDPOINTCIRCLE
	Bresenham 画圆	ID_BRESENHAMCIRCLE

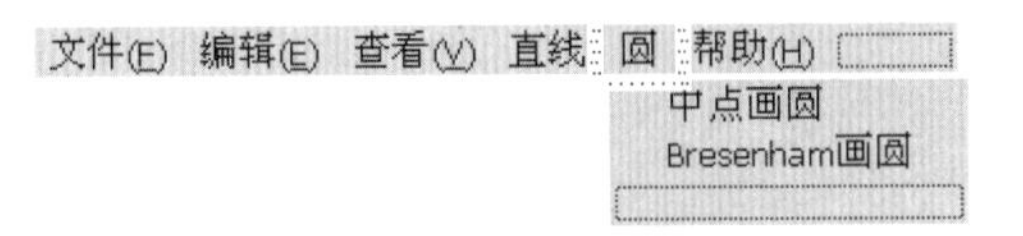

图 4-9　程序主菜单

(3) 添加消息处理函数

利用 ClassWizard(建立类向导)为应用程序添加与菜单项相关的消息处理函数，ClassName 栏中选择 CMyView，根据表 4-5 建立如下的消息映射函数，ClassWizard 会自动完成有关的函数声明。

表 4-5　菜单项的消息处理函数

菜单项 ID	消息	消息处理函数
ID_MIDPOINTCIRCLE	CONMMAN	OnMidpointcircle
ID_BRESENHAMCIRCLE	CONMMAN	OnBresenhamcircle

(4) 程序结构代码

在 CMyView. cpp 文件中的相应位置添加如下代码。

```
void CMyView::OnMidpointcircle()
//中点算法绘制圆,如图 4-10 所示。
{
// TODO: Add your command handler code here
CDC *pDC= GetDC();
  int xc= 300, yc= 300, r= 50, c= 0;
  int x,y;
  float d;
  x= 0; y= r; d= 1.25- r;
  pDC- > SetPixel ((xc+ x),(yc+ y),c);
  pDC- > SetPixel ((xc- x),(yc+ y),c);
  pDC- > SetPixel ((xc+ x),(yc- y),c);
  pDC- > SetPixel ((xc- x),(yc- y),c);
  pDC- > SetPixel ((xc+ y),(yc+ x),c);
  pDC- > SetPixel ((xc- y),(yc+ x),c);
  pDC- > SetPixel ((xc+ y),(yc- x),c);
  pDC- > SetPixel ((xc- y),(yc- x),c);
  while(x< = y)
  { if(d< 0)d+ = 2 * x+ 3;
   else  { d+ = 2 * (x- y)+ 5; y- - ;}
   x+ + ;
  pDC- > SetPixel ((xc+ x),(yc+ y),c);
  pDC- > SetPixel ((xc- x),(yc+ y),c);
  pDC- > SetPixel ((xc+ x),(yc- y),c);
  pDC- > SetPixel ((xc- x),(yc- y),c);
  pDC- > SetPixel ((xc+ y),(yc+ x),c);
  pDC- > SetPixel ((xc- y),(yc+ x),c);
  pDC- > SetPixel ((xc+ y),(yc- x),c);
  pDC- > SetPixel ((xc- y),(yc- x),c);
  }
}
```

图 4-10　中点算法绘制圆

```
void CMyView::OnBresenhamcircle()  //Bresenham算法绘制圆,如图 4-11 所示
{
CDC *pDC= GetDC();
int xc= 100, yc= 100, radius= 50, c= 0;
int x= 0,y= radius,p= 3- 2* radius;
while(x< y)
{
pDC- > SetPixel(xc+ x, yc+ y, c);
pDC- > SetPixel(xc- x, yc+ y, c);
```

图 4-11　Bresenham算法绘制圆

```
pDC- > SetPixel(xc+ x, yc- y, c);
pDC- > SetPixel(xc- x, yc- y, c);
pDC- > SetPixel(xc+ y, yc+ x, c);
pDC- > SetPixel(xc- y, yc+ x, c);
pDC- > SetPixel(xc+ y, yc- x, c);
pDC- > SetPixel(xc- y, yc- x, c);
if (p< 0)
p= p+ 4 * x+ 6;
else
{
p= p+ 4 * (x- y)+ 10;
y- = 1;
}
x+ = 1;
}
if(x= = y)
pDC- > SetPixel(xc+ x, yc+ y, c);
pDC- > SetPixel(xc- x, yc+ y, c);
pDC- > SetPixel(xc+ x, yc- y, c);
pDC- > SetPixel(xc- x, yc- y, c);
pDC- > SetPixel(xc+ y, yc+ x, c);
pDC- > SetPixel(xc- y, yc+ x, c);
pDC- > SetPixel(xc+ y, yc- x, c);
pDC- > SetPixel(xc- y, yc- x, c);
}
```

4.4 椭圆的生成算法

4.4.1 椭圆的特征

中点画圆算法和 Bresenham 画圆算法均可以推广到画椭圆。与圆不同，椭圆是一个四对称图形，即中心位于原点的标准椭圆只有 $x=0$ 和 $y=0$ 两条对称轴。因此，若已知椭圆弧上一点(x,y)，就只能直接得到其关于 x 和 y 两条对称轴的其他 3 个对称点，这种性质称为四对称性。图 4-12 显示了椭圆的这一特性。因此，只有扫描转换 1/4 椭圆的情况下，才可以求出整个椭圆弧上的所有像素，这是椭圆扫描转换与圆扫描转换不同之处。

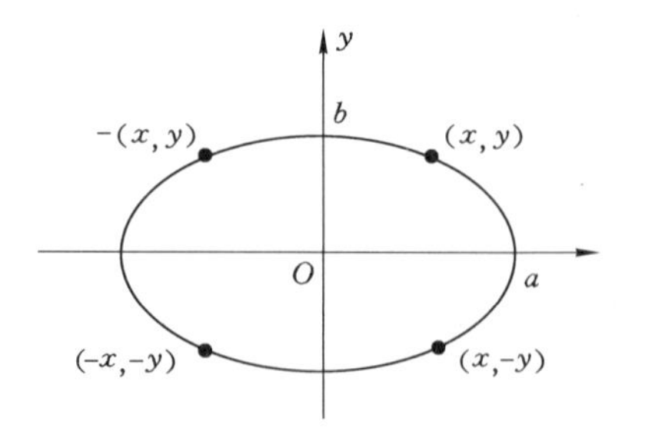

图 4-12　长半轴为 a、短半轴为 b 的椭圆

4.4.2 中点生成算法

下面讨论椭圆的扫描转换中点算法，设椭圆为中心在坐标原点的标准椭圆，其方程为

$$F(x,\ y)=b^2x^2+a^2y^2-a^2b^2=0$$

① 对于椭圆上的点，$F(x,\ y)=0$；

② 对于椭圆外的点，$F(x,\ y)>0$；

③ 对于椭圆内的点，$F(x,\ y)<0$。

以弧上斜率为－1 的点作为分界将第一象限椭圆弧分为上下两部分(见图 4-13)。

法向量：

$$N(x,y)=\frac{\partial F}{\partial x}\mathrm{i}+\frac{\partial F}{\partial y}\mathrm{j}=2b^2x\mathrm{i}+2a^2y\mathrm{j}$$

$$b^2(x_i+1)<a^2(y_i-0.5)$$

而在下一个点，不等号改变方向，则说明椭圆弧从上部分转入下部分。

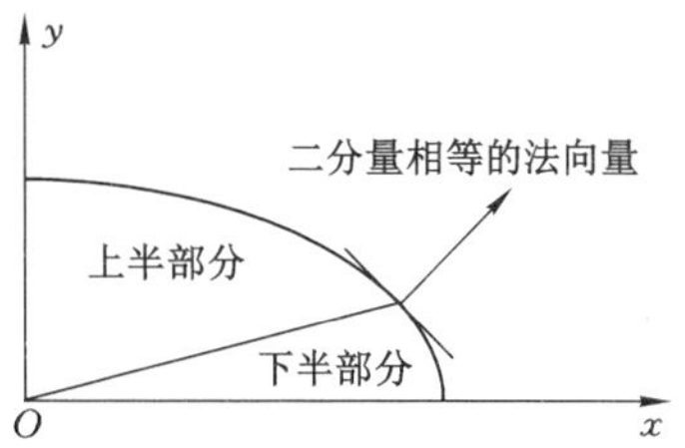

图 4-13　第一象限的椭圆弧

与中点绘制圆算法类似，一个像素确定后，在下面两个候选像素点的中点计算一个判别式的值，再根据判别式符号确定离椭圆最近的点。先看椭圆弧的上半部分，具体算法如下：

假设横坐标为 x_p 的像素中与椭圆最近点为$(x_p,\ y_p)$，下一对候选像素的中点应为$(x_p+1, y_p-0.5)$，判别式为：

$$d_1=F(x_p+1,y_p-0.5)=b^2\ (x_p+1)^2+a^2\ (y_p-0.5)^2-a^2b^2$$

$d_1<0$，表明中点在椭圆内，应取正右方像素点，判别式变为：

$$d'_1=F(x_p+2,y_p-0.5)=b^2\ (x_p+2)^2+a^2\ (y_p-0.5)^2-a^2b^2=d_1+b^2(2x_p+3)$$

若 $d_1\geqslant 0$，表明中点在椭圆外，应取右下方像素点，判别式变为：

$$\begin{aligned}d'_1&=F(x_p+2,y_p-1.5)=b^2(x_p+2)2+a^2(y_p-1.5)^2-a^2b^2\\&=d_1+b^2(2x_p+3)+a^2(-2y_p+2)^2\end{aligned}$$

判别式 d_1 的初始条件确定。椭圆弧起点为$(0,\ b)$，第一个中点为$(1,b,-0.5)$，对应判别式为：

$$d_{10}=F(1,b-0.5)=b^2+a^2\ (b-0.5)^2-a^2b^2=b^2+a^2(-b+0.25)$$

在扫描转换椭圆的上半部分时，在每步迭代中需要比较法向量的两个分量来确定核实从上部分转到下半部分。在下半部分算法有些不同，要从正下方和右下方两个像素中选择下一个像素。在从上半部分转到下半部分时，还需要对下半部分的中点判别式进行初始化。即若上半部分所选择的最后一个像素点为(x_p,y_p)，则下半部分中点判别式应在$(x_p+0.5, y_p-1)$的点上计算。其在正下方与右下方的增量计算同上半部分。

椭圆的中点生成算法：

```
void Mid _Ellipe (int a,int b,int color)
{
    int x,y;
    longd1,d2;
    x= 0;y= b;
    d1 = int(b * b + a * a * (- b+ 0.25));
    while( b * b * (x+ 1) <  a * a * (y- 0.5))
    {
    SetPixel(x,y, color);
    SetPixel(- x,- y, color);
```

```
    SetPixel(x,- y, color);
    SetPixel(- x,y, color);
    if (d1< 0)
    {d1 + = b * b * (2 * x+ 3); x+ + ;}
    else{
      d1+ = (b * b * (2 * x+ 3)+ a * a * (- 2 * y+ 2));
      x+ + ;y- - ;
    }
    }//上半部分
    d2= int(b * b * (x+ 0.5) *  (x+ 0.5)+ a * a * (y- 1) *  (y- 1)- a * a * b * b);
    while(y > = 0)
    {
      SetPixel(x,y, color);
      SetPixel(- x,- y, color);
      SetPixel(x,- y, color);
      SetPixel(- x,y, color);
      if (d2 < 0) {
        d2= d2+ b * b * (2 * x+ 2)+ a * a * (- 2 * y+ 3)
        x+ + ;y- - ;}
      else {d2 + =  a * a * (- 2 * y+ 3); y- - ;}
    }//下半部分
}
```

4.4.3 程序设计

程序设计步骤如下：

① 创建应用程序框架，以上面建立的单文档程序框架为基础。

② 编辑菜单资源。

在工作区的 ResourceView 标签中，单击 Menu 项左边"＋"，然后双击其子项 IDR_MAINFRAME，并根据表 4-6 中的定义添加编辑菜单资源。此时建好的菜单如图 4-14 所示。

表 4-6　　菜单资源表

菜单标题	菜单项标题	标示符 ID
椭圆	中点画椭圆	ID_MIDPOINTELLISPE

文件(F)　编辑(E)　查看(V)　直线　圆　椭圆　帮助(H)
中点画椭圆

图 4-14　程序主菜单

③ 添加消息处理函数。

利用 ClassWizard（建立类向导）为应用程序添加与菜单项相关的消息处理函数，ClassName 栏中选择 CMyView，根据表 4-7 建立如下的消息映射函数，ClassWizard 会自动完成有关的函数声明。

表 4-7　　菜单项的消息处理函数

菜单项 ID	消息	消息处理函数
ID_MIDPOINTELLISPE	CONMMAN	OnMidpointellispe

④ 程序结构代码如下：

```
void CMyView:: OnMidpointellispe () //中点算法绘制椭圆,如图 4-15 所示
{
    CDC *pDC= GetDC();
    int a= 200,b= 100,xc= 300,yc= 200,c= 0;
    int x,y;
    double d1,d2;
    x= 0;y= b;
    d1= b * b+ a * a * (- b+ 0.25);
    pDC- > SetPixel(x+ 300,y+ 200,c);
    pDC- > SetPixel(- x+ 300,y+ 200,c);
    pDC- > SetPixel(x+ 300,- y+ 200,c);
    pDC- > SetPixel(- x+ 300,- y+ 200,c);
    while(b * b * (x+ 1)< a * a * (y- 0.5))
    {
    if(d1< 0){
    d1+ = b * b * (2 * x+ 3);
    x+ + ;}
    else
    {d1+ = b * b * (2 * x+ 3)+ a * a * (- 2 * y+ 2);
    x+ + ;y- - ;
    }
    pDC- > SetPixel(x+ xc,y+ yc,c);
    pDC- > SetPixel(- x+ xc,y+ yc,c);
    pDC- > SetPixel(x+ xc,- y+ yc,c);
    pDC- > SetPixel(- x+ xc,- y+ yc,c);
    }
    d2= sqrt(b * (x+ 0.5))+ a * (y- 1)- a * b;
    while(y> 0)
    {
    if(d2< 0){
    d2+ = b * b * (2 * x+ 2)+ a * a * (- 2 * y+ 3);
    x+ + ;y- - ;}
    else
    {d2+ = a * a * (- 2 * y+ 3);
    y- - ;}
```

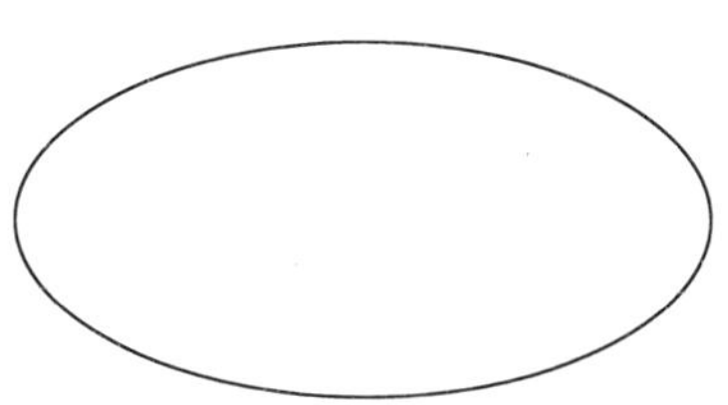

图 4-15　中点算法绘制椭圆

```
    pDC- > SetPixel(x+ xc,y+ yc,c);
    pDC- > SetPixel(- x+ xc,y+ yc,c);
    pDC- > SetPixel(x+ xc,- y+ yc,c);
    pDC- > SetPixel(- x+ xc,- y+ yc,c);
    }
}
```

4.5 其他曲线的生成算法

多段线、折线可以分解为若干直线段表示，复杂曲线显示的直接方法也可以通过直线段来逼近。要得到沿曲线轨迹等距的线端点位置，可采用参数形式表示曲线，然后对参数进行等分；也可以按曲线的斜率来选择独立变量而从显式表示中生成等距位置。如果 $y=f(x)$ 斜率的绝对值小于1，就选择 x 作为自变量并对相等的 x 增量来计算 y 值；如果 $y=f(x)$ 斜率的绝对值大于1，就选择 y 作为自变量并对相等的 y 增量来计算 x 值。这样，可将曲线离散成坐标点数据集，用直线段来将离散点连接在一起，或采用线性回归(最小二乘法)和非线性最小二乘法来拟合数据组。此外，像圆和椭圆一样，利用函数的对称性来减少曲线绘制的计算量。

对于常见曲线包括圆锥曲线、三角函数、指数函数、概率分布、通用多项式和样条函数，这些曲线的显示可采用类似于圆和椭圆的生成算法来完成，沿曲线轨迹的位置可直接从显示表式 $y=f(x)$ 或参数方程得到，也可以用中点法绘制隐式函数 $f(x,y)=0$ 曲线。一般的图形软件都提供了该类曲线的绘制程序。

4.6 字符的生成

字符是指数字、字母、汉字等符号，是计算机图形处理技术中必不可少的内容。计算机中的字符由一个数字编码唯一标识。目前常有的字符有两种，一种是 ASCⅡ码字符，全称是“美国信息交换用标准代码集”(American standard code for information interchange)，它是国际最流行的字符集，采用 7 位 2 进制编码表示 128 个字符，包括字母、标识符号、运算符以及一些特殊符号；另一种是汉字字符，全称是“中华人民共和国国家标准信息交换编码”，代码为 C82312-80，共收集字符 7 445 个，其中国际一级汉字 3 755 个，国际二级汉字 3 008 个，其余符号 682 个，每个字符由一个区码和一个位码共同标识。为了能够区分 ASCⅡ和汉字编码，采用字节的最高位来标识，最高位为 0 表示 ASCⅡ码，最高位为 1 表示汉字编码。

为了在显示器等输出设备上输出字符，系统必须安装相应的字库。字库中存储了每个字符的形状信息，字库分为点阵型和矢量型两种，相应存储着点阵字符和矢量字符。

4.6.1 点阵字符

点阵字符是由一个位图表示，如图 4-16(b)所示，保存字符就是保存表示它的位图。字型 7×9、9×16、16×24 等指的是位图的尺寸。一个汉字需要 16×24=384 位，即 48 个字节，而常用汉字有 6 763 个，从而存储这种型号需要 6 763×48≈324 kB。

在点阵字符库中，每个字符由一个位图表示。该位为 1 表示字符的笔画经过此位，对应于此位的像素应置为字符颜色。该位为 0 表示字符的笔画不经过此位，对应于此位的像素应置为背景颜色。在实际应用中，有多种字体(如宋体、楷体等)，每种字体又有多种大小型号，因此字库的存储空间是很庞大的。解决这个问题一般采用压缩技术，如：黑白段压缩、部件压缩、轮廓字形压缩等。其中，轮廓字形法压缩比大，且能保证字符质量，是当今国际上最流行的一种方法。轮廓字形法采用直线或二/三次 bezier 曲线的集合来描述一个字符的轮廓线。轮廓线构成一个或若干个封闭的平面区域。轮廓线定义加上一些指示横宽、竖宽、基点、基线等等控制信息就构成了字符的压缩数据，见图 4-16(c)。

点阵字符的显示分为两步。首先从字库中将它的位图检索出来；然后将检索到的位图写到帧缓冲器中。

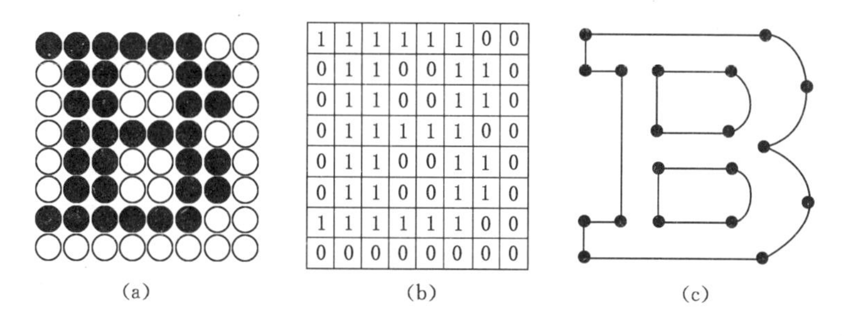

图 4-16　字符的种类

(a) 点阵字符；(b) 点阵字库中的位图表示；(c) 矢量轮廓字符

4.6.2　矢量字符

矢量字符记录字符的笔画信息而不是整个位图，具有存储空间小、美观、变换方便等特单。如图 4-17 所示，首先选一个正方形格网作为字符的局部坐标空间，网格大小可取 16×16、32×32、64×64 等。对一个字符来说，它由构成它的笔画组成，而每一笔又由其两端确定。对于每一个端点，只要保存它的坐标值和它与前一点的连接关系即可。

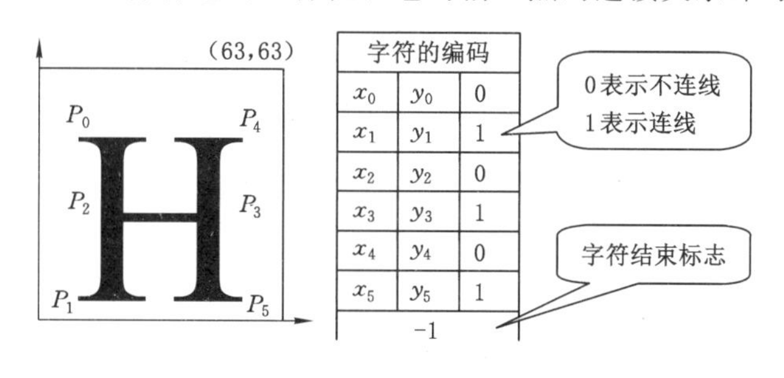

图 4-17　矢量字符的表示

不同的字体、字型的起笔位置、笔画长短、线型控制等都不一样，所以，实际的矢量字符的存储结构要加上一些管理信息和字型信息等。

对于字符的旋转、缩放等变换，点阵字符的变换需要对表示字符位图中的每一像素进行；而矢量字符的变换只要对其笔画端点进行变换就可以了。

矢量字符的显示也分为两步，首先根据给定字符的编码，在字库中检索出表示该字符的信息。然后取出端点坐标，对其进行适当的几何变换，再根据各端点的标志显示出字符。

4.6.3 字符属性

在绘图应用中，字符往往是以字符串的形式出现的。在输出字符串之前应指明字符的属性。字符的属性包括字体名称、字符高度、字符宽度（扩展/压缩）因子和字符的倾斜角、对齐方式、字体颜色、写方式等方面。

常用的汉字字体有宋体、楷体、仿宋体、黑体、隶书等。字符高度要根据实际图形的比例进行调整；字符宽度一般不由用户指定，因为字符掩膜本身有标准的高/宽比。字符高度一经确定，宽度也就随之而定了。但字符宽度因子可用于对字符宽度的扩展或压缩，也就是使字符变得更宽或更窄一些，以便满足特殊情况的要求。字符的倾斜角可使字符向左或向右倾斜。对齐方式用得最多的是左对齐、中心对齐和右对齐 3 种。写方式包括“替换”和“与”两种，替换方式时，对应字符掩膜中空白区被置成背景色；“与”方式时，这部分区域颜色不受影响。

4.7 线宽和线型处理

前面讨论了单像素宽的直线和弧线的生成算法。在实际应用中还经常使用指定线宽或带有一定线型的线条。欲产生一定线宽的线条，可沿单线条轨迹移动一把“刷子”来获得，也可用填充的方法实现。填充算法前面已介绍过，下面仅讨论用刷子产生一定线宽线条的方法。刷子的形状很多，最常用的有线刷和方刷两种。

在光栅图形显示器上，线宽是用像素的个数来度量的。图 4-18(a)和(b)分别显示了斜率绝对值小于 1 和大于 1 时，3 个像素宽的直线的显示结果。

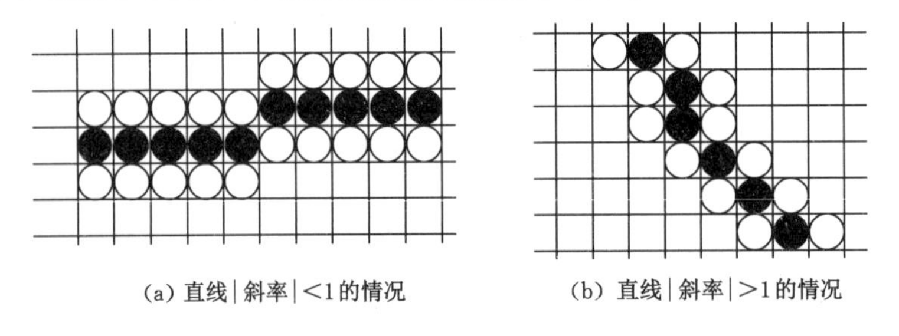

(a) 直线|斜率|<1的情况　　(b) 直线|斜率|>1的情况

图 4-18　3 个像素宽的直线的显示结果

4.7.1 直线线宽的处理

对于用刷子进行直线宽的处理，最常用的方法是采用线刷和方刷。

4.7.1.1 线刷

线刷的形状就是一个直线段，线段的长度即为刷子的宽度。线刷只能水平或者垂直摆放。假设直线斜率不在[－1,1]范围内，则线刷应该水平摆放；若斜率在[－1,1]范围内，则线刷应该垂直摆放。线刷的原理很简单，其具体做法是：将线刷中心对准直线一端，然后让刷子中心沿直线往另一端移动，即可刷出带有一定宽度的直线，如图 4-19 所示。

用线刷绘制直线的特点是：

① 原理简单，效率高，因为它不必像方刷那样重复写像素。

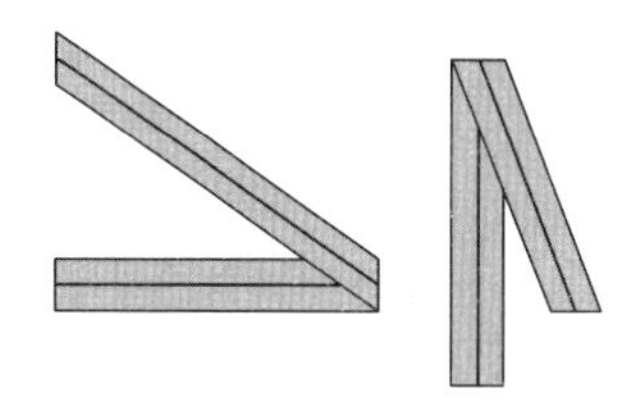

图 4-19　垂直或水平摆放线刷

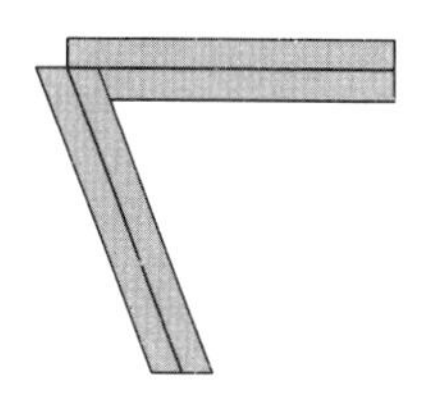

图 4-20　线刷绘制直线所产生的缺口

② 线条起始点与终止点总是水平或垂直的，因此，当直线较宽时看起来不自然；接近水平的线与接近垂直的线汇合时将会产生一个缺口。图 4-19 和图 4-20 分别反映了这两种现象。

对于前一种现象，必要时可添加"线帽"，使线端的形状得以调整。线帽有方帽、团帽和突方幅等几种形式，如图 4-21 所示。方帽的工作原理是：通过调整所构成平行线的端点的位置，使粗线的显示具有垂直于线段路径的正方形端点；圆帽在此基础上，在端点处再添加一个填充的半圆，圆弧的直径应正好与线宽相等；突方帽则是简单地将线段向两头延伸半个线宽并添加方帽。为了消除两直线相交时产生的缺口，可在线段端点进行一定的附加处理。图 4-22 展示了粗线连接时消除缺口的 3 种方法。斜角连接(Miter join)通过延伸两条线的外边界直到它们相交来完成；圆连接(Round join)通过用直径等于线宽的圆弧边界将两线段连接而成；斜切连接(Bevel join)则是通过方帽和在两线段相交处的三角形间隙中填充来生成。

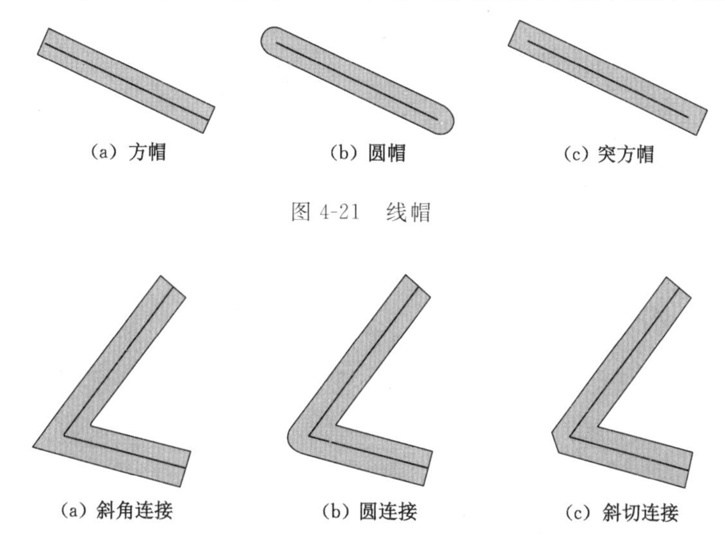

(a) 方帽　(b) 圆帽　(c) 突方帽

图 4-21　线帽

(a) 斜角连接　(b) 圆连接　(c) 斜切连接

图 4-22　粗线的连接方法

③ 同一把线刷在画不同斜率的线条时其粗细不同，接近水平或垂直时最粗，其宽度就是刷子的宽度；45°时线条最细，为刷子宽度的$\sqrt{2}/2$倍。

④ 当线宽为偶数个像素点时，线的中心将偏离半个像素。

4.7.1.2　方刷

为了生成具有一定线宽的直线，还可以采用方形刷子。方形刷子简称方刷。方刷可以理解为一个正方形，其边长就是指定的线宽。画线时，让正方形的中心对准单像素宽的线条上各个像素做平行移动，并把正方形内的全部像素置成线条的颜色。图 4-23 显示了用方刷绘制一条宽度为 3 的线条的过程。显然，用方刷绘制所得的线条比用相同宽度的线刷绘制所得的线条要粗一些。

如图 4-23 所示，用方刷绘制直线的特点是：

① 绘制过程中会重复写像素，这是因为对应于相邻两像素的正方形一般会重叠，使得算法效率较低(可改进)。

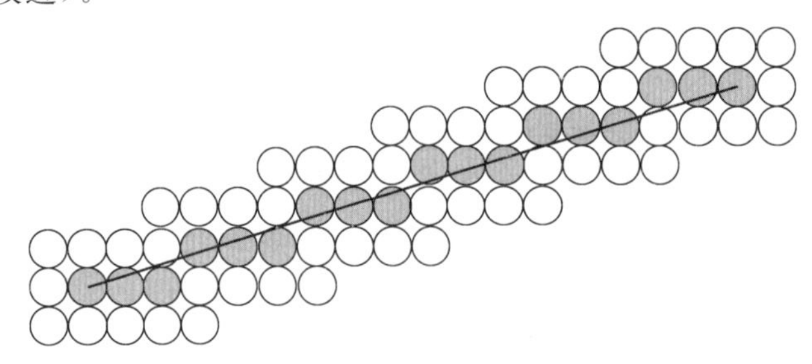

图 4-23 方刷绘制带线宽的直线

② 直线的两端总是水平或垂直的，因而当线条较宽时显得不自然。

③ 同一把刷子所画出线段的粗细不同。线条接近水平或垂直时最细，为刷子的宽度；斜率为 45°时线条最宽，是刷子的$\sqrt{2}$倍。

无论是用线刷还是用方刷实现线宽，都不必重新设计算法。只要对前面讨论过的单像素宽直线的扫描转换算法稍加修改即可。

4.7.2 圆弧线宽的处理

与直线线宽处理方法类似，圆弧线宽(见图 4-24)同样可以用刷子的形式来实现。当采用线刷时，在经过曲线斜率为±1 的点时，线刷的方向必须在水平和垂直间切换，如图 4-24(a)所示。由于线刷总是置成水平或垂直的，所以弧线在接近水平与垂直部分最粗，最粗时线宽为刷子的宽度，而斜率为±1 时最细，最细时为刷子宽度的$\sqrt{2}/2$倍。

若采用方刷，则不需要切换刷子的方向。因为圆弧上半部分的宽度依赖于方刷的高度，而圆弧下半部分的宽度却依赖于方刷的宽度，如图 4-24(b)所示。圆弧曲线在接近水平与垂直部分最细，其宽度为正方形边长，而斜率为±1 时曲线最粗，为正方形边长的 2 倍。

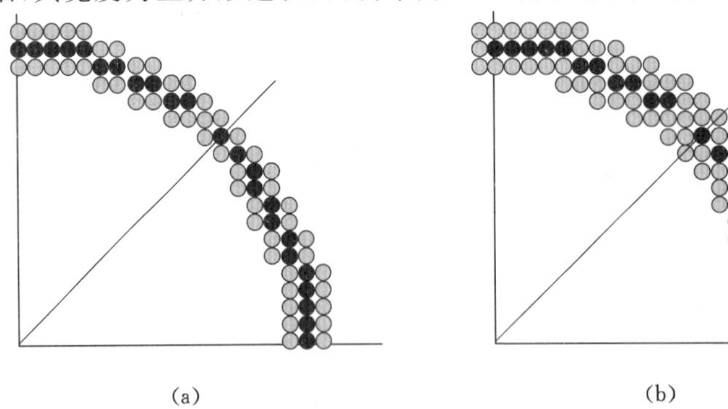

图 4-24 第 1 象限的 1/4 圆弧

(a) 线刷绘制的圆弧；(b) 方刷绘制带的圆弧

4.7.3 线型的处理

在实际应用中，最常见的线型有实线、虚线和点划线等，图4-25给出了一些常见的线型。不同的线型在实际中代表着不同的意义。

图4-25 常见的线型

线型可以通过像素模板定义。像素模板是由数字0和1组成的一个特定的串。不同的模板代表不同的线型。画线程序依据模板上的数字，将沿线路径上的那些像素或者置为前景的颜色，或者置为背景的颜色，于是就在屏幕上出现了相应的线型，例如，一个占4个字节的整数共有32位，可以存放32个0或1。用这样的整数做像素模板时，线型必须以32个像素为周期进行重复。此时，可以把算法中直接输出像素的语句修改为：

```
if(位串[i%32])putpixel(x,y,color);
```

其中i为循环控制变量。在扫描转换算法的内循环中，每处理一个像素，i递增1，然后除以32取余。

用这种简单办法实现的线型有一个缺陷，即线型中的笔画长度与直线角度有关。或者说，当像素点个数相同时，斜线上的笔画长度比横向和竖向上的笔画要长。图4-26显示的是在不同方向生成的虚线 L_1 和 L_2，它们都是根据同一个像素模板"11100"画出来的，但线段 L_1 的长度是线段 L_2 长度的 $\sqrt{2}$ 倍。这在工程图的绘制中是绝对不允许的。为了保证同一笔画在任何方向上都等长(尽可能等长)，画线时每个笔画可根据斜率适当调整其中像素的数目。

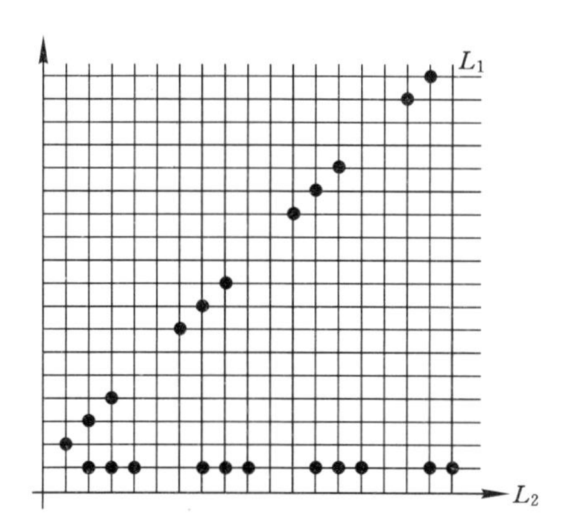

图4-26 相同数目像素显示的虚线不等长

4.8 反走样

图形生成的基本思想是从图形的数学、参数表示形式转换成适于光栅系统显示所需要的点阵表示形式，也就是说，是根据图形的数学/参数方程计算出落在图形上或充分靠近它的一串像素，并以此像素集近似替代原来图形在屏幕上显示。这种近似使得最终在显示器上所显示的图形会产生图形的边界误差及边界的“锯齿”形状，这将会影响到图形显示的视觉质量和真实感效果。反走样技术的目的就是为了改善图形的生成质量和效果，实质上，反走样技术就是计算机图形学中的图像处理技术。

4.8.1 反走样的基本原理

在光栅显示器上显示图形时，直线段或图形边界或多或少会呈锯齿状。原因是图形信号是连续的，而在光栅显示系统中，用来表示图形的却是一个个离散的像素。光栅算法的取样过程是将图元数字化为离散的整数像素位置，所生成的图元显示具有锯齿形或台阶状外观，还有图形细节失真（图形中的那些比像素更窄的细节变宽），狭小图形遗失等现象。这种用离散量表示连续量引起的失真现象称之为走样（aliasing）、用于减少或消除这种效果的技术称为反走样（antialiasing），反走样的核心是：把取样频率至少设置为出现在对象中的最高频率的两倍。这个频率称为 Nyquist 取样频率 f_s：

$$f_s = 2f_{max}$$

或者，取样区间不应超过循环区间（Nyquist 取样区间）的一半，即：对于 x 区间取样，Nyquist 取样区间 Δx_s 为：

$$\Delta x_s = \Delta x_{cycle}/2$$

其中：

$$\Delta x_{cycle} = 1/f_{max}$$

常用的反走样方法主要有：提高分辨率、区域采样和加权区域采样。

4.8.2 反走样的主要方法

4.8.2.1 提高分辨率

把显示器分辨率提高一倍，直线经过两倍的像素，锯齿也增加一倍，但同时每个阶梯的宽度也减小了二分之一，所以显示出的直线段看起来就平直光滑了一些（图 4-27）。这种反走样方法是以 4 倍的存储器代价和扫描转换时间获得的。因此，增加分辨率虽然简单，但是不经济的方法，而且它也只能减轻而不能消除锯齿问题。

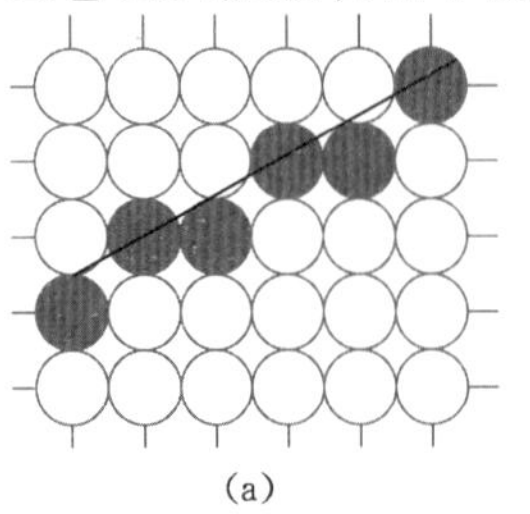

(a)

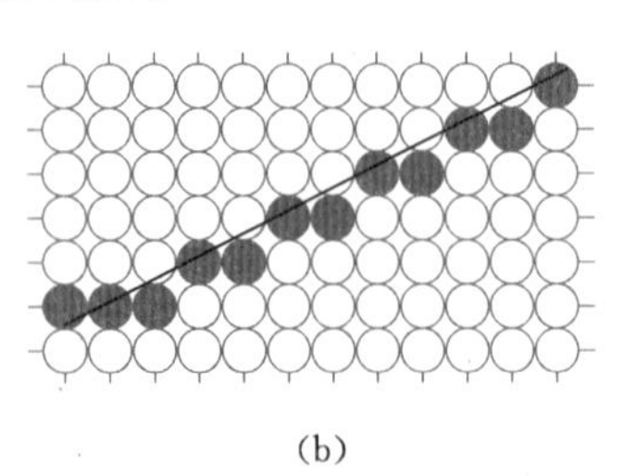

(b)

图 4-27 不同分辨率下的直线显示

(a) 用中点算法扫描转换的一条直线；(b) 把显示器分辨率提高一倍后的结果

4.8.2.2　区域采样

另一类反定样技术称为区域取样。在前面介绍的各种图形扫描转换算法中，都假定像素是数学意义上点，没有大小。同时，这些像素点或者是背景的颜色，或者是指定的颜色，因而会引起鲜明的阶梯状边界。

事实上，屏幕上的像素不是一个数学意义上的点。区域采样方法假定每个像素是一个具有一定面积的小区域，将直线段看做具有一定宽度的狭长矩形如图4-28所示。当直线段与像素有出现相交时，求出两者相交区域的面积，然后根据相交区域面积的大小确定该像素的亮度值。假设一条直线段的斜率为$m(0\leqslant m\leqslant 1)$，且所画直线为一个像素单位，则直线段与像素相交有五种情况，见图4-29。

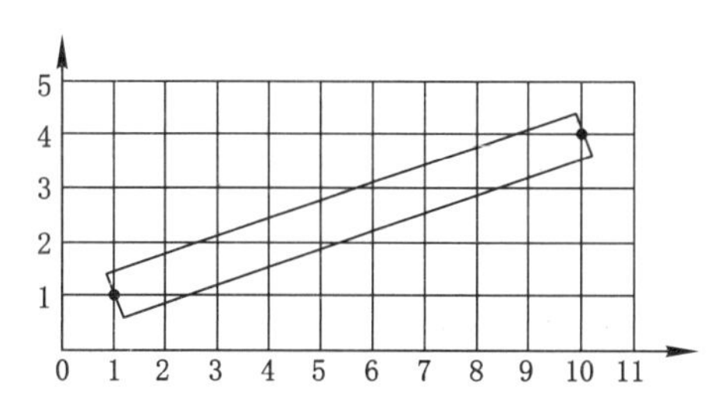

图4-28　有宽度的线条轮廓

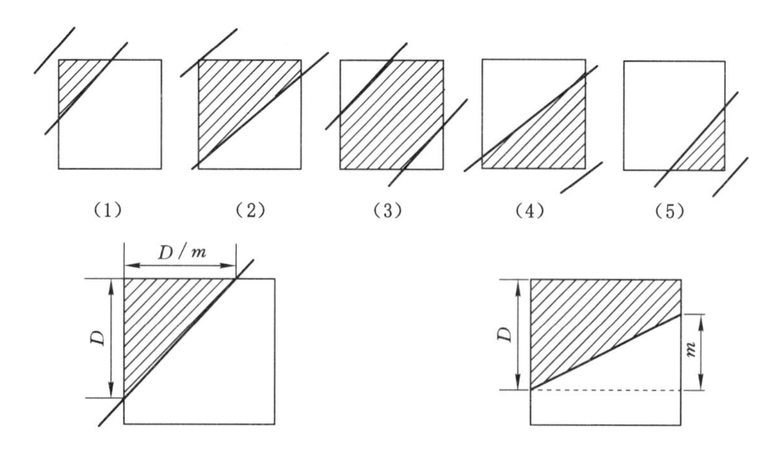

图4-29　线条与像素相交的五种情况及用于计算面积的量

在计算阴影区面积时，(1)与(5)，(2)与(4)类似，(3)可用正方形面积区减去两个三角形面积。

如图，情况(1)阴影面积为：$D^2/2m$；情况(2)阴影面积为：$D-m/2$；情况(3)阴影面积为：$1-D^2/m$。

上述阴影面积是介于0～1之间的正数，用它乘以像素的最大灰度值，再取整，即可得到像素的显示灰度值。这种区域取样法的反走样效果较好。有时为了简化计算可以采用离散的方法。如图4-30所示，首先将屏幕像素均分成n个子像素，然后计算中心点落在直线段内的子像素的个数k。最后将屏幕

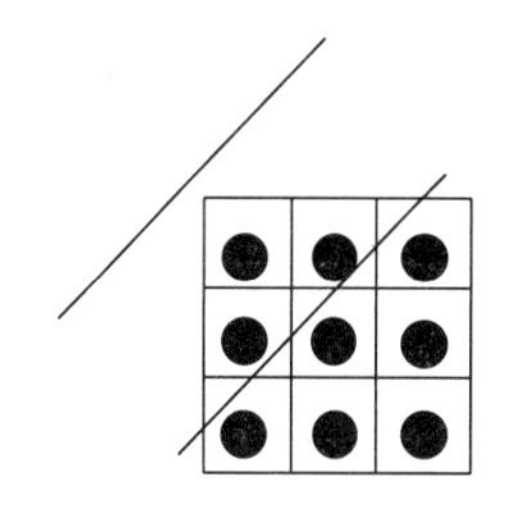

图4-30　$n=9,k=3$ 近似面积为1/3

该像素的亮度置为相交区域面积的近似值 k/n。

从取样理论的角度,区域取样方法相当于使用盒式滤波器进行前置滤波后再取样。非加权区域采样方法有两个缺点:① 像素的亮度与相交区域的面积成正比,而与相交区域落在像素内的位置无关,这仍然会导致锯齿效应。② 直线条上沿理想直线方向的相邻两个像素有时会有较大的灰度差。

4.8.2.3 加权区域取样

为了克服上述两个缺点,可以采用加权区域取样方法,使相交区域对像素亮度的贡献依赖于该区域与像素中心的距离。当直线经过该像素时,该像素的亮度 F 是在两者相交区域 A 上对滤波器(函数 w)进行积分的积分值。滤波器函数 w 可以取高斯滤波器。

$$w(x,y)=\frac{1}{\sqrt{2\pi\sigma}}e^{-\frac{x^2+y^2}{2\sigma^2}}$$

$$F=\int_A w(x,y)\,\mathrm{d}A$$

求积分的运算量是很大的,为此可采用离散计算方法。首先将像素均匀分割成 n 个子像素。则每个像素的面积为 $1/n$。计算每个子像素对原像素的贡献,并保存在一张二维的加权表中。然后求出所有中心落于直线段内的子像素。最后计算所有这些子像素对原像素亮度贡献之和 $\sum_{i\in\Omega}w_i$ 的值,该值乘以像素得最大灰度值作为该像素的显示灰度值。例如:我们将屏幕划分为 $n=3\times3$ 个子像素,加权表可以取作:

$$\begin{bmatrix} w_1 & w_2 & w_3 \\ w_4 & w_5 & w_6 \\ w_7 & w_8 & w_9 \end{bmatrix}=\frac{1}{16}\begin{bmatrix} 1 & 2 & 1 \\ 2 & 4 & 2 \\ 1 & 2 & 1 \end{bmatrix}$$

第 5 章　栅格图生成与处理算法

5.1　区域的概念

在计算机图形学中，多边形有 2 种重要的表示方法：顶点表示和点阵表示。顶点表示是用多边形的顶点序列来表示多边形。这种表示直观、几何意义强、占内存少，易于进行几何变换，但由于它没有明确指出哪些像素在多边形内，故不能直接用于面着色，也就无法直接显示在屏幕上；点阵表示是用位于多边形内的像素集合来刻画多边形，这种表示丢失了许多几何信息，但便于帧缓冲器表示图形，是面着色所需要的图形表示形式。光栅图形的一个基本问题是把多边形的顶点表示转换为点阵表示，这种转换称为多边形的扫描转换。矢量格式的多边形经过扫描转换成为可以显示的区域图形。区域的生成主要分为区域的扫描转换和区域填充。

区域指已经表示成点阵形式的填充图形，它是一组邻近而又相连的像素集合。区域可采用内点表示和边界表示形式，区域内的所有像素着同一颜色，而区域边界上的像素着不同颜色。在边界表示中，区域的边界点着同一颜色，而区域内的所有像素着不同颜色。

5.2　多边形区域的扫描转换

扫描转换算法对多边形的形状没有限制，但多边形的边界必须不自交。可以将多边形分为 3 种：凸多边形、凹多边形、含内环的多边形（见图 5-1）。所谓凸多边形是指任意两顶点间的连线均在多边形内；凹多边形是指任意两顶点间的连线有不在多边形内的部分，而含内环的多地形则是指多边形内再套多边形，多边形内的多边形也叫内环，内环之间不能相交。

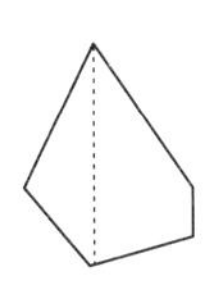
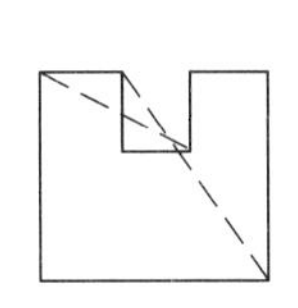

图 5-1　多边形的种类

5.2.1　扫描线算法

扫描线算法是按扫描线顺序计算扫描线与多边形的相交区间，再用要求的颜色显示这些区间的像素以完成转换工作的方法（图 5-2）。区间的端点可以通过计算扫描线与多边形边界线的交点获得。对于一条扫描线，多边形的扫描转换过程可以分为 4 个步骤：

① 求交：计算扫描线与多边形各边的交点；

② 排序：把所有交点按 x 值递增顺序排序；

③ 配对：第 1 个与第 2 个，第 3 个与第 4 个，……，每对交点代表一相交区间；

④ 着色：把相交区间内的像素置成多边形颜色，把相交区间外的像素置成背景色。

在扫描转换或其他图形算法中完成的计算常充分利用待显示场景的各种连贯性来减少运算量，沿一条边从一条扫描线到下一条扫描线时斜率为常数这一连贯性，可以使扫描线与边的交点采用增量坐标计算出。为了提高效率，在处理一条扫描线时，仅对与它相交多边形的边进行求交运算。

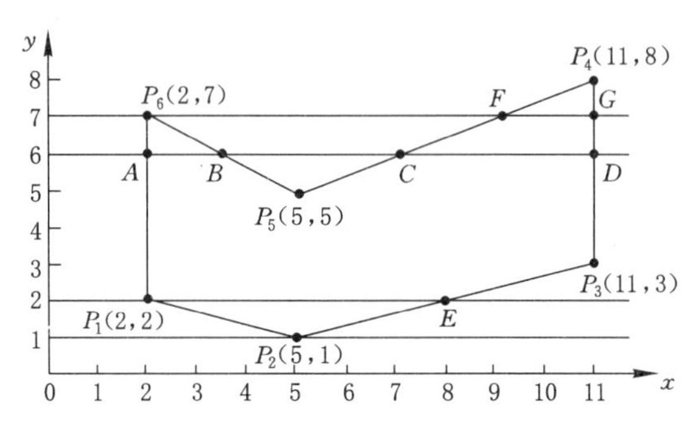

图 5-2　一个多边形与若干扫描线

在算法实现中，采用的方法称为活性边表法，我们把与当前扫描线相交的边称为活性边，并把它们与扫描线交点 f 坐标递增的顺序存放在一个链表中，称此链表为活性边表(AET)。活性边表的数据结构如图 5-3 所示。

假定当前扫描线与多边形某一条边的交点的横坐标为 x，则下一条扫描线与该边的交点不必要重计算，只要加一个增量 Δx 即可，下面我们推导这个结论。

设该边的直线方程为：$ax+by+c=0$，当前扫描线及下一条扫描线与边的交点分别为 (x_i, y_i)、(x_{i+1}, y_{i+1})，则：

$$ax_i+by_i+c=0$$

$$ax_{i+1}+by_{i+1}+c=0$$

由此得：

$$x_{i+1}=\frac{1}{a}(-b\cdot y_{i+1}-c)$$

由于 $y_{i+1}=y_i+1$，所以

$$x_{j+1}=\frac{1}{a}(-b\cdot y_{j+1}-c_j)=x_j-\frac{b}{a} \tag{5-1}$$

其中 $\Delta x=-b/a$ 为常数。

另外，使用增量法计算时，我们需要知道一条边何时不再与下一条扫描线相交，以便及时把它从活性边表中删除出去。综上所述，活性边表的结点应为对应边保存如下内容：第 1 项存当前扫描线与边的交点坐标 x 值；第 2 项存从当前扫描线到下一条扫描线间 x 的增量；第 3 项存该边所交的最高扫描线号；第 4 项则是指向下一个结点的指针。扫描线的活性边表见图 5-3(a)。

为了方便活性边表的建立与更新，我们为每一条扫描线建立一个新边表(NET)，存放

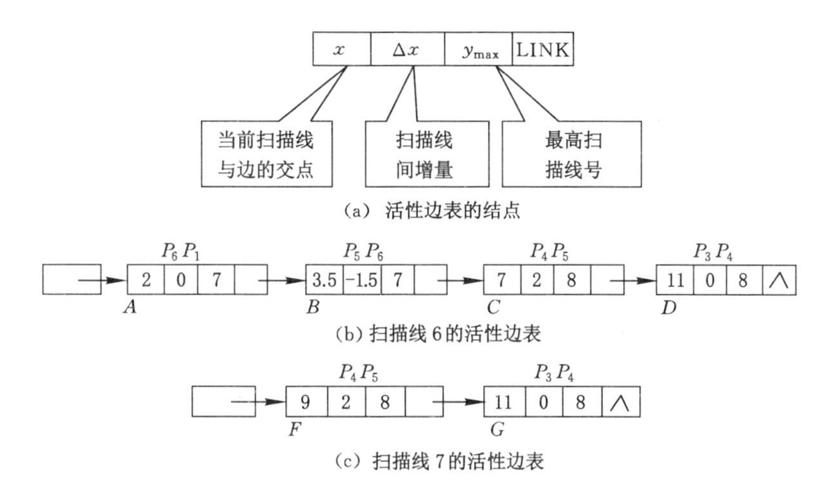

(a) 活性边表的结点

(b) 扫描线 6 的活性边表

(c) 扫描线 7 的活性边表

图 5-3　活性边表(AET)

该扫描线第一次出现的边，如图 5-4 所示。也就是说，若某边的较低端点为 y_{min}，则该边就放在扫描线 y_{min}的新边表中。

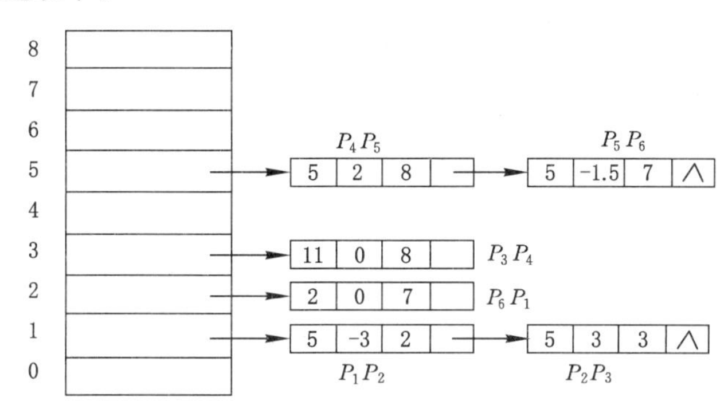

图 5-4　各条扫描线的新边表(NET)

算法过程：

```
void polyfill(polygon,color)
int color 多边形 polygon;
{for(各条扫描线 i)
{初始化新边表头指针 NET[i];
把=i 的边放进边表 NET[i];
}
y=最低扫描线号;
初始化活性边表 AET 为空;
for(各条扫描线 i)
{把新边表 NET[i]中的边结点用插入排序法插入 AET 表,使之按 x 坐标递增顺序排列;
遍历 AET 表,把配对交点区间(左闭右开)上的像素(x,y),用 setpixel(x,y,color)改写像素颜色值;
遍历 AET 表,把的结点从 AET 表中删除,并把结点的 x 位递增;
若允许多边形的边自相交,则用冒泡排序法对 AET 表重新排序;
  }
```

```
}/* polyfill* /
```

在填充过程中，还必须解决 2 个特殊的问题，一是扫描线与多边形顶点相交时，如何正确地取舍交点，如图 5-5 所示；二是多边形边界像素的取舍问题。前者保证交点的正确配对，后者用于避免填充的扩大化。

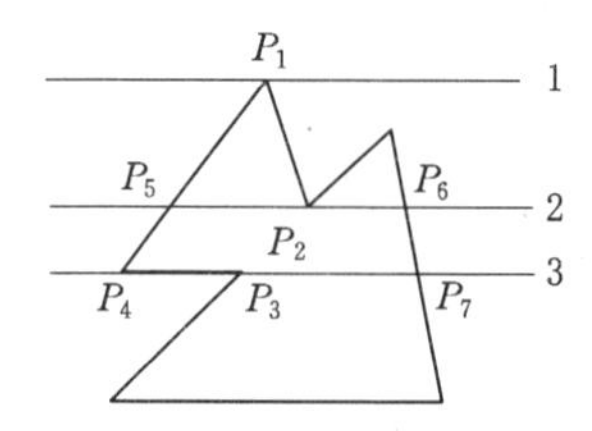

图 5-5　扫描线与多边形相交，特殊情况的处理

对于第一个问题，可以按下面的规则来取舍交点：

① 扫描线与多边形相交的边分别位于扫描线的两侧，则计一个交点，如点 P_5、P_6。

② 扫描线与多边形相交的边分别位于扫描线同侧，$y_i < y_{i-1}$，$y_i < y_{i+1}$，则计 2 个交点(填色)，如 P_2。若 $y_i > y_{i-1}$，$y_i > y_{i+1}$，则计 0 个交点(不填色)，如 P_1。

③ 扫描线与多边形边界重合(当要区分边界和边界内区域时需特殊处理)，则计 1 个交点，如 P_3P_4。

具体实现时，只需检查顶点的两条边的另外两个端点的 y 值。按这两个 y 值中大于交点 y 值的个数是 0、1、2 来决定。

在多边形填充时，还要注意边界像素取舍的问题。其实直线段、曲线段也存在边界像素取舍的问题，但仅仅限于起点与终点，各相差半个像素。如图 5-6 所示，直线段(1,3)、(5,3)长度为 4，但表示成像素长度为 5，忽略线宽，在长度上增加了一个像素单位。在多边形填充时，出于边界像素增多，如不考虑边界像素的合理取舍，多边形转换后的区域面积会扩大化，如下图的正方形左下角(1,1)、右上角(5,5)，若对边界所有像素填充的话，覆盖面积为 5×5 像素单位，而实际上为 4×4 单位，若实际单位与像素单位同尺度的话，面积误差是非常大的，并且在填充邻接多边形的共用边界时，会出现边界不确定的现象，如图 5-6 中斜纹像素所示。为了克服这个问题，规定落在右、上边界的像素不予填充，而落在左、下边界的像素予以填充，即按左闭右开、下闭上开的原则进行填充。具体实现时，只要对扫描线与边形相交的区间取左闭右开。同时，上面扫描线与多边形交点的取舍也保证了下闭上开。

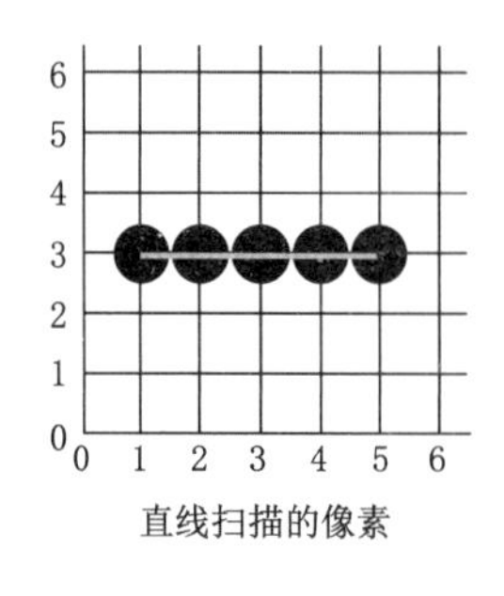

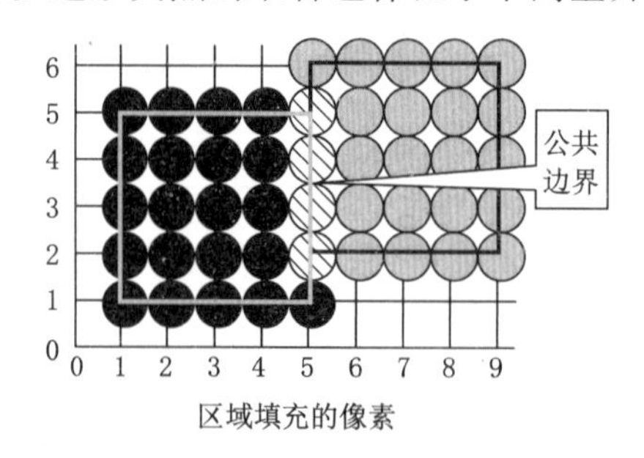

图 5-6　像素中心对准编址时的像素边界

对该问题的解决还有一种策略，就是采用“像素边界对准编址”，一般我们采用“像素中

心对准编址”来映射图形坐标到屏幕坐标，也就是按图形对象边界与像素区域的覆盖量来调整显示物体的尺寸，即对象与像素中心对准，这就产生了边界扩大半像素的问题。当我们采用对象映射到像素间的屏幕位置，也就是使对象边界与像素边界对准时，就能避免该类问题，如图 5-7 所示。由于两种对准编址方式只差半个网格，相互之间很容易实现转换，并且在图形显示上影响甚微，所以在算法设计上一般采取“像素中心对准编址”的方式。

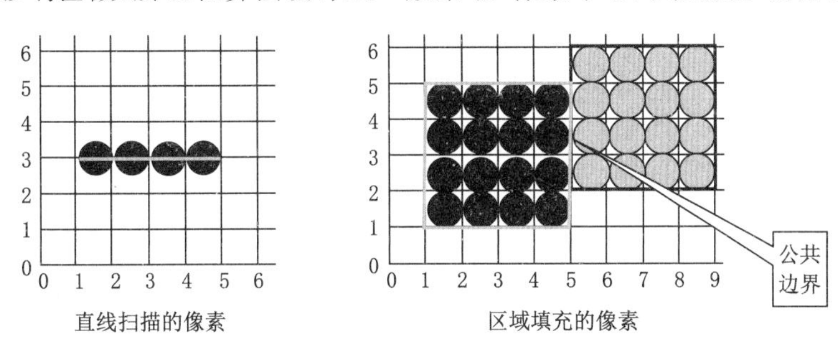

图 5-7　像素边界对准编址的像素边界

活性边表法是一种非常有效的算法，它使所显示的像素只访问一次，因而输入/输出的要求低；该算法从头或从足开始都可以正确计算；算法与设备无关，但须对表进行维持和排序操作，不适合硬件实现。边与扫描线的交点计算可用 Bresenham 法或 DDA 法，由于填充关系事先算出，因此对区间可使用明暗等填充算法得到渐变色。

5.2.2　边填充算法

下面我们介绍实区域扫描转换的另一种方法，即所谓边填充算法。这种方法可极大地压缩所建立的表的数目，算法可以按任意顺序处理多边形的边。在处理每一条边时，帧缓冲器被访问的是那些扫描线与该边交点相对应的像素。

（1）简单的边境充算法

基本思想：对于每条扫描线和每条多边形边的交点，将该扫描线上交点右方的所有像素取补。对多边形的每条边作此处理，与边的顺序无关。边境充算法描述如下：

对于每一条与多边形相交的扫描线，设其交点为(x_1, y_1)，将像素中点位于(x_1, y_1)右边的所有像素(x, y_1)取补，这里 $x+0.5>A$，实现过程如图 5-8 所示。为了方便起见，用了像素边界对准编址方式，若采用中心对准编址方式，填充时要注意边界像素的取舍，与扫描线填充算法一样，左闭右开，下闭上开。该算法适用于具有帧缓存的图形系统，处理后，按扫描线顺序读出帧缓存的内容，送入显示设备。该方法简单，但对于复杂的图形每一像素可能被访问多次，输入/输出工作量大。下面介绍一种改进的方法。

（2）栅栏边填充算法

栅栏：与扫描线垂直的直线，通常过多边形顶点，且将多边形分成两半，应尽量使两部分边数相等。在设置好栅栏的基础上进行边填充，算法描述如下：

对于每条与多边形边线相交的扫描线，将所有中心位于扫描线与边交点和扫描线栅栏交点之间的像素取补。再次用上图所示的多边形为例，给出栅栏边填充算法的如图 5-9 所示。

与简单边填充算法相比，栅栏填充除了方法简单外，还能减少被重复访问的像素，特别

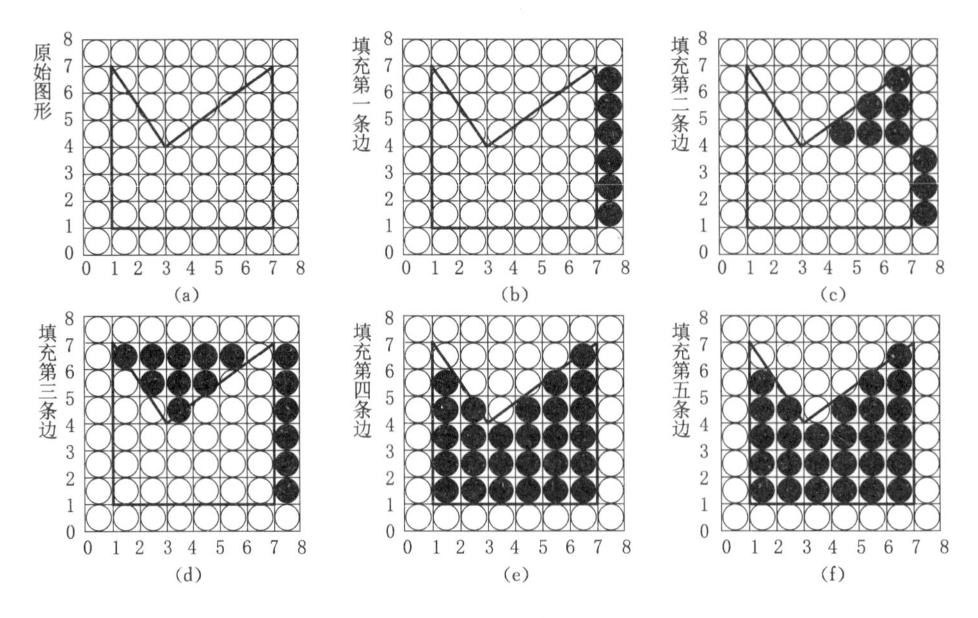

图 5-8 简单的边填充算法

是有多个填充对象时,效果显著。

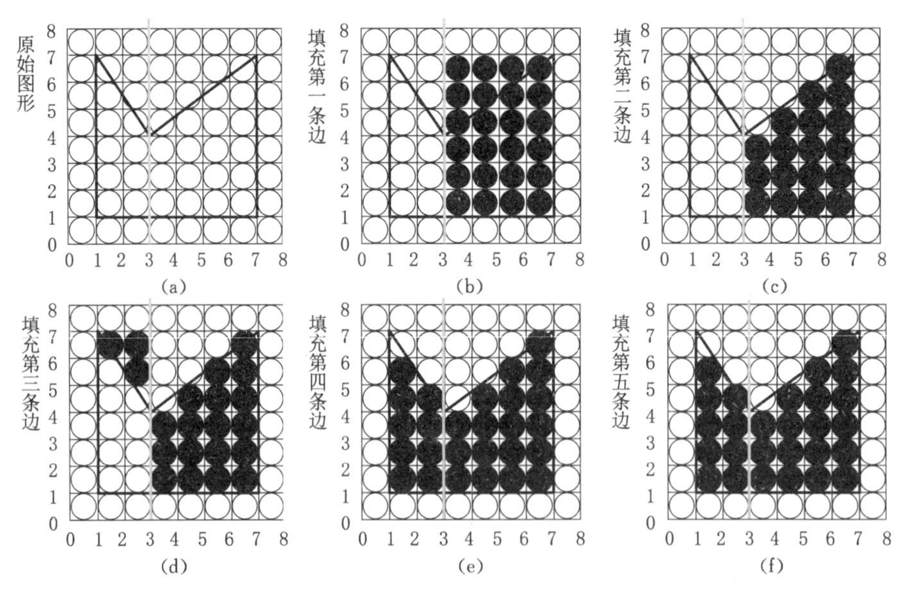

图 5-9 栅栏边填充方法

5.2.3 边界标志算法

边界标志算法的基本思想是:首先在帧缓冲器中对多边形的每条边进行直线扫描转换:亦即对多边形边界所经过的像素打上标志,然后再采用和扫描线算法类似的方法将位于多边形内的各个区段着上所需颜色。

对每条与多边形相交的扫描线依从左到右的顺序,逐个访问该扫描线上的像素。使用一个布尔量 inside 来指示当前点是否在多边形内的状态。inside 的初值为假,每当当前访问的像素被打上边标志的点，就把 inside 取反。对未打标志的像素，inside 不变。若访问当前像素时，inside 为真，说明该像素在多边形内，则把该像素置为填充颜色。

边界标志算法过程：

```
Void edgemark_fill(polydef,color)
多边形定义 polydef;int color;
(对多边形 polydef 每条边进行直线扫描转换;
inside=FAL5E,
for(每条与多边形 polydef 相交的扫描线 y)
for(扫描线上每个像素 x)
{if 像素 x 被打上边标志)inside=! (inside);
If(inside! = FAL5E)setpixel(x,y,color);
Else setpixel (x,y,background);
}
}
```

用软件实现时，扫描线算法与边界标志算法的执行速度几乎相同，但由于边界标志算法不必建立维护边表以及对它进行排序，所以边界标志算法更适合硬件实现，这时它的执行速度比有序边表算法快一至两个数量级。与边填充算法比，边标志算法不存在像素被访问多次的问题，但要时刻读取像素标志，也很耗时。

5.3　多边形的区域填充算法

多边形扫描转换是对多边形边界及内部的所有像素赋予设定的颜色，把顶点表示的多边形转换成区域表达的多边形，是矢量图形向点阵图形转换的途径。而区域填充是对区域的操作，填充过程是用新值去替换像素原来的值，对于内点表示的区域，可通过区域填充更改区域各像素的属性值。区域填充算法经常假定在区域内部至少有一个像素是已知的，一般称为“种子点”，然后从此出发，将该像素的属性扩展到整个区域。

5.3.1　区域的连通性

区域填充算法要求区域是连通的。因为只有在连通区域中，才可能将种子点的颜色扩展到区域内的其他点。区域可分为四向连通区域和八向连通区域。四向连通区域指的是从区域上一点出发，可通过 4 个方向，即上、下、左、右移动的组合，在不越出区域的前提下，到达区域内的任意像素；八连通区域指的是从区域内每一像素出发，可通过 8 个方向，即上、下、左、右、左上、右上、左下、右下这八个方向的移动组合来到达区域内的任意像素，见图 5-10。

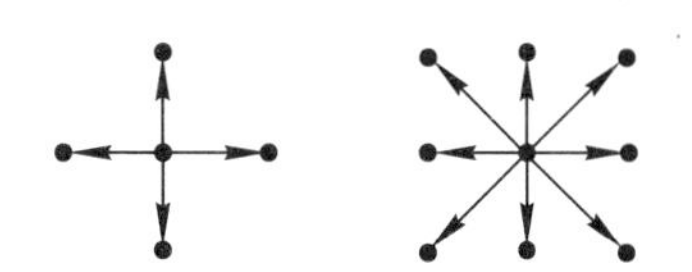

图 5-10　连通方向示意图

由定义可知：四连通区域也可以看做是八连通区域，但作为四连通区域和八连通区域的边界是不同的(四连通比八连通约束紧)，如图 5-11 所示。像素作为四连通区域，其边界的像素只要是八连通就可以了；像素作为八连通区域，其边界的像素必须是四连通区域，否则，就无法正确填充为八连通区域。一般规定四连通区域采用八连通边界，八连通区域采用四连通边界。换一个角度来看，采用八连通方式就能填充比采用四连通方式更复杂的图形，如图 5-11 所示。

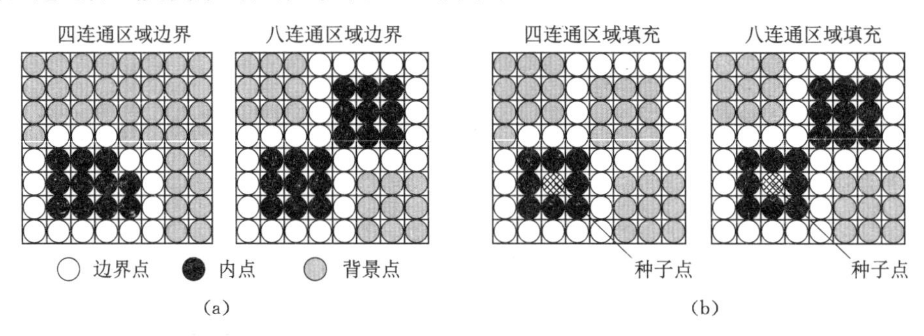

图 5-11　四连通区域和八连通区域

(a) 四连通区域和八连通区域的定义；(b) 四连通区域和八连通区域填充结果比较

5.3.2　区域内外测试

区域填充是从区域的一个内点(种子点)开始的，因此必须对区域内外点进行测试。用来试点在区域内部的方法主要有：

5.3.2.1　射线法

如图 5-12 所示，从被测点 P 处向 $y=-\infty$ 方向作射线，交点个数为奇数，则被测点在多边形内部；否则，在多边形外部。若射线正好经过多边形的顶点，则采用"左闭右开"的原则来实现。即：当射线与某条边的顶点相交时，若边在射线的左侧，交点有效，计数；点数若边在射线的右侧，交点无效，不计数，如图 5-13 所示。

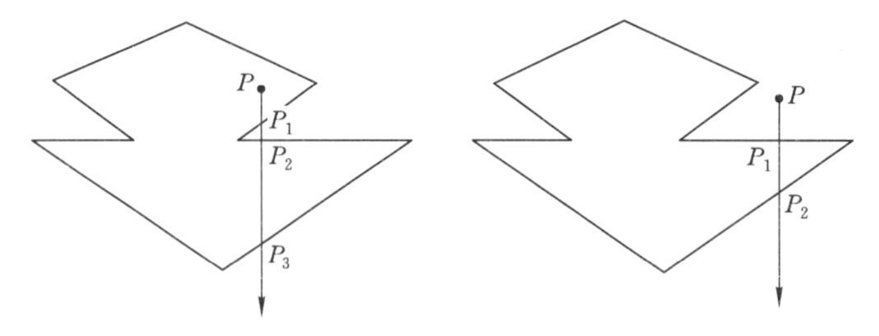

图 5-12　射线法交点计数

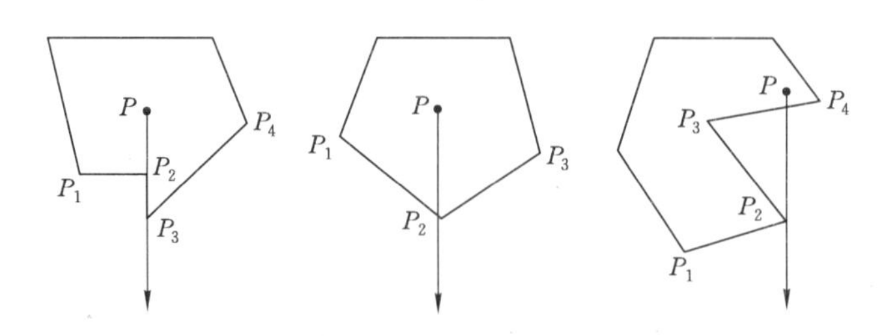

图 5-13　射线与顶点相交时的计数

该方法可以用来从 P 点发出的任意射线，判定方法与特殊交点的计数一样，只要有一条射线能判别点与多边形的关系即 P_J。

其实，在这里我们感兴趣的是交点的个数而不是交点的坐标。因此，在大多数情况下，我们可以通过检测射线与多边形边的包围盒来决定它们是否相交。如果射线穿过某一条边的包围盒，那么它们有交点，交点计数加1，这样可以大大地提高计算效率。下面是容易判断射线与多边形边是否相关的一些情况：

当被测点$P(x,y)$处向$y=-\infty$方向作射线。对边P_iP_{i+1}，按以下顺序检测：

- 若$(y<y_i)$且$(y<y_{i+1})$，点在边的下方，射线与边无交。
- 若$(x>x_i)$且$(x>x_{i+1})$，点在边的右侧，射线与边无交。
- 若$(x<=x_i)$且$(x<=x_{i+1})$，点在边的左侧，射线与边无交。
- 若$(y<=y_i)$ AND $(y<=y_{i+1})$ AND $(((x_i<x)$ AND $(x<=x_{i+1}))$ OR $((x_{i+1}<x)$ AND $(x<=x_i)))$，边在被测点P的下方且射线与边相交。

5.3.2.2　弧长法

弧长法要求多边形是有向多边形，即规定沿多边形的正向，边的左侧为多边形的内域。

以被测点为圆心作单位圆，将全部有向边向单位圆作径向投影，并计算其在单位圆上弧长的代数和，如图5-14所示。代数和为0，点在多边形外部；代数和2π在多边形内部；代数和为π，点在多边形边上。弧长法的最大优点就是算法的稳定性高，计算误差对最后的判断没有多大的影响，当弧长的代数和接近0或π时，我们就能够得出P是位于多边形外或多边形内的结论。如果多边形有孔，这个方法仍然适用。

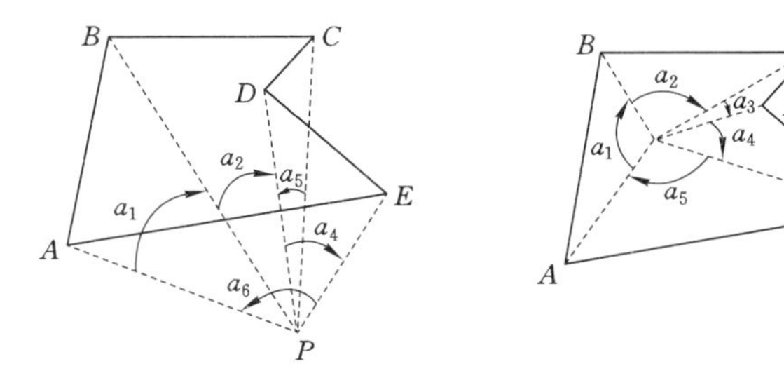

图5-14　弧长法测试点的包含性

真正计算边的弧长是很费时的。其实可以利用多边形的顶点符号及边所跨越的象限计算弧长代数和。这里给出一种以顶点符号为基础的弧长累加方法，这种方法简单、快速。如图5-15所示，将坐标原点移到被测点P，于是，新坐标系将平面划分为4个象限，各象限内的符号对分别为(＋,＋)、(－,＋)、(－,－)、(＋,－)。算法规定：若顶点的某个坐标为0，则其符号为＋。若顶点P_i的x,y坐标都为0，则说明这个顶点为被测点，我们在这之前予以排除。该方法的弧长变化计算见表5-1。

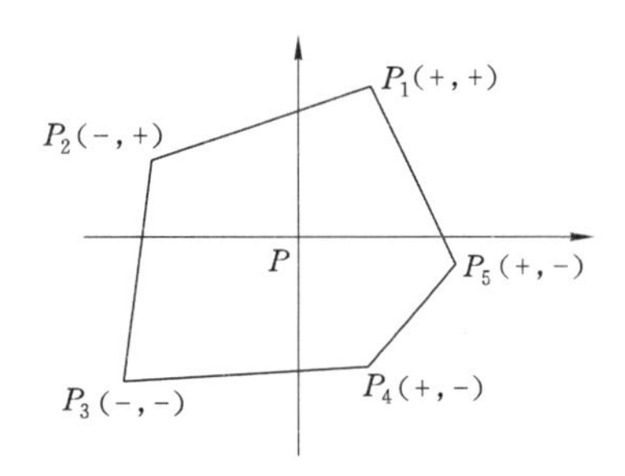

图5-15　弧长累加方法

可以看出，多边形顶点绕P连接时，逆时针跨越一象限，弧长增加；顺时针跨越一象限，弧长减少；跨越的依据为是否过坐标轴。值得注意的是，当边的终点在起点的相对象限时，弧长变化可能增加或减少。设(x_i,y_i)和(x_{i+1},y_{i+1})分别为边的起点和终点坐标。计算$f=y_{i+1}x_i-x_{i+1}y_i$，若$f=0$，则边穿过坐标原点。若$f>0$，则弧长代数和增加；若$f<0$，则弧长代数和减少。

表 5-1　　弧长变化计算表

(sing(x_i),sing(y_i))	(sing(x_{i+1}),sing(y_{i+1}))	弧长变化	象限变化
(+,+)	(+,+)	0	Ⅰ→Ⅰ
(+,+)	(−,+)	π/2	Ⅰ→Ⅱ
(+,+)	(−,−)	±π	Ⅰ→Ⅲ
(+,+)	(+,−)	−π/2	Ⅰ→Ⅳ
(−,+)	(+,+)	−π/2	Ⅱ→Ⅰ
(−,+)	(−,+)	0	Ⅱ→Ⅱ
(−,+)	(−,−)	π/2	Ⅱ→Ⅲ
(−,+)	(+,−)	±π	Ⅳ→Ⅱ
(−,−)	(+,+)	±π	Ⅳ→Ⅰ
(−,−)	(−,+)	−π/2	Ⅲ→Ⅱ
(−,−)	(−,−)	0	Ⅲ→Ⅲ
(−,−)	(+,−)	π/2	Ⅲ→Ⅳ
(+,−)	(+,+)	π/2	Ⅳ→Ⅰ
(+,−)	(−,+)	±π	Ⅳ→Ⅱ
(+,−)	(−,−)	−π/2	Ⅳ→Ⅲ
(+,−)	(+,−)	0	Ⅳ→Ⅳ

5.3.3 简单种子填充算法

以上讨论的多边形填充算法是按扫描线顺序进行的。种子填充算法假设在多边形内有一像素已知,由此出发利用连通性找到区域内的所有像素。该算法要求区域的边界是严格封闭的,否则将产生溢出。填充内点定义的区域也称为泛滥填充算法(flood fill algorithm)。填充边界定义的区域的算法称为边界线无算法(Boundary fill algorithm)。

设(x,y)为内点表示的四连通区域内的一点,oldcolor 为区域的原色,要将整个区域填充为新的颜色 newcolor。边界填充算法的思路为:如果给定种子点既不是区域边界又未填充过,就对其填充,然后沿着 4 个连通方向(上、下、左、右)依次递归调用该算法,实现过程如下:

```
Void boundaryfill4(int x,int y,int boundarycolor,int newcolor)
{int color;
color=getcolor(x,y)
if {color! =newcolor! = boundarycolor
setpixel(x.y.newcolor),
    BoundaryFill4(x.y+ 1, boundarycolor, newcolor);
    BoundaryFill4(x.y- 1, boundarycolor, newcolor);
    BoundaryFill4(x- 1.y, boundarycolor, newcolor);
Bound8TyFill4(x+ 1,y,boundarycolor ,newcolor);
}
}
```

分析可知，算法在递归调用时，对四个连通方间的搜索次序是任意的，根据个人习惯而定假如有些内部像素已经填充过，会造成该算法填充不完全，为了避免这种情况，可在填充前先改变那些初始颜色为填充颜色的内部像素的颜色。

该算法思路简单、程序简洁，但由于调用传递归丙数。系统开销大，许多像素被重复访问，效率不高。由计算机编译原理可知，递归函数都可以改写为顺序执行程序，为了消除递归调用的负面作用，下面把上面的递归算法改为循序执行的算法，前提是增加一个足够大的堆栈空间(stack)来存放未填充的种子点。算法如下：

```
Void boundary fill4(int x,int y,int boundarycolor,int newcolor)
{push(x,y)//种子点入栈
while(seedstack 非空)      //当种子点堆栈不变时执行
{
pop(x,y);     //弹出一个种子点
SetPixel(x,y)     //填充该种子点
//依次检索该种子点右、上、左、下方向 L 的像素，既不是边界又未填充过，则将其压入栈
color=getcolor(X+ 1,y);
if(color! =newcoIor&&color! = boundarycolor)
    {Push(x+ 1,y)}
color=getcolor(x,y+ 1);
if(color! =newcoIor&&color! = boundarycolor)
    {Push(x,y+ 1)
color=getcolor(x- 1,y);
if(color! =newcoIor&&color! = boundarycolor)
   {Push(x- 1,y)
color=getcolor(x,y- 1);
if(color! =newcoIor&&color! = boundarycolor)
  {Push(x.y- 1)}
}
}
```

循序执行的算法虽然比反复调用有所改进，但同样存在系统开销大、像素被多次重复访问、效率不高的问题。

在种子填充算法中，不仅要填充边界表示的区域，也要填充内点表示的区域，与边界填充不同的地方在于，内点填充的依据不是判断是否是边界像素未填充，它只要判断是否是区域像素并对其填充新颜色即可。下面是内点种子填充的算法：

内点表示的四连通区域的递归填充算法：

```
Void floodfill4(int x,int y,int oldcolor,int newcolor)
{if (getpixel(x,y)== oldcolor)
{setpixel(x,y.newcolor),
   floodfill4 (x,y+ 1, oldcolor, newcolor);
     floodfill4 (x,y- 1, oldcolor, newcolor);
     floodfill4 (x- 1,y, oldcolor, newcolor);
floodfill4(x+ 1,y,oldcolor,newcolor);
```

```
    }
}
```

同理,内点种子填充的递归算法也可以改为顺序执行。对于内点表示和边界表示的八连通区域的填充,只要将上述相应代码中递归填充相邻的4个像素增加到递归填充相邻的8个像素即可。简单种子填充算法也适用于带内孔的多边形区域。

5.3.4 扫描线种子填充算法

种子填充的算法原理和程序都很简单,但由于多次递归费时、费内存,效率不高。为了减少递归次数,提高效率,可以采用扫描线算法。算法的基本过程如下:当约定种子点(x,y)时,首先填充种子点所在扫描线L的位于给定区域的一个区段,然后确定与这一区段相连通的上、下两条扫描线上的位于给定区域内的区段,并依次保存下来。反复这个过程,直到填充结束。这个算法同样有递归调用和顺序执行2种实现过程,下面给出顺序执行的算法步骤:

① 初始化:堆栈置空。将种子点(x,y)入栈。

② 出栈:若栈空则结束。否则取栈顶元素(x,y),以y作为当前扫描线。

③ 填充并确定种子点所在区段:从种子点(x,y)出发,沿当前扫描线向左、右两个方向填充,直到边界。分别标记区段的左、右端点坐标x_l和x_r。

④ 确定新的种子点:在区间$[x_l,x_r]$中检查与当前扫描线y上、下相邻的两条扫描线上的像素。若存在非边界、未填充的像素,则把每一区间的最右像素作为种子点压入堆栈,返回第2步。

区域填充的扫描线种子填充算法:

```
Typedef sruct4{//记录种子点
Int x;
Int y;
}seed;
Void ScanlineFlll4(int x,int y,COLORREF oldcolor, COLORREF newcolor)
(int xI,x r,i;
booI SpanneedFlll;
Seed Pt;
setstackempty();
pt.x  =x;pt.y=y;
stackpush(pt);//将前面生成的区段压入堆栈
while(! isstackempty())
{  pt=stsckpop();
    y=pt.y ;
    X=pt.x;
    while(getpixel(x,y)==oldcolor)//向右填充
    {Setpixel(x,y,newcolor);
    X++ ;
}
xr =  x- 1;
x =  pt.x- 1;
while(getpixel(x,y)= = oldcolor) //向左填充
```

```
{Setpixel(x,y,newcolor);
x- - ;
}
xl =  x+ 1;
//处理上面一条扫描线
x = xl;
y =  y+ 1;
while(x< = xr)
{spanNeedFill= FALSE;
    while(getpixel(x,y)= = oldcolor)
    { spanNeedFill= TRUE;
    x+ + ;
     }
    if(spanNeedFill)
    { pt.x= x- 1;pt.y= y;
    stackpush(pt);
    spanNeedFill= FALSE;
     }
    while(getpixel(x,y)! = oldcolor && x< = xr) x+ + ;
}//End of while(i< xr)
//处理下面一条扫描线,代码与处理上面一条扫描线类似
x = xl;
y =  y- 2;
while(x< = xr)
{ ....
}//End ofwhile(i< = xr)
}//End ofwhile(! isstackempty())
}
```

上述算法对于每一个待填充区段,只需压栈一次;而在简单种子填充算法中,每个像素都需要压栈。因此,扫描线填充算法提高了区域填充的效率。该算法适合于边界表示的区域,对区域要求不高,可以是凸的、凹的,也可以是包含多个内孔的。

5.3.5　基于曲线积分的区域填充算法

基于曲线积分的区域填充算法是邓国强和孙景鳌(2001)提出的一种以格林公式求区域面积为基本原理进行区域填充的特殊算法。该算法具有速度快、对图形的适应性强、填充结果重复性好等优点;它从根本上克服了多形填充法对区域形状有一定限制。种子填充法要求知道区域内一点(填充法)以及对区域内像素点进行重复判断等弊端;而且该算法适应于任何一种可以准确描绘出边界曲线的区域填充处理。因此,这是一种比较适用的区域填充算法。其基本思想是:

第一步,根据图像处理技术中有关区域及区域边界像素点的精确定义,构造区域边界像素点序列;

第二步,把二维平面集合中的求区域面积的格林公式推广到离散平面中,在二维离散平

面中求取区域面积；

第三步，区域填充算法的具体实现过程。

根据上述思想，区域填充是在利用曲线积分计算区域面积的过程中完成的，根据格林公式给出的区域面积算法规则，计算区域的面积之前要先求出边界像素点序列。所以该算法的区域填充处理分两个主要内容：

① 对一个区域进行轮廓跟踪，求出区域的边界像素点序列；

② 利用面积计算公式识别区域像素点的内点。

因而基于曲线积分的区域填充算法的核心问题是：怎样利用边界像素点序列根据面积计算公式识别出区域的内点。

由于在数学上，对区域以及区域的边界有明确定义的，因此基于曲线积分的区域填充算法的关键是根据面积计算公式识别出区域的内点。在离散的二维平面中，区域的面积实际上就是连通像素点集 D 中元素的个数，所以，要计算出区域的面积就要先从图像中识别出像素集 D 的所有内点，然后再统计它的数量。如图 5-16 所示，设在连续的二维平面中有一区域 D，其边界封锁曲线为 L，由曲线积分的格林公式可得到 D 的面积：

$$S = \iint_D \mathrm{d}x\mathrm{d}y = \frac{1}{2}\oint_L x\,\mathrm{d}y - y\mathrm{d}x$$

由于 x，y 的对称性，该公式可进一步推导为

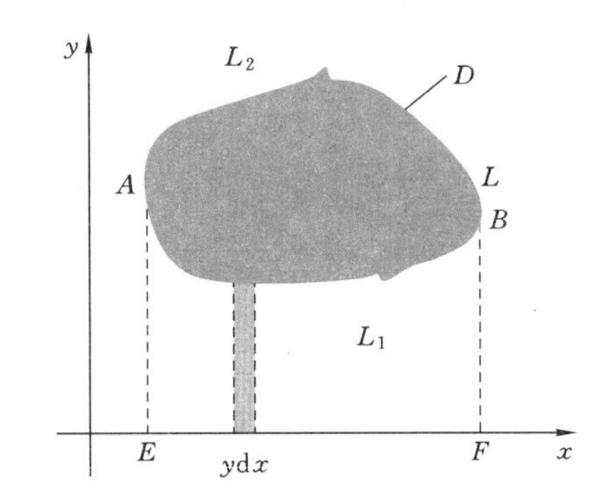

图 5-16　格林公式求面积(邓国强等，2001)

$$S = \oint_L x\,\mathrm{d}y \text{ 或 } S = \oint_L y\,\mathrm{d}x \tag{5-2}$$

如果以 x 作为积分自变量，式(5-2)的几何意义则可以这样来描述：设 A，B 为区域 D 在 x 轴方向左右两个端点，以这两个端点为分界点将环绕区域 D 的边界曲线 L 分为上下两条曲线 L_1、L_2。设下曲线 L_1 的方程为 $y=y_1(x)$，而上曲线 L_2 的方程为 $y=y_2(x)$。这两条曲线与 x 轴以及虚线 AE 与 BF 所围面积分别为 S_1 和 S_2。由于积分方向相反，S_1 和 S_2 符号相异，所以它们的代数和就是区域 S 的面积，可以表示为：

$$S = S_1 + S_2 = \int_a^b y_1(x)\mathrm{d}x + \int_b^a y_2(x)\mathrm{d}x \tag{5-3}$$

依据在离散几何中对区域以及区域的边界的精确定义，利用轮廓跟踪处理方法得到的区域边界离散像素点序列 $L=\{Ak: k=1,2,3\cdots,n\}$，以此来表示区域的边界曲线，且 $A_k=(x_k, y_k)$，则在离散平面中区域 D 的面积表达式可以表示为：

$$S=\sum_{i=2}^{n}y_i(x_i-x_{i-1})=\sum_{i=2}^{n}y_i\mathrm{d}x \tag{5-4}$$

式中，$|x_i-x_{i-1}|=1$；$|y_i-y_{i-1}|=1$；$\mathrm{d}x_i=\begin{cases}1,x_i>x_{i-1}\\-1,x_i>x_{i-1}\\0,x_i=x_{i-1}\end{cases}$。

据此，根据格林公式获取区域内点的同时，利用轮廓跟踪处理方法得到一个描述区域 i 边界曲线的像素点序列 $L=\{x_k,y_k=1,2,3,\cdots,n\}$。设图像在 x，y 方向的宽度分别为 w_x，w_y，单位为像素，则整幅图像就可以用一个二维矩阵表示为 $M[j,i]$（$i=0,1,2,3,\cdots,w_x$；$j=0,1,2,3,\cdots,w_y$）。这里的 j 为矩阵的行，对应于图像的纵坐标 y；i 为矩阵的列，对应于图像的横坐标 x；矩阵 j 行 i 列处元素的值则代表了坐标为(x,y)处像素点的灰度值。未来标记处图像中某一个像素点是否是区域的内点，定义一个与 M 大小完全相等的整型矩阵 $S[i,j]$（$i=0,1,2,3,\cdots,w_x$；$j=0,1,2,3,\cdots,w_y$），为了方便可把它叫做标识矩阵。在矩阵 S 中标出 M 中所有像素点的特性。即如果二维离散平面(i,j)处的像素点是区域的内点，则令 S 中的元素 $S[j,i]=1$，否则令 $S[j,i]=0$。最后只要通过检查矩阵 $S[j,i]$中元素值的状态就可以知道图像中哪些是内点，哪些是外点，这样就完成了对图像中区域填充操作。

5.3.6　图案填充

图案填充是用一个图案模式来填充一个给定的区域，它是针对光栅扫描系统的一种填充方式。如图 5-17 所示，图案填充的两个主要过程是：

① 定义图案：一个图案模式 P 通常定义为较小的 $N\times N$ 的像素阵列。P_{ij}（$i=0,1,\cdots,n-1$；$j=0,1,\cdots,n-1$）代表在模式(i,j)处的颜色/亮度值。

② 填充区域：在扫描线转换填充算法中，增加一个相应的控制机构，使之实际填充像素的颜色/亮度值从图案模式中提取出来即可。图案参照点的选择一般有如下两种方案：

a. 相对定位：参照点选择在被填充区域的包围长方形的左下角$(x_{\min},y_{\min})$，参照点与模式 P 的左下角元素$(n-1,0)$相对应的(x,y)。

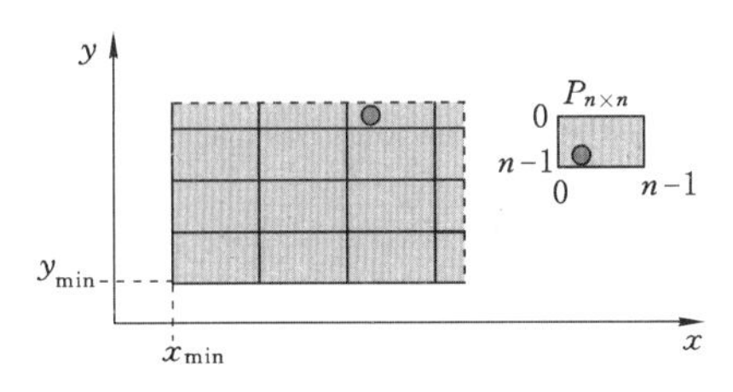

图 5-17　填充图案的区域与模式示意图

则填充区域内的点(x,y)的像素值可从模式(i,j)处取得：$i=(x-x_{\min})\bmod n$；$j=(n-1)-[(y-y_{\min})\bmod n]$。这种方式，对于几何性较强的图案，即使填充区域移动，填充图案的视觉效果保持不变。

b. 绝对定位：参照点选择在屏幕坐标原点。屏幕坐标原点$(0,0)$与模式 P 的左下角元素$(n-1,0)$相对应，则填充区域内的点(x,y)的像素值可从模式(i,j)处取得：$i=x\bmod n$；$j=(n-1)-(y\bmod n)$。

这种方式，对于几何性较强的图案，填充区域移动，视觉效果可能是有差异的；但是如果图案的几何方向性不是很强的话，对视觉效果影响不大。这种方式的好处在于提高了计算的效益，而且用相同图案模式填充相邻或重叠区域时不会有接缝出现。

图案填充时，有 4 种填充方法：

① 均匀着色方法：将图元内部像素置成同一颜色；

② 位图不透明：若像素对应的位图单元为 1，则以前景色显示该像素；若为 0，则以背景色显示该像素；

③ 位图透明：若像素对应的位图单元为 1，则以前景色显示该像素；若为 0，则不做任何处理；

④ 像素图填充：以像素对应的像素图单元的颜色值显示该像素。

还有一种情况是矢量图形符号的填充，这时不仅要计算符号排列的位置，还要求出符号与区域边界的关系，对于超出边界的部分要进行裁剪，具体算法可参考多边形晕线填充、裁剪算法。

5.4 扫描转换与区域填充的比较

多边形扫描转换和区域填充是光栅图形中两类典型的面着色问题。两类问题在一定条件下可以相互转换：当已知顶点表示的多边形内一点作为种子点，并用扫描转换直线段的算法将多边形的边界表示成连通区域后，多边形扫描转换问题便可转化为区域填充问题。反过来，若已知给定区域是多边形区域，并且通过一定的方法求出它的顶点坐标，则区域填充问题便可转化为多边形扫描转换问题。然而，扫描转换填充和区域填充本质上是两种不同的填充图元生成方法，它们之间的不同主要表现在以下几个方面：

① 基本思想不同：多边形扫描转换是指将多边形的顶点表示转化为点阵表示，区域填充只改变了区域的填充颜色，没有改变区域的表示方法。

② 对边界的要求不同：多边形扫描转换的扫描算法只要求一条扫描线与多边形边界的交点个数为偶数，多边形的边界可以不封闭；在区域填充算法中，为了防止递归填充时跨越区域的边界，要求四连通区域的边界是封闭的八连通区域，八连通区域的边界为封闭的四连通区域。

③ 基于的条件不同：在区域填充算法中，要求给定区域内一点作为种子点。然后从这点根据连通性将新的颜色散到整个区域；扫描转换多边形是从多边形的边界顶点信息出发，利用多种形式的连贯性进行填充的。

5.5 距离变换图算法

距离变换图算法是一种针对栅格图像的特殊变换，把二值图像变换为灰度图像，其中每个像素的灰度值等于它到栅格地图上相邻物体的最近距离。距离变换图算法的基本思想就是把离散分布的空间中的目标根据一定的距离定义方式生成距离图，其中每一点的距离值是到所有空间目标距离中最小的一个。对于距离的量度是通过四方向距离（又称“城市块距离”或“出租车距离”）的运算来实现的，即只允许沿四个主方向而不允许沿对角线方向进行跨栅格的最小路段的计数。因此，每个路段为一个像元边长。

目前，在不同专业领域的应用中，距离变换图算法的实现各有差异，本节主要介绍计算机地图制图中常用的基于欧几里得距离公式和基于栅格图像间运算来实现距离变换图的两种算法。

5.5.1　基于“欧几里得距离”公式的距离变换图算法

在矢量空间中，距离就意味着“欧几里得距离”，两点之间的距离可直接用标准公式来计算，但在栅格空间中，实现距离变换图算法要解决的核心问题就是怎样定义栅格空间中两点之间的距离。在栅格图像中，单位是像素，坐标值都是整数，因此两点之间的“欧几里得距离”公式可表示为：$D(P_1, P_2) = f(i, j, m, n)$，式中，点 $p_1(i, j)$ 和 $p_2(m, n)$ 的坐标值 i、j、m、n 都是整数。但是在计算中，得到的结果往往会出现小数值，对此一般都采用邻近像元的局部距离来近似欧几里得距离。在栅格图像中，每一个像元都有 8 个邻元，如图 5-18 所示。一般情况下，东南西北 4 个方向上的邻接像元称作 8 邻元，如图 5-18(b)所示。为了避免对角线引起的误差，通常指采用 3 邻元来量算栅格间的距离。

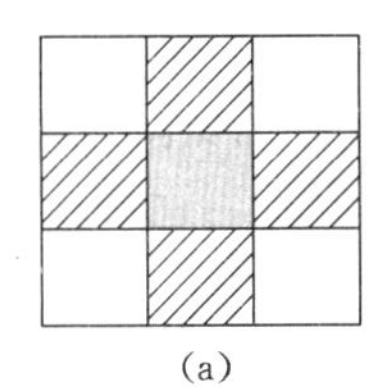
(a)

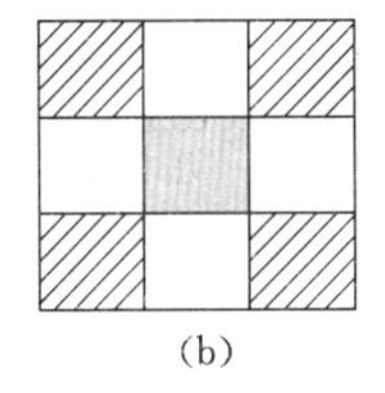
(b)

图 5-18　邻元定义

为了计算方便，经常采用的模板由 3×3、5×5 或 7×7 组成，如图 5-19 所示。只要图中 a、b、c 的取值满足 $1<b/a<2$、$1<c/b<2$，那么它就是欧几里得距离的一个在栅格空间中的整数近似值(李成名等，2001)。但这种近似值具有不确定性，还需进行误差分析。经误差分析，可看出误差存在一定的规律，即无论 a、b、c、d、e 的取值如何变换，最大距离偏差总是与最大偏差(某一固定距离下，任意方向上整数近似距离与欧几里得距离的差)成正比，且采用 7×7模板要比采用 3×3 模板的计算精度高。

b	a	b
a	0	a
b	a	b

	c		c	
c	b	a	b	c
	a	0	a	
c	b	a	b	c
	c		c	

	e	d		d	e	
c		e		c		e
d	c	b	a	b	c	d
		a	0	a		
d	c	b	a	b	c	d
c		e		c		e
	e	d		d	e	

图 5-19　常用局部模板

综上所述，基于“欧几里得距离”公式实现距离变换图算法时，应根据精度需求和实际情况选择合适的模板，采用 4 邻元来量算栅格图像间的距离。由于算法本身的缺陷，误差是不可避免的，为了提高计算精度，该算法还有待改进。

5.5.2　基于栅格图像间的运算获取距离变换图的算法

基于栅格图像间的运算获取距离变换图的算法的基本方法是：反复对原图进行“减细”和将减细结果与中间结果作算数“叠加”两种基本运算。其终止条件是：“若对原图再减细，则将成为全零矩阵”(徐庆荣，1993)。例如，利用图 5-20(a)中的原始二值图像影像图，经反复减细和叠加运算，最终获得如图 5-21 所示的距离变换图。

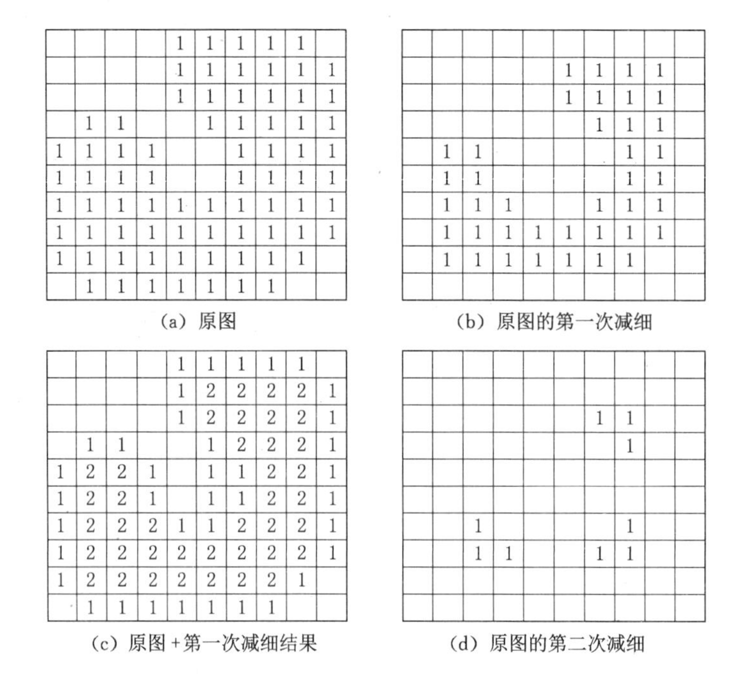

				1	1	1	1	1	
				1	1	1	1	1	1
				1	1	1	1	1	1
	1	1			1	1	1	1	1
1	1	1	1			1	1	1	1
1	1	1	1			1	1	1	1
1	1	1	1	1	1	1	1	1	1
1	1	1	1	1	1	1	1	1	1
1	1	1	1	1	1	1	1	1	
	1	1	1	1	1	1	1		

(a) 原图

					1	1	1	1	
					1	1	1	1	
						1	1	1	
	1	1					1	1	
	1	1					1	1	
	1	1	1			1	1	1	
	1	1	1	1	1	1	1	1	
	1	1	1	1	1	1	1		

(b) 原图的第一次减细

				1	1	1	1	1	
				1	2	2	2	2	1
				1	2	2	2	2	1
	1	1			1	2	2	2	1
1	2	2	1		1	1	2	2	1
1	2	2	1		1	1	2	2	1
1	2	2	2	1	1	2	2	2	1
1	2	2	2	2	2	2	2	2	1
1	2	2	2	2	2	2	2	1	
	1	1	1	1	1	1	1		

(c) 原图+第一次减细结果

						1	1		
							1		
		1					1		
		1	1			1	1		

(d) 原图的第二次减细

图 5-20　距离变换图形成过程

				1	1	1	1	1	
				1	2	2	2	2	1
				1	2	3	3	2	1
	1	1			1	2	3	2	1
1	2	2	1			1	2	2	1
1	2	2	1			1	2	2	1
1	2	3	2	1	1	2	3	2	1
1	2	3	3	2	2	3	3	2	1
1	2	2	2	2	2	2	2	1	
	1	1	1	1	1	1	1		

原图+减细结果（第一次+第二次）

图 5-21　距离变换图

通过对上述两种距离变换算法的研究可知，距离变换的精度随栅格尺寸大小的限制，栅格尺寸越小，计算的结果精度越高。

5.6　骨架图算法

骨架图就是从距离变换图中提出具有相对最大灰度值的那些像元所组成的图像。骨架图算法是一种简洁、直观的目标表示方法，它综合利用了目标的外部轮廓和内部区域信息，在描述目标形状方面具有传统表示方法不可比拟的优势，且骨架图“山脊线”的连接关系保留了空间拓扑结构的完整，从而极大地扩展了骨架图算法的应用领域。目前，在不同的领域中，骨架图算法有着广泛的应用，如在制图综合中双线河流的简化、面状地物注记的自动配置和栅格数据的压缩等。

骨架图算法实现的途径主要有两条，其一是基于灰度图像的骨架图算法，其二是直接从灰度图像提取目标骨架的算法。其中，基于灰度图像的骨架图算法主要有三类：

① 从距离变换中提取骨架，即通过计算灰度图像的距离变换，从距离变换图中检测并连接骨架点得到目标的骨架，其缺点是难以设计恰当的邻域条件，需要较多的后处理。

② 采用边界模型提取骨架，其采用离散边界模型在逼近真实形状的同时提取骨架，可得到在噪声环境下稳健的骨架。但是，运用该方法时因构造离散边界模型比较困难，提取出的骨架有时可能是不连通的。

③ 基于区域标记的方法。其典型代表是 Liu 等(2000)提出的基于 Arcelli 的"非脊点下降"算子的骨架提取算法。该算法通过并行地对图像中的所有非脊点进行下降，将图像分别标记为骨架点和背景点，可以获得单像素宽的、与原始图像同价的骨架。但该算法有时不能提取一些规则目标的完整骨架，而且算法对边界噪声比较敏感(陈晓飞等，2003)。

由于基于灰度图像的骨架图算法存在一定的缺陷，因此越来越多的学者把注意力转向直接从灰度图像中提取目标骨架的算法研究。

5.6.1 基于距离变换的骨架图生成算法

利用距离变换来获取目标骨架的算法是基于灰度图像骨架图算法中广为使用的一种。该骨架图就是从距离变换图中提取出具有相对最大灰度值的那些像元所组成的图像。

以图 5-21 为例，算法的实现过程就是将图 5-22(a)经两次减细操作，获取图像的主骨架，从而生成如图 5-22(a)所示的骨架图。若将该骨架图中比起灰度值小 1 的像元予以加粗，就得到图 5-22(b)。可以看出，其结果几乎等同于原始图像。因此可以认为，这种骨架图就是原始图像的简记，没有破坏其拓扑结构的完整性。

基于距离变换的骨架图算法具有算法简单、直接的优点，但由于难于合理地确定其邻域条件，且易受成像、噪声等的影响，因此使用范围受到了一定的影响。

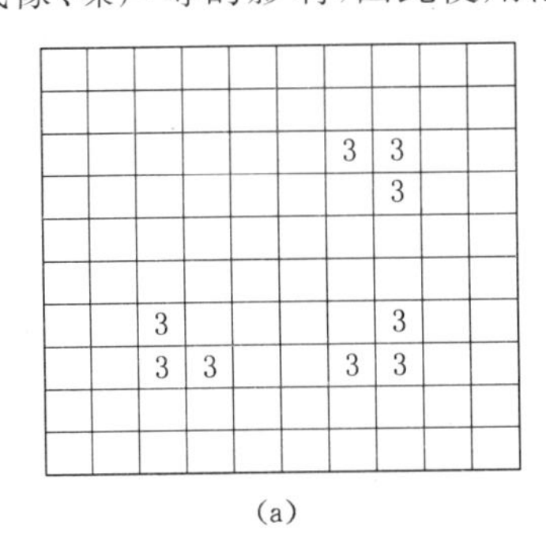

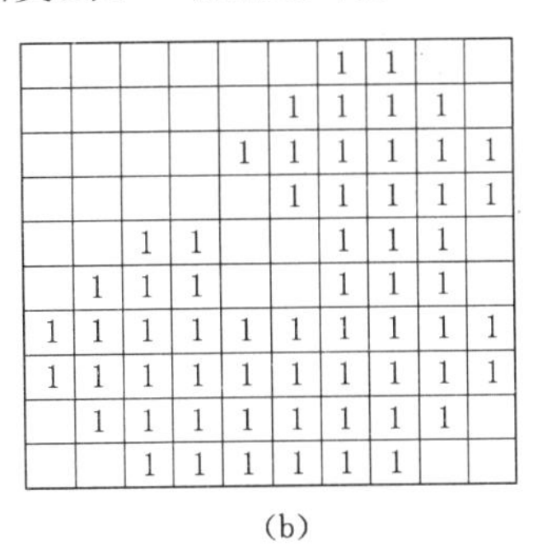

图 5-22 骨架图形成过程

(a) 骨架；(b) 骨架图的两次加粗结果

5.6.2 基于非脊点下降算子的多尺度骨架图算法

基于对传统骨架图算法的研究，陈晓飞和王润生(2003)认为性能良好的骨架图算法应满足下面的基本条件：保持原始形状的拓扑属性不变；对目标边界噪声不敏感；能够提取出发生在多尺度上的骨架；骨架具有单像素宽度。

基于以上考虑，在 Liu 等(2000)等提出的算法的基础上，他们提出来基于非脊点下降算子的多尺度骨架化算法。该算法用于二值图像和灰度图像可以满意地检测到人视觉感知相一致的目标骨架，其特点是：

① 对 Arcelli(1999)的脊点概念进行补充，可以提取所有规则目标和不规则目标完整的骨架；

② 组合利用目标的轮廓和区域信息，克服了边界噪声对提取过程的影响；

③ 采用了逐层扩展背景的方法，最终能够稳健地提取出目标的多尺度骨架。

基于非脊点下降算子的多尺度骨架化算法的实现要依据非脊点下降算子定理。设 $I=\{I(p),PG\}$ 为定义在 8 连通的正方形有限网格 G 上的灰度图像，G 中的任意像素 p 取值与递增序列 $\{Ik\}Nk=0$(其中 $Ik<Ik+1$)，分别以 $Ik(k=1,2,\cdots,N)$ 为门限二值化灰度图像 I，可得到一个二值图像列 $\{Ok\}Nk-1$。非脊点下降算子定理为：设 p 不是脊点，M 为它的灰度小的直接邻元中的最小灰度值，将 p 的灰度下限到 M 将会保持 G 的拓扑性质不变，即非脊点下降算子不改变图像的拓扑性质。

基于非脊点下降算子的多尺度骨架化算法的主要思想是：当逐层地将图像中的非脊点 p 的灰度下降到 M 时，这些非脊点最终将变为某个底的像素，从而使该底的范围逐渐扩大，直到图像中的所有像素都处理完毕为止，此时仅有表征图像骨架信息的脊点被保存下来。

基于非脊点下降算子的多尺度骨架化算法主要包括 3 个处理阶段：目标的多尺度滤波、非脊点下降算子和局部底标记。该算法处理流程如图 5-23 所示。

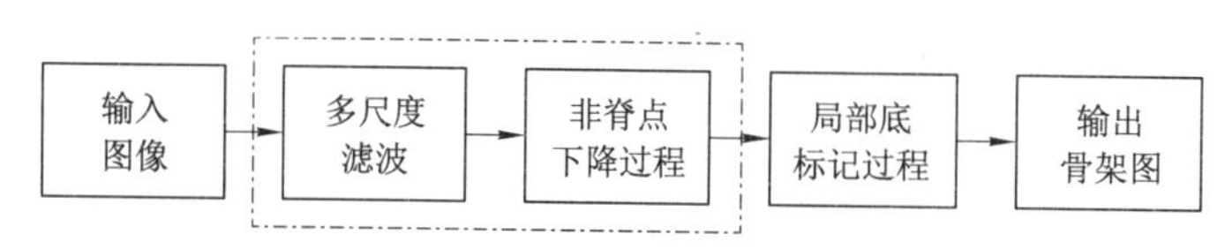

图 5-23　骨架化算法的流程

其中，多尺度滤波过程是为了解决常用骨架化算法对下边界上局部的噪声敏感而对其上的全局凸结构不敏感的问题。解决的有效途径是用低通滤波器对曲线进行平滑，并通过改变滤波器的带宽，获得曲线在不同尺度下的表示。

非脊点下降过程综合考虑轮廓和区域的特性，首先用多尺度的高斯函数逐层对目标的轮廓进行滤波，并对其上的点作出判断；其次，针对不同性质的点采取不同的处理策略，迭代直至所有像素处理完毕；最后，当下降过程结束时，结果图像由图像的全骨架和以这些全骨架为边界的底构成。

局部底标记过程是为了消除上述结果图像中的局部底，从而仅获得目标的全骨架。标记过程为：

① 首先将结果图像减去其最小的灰度值，对于结果图像中的每个非 0 的像素，将其添加到队列中；

② 当队列不空时，对于其中的每个像素，依据灰度相同的规则将其 4 邻元添加到队列中，若某 4 邻元不是必要点，则整个队列中的元素不能构成一个底；

③ 若队列中所有像素均为必要点，则该队列代表一个局部底，需要将其标记为局部底。

综上所述，经研究表明，非脊点下降算子的多尺度骨架化算法可得到目标连通的、单像素宽的与原始图像拓扑一致的骨架。骨架对噪声的稳健性高，而且能够充分体现边界上的全局凸结构。同时，算法的结果对于图像灰度的严格单调变换具有不变的性质。因此这是一种比较适用的骨架图算法。

5.6.3　距离变换图和骨架图的应用

距离变换图和骨架图在许多领域有着广泛的应用。下面分别作简单介绍。

距离变换图常用于地图制作、地理空间的各种量度(如面积、密度、坡度、坡向等)及空间分析(如缓冲区分析、Voronoi 分析、DEM 分析等)方面。

例如在地图制图和地图综合中，当我们需要考虑相邻地图物体间的距离时，可以利用距离变换图算法解决相邻的物体是否由于间距较小而应当合并及什么地方还有可以配置符号的自由空间等问题。

另外，利用距离变换可以较容易地进行梯森多边形的计算，如图 5-24 所示。其中，各梯森多边形的边是通过把地图图面要素作为前景进行距离变换而算出来的。在此图中，以发生点作为中心点，采用八方向栅格扩张运算，两个邻近发生点扩张运算的交线为梯森多边形的邻接边，三个邻近发生点扩张运算的交点为梯森多边形的顶点(郭仁忠，2001)。

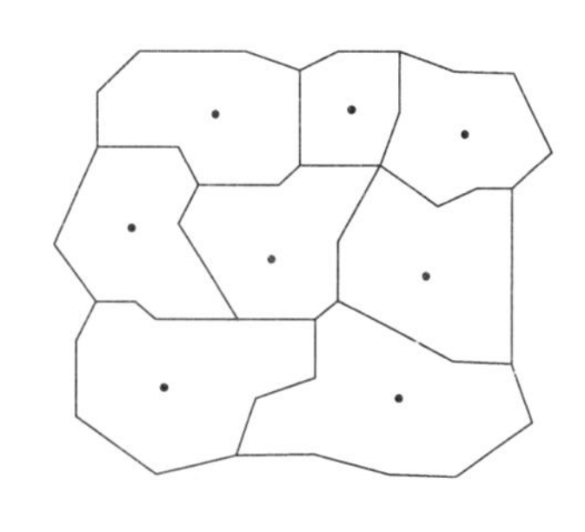

图 5-24　用距离变换法得到梯森多边形

骨架图算法是基于骨架的目标表示和识别系统的核心内容，在地图制图、光学字符识别、医学图像识别等领域有着广泛的应用。

此外，可以利用距离变换图和骨架图生成坡度图。此时没输入的数据必须是带有相等高程间隔的栅格图像，其中没一点所处地形的坡度可直接通过那一点附近相邻两根等高线间的距离来表示。实现的步骤如下：

第一步，将阳像等高线与栅格数据反转成阴像数据；

第二步，进行距离变换，从而得到距离变换图；

第三步，根据骨架灰度值及等高线走向分段；

最后，在各段内用骨架灰度值填充，直到碰到等高线和分段分界线为止。

此时，灰度值愈小的地方，表示周围相邻的等高线愈密，坡度就愈大；反之亦然。但需注意，上述方法用的是“城市街区量度”，而不是欧几里得距离量度。因此，愈是在接近栅格像元的对角线上，距离变换图上灰度值所反映的距离与欧氏距离相差愈大。若不经调整计算，则这种坡度图只可作为近似的参考图(徐庆荣，1993)。

5.7　褶积滤波算法

滤波是对以周期震动为特征的一种现象在一定频率范围内予以减弱或抑制的过程。在图像范畴中，也可以引用振动的概念。此处的振动是指随着在图像上抽样点的位置的逐渐变化而呈现变化的不同图像亮度(灰度值)。因此，可以把在通信技术中所使用的滤波公式简单地转用于数字图像处理。此时可以将栅格像元的位置坐标(即行、列号)代替时间坐标，用灰度值幅度代替电压幅度或声学音强幅度(徐庆荣，1993)。在制图的栅格数据处理中，一般采用褶积滤波算法来实现图形图像增强处理的目的。

在褶积滤波中，每个像元的原始灰度值 $G_{y,x}$ 被其邻域 U 中灰度值 $G_{y+k,x+1}$ 的加权平均值所取代。例如，对于一个 $n \times n$ 矩阵的栅格图形（n 为奇数），在该邻域中，每一个像元被赋予一个“权数”$W_{i,f}$：

$$\text{权矩阵}\ \boldsymbol{U} = \begin{bmatrix} W_{11} & W_{12} & \cdots & W_{1n} \\ W_{21} & W_{22} & \cdots & W_{2n} \\ \cdots & \cdots & \cdots & \cdots \\ W_{n1} & W_{n2} & \cdots & W_{nn} \end{bmatrix} \tag{5-5}$$

$$G'_{y,x} = \frac{1}{\sum_{i=1}^{n}\sum_{j=1}^{n} W_{i,j}} \sum_{k=-\frac{n-1}{2}}^{\frac{n-1}{2}} \sum_{l=-\frac{n-1}{2}}^{\frac{n-1}{2}} G_{y+k,x+l} \cdot W_{k+\frac{n+1}{2},l+\frac{n+1}{2}}$$

将该邻域的每一个像元灰度值乘以其权矩阵中对应的分量 $W_{i,j}$，然后算出在此邻域内的加权平均灰度值 $G'_{y,x}$，放入结果矩阵中，取代原始的灰度值 $G_{y,x}$，从而达到栅格图像处理的目的。

而对于形如：

$$\boldsymbol{U}_1 = \begin{bmatrix} 0 & 1 & 0 \\ 1 & 1 & 1 \\ 0 & 1 & 0 \end{bmatrix} \text{或}\ \boldsymbol{U}_2 = \begin{bmatrix} 1 & 1 & 1 \\ 1 & 2 & 1 \\ 1 & 1 & 1 \end{bmatrix} \tag{5-6}$$

之类的权矩阵，褶积滤波算法也可以通过“矢量化”算法来实现。其结果与用上述的褶积公式计算结果是等价的。实现该算法时，要注意根据栅格图像处理的目的不同选择合适的滤波方法。

低通滤波可以抑制高频信息，消除或减弱图像边缘及孤立地物点等噪声对制图的影响，从而实现图像平滑的效果。如图 5-25 所示，在权矩阵 U_1 和 U_2 中，权数均为正，由此产生的是“低通滤波”效应。经过低通滤波，原栅格图像灰度值分布的高频率部分（即由黑到白的快速变化）被滤掉了，原图上明显的边棱已变为灰度值的逐渐变化。

高通滤波可以衰减或抑制低频信息，增强边缘以及变化的地物信息，从而实验图像锐化的效果。例如对于权矩阵 U_3 栅格图像，进行高通滤波褶积矢量化处理（图 5-26）。U_3 的周边部分包含有负的权数，在高通滤波过程中，栅格图像的频率灰度分布，即大块面积中带有的相同灰度值被滤掉了，值保留了原图中相应物体的边缘[图 5-26(f)]。

$$\boldsymbol{U}_3 = \begin{bmatrix} 0 & -1 & 0 \\ -1 & 4 & -1 \\ 0 & -1 & 0 \end{bmatrix}$$

综上所述，在制图学中，低通滤波可以应用于制图综合中破碎地物的合并表示；而高通滤波可以用于边缘的提取和区域范围、面积的确定。所以，若某种现象出现的频率很大时（即代表这种现象的单次出现所提供的信息量就很小），这时适于采用低通滤波。反之，罕见现象的出现则含有很高的信息量（例如，森林中的独立房，沙漠中的泉眼等），为了从其他信息中分离出这种“稀有信息”，就不能使用低通滤波，而应考虑采用高通滤波。

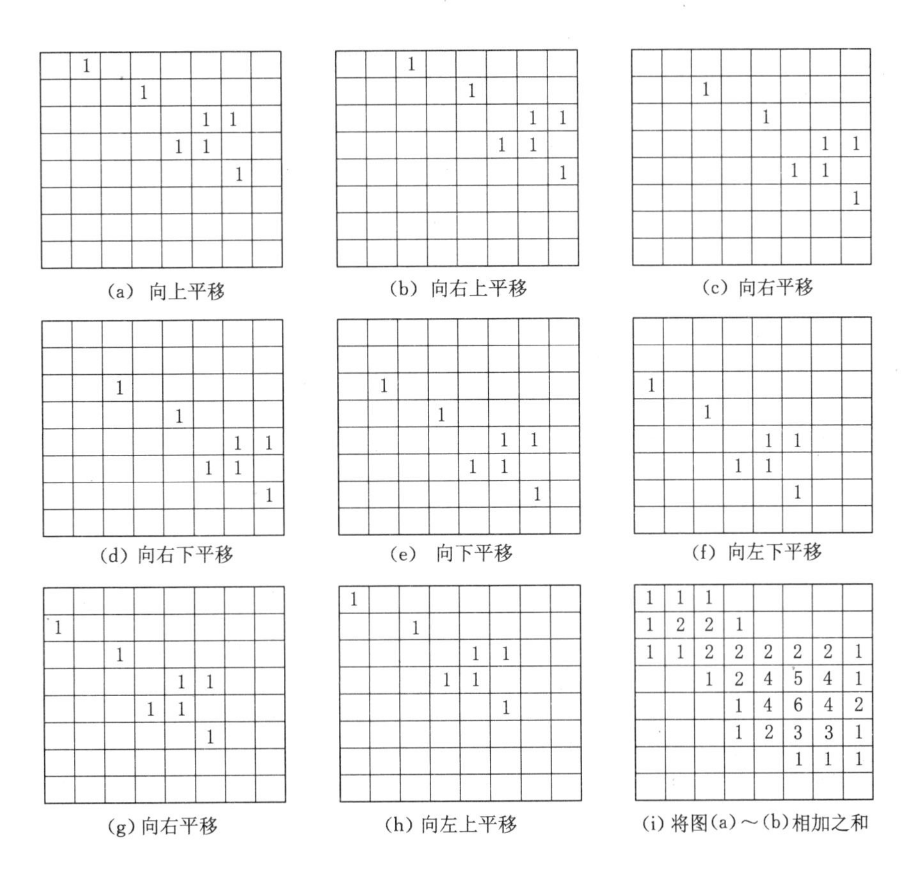

图 5-25　低通滤波褶积的矢量化操作(权矩阵 U_1)

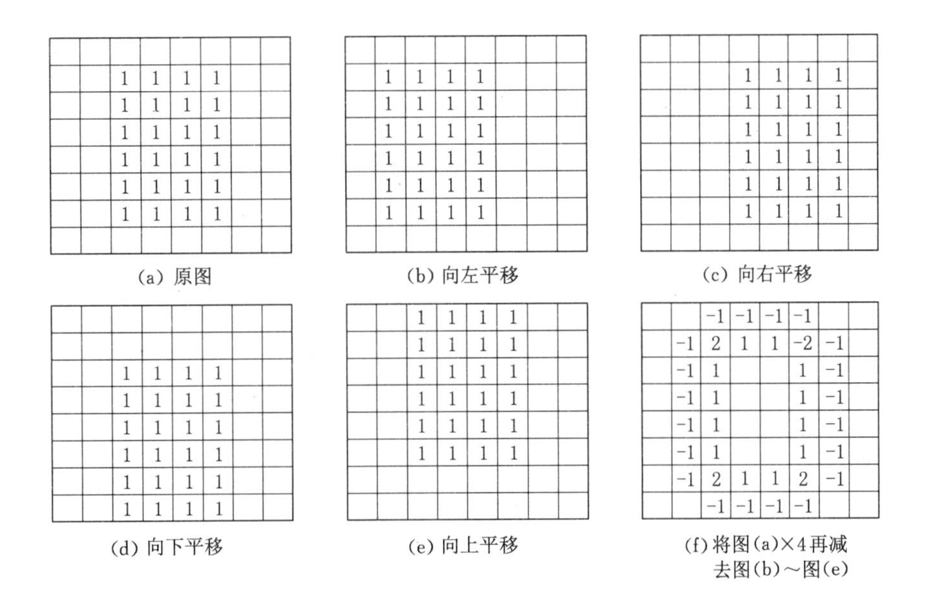

图 5-26　高通滤波褶积的矢量化操作(权矩阵为 U_2)

5.8 栅格数据插值算法

对空间数据进行插值是空间数据处理的一项重要内容。所谓插值，就是利用已知像素点或像元的数值来产生未知像素点或像元的数值，目的是原始图像产生具有更高分辨率的图像。

插值算法有多种分类方法，从插值数据的分布情况来说，分为两大类，一类称为内插，另外一类称为外插，内插指的是给定一个数据集合，需要估算出在此集合范围内的数据，外插指的是给定一个数据集合，估算的数据超出了此集合的描述范围；从插值算法的维度来说可以分为：一维插值、二维插值和高维度插值。从插值算法的理论基础进行分类，可以分为线性插值和非线性插值。

5.8.1 反距离加权插值法(Inverse Distance to a Power)

反距离加权插值法，也可以称为距离倒数乘方法。反距离加权插值法是一种加权平均插值法，利用这种插值算法，是基于相近相似的原理实现插值运算的，也就是说进行反距离加权插值法是基于如下假设进行的：如果两个物体离得比较近，那么它们的性质就比较相似，反之，离得越远则相似程度就越小。在进行插值计算时，以插值点与样本点间的距离为权重进行加权平均，离插值点越近的样本点赋予的权重越大。插值的公式如下：$Z(s_0)=\sum_{i=1}^{N}\lambda_i Z(s_i)$，$Z(s_i)$为在样本点 s_i 处 Z 的值，$Z(s_0)$为在 s_0 处 Z 的值，λ_i 为所给样本集合中各样本点的权重，λ_i 的计算通过如下公式获得：$\lambda_i=d_{i0}^{-p}/\sum_{i=1}^{N}d_{i0}^{-p}$，$\sum_{i=1}^{N}\lambda_i=1$，$d_{i0}$ 表示各个插值点到样本的点距离，参数 p 描述了一个插值点随着离开一个格网样本结点距离的增加而下降的趋势。

5.8.2 克里金插值法(Kriging)

克里金插值法(Kriging)以南非矿业工程师 D. G. Krige 的名字命名的一种最优内插法。克里金插值法是一种基于统计的线性家族中的最小二乘法插值算法，广泛空间信息处理领域。它首先确定对一个插值点值有影响的距离范围，然后使用此范围内的样本点来估计插值点的值。该方法在数学上可对所研究的对象提供一种最佳线性无偏估计(某点处的确定值)的方法。插值的结果可信度的高低与所选样本点的个数有关。克里金法分常规克里金插值算法(常规克里金模型或克里金点模型)和块克里金插值算法两类。

5.8.3 最小曲率插值法(Minimum-Curvature Method)

最小曲率插值法广泛用于地学领域。所谓最小曲率法，指的是尽可能严格地通过各个控制点数据的同时，产生尽可能圆滑的曲面，栅格数据格网与此曲面相交所获得的就是插值结果，最小曲率法生成的插值面类似于模拟一个能够通过所有提供的各个样本点的，具有最小能量的弹性薄片。这个插值算法的关键是怎么样表示最小能量。在实际应用中最小曲率插值算法常常采用最大残差参数和最大循环次数参数这两个参数来控制最小曲率的收敛标准。

在实际使用的空间插值算法中还有其他的一些算法如双线性插值、三次卷积插值、最小二乘法插值等。这些插值算法在不同的场合根据插值目标的不同，选择不同的插值运算来使用。比如说，当一幅栅格数据变化不是很大，数据处理的缩放比例 $0.5 \leqslant r \leqslant 3$ 的时候，如果采用上面介绍的反距离加权、克里金或者最小曲率法，会造成较大的运算量，而插值的精度并没有多少变化。此时，若采用双线性插值法，不但能够保证插值结果的精度，还能够降低插值运算的时间开销，当超出这一范围的时候进行双线性插值，精度就会出现比较大的误差。

第 6 章　基本图形变换

6.1　图形求交

在计算机图形学中常常会遇到求交计算。例如，在进行扫描线区域填充时要求出线段的交点，许多消隐算法需要进行直线和平面多边形的求交等等。求交运算是比较复杂的，为了减少计算量，在进行真正的求交计算之前，往往先用凸包等辅助结构进行粗略比较，排除那些显然不相交的情形。求交计算是计算机辅助设计系统的重要组成部分，它的准确性与效率直接影响计算机辅助设计系统的可靠性与实用性。

在数学上两个浮点数可以严格相等，但计算机表示的浮点数有误差，所以当两个浮点数的差的绝对值充分小时（例如，小于某个整数），就认为它们相等。相应地，求交运算中也要引进容差。当两个点的坐标值充分接近时，即其距离充分近时，就被认为是重合的点。直观地说，点可看做半径为 ε 的球，线可以看做半径为 ε 的圆管，面可看做厚度为 2ε 的薄板。一般取 $\varepsilon=10^{-6}$ 或更小的数。求交问题可分为求交点和求交线两类，以下分别加以讨论。

6.1.1　求交点算法

求交点又可以分两种情况，即求线与线的交点以及求线与面的交点。

6.1.1.1　直线段与直线段的求交

假设两条直线段的端点分别为 P_1、P_2 和 Q_1、Q_2，则直线可以用向量形式表示为：

$$P(t)=A+Bt,0\leqslant t\leqslant 1$$

$$Q(s)=C+Ds,0\leqslant s\leqslant 1$$

其中，$A=P_1$，$B=P_2-P_1$，$C=Q_1$，$D=Q_2-Q_1$。则有构造方程：

$$A+Bt=C+Ds \tag{6-1}$$

根据向量的基本性质，可直接计算 s 与 t。对上式两边构造点积得：

$$(C\times D)\cdot(A+Bt)=(C\times D)\cdot(C+Ds) \tag{6-2}$$

由于 $C\times D$ 同时垂直于 C 和 D，等式右边为 0。故有：

$$t=-\frac{(C\times D)\cdot A}{(C\times D)\cdot B} \tag{6-3}$$

类似地有：

$$s=-\frac{(A\times B)\cdot C}{(A\times B)\cdot D} \tag{6-4}$$

完整算法还应判断无解与无穷多解（共线）的情形，并考虑因数值计算误差造成的影响。

对三维空间中直线段来说，上述方程组实际上是一个二元一次方程组，由 3 个方程式组成。可以从其中两个解出 s、t，再用第三个验证解的有效性。若第三个方程成立则说明该解适合方程组，否则说明两条直线不相交。当所得的解(t_i, s_i)是有效解时，可用两个线段方程之一计算交点坐标，例如 $P(t_i)=A+Bt_i$。

6.1.1.2 直线段与二次曲线的求交

不失一般性，考虑平面上一条直线与同平面的一条二次曲线的交点。

假设曲线方程为

$$f(x, y)=0 \tag{6-5}$$

直线段方程为

$$(x, y)=(x_1+td_x, y_1+td_y) \tag{6-6}$$

则在交点处有

$$f(x_1+td_x, y_1+td_y)=0 \tag{6-7}$$

当曲线为二次曲线时，上述方程可写为

$$at^2+bt+c=0 \tag{6-8}$$

再用二次方程求根公式即可解出 t 值。

6.1.1.3 圆锥曲线与圆锥曲线的求交

圆锥曲线表示方法有代数法表示、几何法表示与参数法表示。在进行一对圆锥曲线的求交时，把其中一条圆锥曲线用代数法或几何法表示为隐函数形式，另一条表示为参数形式（如二次 NURBS 曲线）。将参数形式代入隐函数形式可得到关于参数的四次方程，可以使用四次方程的求根公式解出交点参数。得到交点后可再验证交点是否在有效的圆锥曲线段上。

6.1.1.4 直线段与平面求交

考虑直线段与无界平面的求交问题，如图 6-1 所示，把平面上的点表示为：

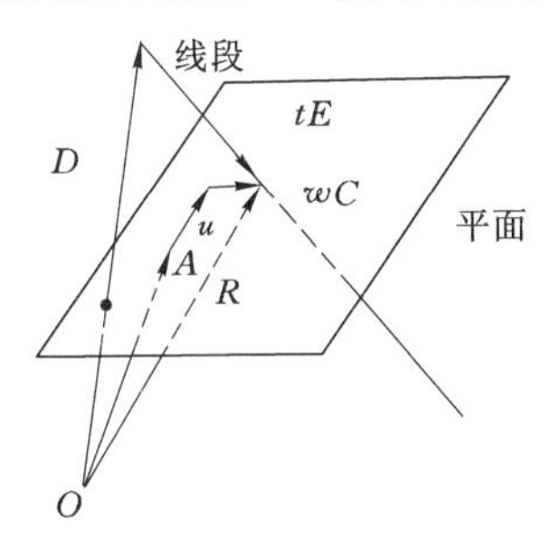

图 6-1 线段与平面求交

$$P(u, w)=A+uB+wC$$

直线段上的点表示为

$$Q(t)=D+tE$$

假设线段不平行于平面，则两者相交 $P(u, w)=Q(t)$，交点记为 R，即

$$A+uB+wC=D+tE \tag{6-9}$$

等式两边点乘$(B\times C)$，得

$$(B\times C)\cdot(A+uB+wC)=(B\times C)\cdot(D+tE) \tag{6-10}$$

由于 $B\times C$ 既垂直于 B，又垂直于 C，故有

$$(B \times C) \cdot A = (B \times C) \cdot (D + tE) \tag{6-11}$$

可解出

$$t = \frac{(B \times C) \cdot A - (B \times C) \cdot D}{(B \times C) \cdot E} \tag{6-12}$$

类似可求得

$$u = \frac{(C \times E) \cdot D - (C \times E) \cdot A}{(C \times E) \cdot B} \tag{6-13}$$

$$w = \frac{(B \times E) \cdot D - (B \times E) \cdot A}{(B \times E) \cdot C} \tag{6-14}$$

如果是直线与平面区域求交点，则要进一步判断交点是否在平面的有效区域中，其算法可参见1.3节。

6.1.1.5 圆锥曲线与平面的交点

圆锥曲线与平面求交点时，可以把圆锥曲线表示为参数形式，并把圆锥曲线的参数形式代入平面方程，即可得到参数的二次方程，从而进行求解。

6.1.1.6 圆锥曲线与二次曲线的交点

圆锥曲线与二次曲面求交点时，可把圆锥曲线的参数形式代入二次曲面的隐式方程，得到参数的四次方程，用四次方程求根公式求解。

6.1.2 求交线算法

求交线是指求面与面的交线。

6.1.2.1 平面与平面求交

在计算机辅助设计中一般使用平面的有界区域。先考虑最简单的情形，两个平面区域分别由 $P(u,w)$，$Q(s,t)$，$u,w,s,t \in [0,1]$ 定义。如果两者不共面而且不分离，则必交于一直线段，则该直线段必落在 $P(u,w) - Q(s,t) = 0$ 所定义的无限直线上。该问题中，有4个未知数，3个方程式，只要分别与8条边界线方程：

$$u=1, u=0, w=0, w=1, s=0, s=1, t=0, t=1$$

联立，即可求出直线段的两个端点的参数。在上述方程组中，只要找到两组解，就可以不再对剩余方程组求解。找到的两组解就是所求的相交直线段端点参数。

当两个一般的多边形（可能是凸的，也可能是凹的，甚至可能带有内孔）相交时，可能有多段交线。可以把两个多边形分别记为 A 和 B，用如下的算法求出它们的交线：

① 把 A 的所有边与 B 求交，求出所有有效交点；

② 把 B 的所有边与 A 求交，求出所有有效交点；

③ 把所有交点先按 y，再按 x 的大小进行排序；

④ 把每对交点所形成线段的中点与 A 和 B 进行包含性检测，若该中点既在 A 中又在 B 中，则这对交点可定义一条直线段。

6.1.2.2 平面与二次曲面求交

求平面与二次曲面的交线有两种方法：代数法和几何法。

用代数法考虑平面与二次曲面求交问题时，可把二次曲面表示为代数形式：

$$Ax^2 + By^2 + Cz^2 + 2Dxy + 2Eyz + 2Fxz + 2Gx + 2Hy + 2Iz + J = 0 \tag{6-15}$$

可以通过平移与旋转坐标变换把平面变为 xOy 平面，同时对二次曲面进行同样的坐标变换，那么新坐标系下的平面方程变为 $z=0$，所以可以把二次曲面方程中含有 z 的项都去掉，即获得平面与二次曲面的交线方程。再对该交线方程进行逆坐标变换，就可以获得在原坐标系下的交线方程。具体实现时，交线可以用二次二元方程的系数表示(代数法表示)，并辅以局部坐标系到用户坐标系的变换矩阵。该方法的缺点是每当需要使用交线时，都要进行坐标变换。例如，判断一个空间点是否在交线上，必须先对该点进行坐标变换，变到 $z=0$ 平面上，再进行检测。需要绘制交线时，也要在局部坐标系下求出点坐标，再变换为用户坐标系下的坐标。

几何法存储曲线的类型(椭圆、抛物线或双曲线)，以及定义参数(中心点、对称轴、半径等)的数值信息，使用局部坐标系到用户坐标系的转换，把局部坐标系下的定义参数转换到用户坐标系中直接使用。该方法使用较少的变换，但需要通过计算来判断曲线的种类，并计算曲线的定义参数。当平面与二次曲面的交线需精确表示时，往往采用几何法求交。二次曲面采用几何法表示，平面与二次曲面求交时，根据它们的相对位置与角度，直接判断交线类型，其准确性大大优于用代数法表示时计算分类的方法。几何法不需要对面进行变换，所以只要通过很少的计算就可以得到交线的精确描述。由于存储的信息具有几何意义，所以判断相等性、相对性等问题时，可以确定有几何意义的容差。

一个平面与一个圆柱面可以无交点、交于一条直线(切线)、二条直线、一个椭圆或一个圆，可以用两个面的定义参数求出它们的相对位置和相对角度关系，进而判断其交属于何种情况，并求出交线的定义参数。平面与圆锥的交线也可以类似地求出。

6.1.2.3　平面与参数曲面求交

最简单的方法是把表示参数曲面的变量($x(s,t)$，$y(s,t)$，$z(s,t)$)代入平面方程：

$$ax+by+cz+d=0 \tag{6-16}$$

得到用参数曲面的参数 s、t 表示的交线方程：

$$ax(s,t)+by(s,t)+cz(s,t)+d=0 \tag{6-17}$$

另一种方法是先对平面进行平移和旋转坐标变换，使平面变为新坐标系下的 xOy 平面。再将相同的变换应用于参数曲面方程，得到参数曲面在新坐标系下的方程

$$(x^*,y^*,z^*)=(x^*(s,t),y^*(s,t),z^*(s,t)) \tag{6-18}$$

由此得到交线在新坐标系下的方程：$z^*(s,t)=0$。

6.1.3　包含判定算法

在进行图形求交时，常需要判定两个图形间是否有包含关系，如点是否包含在线段、平面区域或三维形体中；线段是否包含在平面区域或三维形体中等。许多包含判定问题可转化为点的包含判定问题，如判断线段是否在平面内的问题可以转化为判断线段两端点是否在平面内，因此只需主要讨论关于点的包含判定算法。

判断点与线段的包含关系，也就是判断点与线的最短距离是否位于容差范围内。图形中常用的线段有3种：直线段、圆锥曲线段(主要是圆弧)和参数曲线(主要是Bezier曲线、B样条与NURBS曲线)。点与面的包含判定算法也可类似地分为3种：叉积判断法、夹角之和检验法和交点计数检验法。下面分别予以讨论。

6.1.3.1　点与直线的包含判断

假设某点坐标为 $P(x,y,z)$，直线段端点为 $P_1(x_1,y_1,z_1)$、$P_2(x_2,y_2,z_2)$，则点 P 到线

段 P_1P_2 的距离的平方为

$$d^2=(x-x_1)^2+(y-y_1)^2+(z-z_1)^2-[(x_2-x_1)(x-x_1)+(y_2-y_1)(y-y_1)+(z_2-z_1)(z-z_1)]^2/[(x_2-x_1)^2+(y_2-y_1)^2+(z_2-z_1)^2] \tag{6-19}$$

当 $d^2<\xi^2$ 时，认为该点在线段(或其延长线)上，然后再进一步判断该点是否落在直线段的有效区间内。假设线段两端点的 x 分量不相等(若相等，则所有分量均相等，则线段两端点重合，线段只是为点)，当 $x-x_1$ 与 $x-x_2$ 异号时，点 P 在线段的有效区间内。

6.1.3.2　点与圆锥曲线段的包含判断

以圆弧为例，假设某点的坐标为(x,y,z)，圆弧的中心为(x_0,y_0,z_0)，半径为 r，起始角为 α_1，终止角为 α_2(角度都是相对于局部坐标系的 x 轴而言)。圆弧段所在平面为：

$$ax+by+cz+d=0 \tag{6-20}$$

首先要判断点是否在该平面上。若该点不在该平面上，则其也就不可能被圆弧段包含；若该点在上述平面上，则通过坐标变换，把问题转换成二维空间中的问题。

若点在平面上，则有 $z=z_0=0$，则转化为判断 $P(x,y)$是否在上述圆弧段上。首先判断 P 是否在以(x_0,y_0)为中心，半径为 r 的圆的圆周上，即式(6-21)是否成立？

$$\left|\sqrt{(x-x_0)^2+(y-y_0)^2}-r\right|<\xi \tag{6-21}$$

其次判断 P 是否在有效的圆弧段内。

6.1.3.3　点与参考曲线的包含判断

设点坐标为 $P(x,y,z)$，参数曲线方程为 $Q(t)=(x(t),y(t),z(t))$。点与参数曲线包含判断可分为 3 步：

(1) 计算参数 t 的值，使 P 到 $Q(t)$的距离最小；

(2) 判断 t 是否在有效参数区间内(通常为$[0,1]$)；

(3) 判断 $Q(t)$与 P 的距离是否小于 ξ。

若第(2)、(3)步的判断均为“是”，则该点在参考曲线上；否则，该点不在参考曲线上。

第(1)步中计算参数 t，使得$|P-Q(t)|=\min$，令 $R(t)=|P-Q(t)|^2$，即使 $R(t)=\min$。根据微积分相关知识，可知：在该处有 $R'(t)=0$，即 $Q'(t)[P-Q(t)]=0$，然后用数值方法解出 t 值；最后进行第(2)、(3)步，判断点与参考参数是否包含。

6.1.3.4　点与平面区域的包含判断

设某点坐标为 $P(x,y,z)$，平面方程为 $ax+by+cz+d=0$，则该点到平面的距离为：

$$d=\frac{|ax+by+cz+d|}{\sqrt{a^2+b^2+c^2}} \tag{6-22}$$

若 $d<\xi$，则认为该点在平面上；否则该点不在平面上。对于落在平面上的点，还需判断其是否落在有效区域内。判断平面上的某点是否包含在该平面内的某多边形内，有多种算法，在此仅介绍常用的叉积判断法、夹角之和检验法和交点计数检验法。

(1) 叉积判断法

假设判断点为 P_0，多边形顶点按顺序排列为 $P_1,P_2,\cdots,P_n$，如图 6-2 所示。

令 $V_i=P_i-P_0$，其中，$i=1,2,\cdots,n$，$V_{n+1}=V_1$。那么，P_0 在多边形内的充要条件是叉积 $V_i\times V_{i+1}(i=1,2,\cdots,n)$的符号相同。该法仅适用于凸多边形。当多边形为凹多边形时，需采用后面介绍的两种方法。

(2) 夹角之和检验法

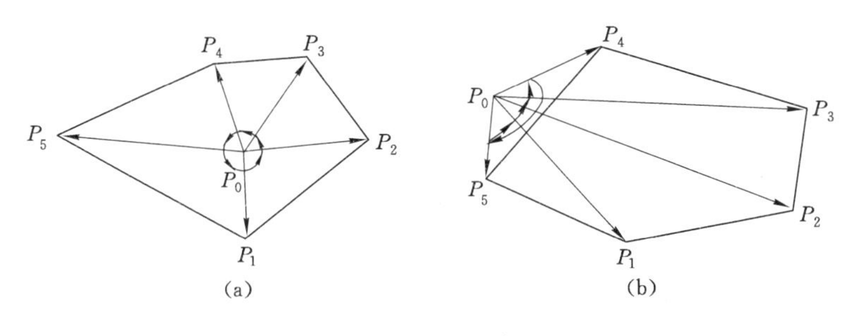

图 6-2 叉积判断法

(a) 点在多边形内;(b) 点在多边形外

假设某平面上有点 P_0 和多边形 $P_1P_2P_3P_4P_5$,如图 6-3 所示。将点 P_0 分别与 P_i 相连,构成向量 $V_i = P_i - P_0$,假设 $\angle P_iP_0P_{i+1} = \alpha_i$,$\alpha_i$ 可根据 $\alpha_i = \arctan(S_i/C_i)$ 计算得到,其中 $S_i = V_i \times V_{i+1}$,$C_i = V_i \cdot V_{i+1}$,且 α_i 的符号即代表角度的方向。如果 $\sum_{i=1}^{5}\alpha_i = 0$,则点 P_0 在多边形之外,如图 6-3(a) 所示。如果 $\sum_{i=1}^{5}\alpha_i = 2\pi$,则 P_0 在多边形之内,如图 6-3(b) 所示。

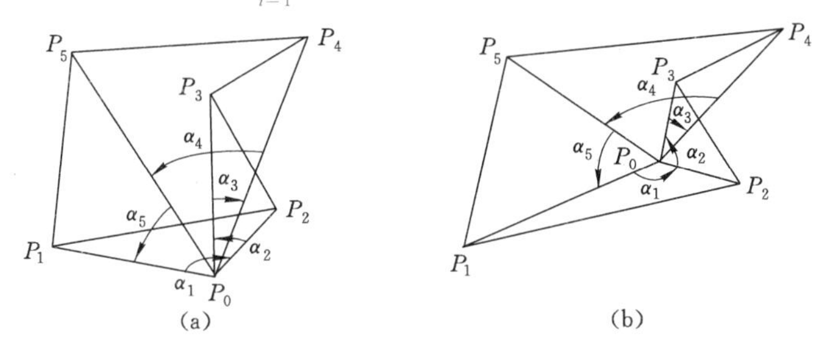

图 6-3 夹角之和检验法

(a) $\sum\alpha = 0$ 的情况 ;(b) $\sum\alpha = 2\pi$ 的情况

在多边形边数不超过 43 的情况下,可以采用下列近似公式计算 α_i。

$$\alpha_i = \frac{\pi}{4}\frac{S_i}{C_i} + d, |S_i| \leqslant |C_i| \tag{6-23}$$

$$\alpha_i = \frac{\pi}{2} - \frac{\pi}{4}\frac{S_i}{C_i} + d, |S_i| > |C_i| \tag{6-24}$$

其中,$d = 0.035\ 557\ 3$ 为常数。当 $\sum\alpha_i \geqslant \pi$ 时,可判定 P_0 在多边形内。当 $\sum\alpha_i < \pi$ 时,可判定 P_0 在多边形外。

(3) 交点计数检验法

当多边形是凹多边形,甚至还带孔时,可采用交点计数判断点是否包含在多边形内。具体做法是,从判断点作一射线至无穷远。

$$\begin{cases} x = x_0 + u(u \geqslant 0) \\ y = y_0 \end{cases} \tag{6-25}$$

求射线与多边形的交点个数。若交点个数为奇数,则该点在多边形内;否则,该点在多边形外。如图 6-4 所示,射线 a、c 与多边形分别有 2 个点和 4 个点,为偶数,故判断点 A、C 在多边形外;而射线 b、d 与多边形分别有 3 个点和 1 个点,为奇数,所以点 B、D 在多边形内。

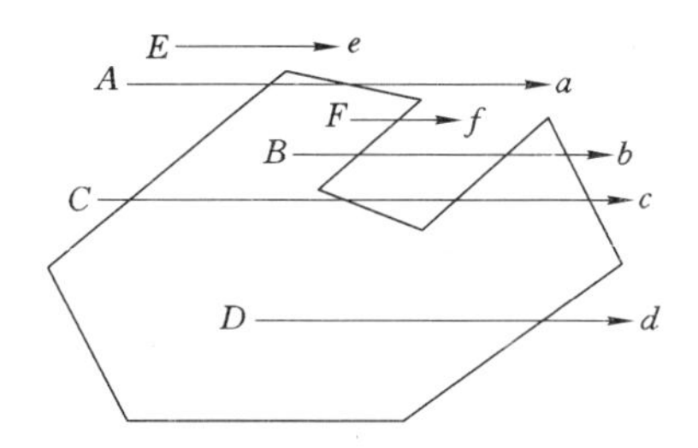

图 6-4　交点计数法

当射线穿过多边形顶点时,若交点计数为 2,则会判断点在多边形外;若交点计数为 1,则会判断点在多边形内。显然,这些判断是错误的,所以必须特殊对待射线穿过多边形顶点的这种情况。正确的方法是,其共享顶点的两边在射线的同一侧时,则交点计数加 2,否则加 1。按这种方法,交点计数为 2 时点在多边形外;交点计数为 1 时点在多边形内。

6.1.4　重叠判断算法

进行求交计算时,常涉及判断两个几何形体是否重叠。

判断空间点与点是否重叠,只要判断两点之间的距离是否等于 0。

判断空间直线与直线是否重叠,可判断两者是否共线,即判断某条线段上的任意两点是否在另一条线段所在的直线上;或是比较两条线段的方向向量,并判断某条线段上的任意一点是否在另一条线段所在的直线上。若两条线段不共线,则两者不可能重叠;两者共线时,需再通过比较端点坐标来判断线段的重叠部分。

判断空间平面与平面是否重叠,其一是通过判断该平面上不共线的 3 个点是否在另一平面上;其二是通过比较两个平面的法向量,然后判断该平面上的某点是否在另一平面上。

6.2　图形裁剪

使用计算机处理图形信息时,计算机内部存储的图形往往比较大,而屏幕显示的只是图的部分,因此需要确定图形中哪些部分落在显示区之内,哪些落在显示区之外,以便显示只落在显示区内的那部分图形,这一选择过程称为裁剪(图 6-5)。最简单的裁剪方法是把各种图形扫描转换为点之后再判断各点是否在窗内,但该方法太费时,一般不采用。所以一般采用先裁剪再扫描转换的方法。

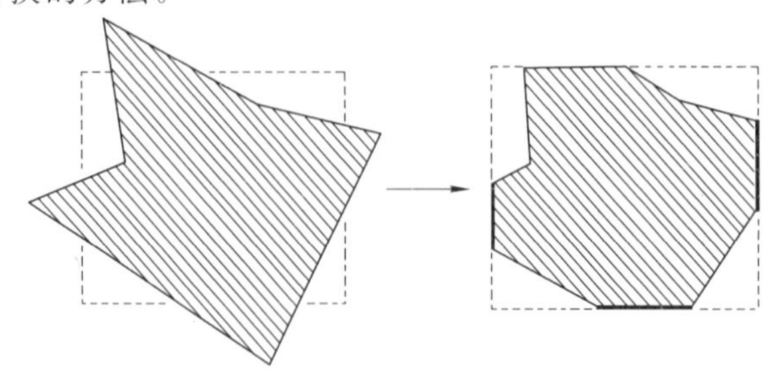

图 6-5　多边形裁剪示意图

通过定义窗口和视区，可以把图形的某一部分显示于屏幕上的指定位置，这不仅要进行上述的窗口—视图区变换(开窗变换)。更重要的是要正确识别图形在窗口内部分(可见部分)和窗口外部分(不可见部分)，以便把窗口内的图形信息输出，而窗口外的部分则不输出。裁剪(Clipping)能对图形做出正确的判断，选取可见信息提给显示系统显示，去除不可见部分。

按照裁剪窗口的形状不同，可分为矩形窗口裁剪、圆形窗口裁剪和一般多边形窗口裁剪。按照被裁剪对象的不同，可分为点、线段、字符、多边形以及曲线的裁剪。

按照图形裁剪与窗口—视图区变换的先后顺序，裁剪的策略有以下两种：一种是先裁剪后变换：图形裁剪在用户坐标系下相对于视图区进行。这种策略能避免将落在窗口外的图形进行无效的窗口—视图区变换，且比较快。另一种是先变换后裁剪：先进行窗口—视图区变换，转化为屏幕坐标后再裁剪，裁剪是在屏幕坐标系下相对于视图区进行的。

按照图形生成与裁剪的先后顺序，裁剪策略也有以下两种：一种是先生成后裁剪，只需简单的直线段的裁剪算法，但是可能造成无效的生成运算；另一种是先裁剪后生成，这种策略可避免那些被裁剪掉的元素进行无效的生成运算，但却需要对比较复杂的图形(如圆弧等)进行裁剪处理。

裁剪的核心问题是速度问题。提高速度的根本途径是尽量避免或者减少求交计算。裁剪算法有二维和三维的，裁剪区域有规则的和不规则的。这里，只讨论二维裁剪，裁剪区域为规则矩形和多边形，裁剪对象为点、线、多边形。

6.2.1　矩形窗口裁剪算法

6.2.1.1　点的裁剪

图形是无数点组成的，所以说点的裁剪是最基本的算法。

假设窗口的左下角坐标为(x_l, y_b)，右上角坐标为(x_r, y_t)，如图6-6所示。对于给定的点$P(x, y)$，则点P在窗口内的充分条件是$x_l \leqslant x \leqslant x_r$ & $y_b \leqslant y \leqslant y_t$，否则点$P$在窗口外。

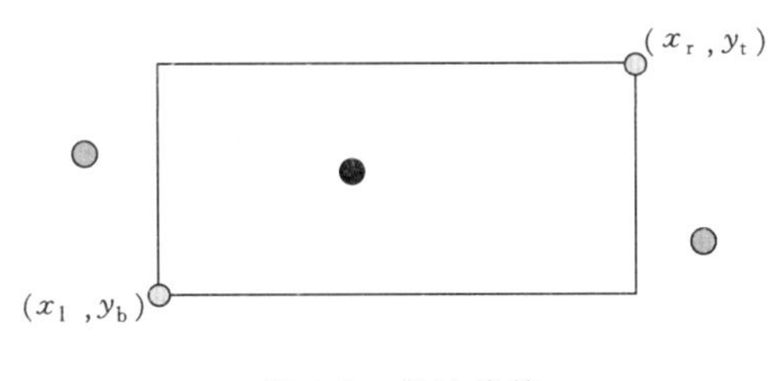

图6-6　点的裁剪

如果用点裁剪算法来实现整个图形的裁剪，并不实用，而且是极其费时的。考虑到构成图形的基本元素是线段，曲线也可看成是用很多小线段逼近而成的。因此，讨论线段的裁剪算法更为实用。

6.2.1.2　直线段裁剪

直线段裁剪算法是复杂图元裁剪的基础。直线段裁剪算法的关键是：① 如何快速判断直线与窗口的关系？② 如何快速求出直线与窗口边的交点？

如图6-7所示，任意平面线段和矩形窗口的位置关系只有如下3种：① 完全落在窗口内，线段显全可见；② 完全落在窗口外，线段显然不可见；③ 部分落在窗口内，部分落在窗口外，线段至少有一端点在窗口之外，但非显然不可见。

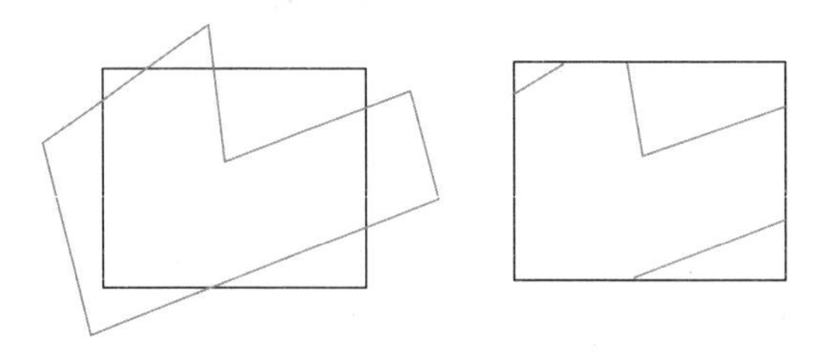

图 6-7 线段裁剪

线段裁剪的基本思想都是：

① 判断直线与窗口的关系，若完全不在窗口内，则结束；

② 若全在窗口内，则转向④；否则，继续执行③；

③ 计算该直线段与窗口边的交点，以此将线段分为两部分，丢弃不可见的部分；对剩下的部分转②；

④ 保留并显示该线段。

从如何解决直线段裁剪的关键问题出发，有许多裁剪算法，常用的方法有如下几种：直接求交算法、Cohen-Sutherland，中点分割裁剪算法和梁友栋-barskey 算法。

(1) 直接求交算法

直接求交算法的过程如图 6-8 所示，为了快速求出交点，可把直线与窗口边都写成参数形式来求参数值。假设直线端点坐标为 $P_0(x_0, y_0)$、$P_1(x_1, y_1)$，矩形窗口的左下角坐标为 (x_L, y_B)，右上角坐标为 (x_R, y_T)，则直线的参数方程为：

$$\begin{cases} x = x_0 + (x_1 - x_0) \cdot t \\ y = y_0 + (y_1 - y_0) \cdot t \end{cases} \quad (0 \leqslant t \leqslant 1) \tag{6-26}$$

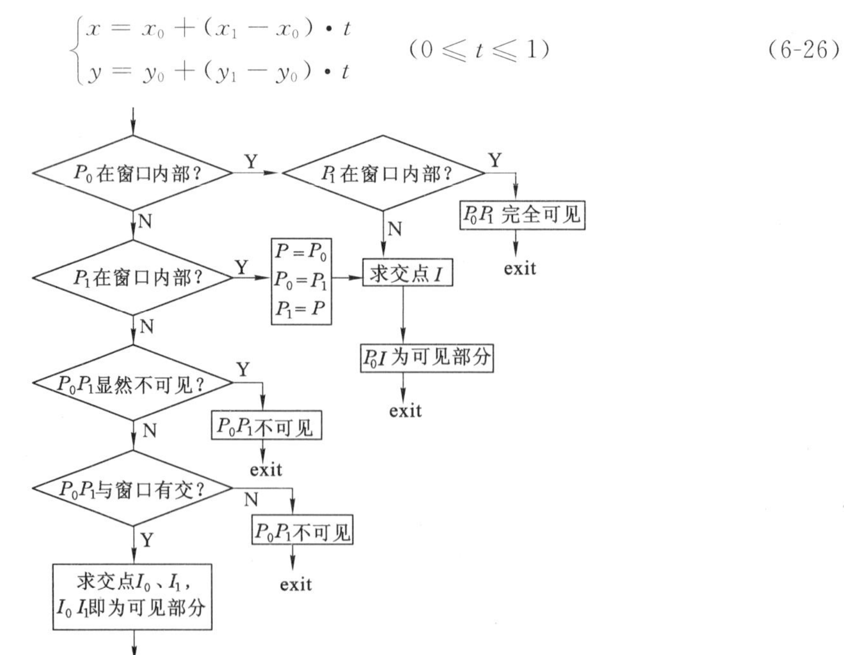

图 6-8 直接求交算法流程图

(2) Cohen-Sutherland 直线裁剪算法

对于任何线段相对于凸多边形窗口进行裁剪后，落在窗口内的线段不会多于一条。因此，对线段的裁剪，只要求出其保留部分的两个端点即可。

要想判断线段和窗口的位置关系，只要找到线段的两端点相对于矩形窗口的位置关系即可。线段的两端点相对于矩形窗口的位置可能会有如下几种情况：

① 线段的两个端点均在窗口内，如图 6-9 中线段 a，线段完全可见，应予以保留。

② 线段的两个端点均在窗口边界线外同侧，如图 6-9 中的线段 b 和 c 所示，线段完全不可见，应予以舍弃。

③ 线段的一端点在窗口内，另一端点在窗口外，如图 6-9 中的线段 d，线段部分可见，应求出线段与窗口边界线的交点，从而得到线段在窗口内的可见部分。

④ 线段的两个端点均在窗口外，但不处于窗口边界线外同侧，线段可能部分可见，如图 6-9 中的线段 e；也可能完全不可见，如图 6-9 中的线段 f。

Cohen-Sutherland 裁剪算法就是按照上述思路来对线段进行裁剪的，并且在判断线段的两端点相对于矩形窗口的位置时巧妙地运用编码的思想，因此 Cohen-Sutherland 裁剪算法也被称为编码裁剪算法。

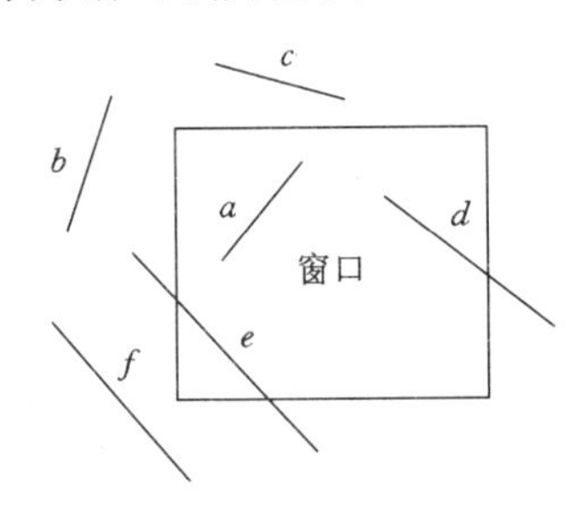

图 6-9　线段端点与窗口的位置

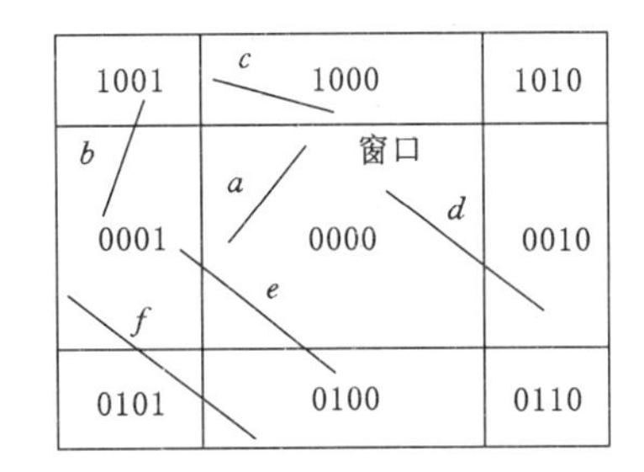

图 6-10　线段端点的区域编码

首先，延长窗口的四条边界线，将平面划分成 9 个区域，如图 6-10 所示；然后，用四位二进制数 $C_lC_rC_bC_t$ 对这 9 个区域进行编码，编码规则如下：

第 1 位 C_l：当线段的端点在窗口的左边界之左时，该位编码为 1，否则，该位编码为 0。

第 2 位 C_r：当线段的端点在窗口的右边界之右时，该位编码为 1，否则，该位编码为 0。

第 3 位 C_b：当线段的端点在窗口的下边界之下时，该位编码为 1，否则，该位编码为 0。

第 4 位 C_t：当线段的端点在窗口的上边界之上时，该位编码为 1，否则，该位编码为 0。

即：

$$C_t=\begin{cases}1 & y>y_{max}\\0 & \text{其他}\end{cases}\quad C_b=\begin{cases}1 & y<y_{min}\\0 & \text{其他}\end{cases}\quad C_r=\begin{cases}1 & x>x_{max}\\0 & \text{其他}\end{cases}\quad C_l=\begin{cases}1 & x<x_{min}\\0 & \text{其他}\end{cases}$$

于是算法步骤可描述如下：

步骤 1：根据上述的编码规则，对线段的两个端点分别进行编码；若端点在窗口边界线上，则使用窗口内的编码。

步骤 2：根据端点的编码来判断线段与窗口的位置关系，来判定如何裁剪该线段。

① 先求出两端点的编码 code1、code2；若 code1＝0，且 code2＝0，说明线段完全位于窗口内，是完全可见的，则显示该线段。

② 两端点编码逻辑与不为 0 时，即 code1&code2≠0，说明两个端点同在窗口的上方、下方、左方或右方，即线段的两个端点位于窗口外同侧，是完全不可见的，则不显示该线段。如图 6-10 中线段 b，其两端点编码为 1001 和 0001，其逐位逻辑与不为 0，因此是不可见的。

③ 两端点编码逐位逻辑与为 0 时，说明线段部分可见，或完全不可见的。如图 6-10 中的线段 e 和 f，两者的两端点编码均为 0001 和 0100，但线段 e 是部分可见的，而线段 f 是完全不可见的。因此，此时需要计算出该线段与窗口某一边界线或边界线的延长线的交点，对分成的两直线段继续采用编码方法判断，其中必有一段在窗口外，可弃之；再对另一段重复上述处理，直到找到完全在窗口内的那段直线，裁剪结束。

在直线段与窗口边及延长线求交点时，矩形窗口共有 4 条边，最多需要求 4 次交点，求交边的顺序是任意设定的，如：右、上、左、下的顺序。为了加快检测交点的速度，避免无用的求交计算，仅当检测到端点编码的某位不为 0 时，才有必要把线段与该位所对应的窗口边界进行求交。如图 6-11 所示，线段端点编码为 P_1：1001、P_2：0110，P_1、P_2 编码的逻辑与为 0，需要进一步求线段与窗口边及延长线的交点，由 P_1 的编码可知，C_l、C_t 为 1，故离 P_1 最近的交点只能是上、左边的交点，也就是 P_3 或 P_4，而不可能是右、下边的交点。

该算法的特点是：① 用编码方法可快速判断线段完全可见和显然不可见；② 特别适用两种场合：大窗口场合和窗口特别小的场合。但该算法也有以下缺点：要计算线段与窗口边界线的交点，则不可避免地需要进行大量乘除运算，势必降低裁剪效率，不易用硬件实现。

（3）中点分割裁剪算法

如图 6-12 所示，中点分割算法的基本思想是：开始与 Cohen-Sutherland 算法一样，首先对线段端点进行编码，并把线段与窗口的关系分为三种情况：全在、完全不在和线段与窗口有交。对于前两种情况，进行与 Cohen-Sutherland 算法一样的处理。对于第三种情况，用中点分割的方法求出线段与窗口的交点，即从 P_0 点出发找出距 P_0 最近的可见点 A 和从 P_1 点出发找出距 P_1 最近的可见点 B，两个可见点之间的连线即为线段 P_0P_1 的可见部分。

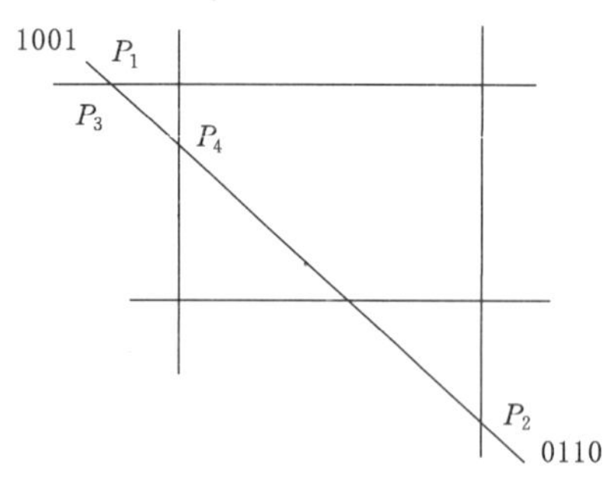

图 6-11　求交点顺序示意图

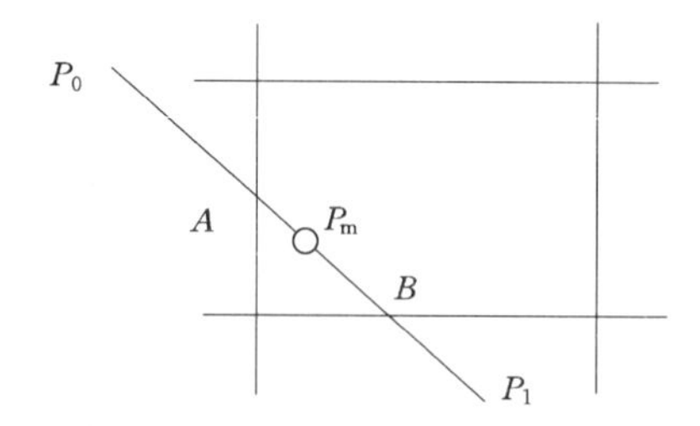

A、B 分别为距 P_0、P_1 最近的可见点，P_m 为 P_0　P_1 中点

图 6-12　直线中点裁剪算法

从 P_0 出发找最近可见点采用中点分割方法：先求出 P_0P_1 的中点 P_m，对于任何线段相对于凸多边形窗口进行裁剪后，落在窗口内的线段不会多于一条，由此可知：若 P_0P_m 不是显然不可见的，并且 P_0P_1 在窗口中有可见部分，则距 P_0 最近的可见点一定落在 P_0P_m 上，所以用 P_0P_m 代替 P_0P_1；否则取 P_mP_1 代替 P_0P_1。再对新的 P_0P_1 求中点 P_m。重复上述过程，直到 P_0P_m 长度小于给定的控制常数为止，一般取一个像素宽即可，此时 P_m 收敛于交点。

依据中点分割的方法，分别对直线段两端点求最近的可见点，即完成了裁剪。算法的核心是求某端点最近的可见点，步骤见图 6-13。然后，依次把直线段的端点 P_0、P_1 输入函数，返回距 P_0、P_1 的最近可见点 A、B，显示即可。

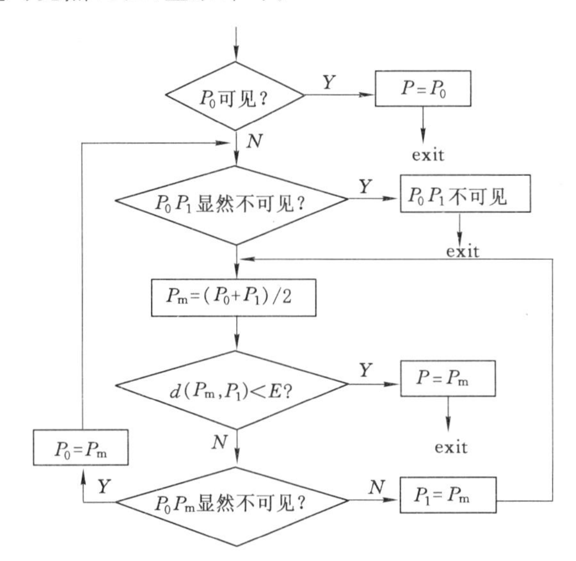

图 6-13　从 P_0 点出发找出距 P_0 点最近的可见点的流程图

对分辨率为 $2^N \times 2^N$ 的显示器，上述二分过程至多进行 N 次。由于该算法的主要计算过程只用到加法和除 2 运算，用左右移位来代替乘除法，所以特别适合硬件实现，同时适合于并行计算。但若用软件实现的话，速度不但不会提高，可能会更慢。

6.2.2　多边形裁剪

前面一节介绍了线段的裁剪算法，对于多边形的裁剪（polygon clipping）问题，能否简单地用线段裁剪算法，通过将多边形分解为一条一条的线段进行裁剪来实现呢？如果只考虑线画图形，这种方法是完全可行的；然而，将多边形作为实区域考虑时，由于组成多边形的要素不仅仅是边线，还有由边线围成的具有某种颜色或图案的面积区域，因此，常常要求多边形的裁剪结果仍是多边形，且原来在多边形内部区域的点也应该在裁剪后的多边形内，再使用线段裁剪方法将会出现如下几个问题：

① 因为丢失了顶点信息，而无法确定裁剪所获得的内部区域，如图 6-14 所示。

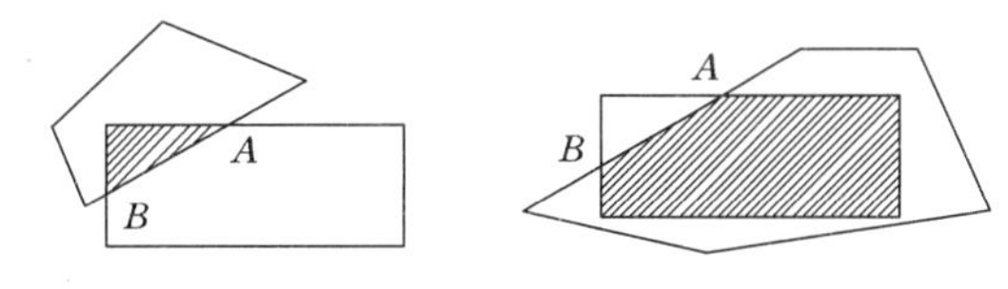

图 6-14　因丢失顶点信息而无法确定裁剪区域

② 按照线段裁剪算法裁剪后的结果是一些孤立的、离散的线段，使得原来封闭的多边形变得不封闭，如图 6-15 所示，这会在进行区域填充时出现问题，为了解决这一问题，必须让裁剪窗口部分边界成为裁剪后的多边形边界。

多边形窗口经过裁剪后，有的顶点被裁剪掉了，但同时又产生了一些新的顶点，它们多半是由多边形与窗口边界线相交形成的，如图 6-16(a)所示，而有些则为另外一种形式：如图

6-16(b)中的顶点 3 或者(c)中的顶点 A、B。

从以上这些例子可以看出，多边形裁剪的关键，不仅在于求出新的顶点，删去落在边界外的顶点，更在于形成裁剪后的多边形的正确的顶点序列。

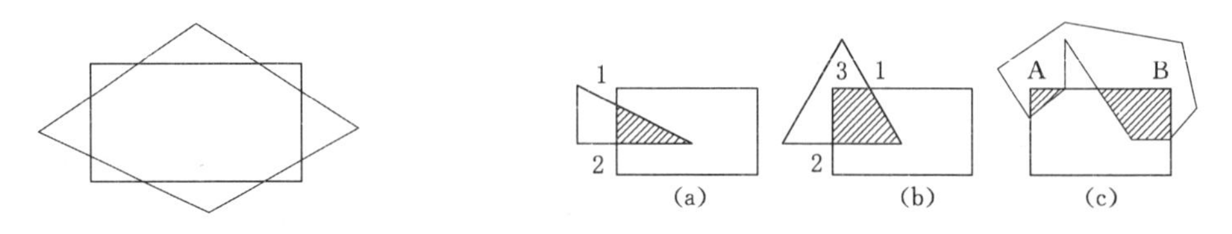

图 6-15　原来封闭的多边形变成了孤立的线段

图 6-16　裁剪后的多边形顶点形成的几种情况

6.2.2.1　Sutherland-Hodgman 算法

Sutherland-Hodgman 算法的裁剪过程如图 6-17 所示，其基本思想是：通过用窗口各边所在的直线逐一对多边形进行裁剪以完成对多边形的裁剪。这样就把复杂的问题分解为几个简单的重复处理过程，从而使其变得简单化。对于正规矩形窗口，就是依次用窗口的 4 条边线对多边形进行裁剪，即先用一条边线对整个多边形进行裁剪，得到一个或多个新的多边形；然后再用第二条边线对产生的新多边形进行裁剪，直到多边形依次被窗口的所有边线裁剪完毕为止。因此，Sutherland-Hodgman 算法也被称为逐边裁剪算法。

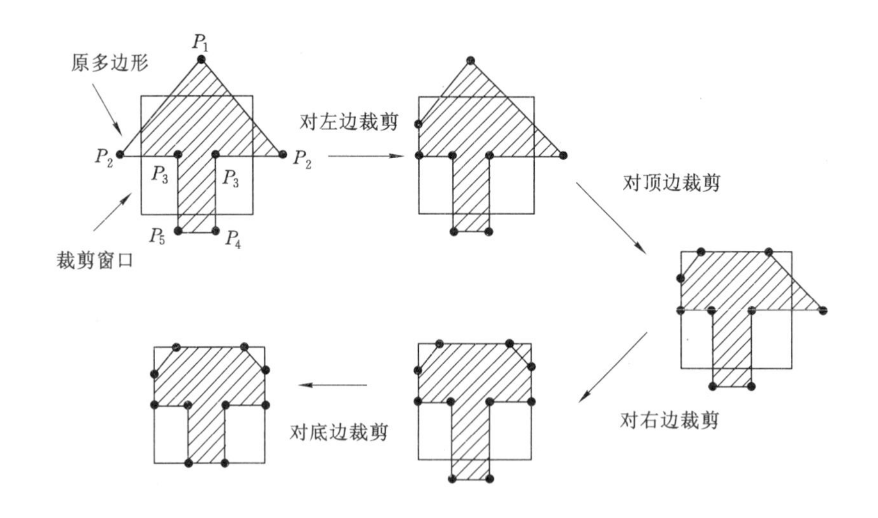

图 6-17　逐边裁剪过程

在该算法中，多边形被窗口各边线裁剪的顺序无关紧要，裁剪窗口可为任一凸多边形窗口。算法的输入是原多边形的顶点序列，算法的输出是裁剪后的多边形的顶点序列。

Sutherland-Hodgman 算法的步骤可描述如下。

步骤 1：首先把待裁剪的多边形的所有顶点按照一定方向有序地组成一个顶点序列，如图 6-17 中的 $P_1, P_2, \cdots, P_7$，再顺次连接相邻两顶点，得到 7 条边：$P_1P_2, P_2P_3, P_3P_4, \cdots, P_6P_7, P_7P_1$，它们构成一个封闭的多边形，其中顶点序列就是算法的输入量。

步骤 2：依次用每一条裁剪边对输入的顶点序列进行如下处理。

(1) 用当前裁剪边检查第一个顶点 P_1，若 P_1 在当前裁剪边的可见一侧，则保留该顶点。

(2) 该点作为新顶点存入输出顶点表列中；否则舍弃该顶点，不作为新顶点输出。

(3) 假设 $P_i(i=1,2,\cdots,n-1)$ 已作为待裁剪多边形的前一条边的顶点检查完毕，则判断下一顶点 P_{i+1} 和前一顶点 P_i 构成的边 P_iP_{i+1} 与当前裁剪边的位置关系；然后，根据位置关系决定哪些点可作为新的顶点输出。位置关系有如下几种情况：

① 边 P_iP_{i+1} 位于裁剪边的窗口可见一侧，如图 6-18(a)所示，此时，将顶点 P_{i+1} 作为新的顶点输出。

② 边 P_iP_{i+1} 位于裁剪边的窗口不可见一侧，如图 6-18(b)所示，此时，没有新的顶点输出。

③ 边 P_iP_{i+1} 是离开裁剪边的窗口可见一侧的，如图 6-18(c)所示，此时，由于边 P_iP_{i+1} 与裁剪边有交点 I，P_i 是可见的，P_{i+1} 是不可见的，因此，该交点 I 应作为新的顶点输出。

④ 边 P_iP_{i+1} 是进入裁剪边的窗口可见一侧的，如图 6-18(d)所示，此时，由于边 P_iP_{i+1} 与裁剪边有交点 I，P_i 是不可见的，P_{i+1} 是可见的，因此，该交点 I 和顶点 P_{i+1} 都应作为新的顶点输出。

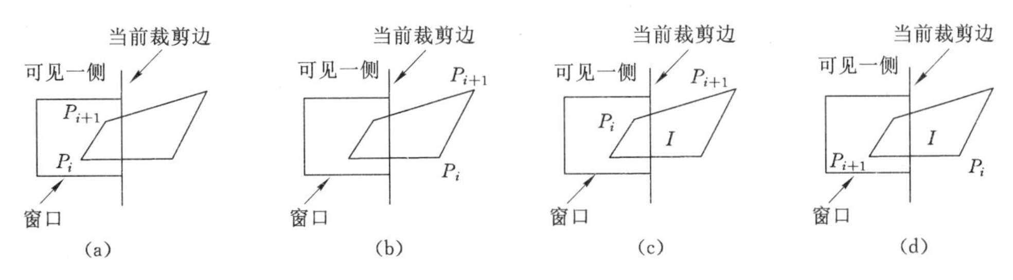

图 6-18　线段与当前裁剪的位置关系

(a) 输出 P_{i+1}；(b) 无输出；(c) 输出 I；(d) 输出 I 和 P_1

步骤 3：将输出的顶点序列作为下一条裁剪边处理过程的输入，重复步骤②～③，直到所有窗口边线均作为裁剪边处理完毕为止。

步骤 4：将输出的新的顶点序列依次连线，可得到裁剪后的多边形。

Sutherland-Hodgman 算法对被裁剪多边形每边的裁剪过程一致，采用流水线方式，适合于硬件实现；并且如图 6-19 所示可推广到任意凸多边形裁剪窗口，推广到任意多边形窗口时，算法的原理与步骤不变，只是裁剪边是凸多边形窗口的各边，窗口与被裁剪多边形的内外关系也如图 6-20 所示。

Sutherland-Hodgman 逐边裁剪对凸多边形应用能得到正确的结果。但裁剪凹多边形时，将显示出一条多余的直线，如图 6-21 所示。上述情况在裁剪后的多边形有两个或多个分离部分的时候出现。因为只有一个输出顶点表，所以表中最后一个顶点总是连着第一个顶点。

解决该问题的方法有多种：一是把凹多边形分割成若干个凸多边形，然后分别处理各个凸多边形；二是修改本算法：沿着任何一个裁剪窗口边检查顶点表，正确的连接顶点对；或应用其他算法，如 Weiler-Athenton 算法。

6.2.2.2　Weiler-Athenton 算法

Weiler-Athenton 算法又叫双边裁剪法，裁剪窗口与被裁剪多边形可以为任意(凸、凹、

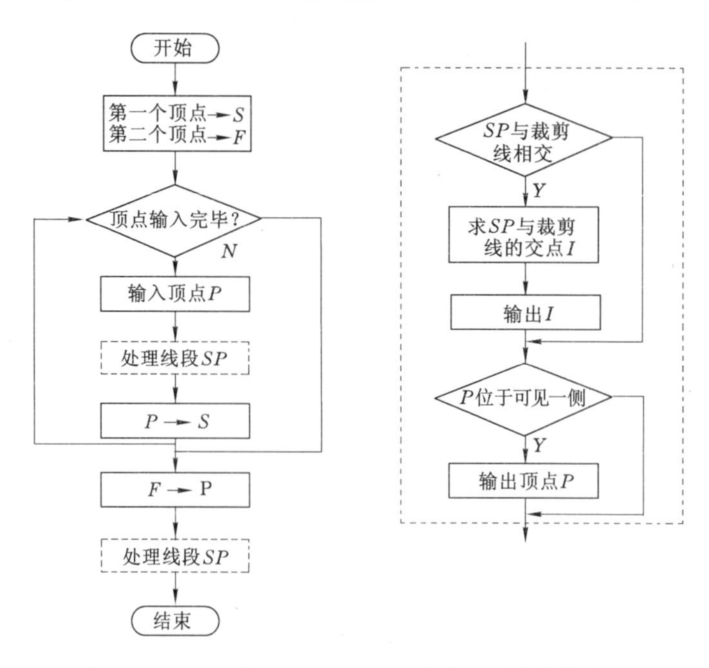

图 6-19　Sutherland-Hodgman 逐次多边形裁剪算法流程与线段 SP 处理子流程框图

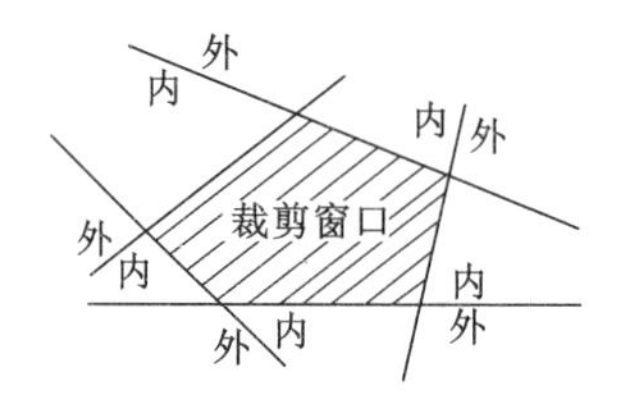

图 6-20　Sutherland-Hodgman 算法推广到任意凸多边形时窗口内外关系的判别

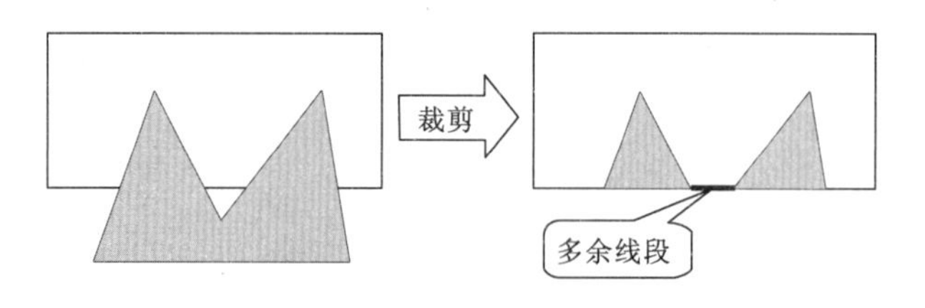

图 6-21　凹多边形裁剪示例

带内环）多边形，如图 6-22 所示。

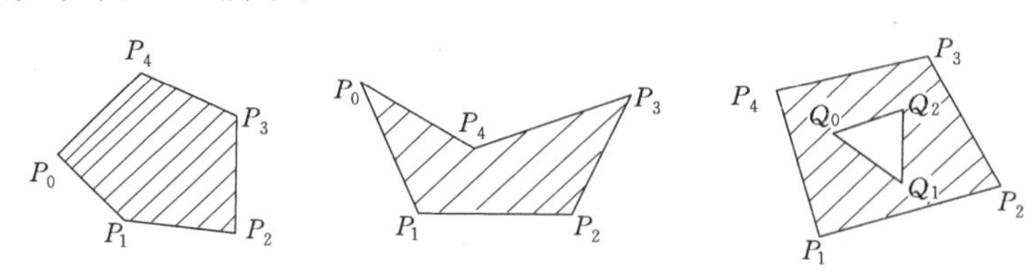

图 6-22　Weiler-Athenton 算法

我们一般把主多边形，即被裁剪多边形，记为 A；裁剪多边形，即裁剪窗口，记为 B。主多边形和裁剪多边形把二维平面分成两部分，如图 6-23(a)所示。按所取范围把裁剪分为：内裁剪：$A \cap B$；外裁剪：$A-B$。裁剪结果区域的边界由 A 的部分边界和 B 的部分边界构成，并且在交点处边界发生交替，即由 $A(B)$的边界转至 $B(A)$的边界。

如图 6-23(b)所示，如果主多边形与裁剪多边形有交点，则交点是成对出现的，它们被分为如下两类：

进点：主多边形边界由此进入裁剪多边形，如 I_1，I_3，I_5，I_7，I_9，I_{11}；

出点：主多边形边界由此离开裁剪多边形，如 I_0，I_2，I_4，I_6，I_8，I_{10}。

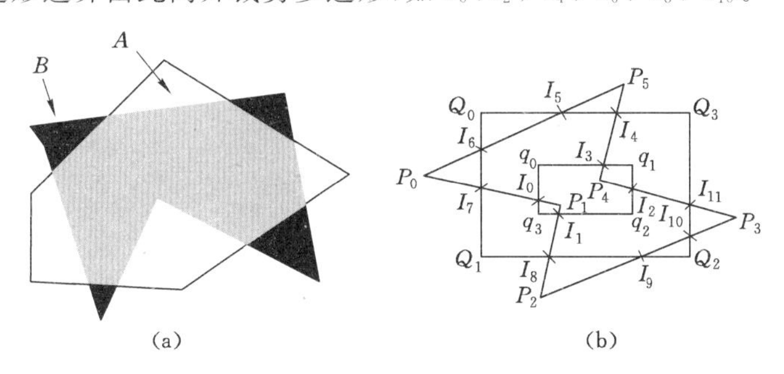

图 6-23　Weiler-Athenton 算法示意图

(a) 裁剪多边形与被裁剪多边形；(b) 裁剪过程中边界交替

下面给出 Weiler-Athenton 多边形裁剪算法的步骤：

① 建立主多边形和裁剪多边的顶点表；

② 求主多边形和裁剪窗口的交点，并将这些交点按顺序插入两多边形的顶点表中，再在两多边形顶点表中的相同交点间建立双向指针；

③ 裁剪。

如果存在没有被跟踪过的交点，执行以下步骤：

① 建立裁剪结果多边形的顶点表；

② 选取任一没有被跟踪过的交点为始点，将其输出到结果多边形顶点表中；

③ 如果该交点为进点，跟踪主多边形边界；否则跟踪裁剪多边形边界；

④ 跟踪多边形边界时，每遇到多边形顶点，就将其输出到结果多边形顶点表中，直至遇到新的交点；

⑤ 将该交点输出到结果多边形顶点表中，并通过连接该交点的双向指针改变跟踪方向，即如果上一步跟踪的是主多边形边界，则改为跟踪裁剪多边形边界；如果上一步跟踪裁剪多边形边界，则改为跟踪主多边形边界；

⑥ 重复④、⑤直至回到起点。

在裁剪中，通常会遇到一些特殊的交点，需要特殊处理，如图 6-24 所示。

一般按下面的规则来处理这些特殊的交点：

① 与裁剪多边形重合的主多边形的边不参与求交点；

② 对于顶点落在裁剪多边形边上的主多边形的边，如果其落在该裁剪边的内侧，则将该顶点算作交点；而如果其落在该裁剪边的外侧，则不将该顶点看做交点。

图 6-25 所示的是图 6-23(b)的裁剪过程示意图，如下：

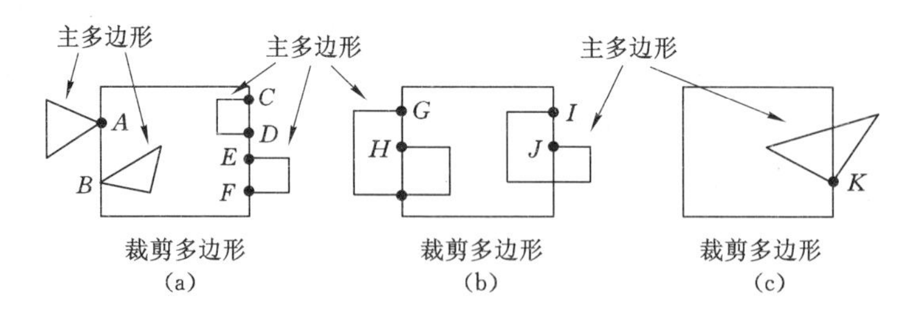

图 6-24　Weiler-Athenton 算法中交点的奇异情况处理

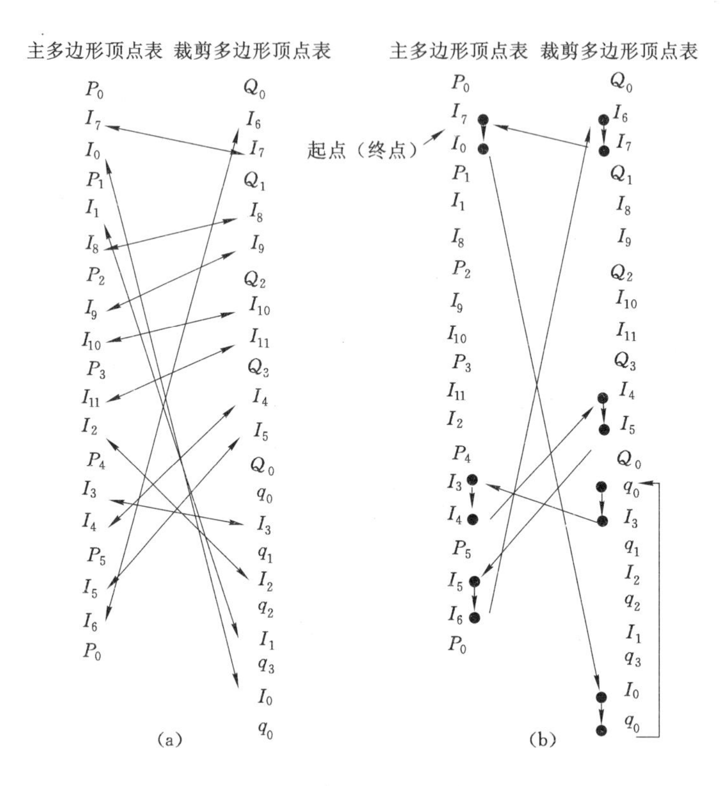

图 6-25　Weiler-Athenton 裁剪过程示意图

6.2.3　字符裁剪

上文介绍了点、线、多边形的裁剪方法。当字符与文本的部分在窗口内，部分在窗口外时，那就需要解决字符裁剪的问题。字符串裁剪可按三个精度标准来进行：串精度、字符精度以及笔画/像素精度如图 6-26 所示。采用串精度进行裁剪时，将包围字串的外接矩形框对窗口作裁剪：当整个字符串方框都在窗口内时予以显示，否则不显示；采用字符精度进行裁剪时，将包围字的外接矩形框对窗口作裁剪：某个字符方框整体落在窗口内时予以显示，否则不显示；采用笔画/像素精度进行裁剪时，将笔画分解成直线段对窗口作裁剪，处理方法同上。

采用像素精度对字符进行裁剪时，基于构成字符的最小元素的不同，裁剪方法亦不同，对于点阵字符可以采用点裁剪对于矢量字符可以采用线裁剪。

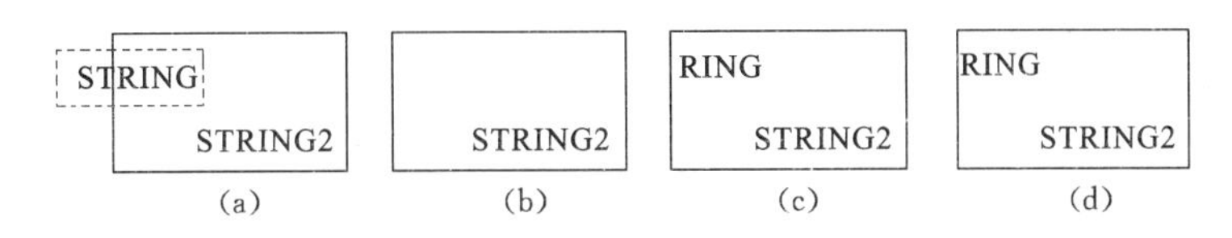

图 6-26　字符剪裁

(a) 待裁剪字符串；(b) 串精度裁剪；(c) 字符精度裁剪；(d) 像素精度裁剪

6.3　图形变换

图形变换一般是指将图形的几何信息经过几何变换后产生新的图形。经过图形变换，可由简单图形生成复杂图形，可用二维图形表示三维形体，甚至可对静态图形经过快速变换而获得图形的动态显示效果。

在介绍图形变换之前，首先对齐次坐标进行简单介绍。所谓齐次坐标表示法就是由 $n+1$ 维向量表示一个 n 维向量。n 维空间中点的位置向量用非齐次坐标表示时，具有 n 个坐标分量 $(P_1, P_2, \cdots, P_n)$，且是唯一的。若用齐次坐标表示时，此向量有 $n+l$ 个坐标分量 $(hP_1, hP_2, \cdots, hP_n, h)$，且不唯一。普通的或"物理的"坐标与齐次坐标的关系为一对多，若二维点 (x, y) 的齐次坐标表示为 $[hx, hy, h]$，则 $[h_1x, h_1y, h_1]$，$[h_2x, h_2y, h_2]$，…，$[h_mx, h_my, h_m]$ 都表示二维空间中同一个点 (x, y) 的齐次坐标。如[12,8,4]、[6,4,2]和[3,2,1]均表示[3,2]这一点的齐次坐标。类似地，对三维空间中坐标点的齐次表示为 $[hx, hy, hz, h]$。

齐次坐标表示的优越性主要有以下二点。

① 提供了用矩阵运算把二维、三维甚至高维空间中的一个点集从一个坐标系变换到另一个坐标系的有效方法，使得图形变换的运算能用统一数学形式表达，例如：

二维齐次坐标变换矩阵的形式是：

$$T_{2D} = \begin{bmatrix} a & d & g \\ b & e & h \\ c & f & i \end{bmatrix} \tag{6-27}$$

三维齐次坐标变换矩阵的形式是：

$$T_{3D} = \begin{bmatrix} a & d & g & p \\ b & e & h & q \\ c & f & i & r \\ l & m & n & s \end{bmatrix} \tag{6-28}$$

② 可以表示无穷远点。例如 $n+l$ 维中，$h=0$ 的齐次坐标实际上表示了一个 n 维的无穷远点。对二维的齐次坐标 $[a, b, h]$ 当 $h \to 0$，表示了 $ax+by=0$ 的直线，即在 $y=-(a/b)x$ 上的连续点 $[x, y]$ 逐渐趋近于无穷远，但其斜率不变。在三维情况下，利用齐次坐标表示视点在原点时的投影变换，其几何意义会更加清晰。

关于齐次坐标的应用与特点，将在后面的课程中进一步深入讲解。

6.3.1　坐标系统及其变换

6.3.1.1　坐标系统

现实中的几何物体具有很多重要的性质如性质、形状、位置、方向以及相互之间的空间关系，等等。为了描述、分析、度量这特性。就需要一个称为坐标系的参考框架，坐标系从本质上说，它自身也是一个几何物体。

在图形学中，采用了很多各具特色的坐标系，以其维度上看，可分为一维坐标系、二维坐标系、三维坐标系。以其坐标轴之间的空间关系来看，可分为直角坐标系、球坐标系等。其中直角坐标系最为常用。这些坐标系的定义与空间解析几何所熟知的定义是一致的。

另外，在计算机图形学中，为了通过显示设备来考察几何物体的特性，引入了一系列用于显示输出的坐标系，而图形的显示过程就可以看成是对象模型是在不同坐标系间的映射，如图 6-27 所示。

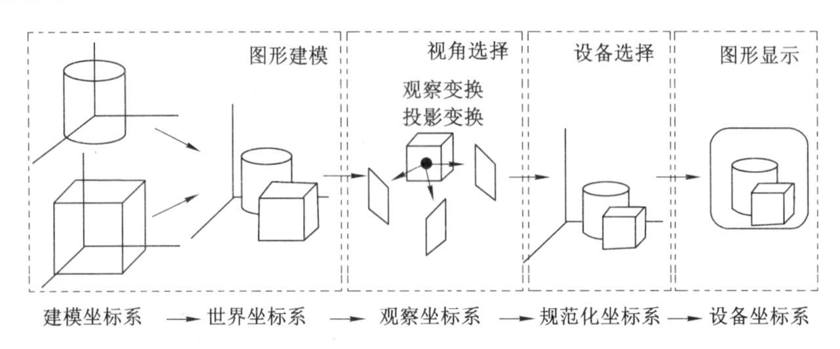

图 6-27　坐标系转换表

这些坐标系包括：

(1) 世界坐标系(World Coordinate System)或全局坐标系(Global Coordinate System)。现实世界的坐标系，其原点位置可以任意定义，但坐标系方向不能改变，它是一个公共坐标系，是单个物体或某一场景的统一参照系。该坐标系主要用于计算机图形场景中的所有图形对象的空间定位和定义，以明确某一物体的单元构成或某个物体放入场景的适当位置，包括观察者的位置、视线等。计算机图形系统中涉及的其他坐标系都是参照它进行定义的。

(2) 建模坐标系(Modeling Coordinate System)或局部坐标系(Local Coordinate System)或主坐标系(Master Coordinate System)。主要是为方便地构造场景或物体中单个对象而定义的坐标系，用户可根据需要自由定义其原点位置和方向，所以常称局部坐标系。它独立于世界坐标系来定义物体几何特性，通常是在不需要指定物体在世界坐标系中的方位的情况下，使用局部坐标系。一旦你定义“局部”物体，通过指定在局部坐标系的原点在世界坐标系中的方位，然后通过几何变换，就可很容易地将“局部”物体放入世界坐标系内，使它由局部上升为全局。

(3) 观察坐标系(Viewing Coordinate Systems)。它是特殊的建模坐标系，用户可根据图形显示的要求自由定义其原点位置和方向，得到期望的视图。这相当于“照相机”的坐标参考，用来确定相机胶卷平面的位置和方向。观察坐标系通常是以视点的位置为原点，通过用户指定的一个向上的观察向量(view up vector)来定义整个坐标系，默认为左手坐标系，观察坐标系主要用于从观察者的角度对整个世界坐标系内的对象进行重新定位和描述，从而简化几何物体在投影面的成像的数学推导和计算。

(4) 成像面坐标系(Imaging Coordinate Systems)。拍一张照片必须在胶卷平面上显示景物中物体的视图，这个“胶卷平面”就是成像坐标系。它是一个二维坐标系，可以看成是观察坐标系中的一个特定投影。主要用于指定物体在成像面上的所有点，往往是通过指定成像面与视点之间的距离来定义成像面，成像面有时也称投影面，可进一步在投影面上定义称为窗口的方形区域来实现部分成像。

（5）规范化设备坐标系（Normolizing Device Coordinate System）。它是独立于设备又可容易地转变成设备坐标系的一个坐标系，是一个中间坐标系。通常，在变换为特定的设备坐标之前，图形系统首先将世界坐标位置变换为规范化设备坐标系，范围从0到1，使系统独立于可能使用的各种设备。例如有的图形显示器的分辨率只有640×480，而有的高达2408×1024，以至于绘图机的输出坐标还可以更大。为使图形软件能在不同设备之间移植，图形软件并不采用实际的设备坐标，而采用规范化设备坐标系，从规范化设备坐标系到各图形硬件实际坐标之间的映射由图形软件自动实现。因此，使用图形软件的用户均以规范化设备坐标系在各图形输出与显示设备上作图，为适应比例和纵横比的差别，规范化坐标变换到输出设备的正方区域，以保持适当比例。

（6）设备坐标系（Device Coordinate System）或屏幕坐标系（Screen Coordinate System）。其适合于特定输出设备输出对象的坐标系。主要用于某一特殊的计算机图形显示设备（如光栅显示器）表面的点的定义，在多数情况下，对于每一个具体的显示设备，都有一个单独的坐标系。在定义了成像窗口的情况下，可进一步在屏幕坐标系中定义称为视图区（view port）的有界区域，视图区中的成像即为实际所观察到的。对特定的输出设备，设备坐标是整数。

6.3.1.2　窗口区与视图区的坐标变换

通常，用户指定用户域（WC）中的某一区域为工作窗口（W），W 小于或等于 WC，任何小于 WC 的 W 均称为 WC 的一个子域。窗口通常是矩形的，可以用其左下角和右上角的坐标来表示，或用其边长来表示；窗口可以嵌套，即可以在第 i 层窗口中再定义第 $i+1$ 层窗口。屏幕域是设备输出图形的最大区域，是有限的整数域，如对于分辨率为1024×1024的显示器，其屏幕区域为 $DC\in[0:1023]\times[0:1023]$。任何小于或等于屏幕域的区域称为视图区，可以由用户在屏幕域中用设备坐标来定义；在一个屏幕上，可以定义多个视图区，分别作不同的应用，如主菜单区、图形显示区、提示信息区等。

在图形显示区，必须进行从窗口区到视图区的坐标变换，即将窗口区内景物的实际坐标变换为视图区的屏幕坐标，亦即像素行列位置。

（1）变换公式

如图6-28所示，用户坐标系下窗口区的左下、右上角的坐标分别为（W_{XL}，W_{YB}）、（W_{XR}，W_{YT}）；其相应的屏幕视图区的左下、右上角的坐标分别为（V_{XL}，V_{YB}）、（V_{XR}，V_{YT}）。则窗口中的任意点（X_W，Y_W）对于屏幕视图区中的点（X_V，Y_V），其变换公式为：

$$[x_V\ y_V\ 1]=[x_W\ y_W\ 1]\times\begin{bmatrix}a & 0 & 0\\0 & c & 0\\b & d & 1\end{bmatrix}\tag{6-29}$$

式中：

$$a=\frac{V_{XR}-V_{XL}}{W_{XR}-W_{XL}};\ b=V_{XL}-W_{XL}\times\frac{V_{XR}-V_{XL}}{W_{XR}-W_{XL}}$$

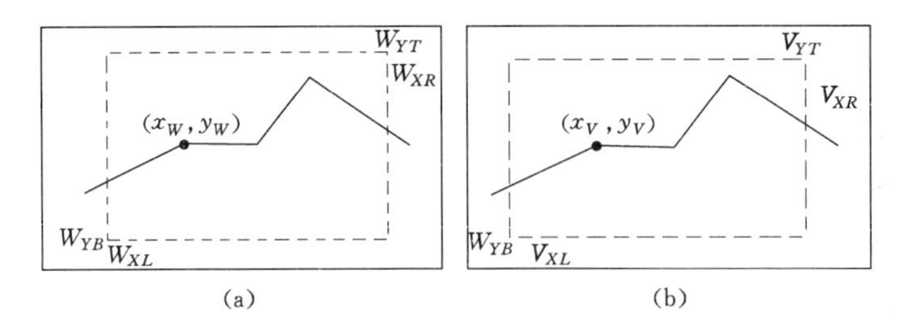

图 6-28 用户坐标系中的窗口与屏幕中视图区的对应关系

(a) 用户坐标系中的窗口；(b) 屏幕中的视图区

$$c=\frac{V_{YT}-V_{YB}}{W_{YT}-W_{YB}};\ d=V_{YB}-W_{YB}\times\frac{V_{YT}-V_{YB}}{W_{YT}-W_{YB}}$$

当 $a\neq c$ 时，即 x 方向与 y 方向的图形变化比例不一致，视图区中的图形会产生变形；当 $a=c=1,b=d=0$，且窗口与视图区中的坐标原点也相同时，则视图区中将产生与窗口区中相同的图形。

(2) 变换过程

二维图形从窗口区到视图区的输出过程如图 6-29 所示，其中 WC、NDC、DC 分别对应用户坐标、规格化坐标和设备坐标。与二维情况类似，三维图形一般需要经过三维裁剪之后，将落在三维窗口内的形体经投影变换，变成二维图形，再在指定的视图区内输出，其输出过程如图 6-30 所示，其中 VC 为视窗坐标。

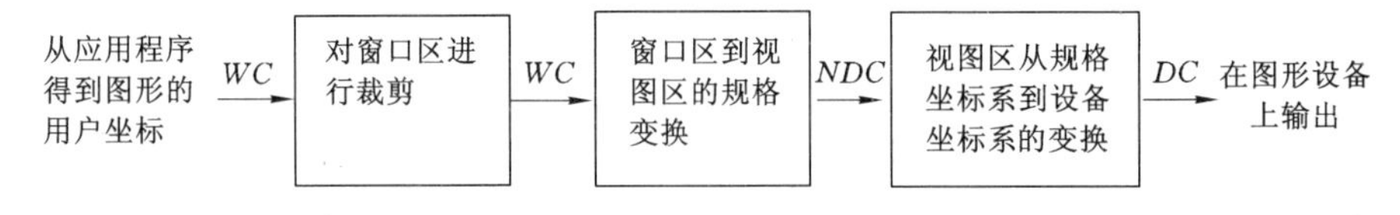

图 6-29 窗口-视图二维变换

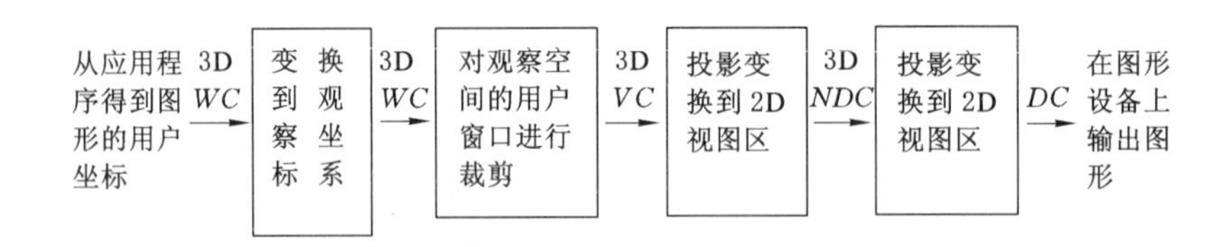

图 6-30 窗口-视图三维变换

6.3.1.3 规格化变换与设备坐标变换

在窗口-视图的二维变换和三维变换中都需要将规格化坐标变换为设备坐标，即显示器的像素坐标，该变换关系如图 6-31 所示。对于大分辨率为 1024×768($N_x=1024$，$N_y=768$)的显示器而言，一般地 $a=1$，在 NDC 中的点(x_{NDC}，y_{NDC})经过平移(d_x，d_y)和比例变换(s_x，s_y)后，就可以得到 DC 中点(x_{DC}，y_{DC})的坐标如下：

$$\begin{cases}x_{DC}=s_x\cdot x_{NDC}+d_x\\ y_{DC}=s_y\cdot y_{NDC}+d_y\end{cases}\tag{6-30}$$

值得注意的是，由于实际应用中 NDC 和 DC 的方向是相反的，此时，应结合屏幕的分

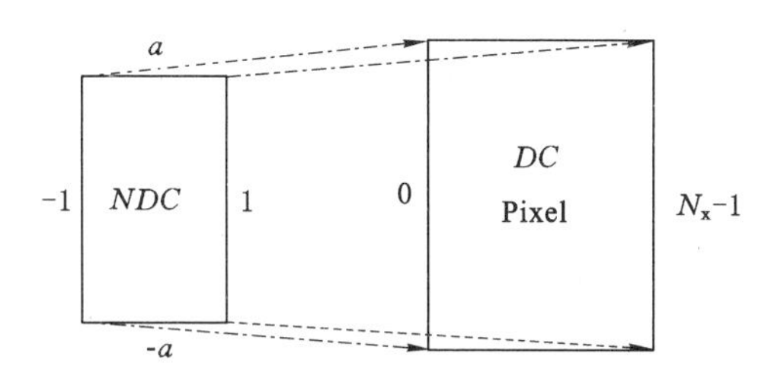

图 6-31　NDC 到 DC 变换的一般关系

辨率来计算上式中的两对参数(d_x,d_y)和(s_x,s_y)。

由于在 x 方向上 -1 变成 1,1 变成 N_x-1,而 y 方向上 $-a$ 变成 N_y-1,a 变成 0,因此,两对参数(d_x,d_y)和(s_x,s_y)的计算公式为:

$$\begin{cases} d_x = (N_x - 1)/2;\ d_y = (N_y - 1)/2 \\ s_x = (N_x - 1)/2;\ s_y = (N_y - 1)/(-2a) \end{cases} \tag{6-31}$$

6.3.2　图形几何变换

所谓图形变换是指对图形的几何信息经过几何变换后产生新的图形。图形变换可以看做是坐标系不动而图形变动,变动后的图形在坐标系中的坐标值发生变化;也可以看做是图形不动而坐标系发生变化。

图形观察和变换是图形显示过程中不可缺少的一个环节。通过图形观察及变换可由简单图形生成复杂图形,并可从不同的角度获取图形的各个构成侧面;图形观察变换也是描述图形的有力工具,可改变和管理各种图形的显示。可对静态图形经过快速变换而获得图形的动态显示效果。

6.3.2.1　二维图形的几何变换

(1) 二维变换矩阵

二维图形几何变换矩阵可用下式表示:

$$T_{2D} = \begin{bmatrix} a & d & g \\ b & e & h \\ c & f & i \end{bmatrix} \tag{6-32}$$

从变换功能上可把 T_{2D} 分为四个子矩阵,其中 $\begin{bmatrix} a & d \\ b & e \end{bmatrix}$ 是对图形进行缩放、旋转、对称、错切等变换;$[c \quad f]$ 是对图形进行平移变换;$\begin{bmatrix} g \\ h \end{bmatrix}$ 对图形作投影变换。g 的作用是在 x 轴的 $1/g$ 处产生一个灭点,h 的作用是在 y 轴的 $1/h$ 处产生一个灭点,i 是对整个图形做伸缩变换,T_{2D} 为单位矩阵即定义二维空间中的直角坐标系,此时 T_{2D} 可看做是三个行向量,其中 $[1 \quad 0 \quad 0]$ 表示 x 轴上的无穷远点,$[0 \quad 1 \quad 0]$ 表示 y 轴上的无穷远点,$[0 \quad 0 \quad 1]$ 表示坐标原点。

(2) 平移变换

$$[x^* \quad y^* \quad 1] = [x \quad y \quad 1] \cdot \begin{bmatrix} 1 & 0 & 0 \\ 0 & 1 & 0 \\ T_x & T_y & 1 \end{bmatrix} = [x + T_x \quad y + T_y \quad 1] \tag{6-33}$$

平移变换如图 6-32(a)所示。

(3)比例变换

$$[x^* \quad y^* \quad 1]=[x \quad y \quad 1]\cdot\begin{bmatrix} s_x & 0 & 0 \\ 0 & s_y & 0 \\ 0 & 0 & 1 \end{bmatrix}=[s_x\cdot x \quad s_y\cdot y \quad 1] \tag{6-34}$$

① 当$s_x=s_y=1$时，为恒等比例变换，即图形不变，如图 6-32(b)所示；

② 当$s_x=s_y>1$时，图形沿两个坐标轴方向等比例放大，如图 6-32(c)所示；

③ 当$s_x=s_y<1$时，图形沿两个坐标轴方向等比例缩小，如图 6-32(d)所示；

④ 当$s_x\neq s_y$时，图形沿两个坐标轴方向作非均匀的比例变化，如图 6-32(e)所示。

(4) 对称变换

$$[x^* \quad y^* \quad 1]=[x \quad y \quad 1]\cdot\begin{bmatrix} a & d & 0 \\ b & e & 0 \\ 0 & 0 & 1 \end{bmatrix}=[ax+by \quad dx+ey \quad 1] \tag{6-35}$$

① 当$b=d=0,a=-1,e=1$时，有$x^*=-x,y^*=y$，产生与 y 轴对称的反射图形，如图 6-32(f)所示；

② 当$b=d=0,a=1,e=-1$时，有$x^*=x,y^*=-y$，产生与 x 轴对称的反射图形，如图 6-32(g)所示；

③ 当 $b=d=0,a=e=-1$ 时，$x^*=-x,y^*=-y$，产生与原点对称的反射图形，如图 6-32(h)所示；

④ 当 $b=d=1,a=e=0$ 时，$x^*=y,y^*=x$，产生与直线 $y=x$ 对称的反射图形，如图 6-32(i)所示；

⑤ 当 $b=d=-1,a=e=0$ 时，$x^*=-y,y^*=-x$，产生与直线 $y=-x$ 对称的反射图形，如图 6-32(j)所示。

(5) 旋转变换

$$[x^* \quad y^* \quad 1]=[x \quad y \quad 1]\begin{bmatrix} \cos\theta & \sin\theta & 0 \\ -\sin\theta & \cos\theta & 0 \\ 0 & 0 & 1 \end{bmatrix}$$

$$=[x\cdot\cos\theta-y\cdot\sin\theta \quad x\cdot\sin\theta+y\cdot\cos\theta \quad 1] \tag{6-36}$$

如图 6-32(k)所示，在 xOy 平面上的二维图形绕原点顺时针旋转θ角，则变换矩阵为

$$\begin{bmatrix} \cos\theta & -\sin\theta & 0 \\ \sin\theta & \cos\theta & 0 \\ 0 & 0 & 1 \end{bmatrix}$$

(6) 错切变换

$$[x^* \quad y^* \quad 1]=[x \quad y \quad 1]\begin{bmatrix} 1 & d & 0 \\ b & 1 & 0 \\ 0 & 0 & 1 \end{bmatrix}=[x+by \quad dx+y \quad 1] \tag{6-37}$$

① 当 $d=0$ 时，$x^*=x+by,y^*=y$，此时，图形的 y 坐标不变，x 坐标随初值(x,y)及变换系数 b 而作线性变化；如 $b>0$，图形沿$+x$ 方向作错切位移；$b<0$，图形沿$-x$ 方向作错切位移，如图 6-33(a)所示。

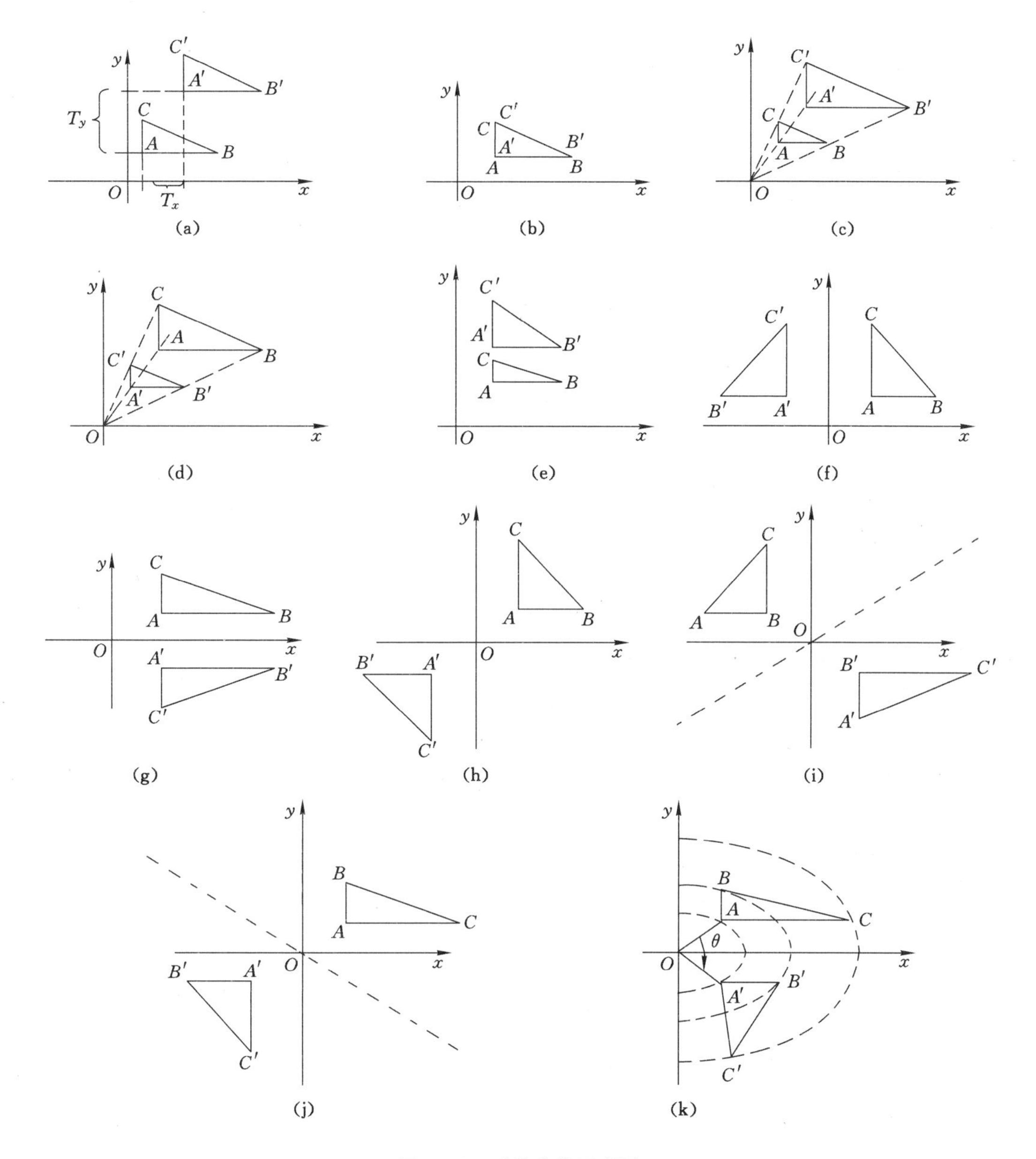

图 6-32　对称变换示意图

(a) 平移 T_x, T_y;(b) 比例系数 $s_x=s_y=1$;(c) 比例系数 $s_x=s_y>1$;(d) 比例系数 $0<s_x=s_y<1$;
(e) $s_x=1, s_y>1$;(f) y 轴对称;(g) x 轴对称;(h) 中心对称;(i) $y=x$ 对称;
(j) $y=-x$ 对称;(k) 相对原角旋转角 θ

② 当 $b=0$ 时,$x^*=x$,$y^*=dx+y$,此时图形的 x 坐标不变,y 坐标随初值(x,y)及变换系数 d 作线性变化;如 $d>0$,图形沿$+y$ 方向作错切位移;$d<0$ 时,图形沿$-y$ 方向作错切位移,如图 6-33(b)所示。

③ 当 $b\neq0$,且 $d\neq0$ 时,$x^*=x+by$,$y^*=dx+y$,图形沿 x,y 两方向作错切位移。

(7) 复合变换

复合变换是指图形作一次以上的几何变换,变换的结果是每次变换矩阵相乘。

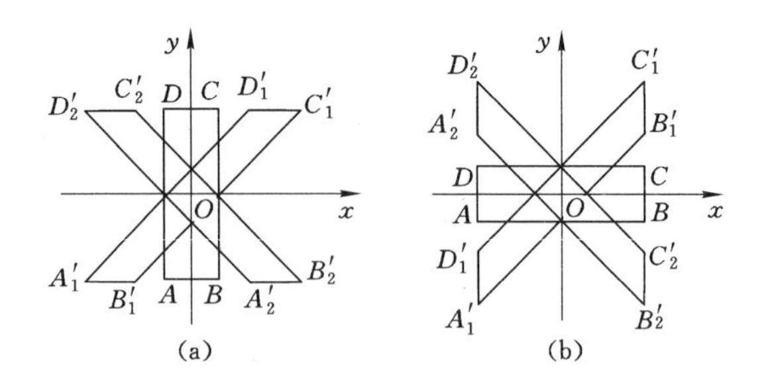

图 6-33 错切变换示意图

(a) x 方向;(b) y 方向

① 复合平移

$$T_1=T_{r1}\cdot T_{r2}=\begin{bmatrix}1&0&0\\0&1&0\\T_{x1}&T_{y1}&1\end{bmatrix}\begin{bmatrix}1&0&0\\0&1&0\\T_{x2}&T_{y2}&1\end{bmatrix}=\begin{bmatrix}1&0&0\\0&1&0\\T_{x1}+T_{x2}&T_{y1}+T_{y2}&1\end{bmatrix}\tag{6-38}$$

② 复合比例

$$T_2=T_{s1}\cdot T_{s2}=\begin{bmatrix}s_{x1}&0&0\\0&s_{y1}&0\\0&0&1\end{bmatrix}\cdot\begin{bmatrix}s_{x2}&0&0\\0&s_{y2}&0\\0&0&1\end{bmatrix}=\begin{bmatrix}s_{x1}s_{x2}&0&0\\0&s_{y1}s_{y2}&0\\0&0&1\end{bmatrix}\tag{6-39}$$

③ 复合旋转

$$T_r=T_{r1}\cdot T_{r2}=\begin{bmatrix}\cos\theta_1&\sin\theta_1&0\\-\sin\theta_1&\cos\theta_1&0\\0&0&1\end{bmatrix}\begin{bmatrix}\cos\theta_2&\sin\theta_2&0\\-\sin\theta_2&\cos\theta_2&0\\0&0&1\end{bmatrix}=\begin{bmatrix}\cos(\theta_1+\theta_2)&\sin(\theta_1+\theta_2)&0\\-\sin(\theta_1+\theta_2)&\cos(\theta_1+\theta_2)&0\\0&0&1\end{bmatrix}\tag{6-40}$$

比例、旋转变换是与参考点有关的，上面介绍的均是相对原点所作比例、旋转变换。如要相对某一参考点(x_f, y_f)作比例、旋转变换，其变换的过程是先把坐标原点平移至(x_f, y_f)，在新的坐标系下作比例或旋转变换后，再将坐标原点平移回去，其变换公式如下。

④ 相对(x_f, y_f)点的比例变换

$$T_{sf}=\begin{bmatrix}1&0&0\\0&1&0\\-x_f&-y_f&1\end{bmatrix}\begin{bmatrix}s_x&0&0\\0&s_y&0\\0&0&1\end{bmatrix}\begin{bmatrix}1&0&0\\0&1&0\\x_f&y_f&1\end{bmatrix}$$

$$= \begin{bmatrix} s_x & 0 & 0 \\ 0 & s_y & 0 \\ (1-s_x)\cdot x_f & (1-s_y)y_f & 1 \end{bmatrix} \tag{6-41}$$

⑤ 相对(x_f, y_f)点的旋转变换

$$T_{rf} = \begin{bmatrix} 1 & 0 & 0 \\ 0 & 1 & 0 \\ -x_f & -y_f & 1 \end{bmatrix} \begin{bmatrix} \cos\theta & \sin\theta & 0 \\ -\sin\theta & \cos\theta & 0 \\ 0 & 0 & 1 \end{bmatrix} \begin{bmatrix} 1 & 0 & 0 \\ 0 & 1 & 0 \\ x_f & y_f & 1 \end{bmatrix}$$

$$= \begin{bmatrix} \cos\theta & \sin\theta & 0 \\ -\sin\theta & \cos\theta & 0 \\ (1-\cos\theta)\cdot x_f + y_f\cdot\sin\theta & (1-\cos\theta)y_f - x_f\cdot\sin\theta & 1 \end{bmatrix} \tag{6-42}$$

(8) 几点说明

① 平移变换只改变图形的位置，不改变图形的大小和形状；

② 旋转变换仍保持图形各部分间的线性关系和角度关系，变换后直线的长度不变；

③ 比例变换可改变图形的大小和形状；

④ 错切变换引起图形角度关系的改变，甚至导致图形发生畸变；

⑤ 拓扑不变的几何变换不改变图形的连接关系和平行关系。

6.3.2.2　三维图形几何变换

(1) 变换矩阵

三维图形的几何变换矩阵可用T_{3D}表示，其表示式如下：

$$[x' \ y' \ z' \ H] = [x \ y \ z \ 1] \left[\begin{array}{ccc:c} a & d & g & p \\ b & e & h & q \\ c & f & i & r \\ \hdashline l & m & n & s \end{array}\right] \tag{6-43}$$

从变换功能上T_{3D}可分为四个子矩阵，其中：$\begin{bmatrix} a & d & g \\ b & e & h \\ c & f & i \end{bmatrix}$比例、旋转、错切等几何变换；$[l \quad m \quad n]$产生平移变换；$\begin{bmatrix} p \\ q \\ r \end{bmatrix}$产生透视变换；$[s]$产生整体比例变换。

(2) 平移变换

$$[x^* \quad y^* \quad z^* \quad 1] = [x \quad y \quad z \quad 1] \begin{bmatrix} 1 & 0 & 0 & 0 \\ 0 & 1 & 0 & 0 \\ 0 & 0 & 1 & 0 \\ T_x & T_y & T_z & 1 \end{bmatrix}$$

$$= [x+T_x \quad y+T_y \quad z+T_z \quad 1] \tag{6-44}$$

平移变换示意图如图 6-34 所示。

(3) 比例变换

若比例变换的参考点为(x_f, y_f, z_f)，其变换矩阵为

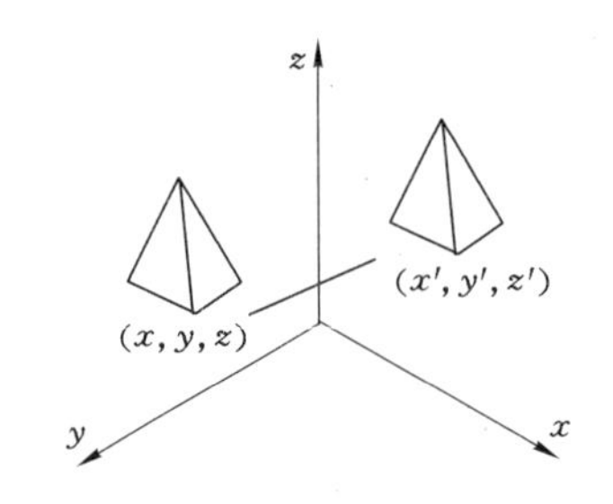

图 6-34　平移变换示意图

$$\begin{bmatrix}1 & 0 & 0 & 0\\0 & 1 & 0 & 0\\0 & 0 & 1 & 0\\-x_f & -y_f & -z_f & 1\end{bmatrix}\begin{bmatrix}s_x & 0 & 0 & 0\\0 & s_y & 0 & 0\\0 & 0 & s_z & 0\\0 & 0 & 0 & 1\end{bmatrix}\begin{bmatrix}1 & 0 & 0 & 0\\0 & 1 & 0 & 0\\0 & 0 & 1 & 0\\x_f & y_f & z_f & 1\end{bmatrix}$$

$$=\begin{bmatrix}s_x & 0 & 0 & 0\\0 & s_y & 0 & 0\\0 & 0 & s_z & 0\\(1-s_x)\cdot x_f & (1-s_y)\cdot y_f & (1-s_z)\cdot z_f & 1\end{bmatrix} \tag{6-45}$$

与二维变换类似，相对于参考点 $F(x_f, y_f, z_f)$ 作比例变换、旋转变换的过程亦分为以下三步：

① 坐标系原点平移至参考点 F；

② 在新坐标系下相对原点作比例、旋转变换；

③ 将坐标系再平移回原点。

相对 F 点作比例变化的过程如图 6-35 所示。

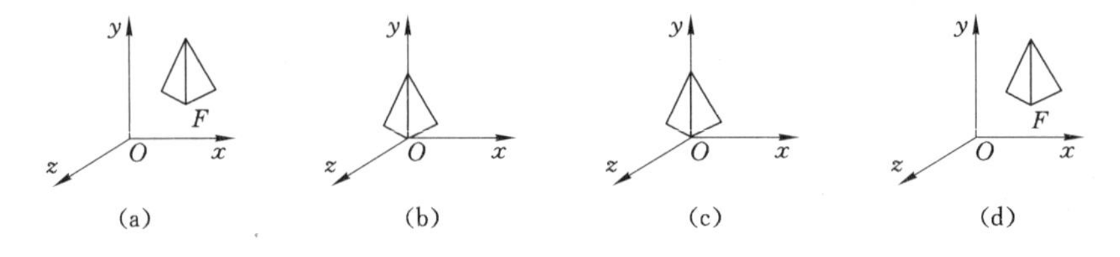

图 6-35　相对于 F 点作平移变换

(4) 绕坐标轴的旋转变换

在右手坐标系下相对坐标系原点绕坐标轴旋转 θ 角的变换公式是：

① 绕 x 轴旋转

$$[x^* \quad y^* \quad z^* \quad 1] = [x \quad y \quad z \quad 1]\begin{bmatrix}1 & 0 & 0 & 0\\0 & \cos\theta & \sin\theta & 0\\0 & -\sin\theta & \cos\theta & 0\\0 & 0 & 0 & 1\end{bmatrix} \tag{6-46}$$

② 绕 y 轴旋转

$$[x^* \quad y^* \quad z^* \quad 1] = [x \quad y \quad z \quad 1]\begin{bmatrix} \cos\theta & 0 & -\sin\theta & 0 \\ 0 & 1 & 0 & 0 \\ \sin\theta & 0 & \cos\theta & 0 \\ 0 & 0 & 0 & 1 \end{bmatrix} \tag{6-47}$$

③ 绕 z 轴旋转

$$[x^* \quad y^* \quad z^* \quad 1] = [x \quad y \quad z \quad 1]\begin{bmatrix} \cos\theta & \sin\theta & 0 & 0 \\ -\sin\theta & \cos\theta & 0 & 0 \\ 0 & 0 & 1 & 0 \\ 0 & 0 & 0 & 1 \end{bmatrix} \tag{6-48}$$

旋转变换的示意图如图 6-36 所示。

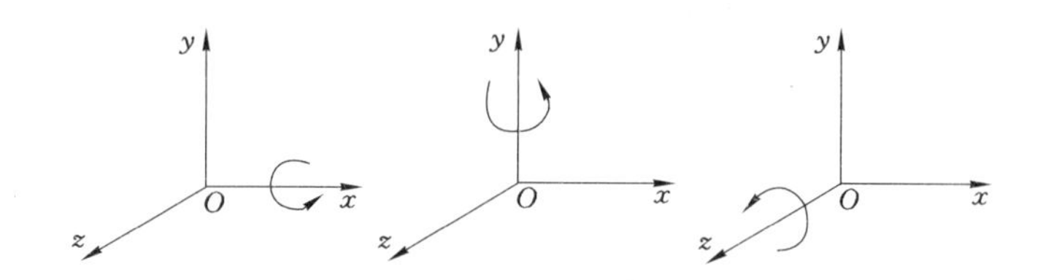

图 6-36　绕坐标轴旋转变换

(5) 绕任意轴的旋转变换

设旋转轴 AB 由空间任意一点 $A(x_a, y_a, z_a)$ 及方向数 (a,b,c) 定义，空间一点 $P(x_p, y_p\ z_p)$ 绕 AB 轴旋转 θ 角到 $P^*(x_p^*, y_p^*, z_p^*)$，如图 6-37 所示，即要使

$$[x_p^* \quad y_p^* \quad z_p^* \quad 1] = [x_p \quad y_p \quad z_p \quad 1] \cdot R_{ab} \tag{6-49}$$

其中R_{ab}为待求的变换矩阵。

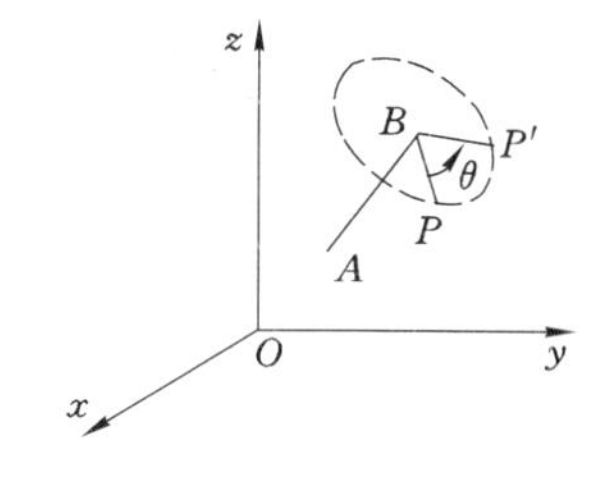

图 6-37　P 点绕 AB 轴旋转

求R_{ab}的基本思想是：以$(x_a \quad y_a \quad z_a)$为新的坐标原点，并使 AB 分别绕 x 轴，y 轴旋转适当角度与 z 轴重合，再绕 z 轴转 θ 角，最后再做上述变换的逆变换，使之回到原点的位置。

① 坐标原点平移到 A 点，原来的 AB 在新坐标系中为 $O'A$，其方向数仍为(a,b,c)；

$$T_A = \begin{bmatrix} 1 & 0 & 0 & 0 \\ 0 & 1 & 0 & 0 \\ 0 & 0 & 1 & 0 \\ -x_a & -y_a & -z_a & 1 \end{bmatrix} \tag{6-50}$$

② 让平面 $AO'A'$绕 x 轴旋转α 角，见图 6-38(a)，α 是$O'A$ 在 xOz 平面上的投影 $O'A'$ 与 Z 轴的夹角，故有：

$$v = \sqrt{b^2 + c^2} \qquad \cos\alpha = c/v \qquad \sin\alpha = b/v$$

$$R_x = \begin{bmatrix} 1 & 0 & 0 & 0 \\ 0 & \cos\alpha & \sin\alpha & 0 \\ 0 & -\sin\alpha & \cos\alpha & 0 \\ 0 & 0 & 0 & 1 \end{bmatrix} = \begin{bmatrix} 1 & 0 & 0 & 0 \\ 0 & c/v & b/v & 0 \\ 0 & -b/v & c/v & 0 \\ 0 & 0 & 0 & 1 \end{bmatrix} \tag{6-51}$$

经旋转 α 角后，OA 就在 xOz 平面上了。

③ 再让 $O'A$ 绕 y 轴旋转 β 角与 z 轴重合，见图 6-38(b)，此时从 z 轴往原点看，β 角是顺时针方向，故 β 取负值，故有

$$u = |OA| = \sqrt{a^2 + b^2 + c^2} \tag{6-52}$$

因 OA 为单位矢量，故 $u=1$。

所以 $\cos\beta = v/u = v$，$\sin\beta = a/u = -a$。

$$R_y = \begin{bmatrix} \cos\beta & 0 & -\sin\beta & 0 \\ 0 & 1 & 0 & 0 \\ \sin\beta & 0 & \cos\beta & 0 \\ 0 & 0 & 0 & 1 \end{bmatrix} = \begin{bmatrix} v & 0 & a & 0 \\ 0 & 1 & 0 & 0 \\ -a & 0 & v & 0 \\ 0 & 0 & 0 & 1 \end{bmatrix} \tag{6-53}$$

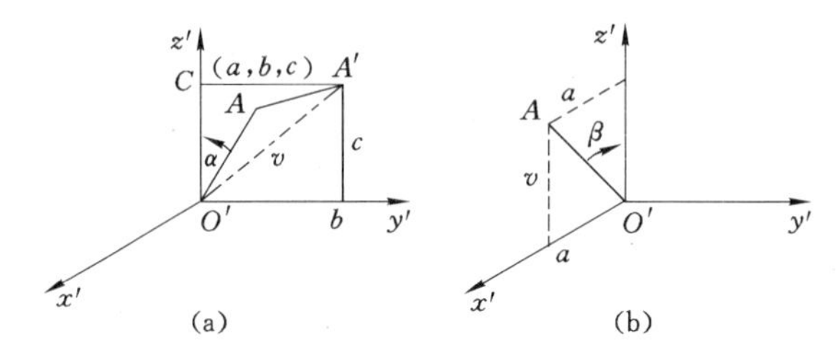

图 6-38　$O'A$ 经过两次旋转与 z' 重合

④ 经以上三步变换后，P 绕 AB 旋转变为在新坐标系中 P 绕 z 轴转 θ 角了。

$$R_z = \begin{bmatrix} \cos\theta & \sin\theta & 0 & 0 \\ -\sin\theta & \cos\theta & 0 & 0 \\ 0 & 0 & 1 & 0 \\ 0 & 0 & 0 & 1 \end{bmatrix} \tag{6-54}$$

⑤ 求 R_y、R_x、T_A 的逆变换

$$R_y^{-1} = \begin{bmatrix} \cos\beta & 0 & -\sin\beta & 0 \\ 0 & 1 & 0 & 0 \\ \sin\beta & 0 & \cos\beta & 0 \\ 0 & 0 & 0 & 1 \end{bmatrix} = \begin{bmatrix} v & 0 & -a & 0 \\ 0 & 1 & 0 & 0 \\ a & 0 & v & 0 \\ 0 & 0 & 0 & 1 \end{bmatrix} \tag{6-55}$$

$$R_x^{-1} = \begin{bmatrix} 1 & 0 & 0 & 0 \\ 0 & \cos\alpha & -\sin\alpha & 0 \\ 0 & \sin\alpha & \cos\alpha & 1 \\ 0 & 0 & 0 & 1 \end{bmatrix} = \begin{bmatrix} 1 & 0 & 0 & 0 \\ 0 & c/v & -b/v & 0 \\ 0 & b/v & c/v & 0 \\ 0 & 0 & 0 & 1 \end{bmatrix} \tag{6-56}$$

$$T_A^{-1} = \begin{bmatrix} 1 & 0 & 0 & 0 \\ 0 & 1 & 0 & 0 \\ 0 & 0 & 1 & 0 \\ x_a & y_a & z_a & 1 \end{bmatrix} \tag{6-57}$$

所以

$$R_{ab} = T_A R_x R_y R_z R_y^{-1} R_x^{-1} T_A^{-1} \tag{6-58}$$

6.3.3　形体的投影变换

从数学角度看，投影就是将 n 维空间中的点变换成小于 n 维空间的点。现实世界中的物体通常是在三维坐标系中描述的，为了将其在二维的计算机屏幕上显示出来，必须对其进行投影变换，投影变换是三维物体表示为二维平面图形显示必不可少的技术之一。

那么，投影是如何形成的呢？首先，需要在三维空间选择一个点，一般称这个点为投影中心，不经过这个点再定义一个面，称为投影面，从投影中心经过物体上的每一个点向投影平面引任意多条射线，这些射线一般被称为投影线，投影线与投影面相交后在投影面上所产生的像就称为该三维物体在二维投影面上的投影。由三维空间中的物体变换到二维投影面上的过程称为投影变换。投影面是平面，投影线是直线的投影，称为平面几何投影。

按照投影中心距离投影面的距离，平面几何投影可分为两种基本类型：即平行投影和透视投影。如果投影中心到投影面的距离是有限的，那么投影线必然会汇聚于一点，这样的投影就称为透视投影(Perspective Projection)。如果投影中心到投影平面之间的距离是无限的，那么投影射线必然是平行的，这样的投影成为平行投影(Parallel Perspective)。不同投影的情况如图 6-39 所示。

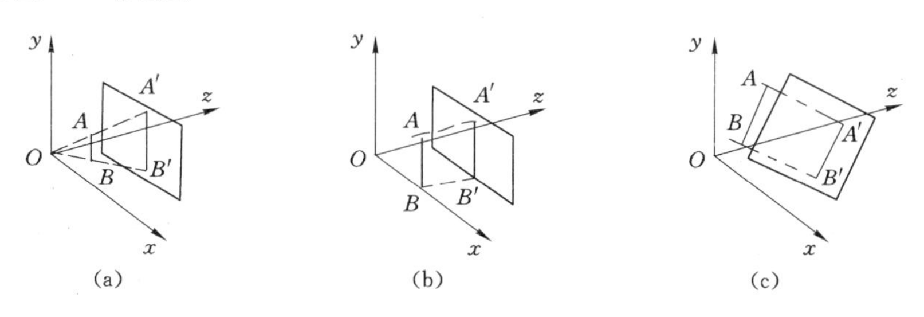

图 6-39　投影分类

(a) 透视投影距离有限；(b) 正平行投影距离无限；(c) 斜平行投影距离无限

在平面几何投影中，点的投影仍旧是点，直线的投影仍旧是直线，特殊情况下，直线的首点尾点重合。所以对直线的投影只需对两个端点进行投影即可。图 6-39(a)、(b)显示了线段 AB 的透视投影和平行投影形成原理以及投影中心、投影平面、投影线和三维图形及其投影之间的关系。

6.3.3.1　投影变换分类

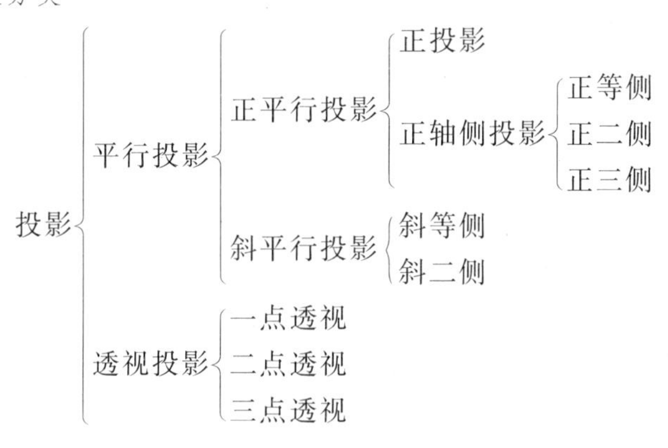

6.3.3.2　平行投影

平行投影的特点如下：

① 不具有透视缩小性，投影大小、方向不随物体平移而改变；

② 平行线的投影仍是平行线，在与投影线垂直的方向上，能精确地反映物体的实际尺寸。

按照投影方向与投影平面的夹角关系，平行投影可分为正平行投影和斜平行投影两大类，当投影线垂直于投影面时，形成的投影为正平行投影（Orthographic Parallel Projection），也称为正交投影，当投影线不垂直于投影面时，则为斜平行投影（Oblique Parallel Projection）或斜交投影。斜平行投影在实际上很少用。

根据投影平面与三维坐标轴或坐标平面的夹角关系，正平行投影可分为以下两类：三视图和正轴侧投影。当投影平面与某一坐标轴垂直时，得到的投影为三视图，这时投影方向与这个坐标轴的方向一致，否则得到的投影为正轴侧投影。三视图有主视图（也叫正视图）、俯视图和侧视图 3 种，它们的投影平面分别与 y 轴、z 轴、x 轴垂直，三视图通常用于工程机械制图中，因为在三视图上可以量测距离和角度。图 6-40 所示是一个三棱柱的三视图的例子。

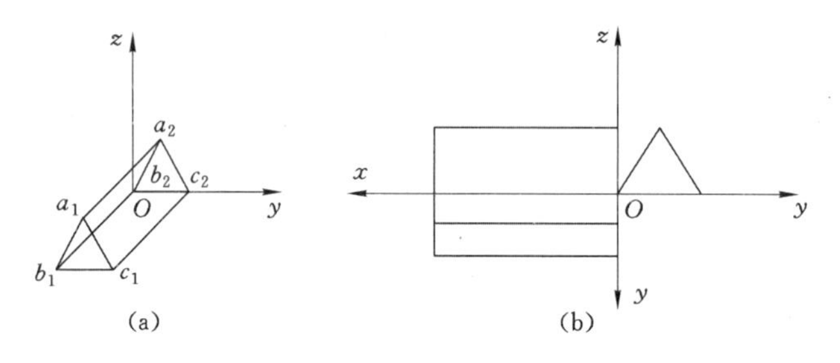

图 6-40　三视图

为了将 3 个视图显示到一个平面上，还要将其中的两个进行适当的变换，例如图 6-40 所示的三维坐标系中，将俯视图绕 x 轴顺时针旋转 90°、侧视图绕 z 轴逆时针旋转 90°，就可以将 3 个视图显示到 xOz 平面上了。有时，为了避免 3 个视图在坐标轴上有重合的边界，一般还要在旋转变换后，进行适当的平移变换，以便将 3 个视图分开一定的距离显示。可以使显示效果更清晰。

下面我们来推导三视图的变换矩阵。

首先，当投影面为坐标平面 xOy，投影线平行于 z 轴时，假设空间任意一点为 $P(x,y,z)$，变换后为 $P'(x',y',z')$，由正平行投影的性质可知，有 $x=x'$，$y'=y$，$z'=0$，写成矩阵形式为：

$$[x',y',z',1]=[x,y,z,1]T_z=[x,y,0,1]$$

得到：

$$T_z=\begin{bmatrix}1&0&0&0\\0&1&0&0\\0&0&0&0\\0&0&0&1\end{bmatrix} \tag{6-59}$$

同理：可以得到投影面为 yOz、xOz 时的正平行投影矩阵：

$$T_x = \begin{bmatrix} 0 & 0 & 0 & 0 \\ 0 & 1 & 0 & 0 \\ 0 & 0 & 1 & 0 \\ 0 & 0 & 0 & 1 \end{bmatrix} \tag{6-60}$$

$$T_y = \begin{bmatrix} 1 & 0 & 0 & 0 \\ 0 & 0 & 0 & 0 \\ 0 & 0 & 1 & 0 \\ 0 & 0 & 0 & 1 \end{bmatrix} \tag{6-61}$$

（1）主视图

对于主视图，投影线与 xOz 坐标平面垂直，可以通过正平行投影变换投影到 xOz 面，投影矩阵为：

$$T_V = T_y = \begin{bmatrix} 1 & 0 & 0 & 0 \\ 0 & 0 & 0 & 0 \\ 0 & 0 & 1 & 0 \\ 0 & 0 & 0 & 1 \end{bmatrix} \tag{6-62}$$

（2）俯视图

投影线与 xOy 坐标平面垂直，先通过正平行投影到 xOy 面，为了使俯视图和主视图能够显示在同一平面，需要将俯视图绕 x 轴顺时针旋转 $90°$，同时为了与主视图拉开一定的距离，还要将旋转后的俯视图沿 z 轴负方向平移 Z_p，则总的变换矩阵为：

$$T_h = \begin{bmatrix} 1 & 0 & 0 & 0 \\ 0 & 1 & 0 & 0 \\ 0 & 0 & 0 & 0 \\ 0 & 0 & 0 & 1 \end{bmatrix} \begin{bmatrix} 1 & 0 & 0 & 0 \\ 0 & \cos(-90°) & \sin(-90°) & 0 \\ 0 & -\sin(-90°) & \cos(-90°) & 0 \\ 0 & 0 & 0 & 1 \end{bmatrix} \begin{bmatrix} 1 & 0 & 0 & 0 \\ 0 & 1 & 0 & 0 \\ 0 & 0 & 1 & 0 \\ 0 & 0 & -z_p & 1 \end{bmatrix}$$

$$= \begin{bmatrix} 1 & 0 & 0 & 0 \\ 0 & 0 & -1 & 0 \\ 0 & 0 & 0 & 0 \\ 0 & 0 & -Z_p & 1 \end{bmatrix} \tag{6-63}$$

（3）侧视图

投影线与 yOz 坐标平面垂直，先投影变换到 yOz 平面，同前面一样，需要将侧视图绕 z 轴逆时针旋转 $90°$，同时为了使旋转后的侧视图与主视图有一定的间隔，还需要进行平移变换，沿 x 负方向平移 X_1，则总的变换矩阵为：

$$T_w = \begin{bmatrix} 0 & 0 & 0 & 0 \\ 0 & 1 & 0 & 0 \\ 0 & 0 & 1 & 0 \\ 0 & 0 & 0 & 1 \end{bmatrix} \begin{bmatrix} \cos(90°) & \sin(90°) & 0 & 0 \\ -\sin(90°) & \cos(90°) & 0 & 0 \\ 0 & 0 & 1 & 0 \\ 0 & 0 & 0 & 1 \end{bmatrix} \begin{bmatrix} 1 & 0 & 0 & 0 \\ 0 & 1 & 0 & 0 \\ 0 & 0 & 1 & 0 \\ -x_1 & 0 & 0 & 1 \end{bmatrix}$$

$$= \begin{bmatrix} 1 & 0 & 0 & 0 \\ -1 & 0 & 0 & 0 \\ 0 & 0 & 1 & 0 \\ -X_1 & 0 & 0 & 1 \end{bmatrix} \tag{6-64}$$

对于任意平面的正平行投影，可以把投影物体与该平面一起绕坐标轴旋转，经过两次旋转后，使它与任一坐标平面平行，再通过平移变换使之与坐标面重合，然后在该坐标面上对物体进行正平行投影变换，对所得到的结果执行上述变换的逆变换。整个过程需要 7 个矩阵。

为了方便求出变换矩阵，可以在投影平面上任意取一点 P_1，过该点做平面的法向量 P_1P_2，然后对投影物体、投影平面、P_1P_2 做变换，使 P_1 与原点重合，P_1P_2 与任一坐标轴正向重合，此时，投影面与坐标平面重合，对该坐标平面投影变换，然后进行上述变换的逆变换，使 P_1P_2、投影平面回到原位，整个变换需要 7 个矩阵。参考上面的绕任意轴旋转的矩阵，$R_{ab}=T_A R_x R_y R_z R_y^{-1} R_x^{-1} T_A^{-1}$，任意平面的正平行投影矩阵为：$P_{para}=T_A R_x R_y T_z R_y^{-1} R_x^{-1} T_A^{-1}$，两个矩阵唯一的差别就是用$T_z$ 替换了R_z，也就是绕 z 轴旋转的矩阵变成了与 z 轴平行投影到 xOy 面的矩阵。需要注意的是，与绕任意轴旋转的矩阵一样，可以把 P_1P_2 变换到任意坐标轴上，只需对变换矩阵做适当的调整即可。

基此，我们可以推导出正等轴侧投影、正二轴侧投影、正三轴侧投影等的变换矩阵：

对于等正等轴侧投影，取 P_1P_2 为(0,0,0)、(1,1,1)，则变换矩阵为：

$$T=\begin{bmatrix} 0.707\,107 & 0.408\,248 & 0 & 0 \\ 0 & 0.816\,597 & 0 & 0 \\ 0.707\,107 & -0.408\,248 & 0 & 0 \\ 0 & 0 & 0 & 1 \end{bmatrix} \tag{6-65}$$

对于等正二轴侧投影，可以取 P_1P_2 为(0,0,0)、$(1,1,Z_0)$，当 $Z_0=0.5$ 时，变换矩阵为：

$$T=\begin{bmatrix} 0.925\,820 & 0.133\,631 & 0 & 0 \\ 0 & 0.935\,414 & 0 & 0 \\ 0.377\,964 & -0.327\,321 & 0 & 0 \\ 0 & 0 & 0 & 1 \end{bmatrix} \tag{6-66}$$

对于等正三轴侧投影，对 P_1P_2 取任何值，特殊情况下，投影面为坐标面。

6.3.3.3 斜平行投影

如果投影方向不垂直于投影平面的平行投影，则称为斜平行投影。投影平面一般取坐标平面。下面我们用两种方法来推导斜平行投影的变换矩阵。

(1) 设定投影方向矢量为(x_p,y_p,z_p)，由此可定义任意方向的斜平行投影。若形体被投影到 xOy 平面上，形体上的一点为(x,y,z)，我们要确定它在 xOy 平面上的投影(x_s,y_s)。如图 6-41 所示，由投影方向矢量(x_p,y_p,z_p)，可得到投影线的参数方程为：

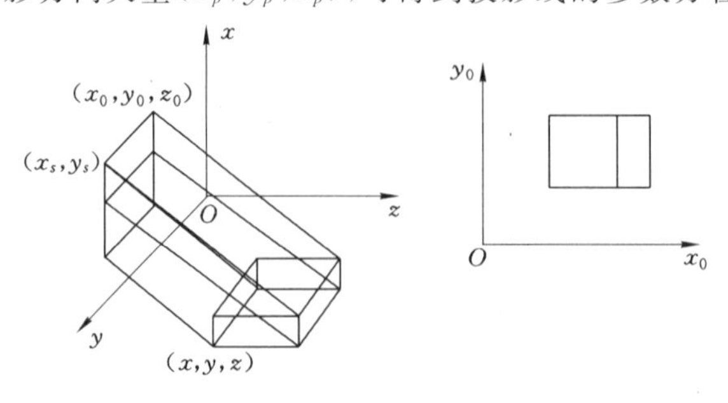

图 6-41 已知投影方向的斜平行投影

$$x_s = x + x_p \cdot t$$
$$y_s = y + y_p \cdot t \tag{6-67}$$
$$z_s = z + z_p \cdot t$$

因为(x_s, y_s, z_s)在 $z=0$ 的平面上，故$z_s=0$；则有 $t=-z_i/z_p$，把 t 代入上述参数方程可得：

$$x_s = x - x_p/z_p \cdot z_i$$
$$y_s = y - y_p/z_p \cdot z_i \tag{6-68}$$

若令$S_{xp}=x_p/z_p$，$S_{yp}=y_p/z_p$，则上述方程的矩阵式是：

$$[x_s \quad y_s \quad z_s \quad 1] = [x \quad y \quad z \quad 1]\begin{bmatrix} 1 & 0 & 0 & 0 \\ 0 & 1 & 0 & 0 \\ -S_{xp} & -S_{yp} & 1 & 0 \\ 0 & 0 & 0 & 1 \end{bmatrix} \tag{6-69}$$

其中$[x \quad y \quad z \quad 1]$表示在用户坐标系下的坐标，$[x_s \quad y_s \quad z_s \quad 1]$表示在投影平面上的坐标。

(2) 在观察坐标系下求斜平行投影的变换矩阵。如图 6-42 所示，考虑在观察坐标系下的立方体，其投影平面是$x_e O_e y_e$。这时斜平行投影的变换矩阵可写成与变换系数 l、α 有关的形式，立方体上一点 $P(0,0,1)$在$x_e O_e y_e$ 平面上的投影 $P'(l\cos\alpha, l\sin\alpha, 0)$，投影方向为$PP'$，和$x_e O_e y_e$ 平面的夹角为β，其余弦为$(l\cos\alpha, l\sin\alpha, 1)$。现考虑任意一点$(x_e \quad y_e \quad z_e)$在$x_e O_e y_e$ 平面上的投影$(x_s \quad y_s)$，因投影方向与投影线平行，且投影线的方程为：

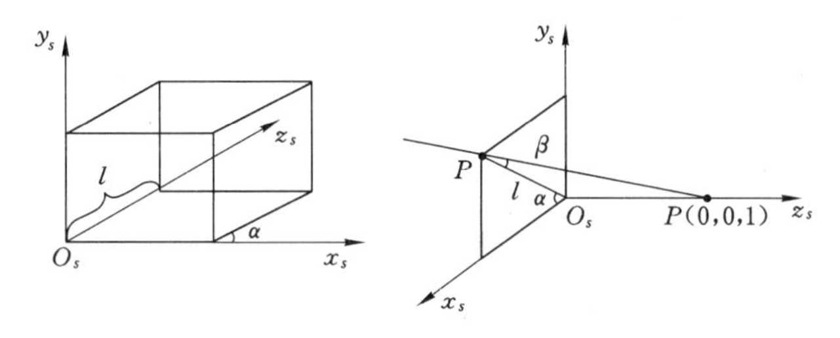

图 6-42　观察坐标系下的斜平行投影

$$\frac{z_e - z_s}{-1} = \frac{x_e - x_s}{l\cos\alpha} = \frac{y_e - y_s}{l\sin\alpha}$$

又$z_s=0$，所以，$x_s = x_e + z_e(l\cos\alpha)$，$y_s = y_e + z_e(l\sin\alpha)$，写成矩阵的形式为

$$[x_s \quad y_s \quad z_s \quad 1] = [x_e \quad y_e \quad z_e \quad 1]\begin{bmatrix} 1 & 0 & 0 & 0 \\ 0 & 1 & 0 & 0 \\ l\cos\alpha & l\sin\alpha & 1 & 0 \\ 0 & 0 & 0 & 1 \end{bmatrix} \tag{6-70}$$

在斜等侧平行投影中，$l=1$，$\beta=45°$；

在斜二侧平行投影中，$l=1/2$，$\beta=\tan^{-1}\alpha=63.4°$；

在正平行投影(正投影中)，$l=0$，$\beta=90°$。

6.3.3.4　透视投影

用照相机拍摄的照片以及画家作的画都是透视投影的典型代表，由于它和人眼观察景物原理相似，所以，透视投影比平行投影更富有立体感和真实感。透视投影是透视变换和平行投影变换的组合，透视变换是将空间中的物体透视成空间中的另一个物体，然后再把这一物体图形投影到一个平面上，从而得到透视投影图。

透视投影的视线（投影线）是从视点（观察点）出发，视线是不平行的。根据投影平面与各坐标平面或坐标轴之间的关系，透视投影可以分为以下几种，如图 6-43 所示。

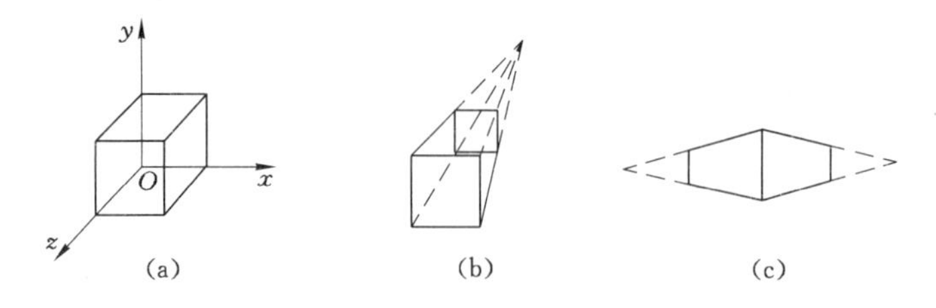

图 6-43　单位立方体的一点透视和二点透视

(a) 单位立方阵；(b) 一点透视；(c) 二点透视

① 一点透视（或平行透视）：投影平面与投影对象所在坐标系的一个坐标平面平行。

② 二点透视（或成角透视）：投影平面与投影对象所在坐标系的一个坐标轴平行，与另两个坐标轴成一定角度。

③ 三点透视（或斜透视）：投影平面与投影对象所在坐标系的 3 个坐标轴均不平行，即都成一定角度。

任何一束不平行于投影平面的平行线的透视投影汇聚成一点，称之为灭点，在坐标轴上的灭点称为主灭点。主灭点数是和投影平面切割坐标轴的数量相对应的。如投影平面仅切割 z 轴，则 z 轴是投影平面的法线，因而只在 z 轴上有一个主灭点，而平行于 x 轴或 y 轴的直线也平行于投影平面，因而没有灭点。

一点透视、二点透视、三点透视也就是透视形成的主灭点数为 1、2、3 个，根据主灭点数把透视投影分为一点、二点、三点透视与上面的分类标准本质上是相同的。

如图 6-44 所示，假设投影中心为原点，投影面平行于 xOy 平面，方程为 $z=D$。设物体上一点 $P(x_1, y_1, z_1)$，它的投影点为 $P'(x', y', z')$，则 $z'=D$。投影线的方程为：

$$
\begin{aligned}
x &= x_1 \cdot t \\
y &= y_1 \cdot t \\
z &= z_1 \cdot t;
\end{aligned}
\tag{6-71}
$$

把 $z'=D$ 代入 $z=z_1 \cdot t$，得 $t=D/z_1$，则：$x'=(x_1/z_1)\cdot D$，$y'=(y_1/z_1)\cdot D$。由相似三角形原理，可知，任一点的投影坐标为：$((x_1/z_1)\cdot D,\ (y_1/z_1)\cdot D, D)$。

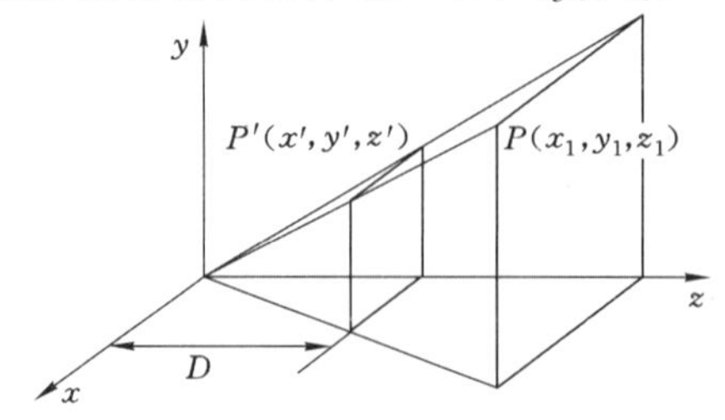

图 6-44　简单的一点透视投影

若 D 固定，$z_1\uparrow$，则 $x'\downarrow$，$y'\downarrow$，也就是说对象越远，成像越小。

若视点取无穷远（$z\approx D$）时，则：$x'=x$，$y'=y$，此时，透视投影变为正交平行投影。

求出变换矩阵可写为：

$$T_P=\begin{bmatrix}1&0&0&0\\0&1&0&0\\0&0&1&\frac{1}{D}\\0&0&0&0\end{bmatrix}\tag{6-72}$$

T_P 表示投影中心在原点，投影平面为 $z=D$ 时的透视投影矩阵。对于任意投影中心，任意投影面的矩阵，可由 T_P 求出，方法是将投影中心、投影平面、投影物体经过一系列平移、旋转使投影中心与原点重合、投影面垂直于 z 轴，对物体进行一点透视变换，再进行上述变换的逆变换，最后得到任意投影中心到任意投影平面的投影矩阵。

为了计算方便，可以参考绕任意轴旋转的矩阵，首先构造一向量 P_1P_2，P_1 与投影中心重合，P_2 为 P_1 在投影平面的投影点，$|P_1P_2|=D$，将 P_1P_2、投影物体通过平移、绕 x 轴旋转、绕 y 轴旋转，使 P_1 与原点重合，P_1P_2 与 z 轴重合，然后进行一点透视投影，矩阵为 T_P，然后进行上述变换的逆变换，矩阵形式为：$P_{PER}=T_AR_xR_yT_PR_y^{-1}R_x^{-1}T_A^{-1}$，与前面的矩阵相似，只是 T_P 取代了 R_z。

下面我们推导透视投影中心为 $P_c(x_c,y_c,z_c)$，投影平面为 xOy 平面的透视投影矩阵，见图 6-45，取 $P_1=P_c$，$P_2=(x_c,y_c,0)$，则 $P_1P_2=(0,0,-z_c)$，可以推出其透视投影矩阵为：

$$T_P=\begin{bmatrix}1&0&0&0\\0&1&0&0\\0&0&1&0\\-x_c&-y_c&-z_c&1\end{bmatrix}\cdot\begin{bmatrix}1&0&0&0\\0&1&0&0\\0&0&1&-\frac{1}{z_c}\\0&0&0&0\end{bmatrix}\cdot\begin{bmatrix}1&0&0&0\\0&1&0&0\\0&0&1&0\\x_c&y_c&z_c&1\end{bmatrix}=\begin{bmatrix}1&0&0&0\\0&1&0&0\\-\frac{x_c}{z_c}&-\frac{y_c}{z_c}&0&-\frac{1}{z_c}\\0&0&0&1\end{bmatrix}$$

当 P_c 点在 z 轴上时，如图 6-46 所示，则 $T_P=\begin{bmatrix}1&0&0&0\\0&1&0&0\\0&0&0&-\frac{1}{z_c}\\0&0&0&1\end{bmatrix}$，再令 $r=-\frac{1}{z_c}$，则透视

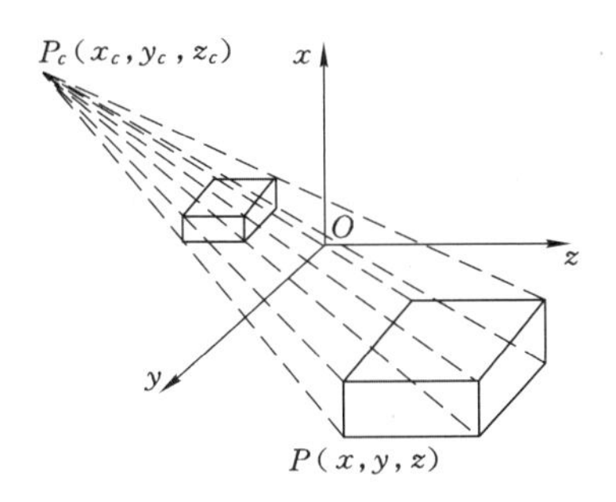

图 6-45　简单的一点透视投影

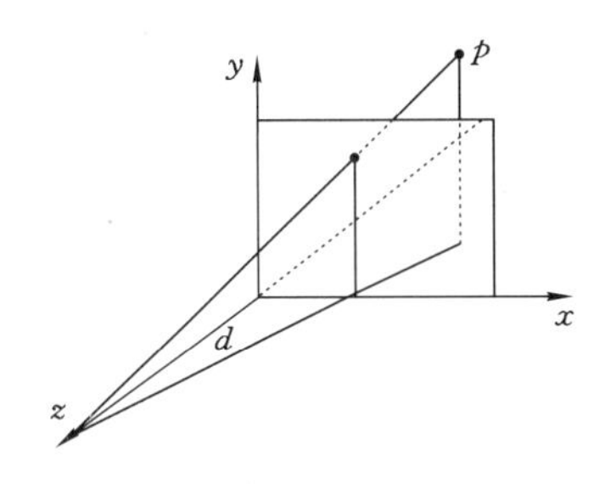

图 6-46　简单的一点透视投影

变换的矩阵可写为 $T_P=\begin{bmatrix}1&0&0&0\\0&1&0&0\\0&0&0&r\\0&0&0&1\end{bmatrix}$，该矩阵表示，投影中心在 z 轴，距原点为 z_c，投影平面（$z=0$）的透视投影矩阵。P 点投影到 P' 的坐标表示为 $[x',y',z',1]=\left[\frac{x}{rz+1},\frac{y}{rz+1},\frac{0}{rz+1},1\right]$。

利用上式的透视投影变换矩阵，空间任意一点经过透视投影后失去了 z 向坐标的信息，而有时 z 向坐标信息是很有用的，例如，在真实感图形绘制时，可根据 z 值的大小判断该点离视点的远近，以便于控制该点的显示亮度，因此需要在透视投影前保留 z 向坐标信息。因此，我们把透视投影分成两步，透视＋投影，实际上 $T_P=\begin{bmatrix}1&0&0&0\\0&1&0&0\\0&0&0&r\\0&0&0&1\end{bmatrix}=\begin{bmatrix}1&0&0&0\\0&1&0&0\\0&0&1&r\\0&0&0&1\end{bmatrix}\cdot\begin{bmatrix}1&0&0&0\\0&1&0&0\\0&0&0&0\\0&0&0&1\end{bmatrix}$，这表示前一个矩阵是透视变换矩阵，后一个为正平行投影矩阵。P 点经过透视变换到 P' 的坐标表示为 $[x',y',z',1]=\left[\frac{x}{rz+1},\frac{y}{rz+1},\frac{z}{rz+1},1\right]$。不难看出，$r$ 的取值对透视投影有放大和缩小的作用，r 大时得到的投影图小，而当 r 小时，得到的投影图大，对于相同的取值 r，当 z 大时，即物体离投影平面远时，得到的投影图小，而当 z 小时，即物体离投影面近时，得到的投影图大。这说明物体透视投影的大小与物体到投影平面的距离成反比。这就是所谓的透视缩小效应，这使得透视投影图的深度感更强。由于这种效应产生的视觉效果很类似于照相机系统和人的视觉系统，因而与平行投影结果不同，透视投影能够产生具有一定真实感的二维图形。但透视投影不保持物体的精确形状和尺寸，并且，平行线的投影也不一定仍然保持平行。对于平行投影，任意一组平行线，投影后所得直线要么重合，要么仍然平行，而对于透视投影，平行于投影平面的平行线（如平行于 x 轴和 y 轴的平行线）的投影或重合或仍然平行；而不平行于投影平面的平行线（如平行于 z 轴的平行线）的投影将汇聚于一点，这个点称为灭点。由于空间平行直线可以认为是相交于无穷远点，而不平行于投影平面的平行线的透视投影相交于灭点，所以，灭点可以看成是无穷远点经透视投影后得到的点，对于上面的一点透视，z 轴上的无穷远点 $[0,0,1,0]$ 经透视投影后得到的点，可通过如下变换计算得到：

$$[x,y,z,H]=[0,0,1,0]\begin{bmatrix}1&0&0&0\\0&1&0&0\\0&0&1&r\\0&0&0&1\end{bmatrix}=[0,0,1,r] \tag{6-73}$$

其规格化坐标为：$[x',y',z',1]=[0,0,1/r,1]$

这说明 z 的整个正半区（$0\leqslant z<+\infty$）被投影到有限区域（$0\leqslant z<1/r$）中。由于不同方

向的平行线在投影面都可形成不同的灭点，因此，透视投影的灭点可有无穷多个，平行于三维坐标系坐标轴的平行线在投影平面上形成的灭点称为主灭点，因为只有3个坐标轴，所以主灭点量多有3个，当某个坐标轴与投影平面平行时，则该坐标轴方向的平行线在投影面上的投影仍然平行，不形成灭点。因此，投影平面切割坐标轴的个数就是主灭点的个数。

当灭点落在 y 轴 $[0,1/q,0,1]$ 处的透视变换为：

$$[x',y',z',H]=[x,y,z,1]\begin{bmatrix}1&0&0&0\\0&1&0&q\\0&0&1&0\\0&0&0&1\end{bmatrix}=[x,y,z,qy+1] \tag{6-74}$$

其规范化坐标为：$[x',y',z',1]=\left[\frac{x}{1+qy},\frac{y}{1+qy},\frac{z}{1+qy},1\right]$

同理，灭点落在 x 轴 $(1/p,0,0,1)$ 处的透视投影为：

$$[x',y',z',H]=[x,y,z,1]\begin{bmatrix}1&0&0&p\\0&1&0&0\\0&0&1&0\\0&0&0&1\end{bmatrix}=[x,y,z,px+1] \tag{6-75}$$

其规范化坐标为：$[x',y',z',1]=\left[\frac{x}{1+px},\frac{y}{1+px},\frac{z}{1+px},1\right]$

同时，可以推出灭点落在 x 轴 $(1/p,0,0,1)$ 处和 y 轴 $[0,1/q,0,1]$ 处的两点透视变换：

$$[x',y',z',H]=[x,y,z,1]\begin{bmatrix}1&0&0&p\\0&1&0&q\\0&0&1&0\\0&0&0&1\end{bmatrix}=[x,y,z,px+qy+1] \tag{6-76}$$

其规范化坐标为：

$$[x',y',z',1]=\left[\frac{x}{1+px+qy},\frac{y}{1+px+qy},\frac{z}{1+px+qy},1\right] \tag{6-77}$$

第 7 章　计算机地图分析与制图模块

7.1　数字地面模型的建立

7.1.1　地形的表达

地形的表达方法有多种，归纳起来如图 7-1 所示。

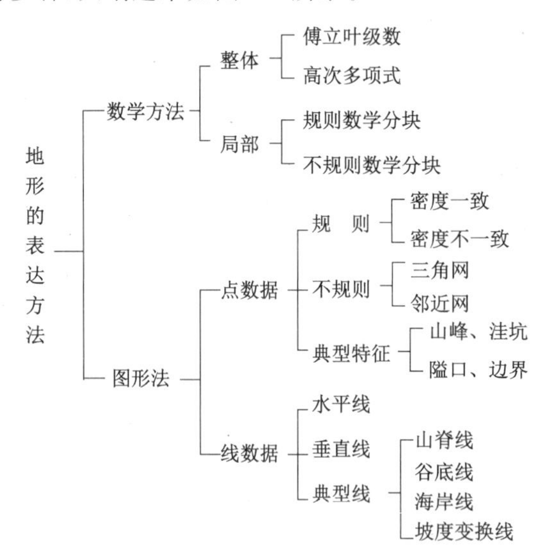

图 7-1　地形的表达方式

7.1.2　DTM 与 DEM

1956 年，麻省理工学院的 Chairs L. Miller 教授首先提出了数字地面模型(DTM，Digital Terrain Model)的概念：利用坐标场中大量已知的 x、y、z 的坐标点对连续地面的统计表示。此外，与此类似的术语有：DHM，DGM，DTEM，DEM 等。DTM 是描述地球表面形态多种信息空间分布的有序数字阵列。通常定义为：

$$K_p = f_K(x_p,\ y_p) \tag{7-1}$$

数字高程模型(DEM，Digital Elevation Model)是 DTM 的一个子集，即用高程“Elevation”作为地形特征“Terrain”的特殊取值，其核心思想是描述地面特征点的三维坐标及对其操作的一系列算法。

通过 DTM 可以得到有关区域中任一点的地形情况，计算出任一点的高程并获得等高线。DTM还可以用于计算区域面积，划分土地，计算土方工程量，获取地形断面和坡度信息等。

建立DTM需要在有关区域内采集相当数量的地形数据，采样点的位置和密度都可能影响DTM的精度，插值算法和数据结构选择同样会影响DTM的精度和使用效率。目前，DTM已经成为地理信息系统的重要组成部分。GIS的许多功能是以DTM为基础的，DTM的原理还适用于水文、海洋及气象的数据处理。DTM系统从离散数据构造出相互连接的格网结构，以此作为地形的数字模型基础。等高线、断面和三维地形图都是根据这个模型生成的。

DTM的应用包括：① 绘制等高线、坡度图、坡向图、立体透视图、立体景观图、制作正射影像图、立体匹配等；② 作为国家基础地理信息产品；③ 土木、景观建筑与矿山工程的规划设计；④ 军事；⑤ 土地现状分析、城市规划；⑥ 交通线路规划；⑦ 流域、地貌分析；⑧ 三维显示；⑨ 辅助遥感解译；⑩ 虚拟现实等。

同时，DTM也是GIS软件的重要组成模块。一般要包括：数据获取、转换、存储、管理、处理、建模、应用等。与传统地形图比，DTM在表达地形上有如下特点：精确、形象、直观、生动、自动化、实时化等。

综上所述，建立一个数字地面模型系统必须具有以下几个基本组成部分：① 数据的获取；② 数据的转换；③ 数据的预处理；④ 构网建模；⑤ 存储和管理；⑥ 数模的应用。

7.1.3 数据获取、转换及预处理

7.1.3.1 数据获取

DTM数据获取就是提取并测定地形的特征点，即将连续的地形表面转化成一个以一定数量的离散点表示的离散表。数据获取是建立模型最费工时而又最重要的一步，直接影响着建模的正确性、精度、效率、成本。

完善的DTM系统应具有各种类型数据输入的接口，既可以接受野外测量仪器直接传输的数据，也可以接受由人工键入的测量数据，还可以接受航测相片经立体坐标量测仪或解析测图仪等量测的三维地形数据；遥感图像经处理后也可得到地形数据。因此，DTM数据获取部分应包括计算机及其与不同设备如全站仪、电子手簿、数字化仪等进行数据传送的接口。

7.1.3.2 数据转换

不同来源的原始数据可以是各种各样的，如三维坐标或距离、方位角等。数据中除了离散点的坐标信息，还包含离散点之间的地形关系及地物特征等信息。DTM系统还应具有数据格式转换的功能。不同类型的原始数据经过处理之后，转换成DTM系统的标准格式(一般为三维坐标)数据，但不能影响原始数据精度。转换模块需对原始数据进行分类，把坐标数据、连接信息、地物特征等按标准格式分别存储。

7.1.3.3 数据预处理

通过数据采集、数据转换得到一组(或一个区域)原始DTM数据，其中可能包含不符合建模要求的数据，甚至有错误的数据。为了顺利完成构网建模，首先要对原始数据进行必要的预处理，如数据过滤，剔除几乎重合的数据，给定高程限值，剔除粗差数据，进行必要的数据加密等，同时还应提供编辑数据的工具。

除地面坐标数据之外，地形和地物的特征信息，如地性线、山脊线、山谷线、断裂线等是

DTM不可缺少的要素。为了便于计算机程序识别和提高工作效率，这些信息是由地形地物的特征代码及连接点关系代码表示的。从原始数据中提取地形地物特征信息的依据是数据记录中的特定编码，不同类型的原始数据可采用不同的编码方式，但在采集数据过程中要遵循测量软件规定的相应规则。

DTM系统特征提取部分的功能包括：

- 识别原始数据记录中的特征编码；
- 将地性线特征编码和相关的空间定位数据转换成DTM标准数据格式；
- 提取地性线、断裂线以及处理特殊地形（如陡坎等）；
- 数据编辑。

7.1.4 DTM建模

DTM常用的数据结构是格网结构，即将离散点连接成为多边形格网。它可分为规则和不规则格网。规则格网（GRID）通常是正方形，也可以是矩形、三角形等规则格网，要求格网形式一致；不规则格网，一般采用不规则三角形网（TIN）。有时也采用混合构网表示，即规则格网中嵌套不规则格网，或不规则格网中嵌套了规则格网。

7.1.4.1 规则格网结构

规则格网结构是将离散的原始数据点，依据插值算法归算出规则形状格网的结点坐标，每个结点的坐标有规律地存放在DTM之中，最常用的结构是矩形格网[图7-2(a)]，其存储结构如图7-2(b)所示。由于矩形格网中结点分布具有规律，各结点的坐标可以用它在格网中的位置代替，因此矩形格网可以用一个二维数组（矩阵）进行存储，并且仅存储各结点的高程。

规则格网结构便于数据的检索，可以用统一的算法完成检索和插值计算。但它的建立过程中对原始数据进行归算时，所用的算法对数据精度有所影响。规则格网应用于不规则边界区域时，边界处需要特殊处理。

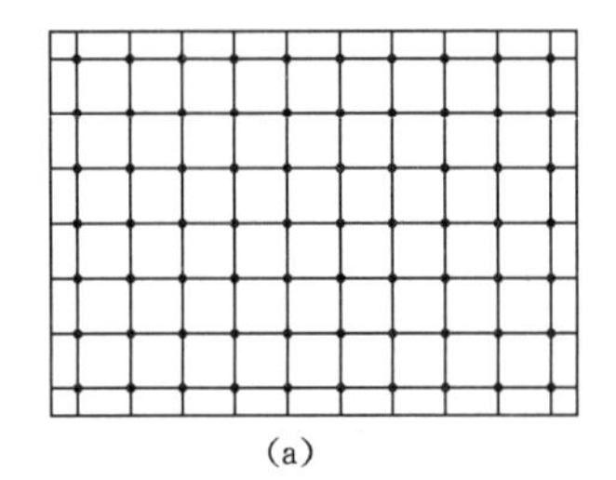

(a)

$$\begin{bmatrix} h_{0,0} & h_{0,1} & \cdots & h_{0,n-1} & h_{0,n} \\ h_{1,0} & h_{1,1} & \cdots & h_{1,n-1} & h_{1,n} \\ \vdots & \vdots & \vdots & \vdots & \vdots \\ h_{m,0} & h_{m,1} & \cdots & h_{m,n-1} & h_{m,n} \end{bmatrix}$$

(b)

图7-2 规则格网结构

(a) 矩形格网；(b) 存储结构

7.1.4.2 不规则格网结构

不规则格网是以原始数据的坐标作为格网的结点，组成不规则形状的格网，构网时根据(X,Y)坐标点进行，高程值不起作用，仅是作为结点的属性。目前主要采用不规则三角网（Triangle Irregulated Network，TIN），不规则三角网的存储结构如图7-3所示。

7.1.5 格网(GRID)DEM与TIN的比较

(1) GRID的特点

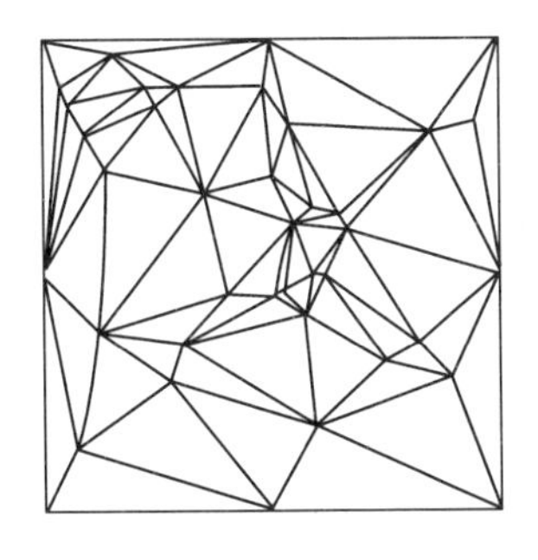

点结构	X	Y	Z	其他信息	ID

边结构	点 1	点 2	左三角形	右三角形	ID

三角形结构	点 1	点 2	点 3	边 3	边 3	边 3	ID

图 7-3　不规则三角网及存储结构

- 网格形状规则，通常是正方形，也可以是矩形、三角形等规则网格；
- 结构简单、操作方便，适合于大规模使用与管理，容易用计算机进行处理；
- 容易进行某些地学分析与计算；
- 不能精确表示地形的结构和细部；
- 数据量过大，需要压缩；
- 在地形平坦的地方，存在大量的数据冗余；
- 在不改变格网大小的情况下，难以表达复杂地形的突变现象；
- 易于与遥感影像复合，实现地形可视化、辅助遥感处理等功能。

(2) TIN 的特点

- 既可应用于规则分布数据，也可应用于不规则分布数据；
- 能以不同层次的分辨率来描述地形；
- 更少的空间与时间更精确地表示更加复杂的表面；
- 既可以内插生成规则格网，也可以建立连续表面；
- 数据存储与操作复杂；
- 适合于小范围大比例尺高精度的地形建模。

与 GRID 比较，TIN 具有最小的中误差，更适合于地形显示。采样数据少时，TIN 的质量明显好于 GRID，当采样密度增加时，二者差别则越来越小。

7.1.6　TIN 的建立

7.1.6.1　TIN 的概念

TIN(不规则三角网)，是直接利用野外实测的所有地形特征点(离散数据点)构造出邻接三角形组成的格网型结构。TIN 每个基本单元的核心是组成不规则三角形的三个顶点三维坐标，这些坐标数据完全来自原始测量成果。由于观测采样时选取观测点是由地形决定的，一般是地形坡度的变换点或平面位置的转折点，因此离散点在相关区域中非规则和非均匀分布。由这些点构成的三角形网所包含的三角形必然是不规则形状的三角形，网格中三角形的数目只有在格网形成之后才能确定。但根据计算几何学，设区域中共有 n 个离散点，它们可构成的互不交叉的三角形的数目最多不超过 $2n-5$。

7.1.6.2　TIN 格网的算法

在 TIN 中对三角形的几何形状有着严格的要求。一般有三条原则：① 尽量接近正三角形；② 保证最近的点形成三角形；③ 三角形网格唯一。

按照唯一性、力求最佳的三角形形状、由最邻近点构成三条要求，存在唯一的最优三角网。但这一最优三角网并不容易构出，一般情况下 Delaunay 三角网被认为是最接近最优的三角网。Delaunay 三角网定义为由相互邻接互不重叠的三角形组成，其中每个三角形都遵循空圆法则，也就是每个三角形的外接圆中不包含其他数据点。通常 TIN 采用 Delaunay 三角网。

TIN 的生成算法主要有两种：边扩展算法与数据点动态插入算法。

边扩展算法的基本步骤为：

① 选取两数据点，连成初始基线；

② 沿基线的固定一侧搜寻第三点，生成第一个 Delaunay 三角形；

③ 以三角形的两条新边作为新的基线；

④ 依次重复②、③直至所有基线处理完毕。

初始基线的选取一定要正确，确保该基线是三角形的一条边，一般取某点和距离该点最近的点连成基线，或者取离散数据点构成的凸包的边。搜寻第三点时可以采用张角最大准则、空外接圆准则及最大最小角准则。

数据点动态插入算法的步骤：

① 定义一个超三角形，使该三角形能包含所有数据点，并把该三角形作为初始 Delaunay 三角形；

② 从数据中取一点 P 加入到三角网中；

③ 搜寻包含点 P 的三角形，将 P 与此三角形三个顶点相连，形成三个三角形；

④ 应用 Lawson LOP 从里到外更新所有生成的三角形；

⑤ 重复②、③、④直至所有点处理完毕；

⑥ 删除所有包含一个或多个超三角形顶点的三角形。

其中，Lawson LOP 是 Lawson 于 1977 年根据最大最小角度法则建立局部几何形状最优的三角网：在由两相邻三角形构成的凸四边形中，交换此四边形的两条对角线，不会增加这两个三角形六个内角总和的最小值。Lawson 据此提出了局部优化的方法（LOP-Local Optimization Procedure）：交换凸多边形的对角线，可获得等角性最好的三角网；交换的原则是最大化最小角。在生成 TIN 的过程中，还要考虑地性线、地物等对格网的影响。为了保证 DTM 格网最大限度地符合实际地形，通常把地性线作为 TIN 中三角形的边，扩展 TIN 时，先从地形特征线开始。相应上述算法修正如下：

对于边扩展算法：搜寻第三点时，要保证三点能够通视，就是在能够通视的顶点集合中，找符合空圆法则的第三点，此时，生成的三角形是一个带约束的 Delaunay 三角形。

对于动态插入算法：带约束条件的 Delaunay 三角网的动态更新原则改为满足约束条件下，相邻两三角形组成的四边形的最佳对角线才被选取，也就是满足通视条件的情况才应用 Lawson LOP，也就是说约束是第一位的，满足约束后再考虑优化。

在上述两种方法的基础上，对算法进行改进可以派生出一系列的改进算法，比如，对数据点进行分块，在每一块采用上述算法生成三角网，然后将相邻块的三角网进行合并，实现整个数据域的三角剖分，即分治算法。笔者给出了一种基于网格索引的 TIN 生成改进算法，其数据结构和算法描述详叙如下：

（1）构建 TIN 涉及的数据结构

为了对离散数据进行有效管理，在构建 TIN 时采用的数据结构为点结构、边（或线）结构和三角形（或面）结构。数据结构定义如下：

点结构：

```
typedef structVertex
{
    int No;                          //离散点号
    float x,y,z;                     //离散点的三维坐标
    float normal[3]                  //点的法向量
}
VERTEX
```

边结构：

```
typedef structEdge
{
    int NO;                          //边号
    int triNO[2];                    //边的两邻接三角形号
    double length;                   //边的长度
    struct vertex * vb,* ve;         //两顶点的指针
    int usetimes;                    //边使用的次数
    double length                    //边的长度
}
EDGE;
```

三角形结构：

```
typedef structTriangle
{
    int NO;                          //三角形号
    int edgeNO[3];                   //三条边的边号
    struct vertex *ptr[3];           //三角形的三个顶点的指针
}
TRIANGLE
```

要进行地形三维可视化，就必须求解离散点的法向量，于是在点结构定义加入点的法向量，为 OpenGL 环境下的光照服务，从而实现快速三维可视化。边结构中边的长度能为以后三角网进一步利用提供方便，如 TIN 转化为带约束数据的三角网时 LOP(局部优化处理）优化、土方计量等。由于构网时用到角度法，边的长度必须求出，因此增加边的长度并没增加计算量。加入边的使用次数可以加速构网速度，采用生长法成网时，一条边最多只能被两相邻三角形使用，其使用次数最多为 2 次，边每使用一次该参数就加 1。在构建 TIN 的过程中，如果某边的使用次为 2 ，就可结束该边扩展。上述的数据结构加快了构网的速度，存储的信息量丰富，为 TIN 的进一步应用提供了方便。

（2）TIN 的构建算法实现

① 建立网格索引

对所有的点集进行一次遍历，得知点的总数 total 及点集中最大、最小的 x 及 y：min_x，min_y，max_x，max_y。人机交互为每块的平均点数选定一个阀值 average_num，一般不宜

过大也不宜过小，在 20～100 内较好，可得到临时总块数 temptotal_blk＝total/average_num。总的行数 col、列数 row、行宽 row_width 和列宽 col_width 可由公式计算而得，于是总的块数 total_blk＝col×row。任一离散点 $P(x,y)$ 所在的行列为：X_col＝X/col，Y_row＝Y/row，所在的块号 NO＝ Y_row ×col＋ X_col；再次遍历点集，将所在的离散点放入相应的块中，所有的点块集用一个数组进行管理，其中包含了一个块结构定义如下：

```
Typedef struct vertex_block
{
    int total;        //块中点的总数；
    struct vertex*  v //指向块中每个点的指针，是一个数组指针
}
```

在构建三角网过程中，实时生成的边也按照点集一样的块数进行分块管理，它是以边的中点为准将边存入块数组 Edge_block_array 中，其中包含了指向边的两个端点指针、边的使用次数及该块中边的个数，这样就建立了基于块的网格索引。在选择阀值时一定要顾及点的分布情况，值不能太小，以保证中间的块数据不为空，也不能太大，不然建立的网格优势就体现不出来。

```
row= (int)((max_y- min_y)/sqrt((max_x- min_x)(max_y- min_y)/temptotal_blk))
col= (int)((max_x- min_x)/sqrt((max_x- min_x)(max_y- min_y)/temptotal_blk))
row_width= (max_y- min_y)/row
col_width= (max_x- min_x)/row
```

② 算法的实现步骤

生长法由基线寻找第三点的判别法则目前有很多种，如三角剖分最小内角为最大、三角剖分边长和为最小及三角剖分最小面周长平方比为最大等。以下介绍基于网格索引的最大角法，其实现构网的基本步骤如下：

a. 先在离散数据的点集 V 中任取一点 A，然后以点 A 为基点去寻找与它最近的一点 B。连接 AB，就得到了三角形的一条基边，如图 7-4 所示。

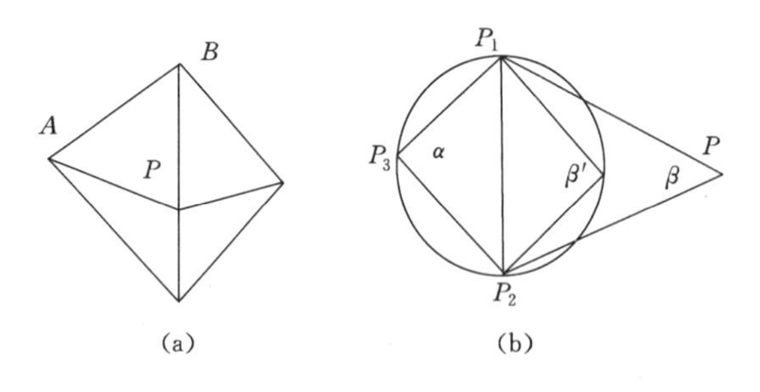

图 7-4　搜索角度最大的点(a)及空外接圆的检测(b)

b. 在基边 AB(有向边)的右边点集中寻找与 A、B 两点连成直线组成的夹角为最大的 P 点，生成第一个三角形，将新生成的边与三角形信息用相应的链表进行存储，边每使用一次，其 times 就加 1。由于点都用块进行管理，可以将右边的点集范围大大减少，先求出线段 AB 中点 C(cent_x，cent_y)所在的块 block(i，j)，将点的范围定在该块及关联的块内(最坏情况时也只有九个块)，这样一来就大大节省了找最大角点的时间。

c. 在边链表中取出头位置的边，以该边为基边向外进行扩展，具体过程同步骤 b。如果边的使用次数为 2 或是右边没有点，该边不进行扩展，否则扩展，同时存储新生边与三角形。

d. 对边链表中下一位置的边进行扩展，实现过程同步骤 c，同时对新生成的两条边进行一次判断，如果已经存在，就不对该边进行存储，判断时不需对边表进行一次遍历，只要对该边的中点所在网格中的所有边进行一遍历即可，这样大大提高了构网速度。

e. 重复步骤 d，直至边链表的下一位置为空即对所有的边都进行了扩展，就结束构网。

最大角是通过余弦公式解求，为了加快构网的速度，可以把解求角最大的点转化为解求余弦值最小的点，这过程是等价的，从而减少了计算量，提高了构网效率。本算法在找第三点时用的是最大角度法，该方法构建的 TIN 中任两相邻的三角形是不共圆的，即生成的三角网就是 Delaunay 三角网。为了便于模型的进一步应用，在进行边及三角形结构存储时，必须按某一特定方向（顺或逆时针）进行，这样定义的三角形及边链表数据结构可以很方便地进行拓扑关系维护及 TIN 的进一步应用，如点所在的三角形的快速查找，嵌入约束线段等。

(3) 空外接圆的判断公式

无约束数据域的 TIN 不能有效地反映地表信息，必须将它转化为带约束数据域的 TIN，这一过程要对构建的初始 TIN 进行 LOP（局部优化处理）优化，需要用到空外接圆准则即公共边的两相邻三角形不共圆——即四点不共圆。如果直接计算每个三角形的外接圆心及半径，将一个很费时的过程，借助于最大角度法的特点，可大大简化空外接圆准则，过程如下，如果 $\beta'>\beta$，则 P 在 P_1、P_2 和 P_3 三点组成的圆外；如果 $\beta=\beta'$，则 P 在 P_1、P_2 和 P_3 三点组成的圆上；如果 $\beta'<\beta$，则 P 在 P_1、P_2 和 P_3 三点组成的圆内。由于 $\alpha+\beta=180°$，于是上面也可表示如下：

$$\text{If}\quad \alpha-180\begin{cases}>\beta & P\text{ 在圆外}\\ =\beta & P\text{ 在圆上}\\ <\beta & P\text{ 在圆内}\end{cases}\tag{7-2}$$

两边取余弦并整体可以表示为：

$$\text{If}\quad \cos\alpha+\cos\beta\begin{cases}>0 & P\text{ 在圆外}\\ =0 & P\text{ 在圆上}\\ <0 & P\text{ 在圆内}\end{cases}\tag{7-3}$$

算法在进行构建初始三角网时用的是最大角法，三角形的每边都是知道的，存储在边链表结构中，而且每个三角形中都有一个角的余弦是知道的（由 P_2P_1 进行扩展时，如图中的 $\cos\beta$ 便是已知），于是采用进行空外接圆判断就显得更为简单，进行 LOP 优化时没有很复杂的计算量，从这一点上也说明了该算法的可取之处。在编程实现的过程中，约束数据加入进行 LOP 优化时，大大减少了计算量，提高了构网速度。

7.1.6.3　TIN 建立过程中特殊地貌和地物的处理

在建立 TIN 的过程中必须考虑特殊地貌和地物的影响并进行相应处理，以满足等高线和断面的生成、土方量计算、地图绘制等 DTM 应用的需要和正确性。

(1) 断裂线的处理

对于坡度变化陡峭的地形，如陡坎、河岸等，其变化不连续处的地形边线称为断裂线，在建 TIN 时，必须包含剧烈变化的地形—断裂线特征信息，才能使 DTM 最大限度地正确反映出实际地形。在输入数据及建立 DTM 之前进行数据预处理和分类的过程中，把断裂线提取出来并扩展成一个极窄的条形闭合区域。如图 7-5(a)所示，陡坎的处理：点 1～7 为实测的坎上点，而 7′～1′各点的平面位置是由 1～7 点向坎下方向平移 1 mm 确定，其高程根据外业量取的坎下比高计算而得。坎上、坎下点合并连成一闭合折线，并分别扩连三角形，等高线遇闭合(折)线断开。坎上、坎下之间则绘制坎子的图式符号[图 7-5(b)]。绘制图式符号的处理方法是根据断裂线的地物编码给出地物的符号。

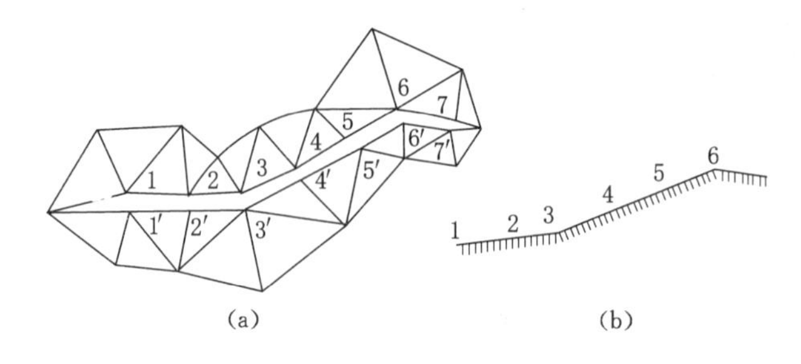

图 7-5　断裂线的处理

(a) 陡坎的处理；(b) 坎的图式符号

在绘制地形图时，等高线与地物是分层处理的，等高线层中等高线绘到闭合(折)线处断开，而在地物层闭合折线处正是坎子等地物符号绘制的地方，两层叠加输出，给出的就是地形图。

(2) 地物的处理

绘制地形图时要求等高线遇地物断开，如等高线遇房屋、道路等都需要断开，其处理的方法类似，也是将它们处理成闭合区，扩连三角形是由房屋边线向外扩展，等高线遇闭合区边界即终止(断开)。

(3) 地性线的处理

由于 TIN 以三角形为基本单元表达实际地形，山谷线、山脊线等地性线不应该通过 TIN 中的任一个三角形的内部，否则三角形就会“进入”或“悬空”于地面。图 7-6(a)为山谷线处三角形悬空的情形，1、2 为山谷左侧边坡上的点，3 为右侧边坡上的点。构网时，将 1、2、3 连成了三角形，则此三角形“悬空”于山谷线，与实际地形不符。同理若将山脊线两侧边坡上的点也连成三角形，则三角形“进入”地面[图 7-6(b)]，削平了山脊，模型也产生了错误。因此构造 TIN 时应使地性线包含在三角网的三角形边的集合中，以山谷线、山脊线为起始边，即需要在原始数据中包含地性线信息。生成 TIN 时，以组成地性线的线段作为基础，向两侧扩展出三角形格网，这样就保证了三角形格网数字模型与实际地形相符，图 7-7 为沿山谷线的正确构网。

在数字测图的数据采集时，必须记录地性线的编码信息，以保证建立数字地面模型和绘制等高线的正确性。

7.1.6.4　约束 Delaunay 三角网生成算法

地学领域中的大量的离散数据不是相互独立的，存在着一定的相互约束关系，比如地表的山脊线、山谷线、断裂线等，用分割-归并法、逐点插入法或是逐步生长法来构建三角网时，如果三角网中没有考虑约束数据，则生成的数字地面模型不能正确表达地表的复杂关系，也

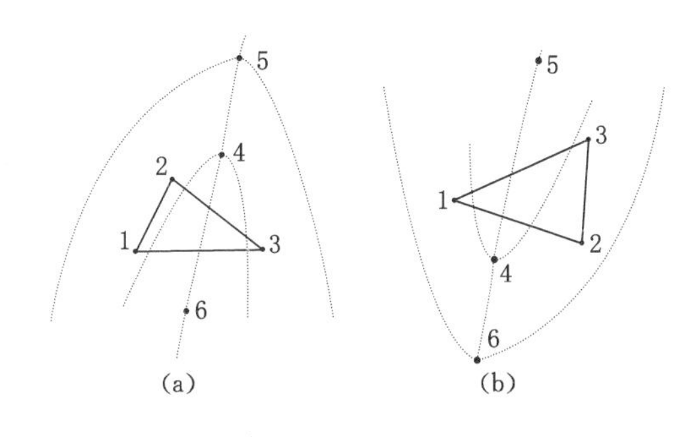

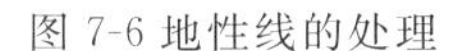

图 7-6 地性线的处理

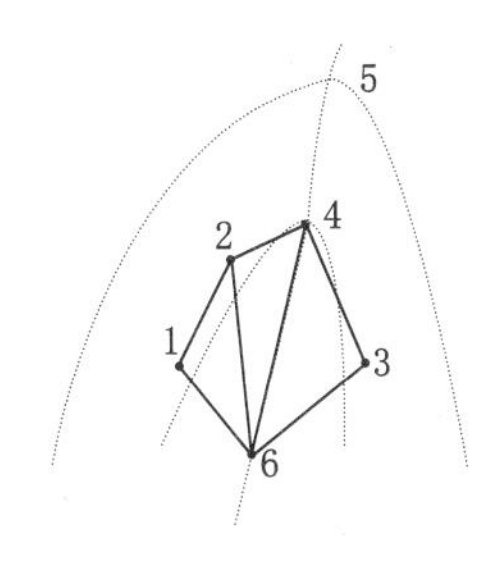

图 7-7　正确构网

不能满足实际应用需要，因此在无约束数据的三角网中嵌入约束线段就成为一个关键的问题。

目前 CDT 的构造算法大致可以归纳为五种：约束图法、分割-归并法、加密算法、Shell 三角化算法和两步法。其中约束法是基于约束图计算 CDT 构造算法，它分两步进行，第一步计算约束数据域的可见性图，第二步检测并优化可见性图而形成 CDT，其他的几个算法可以参阅有关文献。两步法是先生成无约束数据的 D-三角网，然后将约束线段进行嵌入而成为 CDT，因此，在无约束数据的 D-三角网中嵌入约束线段是实现约束 Delaunay 三角网生成算法的关键。

本节介绍一种快速嵌入约束线段的算法。首先对无约束的原始数据与约束数据各自进行管理，生成初始 D-三角网，然后进行约束线段的嵌入从而生成约束 D-三角网。该算法充分利用分治算法与生长法的优点，通过分块对离散数据的点集、构网中实时生成的边和三角形而分别建立网格索引，它是一种基于块的网格索引法，但又不同于基于分块的生长法，因为构网时不需要块间的合并，从而降低了算法的复杂度，也有效地减少了寻找目标点、边及目标三角形的时间，大大提高了构网速度。

假设初始 D-三角网已经生成，则在无约束数据的 D-三角网中嵌入约束线段的过程分三步进行。

(1) 搜索约束线段起点所在的三角形

快速找到起点所在的三角形是提高嵌入约束线段效率的一个重要环节，直接影响到算法的执行效率。本算法在进行确定点在三角形中有以下规定：设 v_1、v_2 是三角形一边的两端点，v 是内插点。

根据点与直线的关系式：

$$d=(v_1.x-v_2.x)v.y-(v_1.y-v_2.y)v.x-(v_2.y)\cdot(v_1.x)+(v_2.x)\cdot(v_1.y) \tag{7-4}$$

如果 $d>0$，说明点 v 在直线 v_1v_2 的右边；如果 $d=0$，说明点 v 在直线 v_1v_2 上；如果 $d<0$，说明点 v 在直线 v_1v_2 的左边。

由上述关系就可以判断点是否在三角形中，设内插点与三角形三边的距离分别用 d_1、d_2、d_3 来表示。如果三者都大于零，则点在三角形内；如果有两者大于零，第三者等于零，则点在三角形的一边上；如果仅有一个大于零，而另外两者等于零，则点与三角形的某顶点重合；否则，点在三角形的外部。遍历整个三角形链表就可以找到点所在的三角形，如果三角形个数很多，这个过程要花费太多的时间，而导致构网效率降低。以下方法可以大大简化搜索目标三角形的过程(图 7-8)，由于三角形被分块进行网格管理，为了快速找到 P 点所在的三角形，通过与 P 点所在块号相同的三角块中任取一个三角形的系列索引号，在三角形链表中通过索引号可快速找到对应的三角形 T_1，由 T_1 的三边与点 P 的关系，可知点 P 是在边 23(有向)的左边即 d 小于零，于是下次要搜索的方向是边 23 的邻接三角形 T_2，说明了 $d<0$ 的边隐含了搜索方向，这样一来就大大减少了寻找点所在三角形的时间，这样一直找下去，一定可以找到 P 点所在的三角形 T_5。所以按照点与边的关系，对 $d<0$ 的边一直找下去，可以快速找到目标三角形。

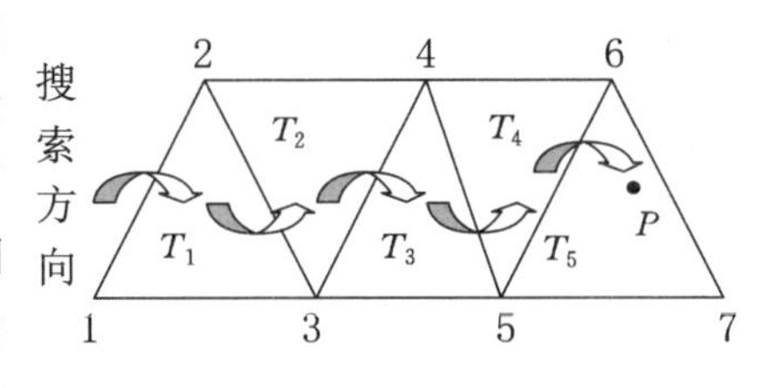

图 7-8 搜索目标三角形过程

(2) 确定约束线段的影响区域

与约束线段相交的三角形组成约束线段的影响区域。线段与三角形的相交可以化简为线段与线段相交。线段与线段相交的条件是：如果第一条线段的两个端点分别在第二条线段的两侧，同时第二条线段的两个端点也在第一条线段的两侧时，则说明这样的两条线段是相交的。如图 7-9(a)所示，由约束线段的第一个端点 A 所在的三角形 T_1 出发。按线段与线段相交的条件，就可以知道三角形 T_1 中与约束线段 AB 相交的边是 P_2P_3，由相交边 P_2P_3 就可以得到其邻接的三角形 T_2，再由 T_2 中另一条与约束线段相交的边 P_2P_5 得到下一个三角形 T_3，这样下去直到找到约束线段另一个端点 B 所在的三角形 T_3 为止。约束线段 AB 的影响域 $MT=\{T_1, T_2, T_3\}$，它实际上是由 MT 中三角形的外围边组成的多边形。为了在找到约束线段的影响区域后能够快速在影响区域进行三角网局部重建，算法在由约束线段的起点 A 开始到确定约束线段的影响区域过程中，将与约束线段 AB 相交的所有边(P_2P_3, P_2P_5)全部用一个边表存储起来，所经过的三角形(T_1, T_2, T_3)用一个三角形链表存储，影响区域的外边界所有边(P_1P_2, P_1P_3, P_3P_5, P_4P_5)用一个边链表存储，影响区域的每个离散点也用一个点链表结构存储，同时也要将约束线段的两端点加入该点链表中，要是与影响区域离散点相同就不加入。一旦该约束线段的影响区域完成了三角网局部重建后，就全部将它们清空，就可以进行下一条约束线段的嵌入。

对于点 A 在边上有两种情况，如图 7-9(b)和图 7-9(c)所示，其中图 7-9(b)又可以分两种情况进行，如果搜索约束线段起点 A 所在的三角形是 T_1，以后的过程与点在三角形中一样处理；要是搜索点 A 所在的三角形是 T_2 时，就要进行转换，即将点 A 所在的三角形改为 T_1，以后的过程与点在三角形中一样，否则，会把 T_1 排除在约束线段的影响域外。

对于图 7-9(c)，约束线段起点 A 所在的边只有一个邻接三角形 T_1，下一步要找的三角形是 T_1 中另一条与约束线段相交边 P_2P_3 的邻接三角形 T_2，以后的过程与点在三角形中一样。

点 A 与三角形的顶点重合这种情况比较复杂，搜索到 A 点所在的三角形不可能刚好是与约束线段相交的情形，如图 7-9(d)所示，搜索 A 点所在的三角形不是 T_1，而是三角形 T_0。以下说明如何快速地由非相交的三角形 T_0 找到与约束线段 AB 相交的三角形 T_1，其实现主要是依靠边链表中存储了两邻接三角形的号及三角形链表中有三边的号，在三角形 T_0 中，由包含 A 点的两边，一个顺时针、另一个逆时针方向去找邻接的三角形，并记录下来，三角形号不能重复,最多一周就可以将包含 A 点的所有三角形全部找到。然后可以确定哪一个三角形与约束线段 AB 相交,这样就得到 T_1。约束线段影响区域确定过程与点在三角形中一样。

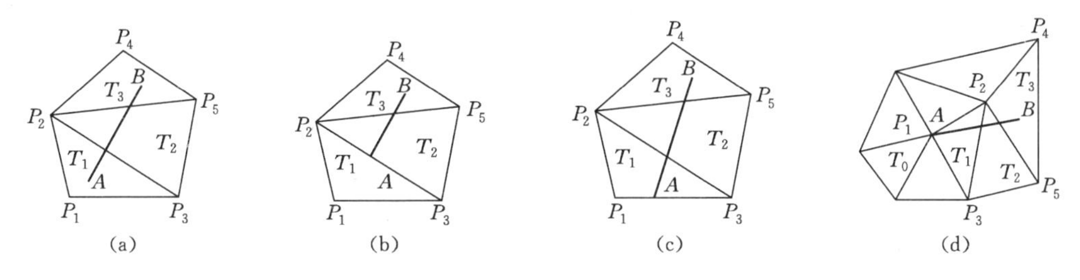

图 7-9　约束线段在三角网中的几种情况

(a) 起点在三角形中;(b) 起点在公共边上;(c) 起点在边界边上;(d) 起点与离散点重合

(3) 约束线段影响区域三角网局部重建

图 7-10 为约束线段 AB 的影响区域。把约束线段 AB 作为起始边(见图 7-11),按最大角法则就可以实现三角局部重建,最大角度法生成的三角网就是 D-三角网,生成的两相邻三角形就不用进行 LOP 优化处理。重建的具体过程如下:

① 在影响区域点集中,以 AB 为基边,在它的右边找一满足与 A、B 两点构成最大角的点 P_3,构成第一个三角形 ABP_3。

② 分别以三角形的两条新边(如边 P_3A、P_3B)作为基边,重复上一步进行扩展生长,当扩展边是外边界边或是使用了两次时,结束该边向外扩展,如果新生成的三角形(如 AP_3P_1)的某边是影响区域的外围边时(如 P_3P_1),就要对该边的两邻接三角形进行 LOP(局部优化处理)优化,若两三角形共圆要交换对角线,以保证三角网最优。

③ 重复以上两步,将新生成的边作为基边进行扩展生长,直至所有的边都被处理了一次为止,这样就结束了该约束线段影响区域三角网局部重建。

④ 进行下一约束线段的嵌入,重复以上三步,直至所有的约束线段被嵌入为止。

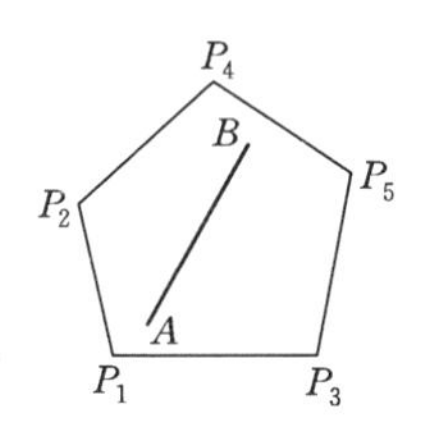

图 7-10　约束线段的影响区域

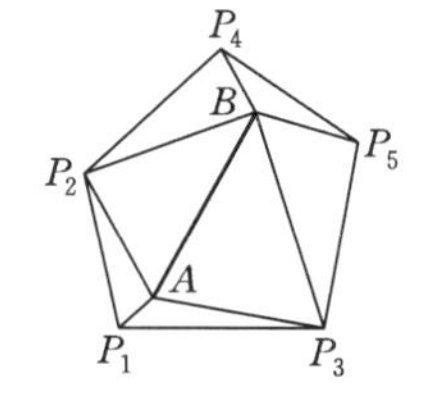

图 7-11　影响区域的三角剖分

有一点要指出的是,当约束线段 BA 刚好将影响区域分成两部分时,如图 7-9(c)所示,就要进行 AB 的反方向即 BA 进行三角网生长,过程与 AB 方向相同。有关无约束 D-三角网的构建算法目前已经很成熟,有兴趣者可以参阅关文献,图 7-12 是采用 Delaunay 法则生成的无约束 TIN,图 7-13 是在图 7-12 的基础上,将等高线作为约束数据采用上述算法生成的约束 TIN。

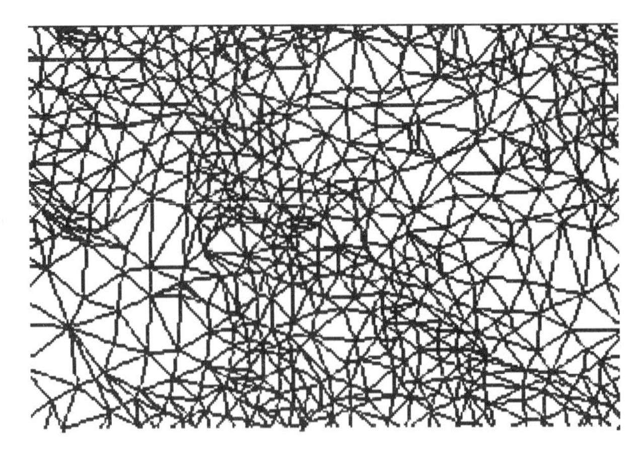

图 7-12 无约束的 TIN

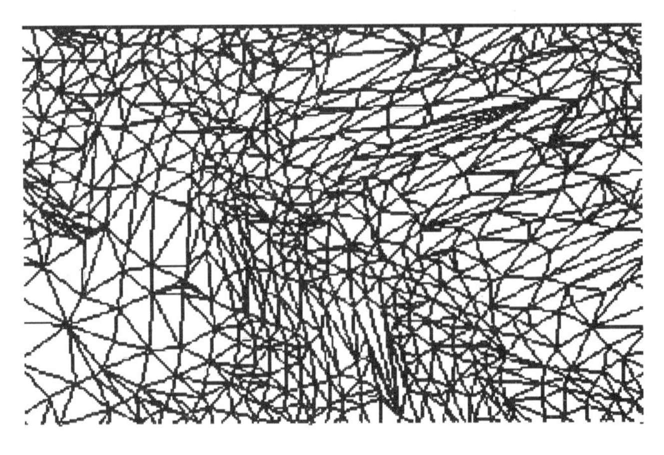

图 7-13 等高线作为约束数据的 TIN

7.1.7 格网 DEM 的建立

矩形格网是将区域平面划分为相同大小的矩形单元，以每个矩形单元顶点(或对角线交点)作为 DTM 数据结构的基础。矩形格网是 DTM 数据结构中规则形状格网类型中最常用的，正方形格网是其特例。

建立矩形格网的原始数据，若是利用航测仪器采集，一般是在航测的立体模型上按等间隔直接采集矩形格网的顶点坐标，若是野外测得的离散点坐标，其分布一般是不规则的。本书只讨论从不规则离散点直接生成规则格网的方法。为了建立矩形格网，必须通过数学方法计算出新的规则格网结点的坐标。格网结点的坐标是 DTM 构成和应用的基础，其精度将影响 DTM 的精度。因此，从离散点生成格网结点的插值算法必须最大可能地保持原始数据的精度，同时保持原始数据中地形特征的信息。在实际应用中，由于地形变化的趋势和幅度的复杂情况，不可能用明确的函数关系表达出来，只能根据有限数量的离散点(采样值)和适当的内插方法来进行近似的描述，此外还要考虑到处理的效率、可靠性、内插数据的用途等诸因素来选用不同的计算方法，而不能孤立地说哪种计算方法最好。

从离散点生成规则格网一般采用逐点内插的方法，基本原理是以待插点为中心，定义一个局部函数来拟合周围的数据点(参考点)，数据点的范围随待插点的位置变化而变化，目前,格网结点的坐标可以通过移动曲面拟合法、距离加权法、有限元内插法、锥构建法等方法得到,下面只对移动曲面拟合法和距离加权法内插格网结点的原理进行简单的介绍。

7.1.7.1 移动曲面拟合法

移动曲面拟合法的基本思想是:对每个待插点选取其邻近的 n 个参考点来拟合一多项式曲面,一般选用的形式如下:

$$M=AX^2+BXY+CY^2+DX+EY+F \tag{7-5}$$

式中:X、Y 为各参考点坐标值,M 为其相应的属性值,A、B、C、D、E、F 为待定参数,它们的确定可以通过 n 个参考点进行最小二乘法求解。

移动拟合法有两个关键问题,一是如何确定待插点的最小邻域范围以保证有足够的参考点,二是如何确定各参考点的权重。

邻近点选择一般考虑范围和点数这两个因素,即考虑采用多大面积范围内的参考点来计算待插点的数值和选择多少参考点参加计算。具体邻近点选择是按范围还是按点数选择要根据具体情况进行分析。图7-14是基于点数选择,这时点数为6;图7-15基于范围选点,选中的点都位于以待定网格点为圆心、以 R 为半径的圆内,很显然,圆的半径取决于原始离散数据的分布情况和原始数据点的可能影响范围。为了保证求解二次曲面方程,即解算出公式的6个待定参数,则选择的参考点数至少为6,但是点数太多也不好,会影响内插精度。可以采用动态圆半径方法解决这个问题,它的思路是从数据点的平均密度出发,确定圆内数据点(平均可取10)以求解圆的半径 R。

如果原始数据点分布均匀,上述方法可以很好地求解出网格点高程,但是有时数据点分布不均匀并不理想,比如,被选择的点中全部落在某一个或两个象限内。此时上述选点原则因没有考虑点的分布方向,所取的数据点集中在某一侧,其他方向取的点很少或是没有点。此时可采用方位取点法取点,即以格网点为中心,把平面平均分成 n 个扇面,从每个扇面内取一点作加权平均(图7-16),这就克服了数据点偏向的缺点。参考点的权重可以用参考点到网格点的距离平方的倒数作为计算标准,从而可以解算出网格点高程。

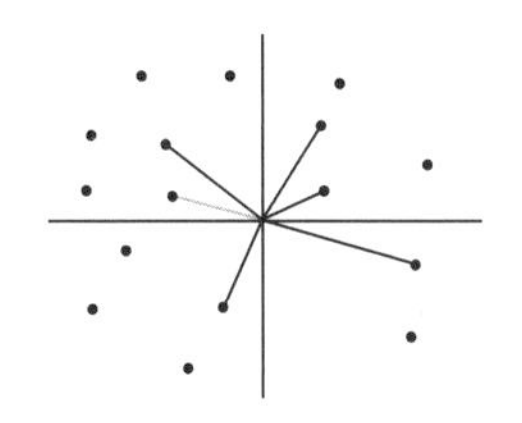

图7-14 基于点数量选择

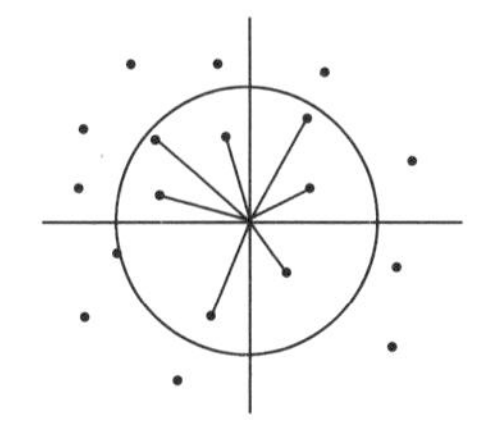

图7-15 基于点范围选择

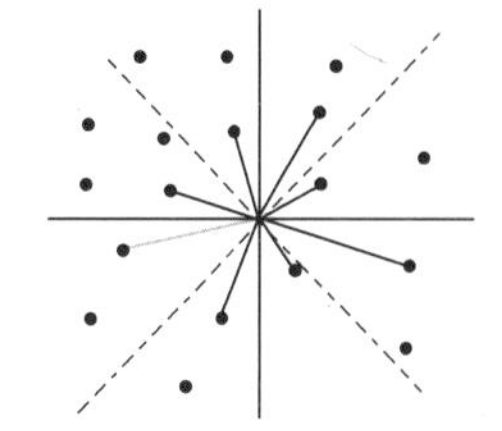

图7-16 按方位选择

7.1.7.2 反距离加权法(Inverse Distance Weighted,IDW)

反距离加权法是最常用的空间内插方法之一。它认为与内插点距离最近的若干个采样点对内插点值的贡献最大,且贡献与距离成反比。以已知离散点到内插点的距离给予适当的权重,权的值应与距离成反比,间距愈近,对待求点测定值的影响应愈大。如取 $W=1/dp$ 或 $[(R-d)/d]p$,式中 d 为内插点到已知数据点间的水平距离,p 是距离的幂,它显著影响内插的结果,选择标准是最小平均绝对误差。研究结果表明,幂越高,内插结果越平滑。采用如下形式:

$$M_p = \sum_{i=1}^{n} p_i Z_i / \sum_{i=1}^{n} p_i \tag{7-6}$$

式中，Z_i、M_p分别为第 i 个参考点和待插点 p 的属性值，n 为参考点个数，p_i为参考点到待插值之间的距离倒数。如果进一步考虑参考点的方位问题，可以以待插点为中心按四象限或八象限分别进行参考点的搜索选取。

7.2 等高线的绘制

7.2.1 规则格网的等高线绘制

7.2.1.1 格网点的划分和数据输入

设二元函数 $z=f(x,y)$的定义域为：$x_{\min}<x<x_{\max}$，$y_{\min}<y<y_{\max}$，又设 m_x 和 m_y 分别为 x 方向和 y 方向的格子线条数，则 $m_x=l_x-1$，$m_y=l_y-1$，并在各自的格子上按下式编号：

$$i_x=1,2,\cdots,l_x$$

$$y_x=1,2,\cdots,l_y \tag{7-7}$$

若在 x 方向上用 m_x 分割，在 y 方向上 m_y 分割，则函数值 z 由(i_x,i_y)决定，这称之为函数在坐标上离散，并可用下式表示：

$$z_{i_x,i_y}=f(x_{ix},y_{iy})$$

$$x_{i_x}=x_{\min}+(x_{\max}-x_{\min})\cdot(i_x-1)/m_x \tag{7-8}$$

这样，格子坐标(i_x,i_y)和函数 z 相对应。格子间间隔可由下式计算：

$$d_x=(x_{\max}-x_{\min})/m \tag{7-9}$$

在本节中，为了叙述方便起见，格子间隔都取 1，使用者都可以根据具体情况适当扩大或缩小。这样，等高线的输入数据是以 $z=f(i_x,i_y)$离散形式排列输入。

7.2.1.2 网格边上等高点的判断

为了描述高度为 z 的等高线，必须在已定义的区域内，首先对高度为 z 的等高线通过网格的状况进行调查记录，表示这个状况的函数用 $I(i_x,i_y)$表示。下面讨论第i_x，i_y网格的空间情况，如图 7-17 所示平面四边形 $efgh$ 对应于空间四边形 $EFGH$，四边形的四个顶点 E，F，G，H 的高程值分别存放在数组 z 中，即

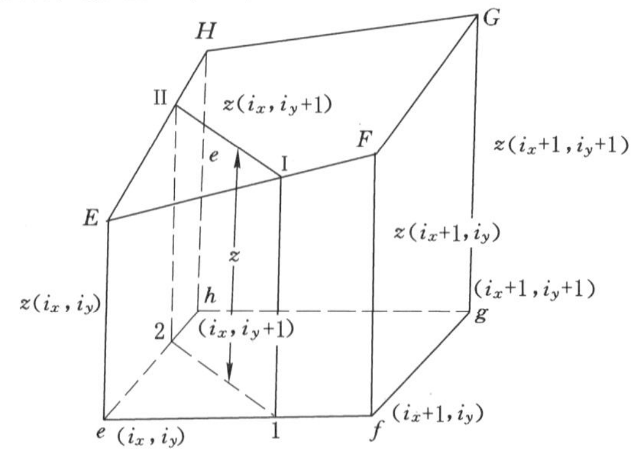

图 7-17

$$z(i_x, i_y) = |Ee|$$
$$z(i_x+1, i_y) = |Ef|$$
$$z(i_x+1, i_y+1) = |Gg|$$
$$z(i_x, i_y+1) = |Hh|$$

图中Ⅰ、Ⅱ线为空间等高线，1、2 线为投影等高线。两者之间的距离称为等高线的高程值，用 z 表示，则有：

$$z = |\text{Ⅰ}1| = |\text{Ⅱ}2| \tag{7-10}$$

这里讲的等高线一般指的是投影等高线。网格 $efgh$ 上是否有等高点，取决于空间四边形 $EFGH$ 是否与高程为 z 的水平面相交，具体地说：

① ef 上是否有等高点要看 z 是否在 $z(i_x, i_y)$ 与 $z(i_x+1, i_y)$ 之间，若满足：

$$z(i_x, i_y) < z < z(i_x+1, i_y) \text{或} z(i_x+1, i_y) < z < z(i_x, i_y)$$

时，则说明网格横边 ef 上有等高点，取 $I(i_x, i_y)=1$，用线性插值法求出交点坐标 (x', y')，顾及格子间隔为 1，则计算公式为：

$$x'(i_x, i_y) = x(i_x, i_y) + \frac{z - z(i_x, i_y)}{z(i_x+1, i_y) - z(i_x, i_y)}$$
$$y'(i_x, i_y) = y(i_x, i_y) \tag{7-11}$$

② eh 上是否有等高点要看 z 是否在 $z(i_x, i_y)$ 与 $z(i_x, i_y+1)$ 之间，若满足：

$$z(i_x, i_y) < z < z(i_x, i_y+1) \text{或} z(i_x, i_y+1) < z < z(i_x, i_y)$$

时，则说明网格横边 eh 上有等高点，取 $I(i_x, i_y)=2$，用线性插值法求出交点坐标 (x', y')，顾及格子间隔为 1，则计算公式为：

$$x''(i_x, i_y) = x(i_x, i_y)$$
$$y''(i_x, i_y) = y(i_x, i_y) + \frac{z - z(i_x, i_y)}{z(i_x, i_y+1) - z(i_x, i_y)} \tag{7-12}$$

③ 当①与②的条件都满足时，取

$$I(i_x, i_y) = 3$$

④ 当①与②的条件都不满足时，取

$$I(i_x, i_y) = 0$$

对于边 fg、gh 外上是否有等高点的问题，可分别放到右边的网格 (i_x+1, i_y) 及 1 边的网格 $z(i_x, i_y+1)$ 中考虑。

用以上方法对全部格子进行判别并求出交点坐标。

7.2.1.3　等高线搜索

我们知道，不仅高程值 z 不同，等高线不同，而且同一高程值还可能有几条等高线。其中有的是敞开的，有的是封闭的。要加以区分、一条不漏地寻找和绘制出来，必须有一个全面的、周密的、合理的搜索方法。为此必须按图 7-18 的流程找出始点中的一点，并采用按顺序向终点作延长线的方法作图。

搜索等高线的关键是如何找到等高线的始点。我们称之为线头，找到线头后才能用追踪的方法找到线尾；对于开曲线来说，线头在边界上。线尾也在边界上，程序中采用如下的搜索方法：

① 从区域下端横边上检出始点。由 $i_x=1$ 开始，依次 $i_x=2,3\cdots$ 直至 $i_x=l_x$ 进行始点查

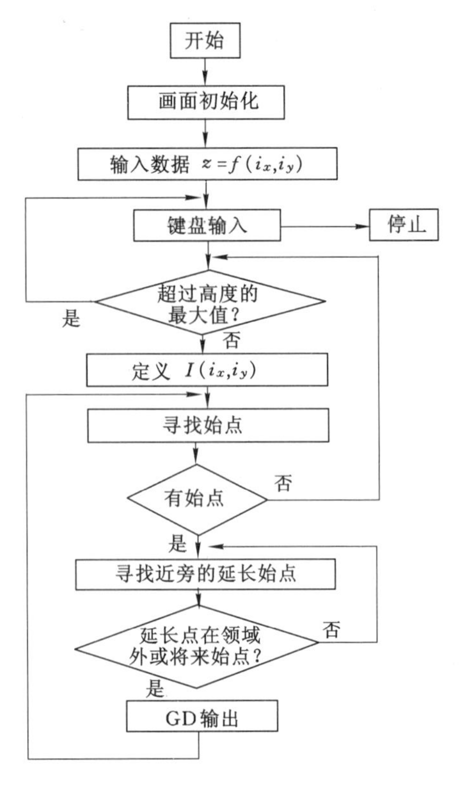

图 7-18　作等高线图形的流程图

找(见图7-19),如果查找到满足 $I(i_x,i_y)=1$ 或 3 条件的i_x时,则格子点$(i_x,1)$和$(i_x+1,1)$接的格子边和等高线相交,称之为和i_x方向的格子边等高线相交,并取变量 $v=1$。把这个交点 $x'(i_x,1)$,$y'(i_x,1)$取为始点。为了防止重复找到同一始点,取 $I(i_x,1)=I(i_x,1)-v$,并予记录。因为下一个连接点的方向向上,所以假定始点是由下方,$i_y=0$的格子边延长上来的,始点找到后,就可以追踪出一条等高线,一直到线尾。如果始点找不到,转入步骤②进行查找。

② 从区域右端纵边上检出始点,由$i_y=1$开始依次$i_y=2,3,\cdots$,到$i_y=l_y$终止进行始点查找。如果查找到满足 $I(i_x,i_y)=2$ 条件的i_y时,执行和步骤①相同的顺序,称之为和i_y方向的格子边相交,并取变量 $v=2$。把交点$x''(l_x,i_y)$,$y''(l_x,i_y)$作为始点。同样为了防止重复找到同一始点,取 $I(l_x,i_y)=I(l_x,-i_y)-v$ 并予以记录。又因为下一个连接点的方向向左,所以假定是由l_x+1的格子边向l_x格子边延长。找到始点后则可追踪出一条等高线,否则就转入步骤③进行查找。

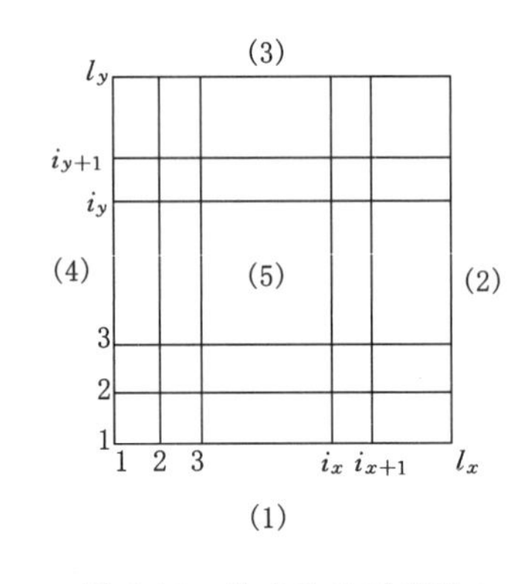

图 7-19　始点检出示意图

③ 从区域上端横边上检出始点。由$i_x=1$开始依次$i_x=2,3\cdots$到l_x终止进行始点查找。如果查找到满足 $I(i_x,l_y)=1$ 条件的i_x时,执行和①相同的顺序、取变量,$v=1$,把交点$(x'(i_x,l_y),y'(i_x,l_y))$作为始点,同样令 $I(i_x,l_y)=I(i_x,-l_y)-v$,并假定由l_y+1的格子边向下延长。如果始点找不到,就转入步骤④进行查找。

④ 从区域左端在纵边上检出始点。即 $I(1,i_y)=2$ 或 3 时,把 i_y 由 $i_y=1$ 到 l_y 终止进行始点查找。如果查找到满足 $I(1,i_y)=2$ 或 3 的条件的i_y时,执行和 1 相同的顺序,取变量 $v=2$,把交点$(x''(1,i_y),y''(1,i_y))$作为始点,令 $I(1,i_y)=I(1,i_y)-v$ 并假定由$i_x=0$的格子边延长过来。

经过上面的四个步骤,就可以把区域中所有的开曲线追踪出来。把某一高程所有的开曲线绘制出来后。再转入绘制区域内画曲线。对于闭曲线,其开始于区域内部又结束于该点,所以对于区域内任一点都可作为始点,我们用下面方法进行查找。

⑤ 当 $I(i_x,i_y)=2$ 或 3 时,从区域内部检出始点。一般来说,等高线在网格的纵边上有等高点,则在横边上也必有等高点,故从左至右,从下而上只扫描纵边即可。如果查找到满足 $I(i_x,i_y)=2$ 或 3 的(i_x,i_y)时,执行和步骤①相同的顺序,取变量 $v=2$ 把交点$(x''(i_x,i_y),y''(i_x,i_y))$作为始点,为使等高线循环一周后返回到相同的点,取 $I(i_x,i_y)=$

$I(i_x,i_y)$，即照原来的值放入，并假定由(i_x-1,i_y+1)的格子点延长而来，用这种方法一直到把闭曲线全部绘完。若始点查找不到，则高程值为z的等高线在区域内不存在。

按照由步骤①至②进行始点查找，在高程值为z的等高线的领域内把全部始点检出，并同时作延长作业。此外，在端部检出始点时，$I(i_x,i_y)$等于$I(i_x,i_y)$值减去v值，并予以记录，使不再重复找到相同始点；在邻域内部检出始点时，为使等高线循环一周返相同的格子边上$I(i_x,i_y)$是照原值放入。

7.2.1.4　等高线的追踪

等高线的始点找到后，要进行等高线的追踪。等高线进入网格的走向只有四种可能：自下而上进入上网格；自左而右进入右网格；自上而下进入下网格；自右而左进入左网格(见图7-20)，等高线是从何种形式进入网格，调查$I(i_x,i_y)$后便可知道。

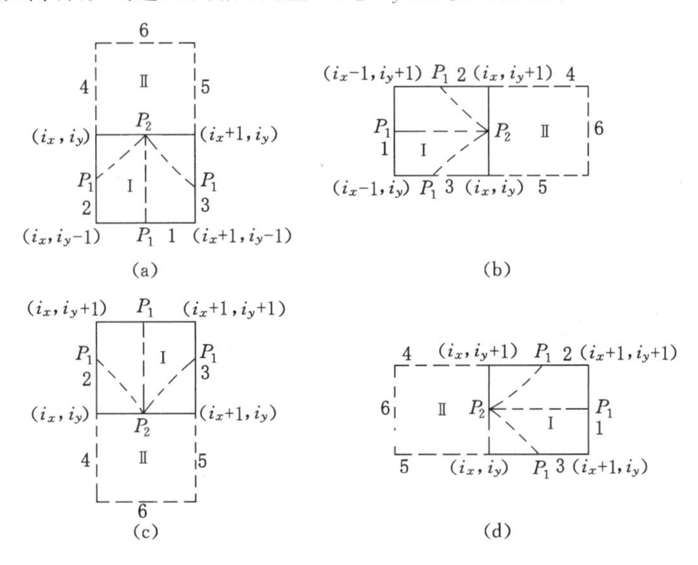

图7-20　等高线追踪网格示意图

① 若$I(i_x,i_y)=1$时，则表示交点在网格的横边上，设点P_2为等高线从网格Ⅰ进入网格Ⅱ的等高点，点P_1为前一等高点。若点P_2的纵坐标大于点P_1的纵坐标即$y_{P_2}>y_{P_1}$，则表示等高线自上而下进入网格[见图7-20(a)]，下一个等高点则在4、5、6三个线段中查询。反之，若：$y_{P_2}<y_{P_1}$，则表示等高线自上而下进入网格[见图7-20(c)]，相类似也用上述方法进行查询。

② 若$I(i_x,i_y)=2$时，则表示交点在格网的纵边上，则比较P_2点的横坐标与P_1点横坐标之间的大小，若$x_{P_2}>x_{P_1}$则表示等高线自左而右进入格网[见图7-20(b)]，则下一个等高点则在4、5、6三个线段中查询。反之，若$x_{P_2}<x_{P_1}$则表示等高线自右而左进入格网[见图7-20(d)]，查询方法同类。

③ 当$I(i_x,i_y)=3$时，若$i_{x_{P_1}}=i_{x_{P_2}}$，则归入①中讨论，若$i_{y_{P_1}}=i_{y_{P_2}}$，则归入②中讨论。

为使等高线只通过这个格网边一次，以后不再通过它，必须由$I(i_x,i_y)$中减去1或2，如果通过格网线的x方向，减去1，在y方向上则减去2。用以上方法，则可追踪出一条完整的等高线。

7.2.1.5　等高线走向

（1）网格点即为等高点的处理

当我们计算等点时，有时会遇到格网点值与高程值 z 相等，此时等高线通过格网（见图 7-21），而该网格点同时又是四个相邻网格的公共交点，该等高点的值分别存放在四个不同的单元中。在追踪时一定会发生重复使用和追踪混乱的问题。故对此情况，必须预先处理，其方法是对格网点加入一个足够小的数值给予修正，使其既不影响绘图精度，又可避免上述问题。

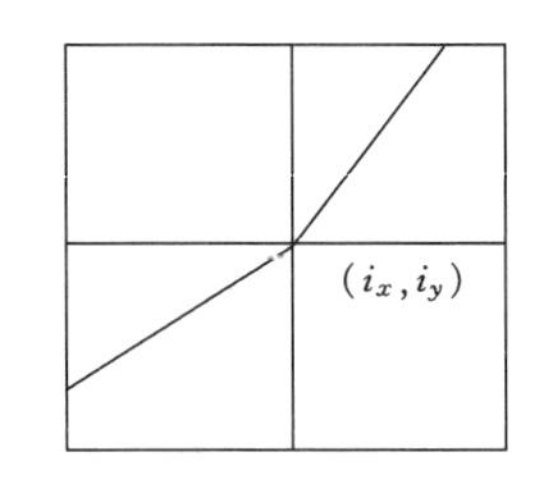

图 7-21　等高线通过网格点

（2）确定等高线进入网格后从那边走出

由前面的讨论可以知道，等高线进入网格只有往网格的另外三个方向查找。如果只有一条边有等高点，则该点即为扩展点；如果三条边都有等高点（见图）则存在三种扩展方法，若不在算上给予处理，就会出现等高线的交叉和不确定等现象，图 7-22 中（a）、（b）两种情况表明等高线不确定，图 7-22（c）出现了交叉现象，这些都是不允许的。所以对于这种情况，我们用下述方法进行判别，等高线突然拐弯的概率较小，一般都会沿着原点走向的趋势扩展，所以借助前面的等高线线段来判定当前的走向，使等高线走向比较光滑。

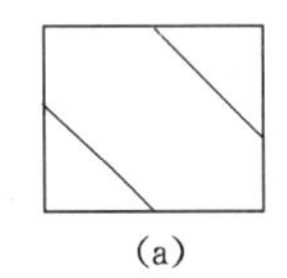
(a)

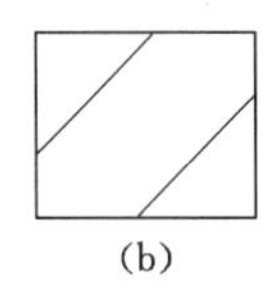
(b)

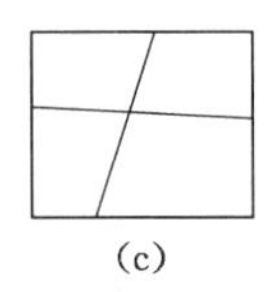
(c)

图 7-22　等高线出现交叉和不确定的现象

(a)、(b) 不确定；(c) 交叉

7.2.2　三角网绘制等高线

7.2.2.1　在三角形边上内插等高点

上节介绍的是规则格网数据绘制等高线的方法，本节将介绍基于离散数据点建立三角形网，在三角边上内插出等高点。下面我们讨论任一三角形的空间情况：平面三角形 1′2′3′ 对应于空间三角形 123、三角形的三个顶点 1、2、3 的高程值分别为 z_1、z_2、z_3，图 7-23 中线段 B_1B_2 为空间等高线。线段 b_1b_2 为投影等高线，两者之间的距离为等高线的高程值，用 z 表示则有：

$$z = |B_1b_1| = |B_2b_2| \tag{7-13}$$

平面三角形 1′2′3′ 上是否有等高点取决于空间三角形 123 是否与高程为 z 的水平面相交。具体地说，判断某一边上是否有等高点要看高程 z 是否在该边两个点的高程值之间，其判别式如下：$(z-z_1)\cdot(z-z_2)\geqslant 0$ 时，则该边无等高点，否则必有等高点。$(z-z_1)\cdot(z-z_3)\geqslant 0$ 时，则该边无等高点，否则必有等高点。$(z-z_2)\cdot(z-z_3)\geqslant 0$ 时，则该边无等高点，否则必有等高点。

在确定三角形边上存在等高点后，用内插法求得等高点的坐标，其线性插值公式参考图 7-23 可写为：

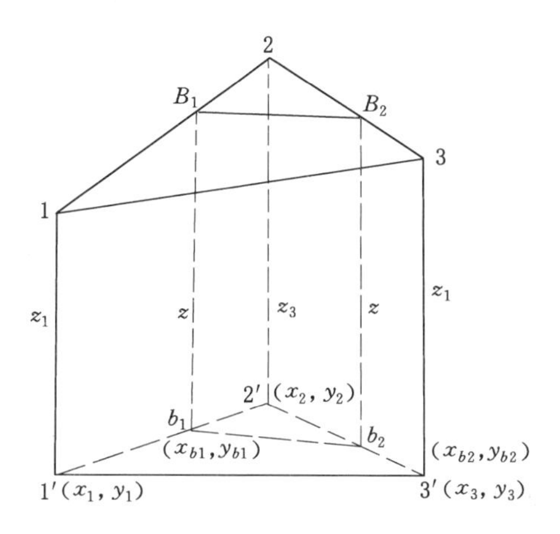

图 7-23　内插等高点示意图

$$\begin{cases} x_{b_1}=x_1+\dfrac{x_2-x_1}{z_2-z_1}(z-z_1) \\ y_{b_1}=y_1+\dfrac{y_2-y_1}{z_2-z_1}(z-z_1) \\ x_{b_2}=x_2+\dfrac{x_3-x_1}{z_3-z_1}(z-z_2) \\ y_{b_2}=y_2+\dfrac{y_3-y_1}{z_3-z_2}(z-z_2) \end{cases} \tag{7-14}$$

式中(x_1, y_1, z_1),(x_2, y_2, z_2),(x_3, y_3, z_3)分别为三角形的三顶点坐标。

7.2.2.2　等高线的搜索

因为不仅高程值不同时等高线不同,而且在同一高程值下也有若干条不同的等高线,其中有的是开曲等高线、有的是闭合等高线。无论绘制哪种等高线,都必须首先找出起始等高点,也即线头。

对于闭合等高线来说,它一定位于制图区域内部,其内部三角形边上任一等高点。等高点均可作为线头和线尾。

对于开曲等高线来说,等高线一定开始于制图区域的边界又结束于边界,所以起始等高点和终止等高点一定位于边界三角形的最外边上。找出边界上等高点的方法参考图 7-24,该图有 9 个三角形和 7 个等高点,其中 a,g 两个等高点是等高线的线头和线尾,显然 a,g 两点具有的数学特征可以这样判断:在任一三角形中如存在两个等高点其中一点必定是等高线进入该三角形的进点,另一个是等高线走出该三角形的出点。但是,如果等高点不是位于边界上(如图 7-24 中的 b,c,d,e,f 点),则该点既是前一个三角形的出点,又是下一个三角形的进点,而如果该点是位于边界上的等高点,它只能是该三角形的进点或者出点,不可能同时是进点又是出点。

为了找出位于边界上的等高点,首先必须按三角形的序号找出有等高点的三角形,例如 L 号三角形,它的进点坐标记为 $XB(1,L)$,$YB(1,L)$;使用该等高点坐标同全部三角形进点坐标 $XB(1,I)$和 $YB(1,I)$以及出点坐标 $XB(2,I)$,$YB(2,I)$($I=1,2\cdots,k$,k 为三角形个数)作全等比较,其比较结果在 $L=I$ 的条件,必然产生 $XB(1,L)=XB(1,I)$,$YB(1,L)=YB$

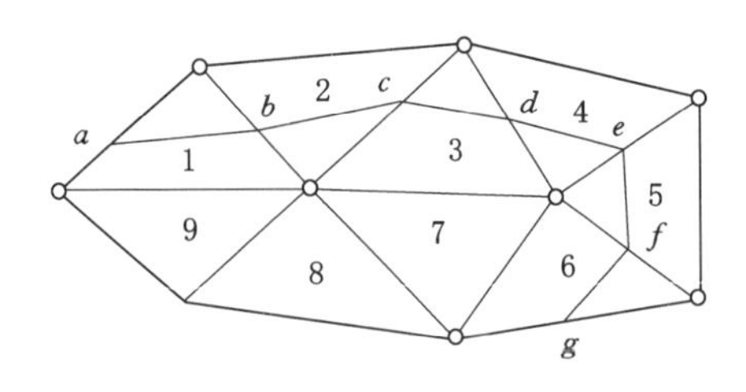

图 7-24 找开曲等高线的起始和终止等高点

$(1,I)$，即为一个三角形的同一等高点。此时 M 计数器置 1。作全等比较有可能在 $L \neq I$ 的情况下 $XB(1,L)=XB(2,I)$，$YB(1,L)=YB(2,I)$，即在三角形序号不等的情况下 L 号三角形的进点等于相邻三角形的出点。此时计数器 $M=M+1=2$。所以根据上述起始和终止等高点的数学特征可以判断：当 $M=1$ 时，该等高点位于边界上，即为线头，当 $M=2$ 时等高点不在边界上，故不可能是线头。同理再使用 L 号三角形出点坐标 $XB(2,L)$ 和 $YB(2,L)$ 作上述比较，则获得完全相同的结果。在程序设计中使用 $LB(L)$ 数组存放 M 值，当 $LB(L)=1$ 时，即为我们要寻找的等高线的线头。

7.2.2.3 三等高点追踪

找到一个线头之后，就要顺序地追踪出一条等高线的全部等高点，并计算出总共有多少个等高点。由于内插得到的等高点是按三角形的序号排列的，是不规则的。为了按一条等高线通过的先后顺序有规则、有次序地逐点连成等高线，必须顺着线头按照一定的算法进行追踪。由于按顺序排列的等值点只存在于相邻三角形中，所以可利用一个等高点既是某个三角形的出点，又是相邻三角形的进点的原理，建立追踪算法。具体方法如下：

① 首先从 $LB(L)$ 场中找到数值为 1 的三角形号，即找到开曲等高线的线头。并将该等值点（进点）x，y 坐标记录在专门数据场中，即 $XDO(LD1)=XB(1,L)$，$YDO(LD1)=YB(1,L)$，$LD1$ 为等高点计数。

② 按三角形顺序使用该等高点坐标同全部三角形所有等高点进行全等比较，在找到该点后即满足 $XDO(1)=XB(1,I)$，$YDO(1)=YB(1,I)$ 的条件下，立即记录该三角形另一等高点，并使等高点计数器加 1，即 $LD1=LD1+1=2$，$XDO(2)=XB(2,I)$，$YDO(2)=YB(2,I)$ 之后，要抹去该三角形的等高点，以免以后重复使用，即 $LB(I)=0$。随后用被记录的该等高点同全部三角形的所有等高点比较，在某一三角形等高点同该记录等高点相等的情况下，$XDO(LD1)=XB(1,I)$，$YDO(LD1)=YB(1,I)$ 或者 $XDO(LD1)=XB(2,I)$，$YDO(LD1)=YB(2,I)$ 的条件下，I 号三角形另一等高点被记录，此时使 $LD1=LD1+1$，$XDO(LD1)=XB(2,I)$，$YDO(LD1)=YB(2,I)$ 或者 $XDO(LD1)=XB(1,I)$，$YDO(LD1)=YB(1,I)$，然后再抹去该点。下面再用被记录的等高点和其余未被追踪的等高点作全等比较，重复以上过程，一直追踪到边界等高点为止。

③ 因为同一数值等高线可能有多条，所以可以一条等高线追踪完了之后再追踪另一条，此时同样应先追踪出开曲等高线，在不出现记录开曲率高线线头的 $LB(I)$ 场为 1 的情况下，转入追踪闭合等高线。闭合等高线的线头可以从任一三角形的等高点开始，按上述方法追踪到该点结束。当某一高程等高线全部追踪完后，即调角曲线光滑子程序，把离散等高点联结成光滑曲线输出。绘完某一高程等高线后，再开始下一个高程等高线的绘制，直到完成

全部等高线的绘制为止。

7.2.2.4　等高线的走向

(1) 离散数据点即为等高点的处理

等高线经过三角形一般都是从一边进入再从另一边走出，但有时会遇到离散点值与高程值相等的情况，此时等高线通过三角形的顶点（见图 7-25），而该离散点同时又是几个相邻三角形的公共顶点，特别是在一个三角形中有两个点的值与高程值相等时（见图 7-26），在追踪时一定会发生重复使用和追踪混乱的问题。在图 7-25 中，同一等高点分别存放在几个不同的单元中，在图 7-26 中 b、c 两点为两个相邻三角形的两个顶点，同时这两点的值又等于当前的高程值，所以在三角形中内插等高点时，b、c 两点就被两个三角形插值过，也就是说 bc 这条边可能被等高线走过两次，当等高线从 a 点到 b 点然后又查问到 c 点时，由于 bc 边是两个三角形的公共边，从 c 点可能又找回到 b 点，使等高线中断，而不是找到 d 点，再按顺序查找下去，这样就引起混乱。故对此情况，必须进行预先处理，其方法是对等于当前高程值的离散点加上一个足够小的数值给予修正。应该选择的修正量很小，使其不影响绘图精度，而又避免了上述问题。经过这样的处理后，等高线就不可能出现两个走向，而只能沿着一个方向进行查找。

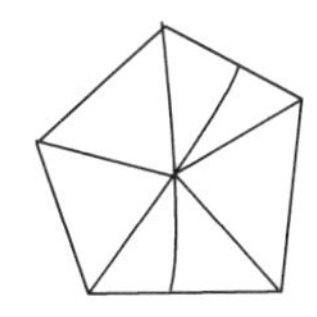

图 7-25　等高线通过三角形的顶点

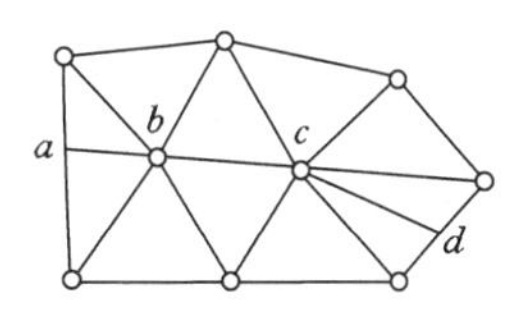

图 7-26　等高线通过三角形的两个顶点

(2) 通过相邻三角形中的等高线不在同一个等高线分支上

如果相邻三角形中有等高线通过，如图 7-27 所示，三角形 HIJ 和三角形 HIK 相邻，点 1,2,3,4 是当前高程值与两个三角形的交点，在手工绘图时，一般都是尽可能地使这四个等高点在同一等高线分支上。所以在程序实现时，为了达到这一目的，我们先判断经过两个相邻三角形的等高线是否属于同一分支，如果不属于同一分支，就用三角形交换的方法，只要这两个分支不同时是开曲线，那么交换后一定会使这四个等高点在同一等高线分支上。具体方法如下：

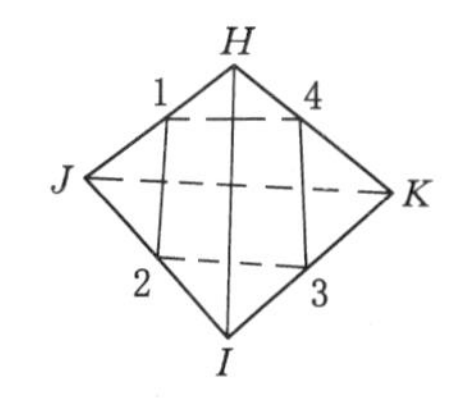

图 7-27　等高线通过相邻的三角形

先求出等高点不在同一等高线分支上的相邻三角形，然后再判断由这两个相邻三角形所组成的四边形是否是凸四边形，因为对于平面上四个点所组成的凸四边形，沿着它的两条对角线有两种不同的划分三角形的方法，而且覆盖的面积相等。所以在三角形交换之后对整个三角形网没有影响。要判断是否是凸四边形，也就是判断 H、I 两点是否在线段 JK 的两边。如果是凸四边形，只要原来的两个等高线分支不同时是开曲线，那么就是进行三角形变换，将两个相邻三角形 HIJ 和 HIK 变换成相邻三角形 HJK 和 IJK，这样，等高线就能同时经过这四个等高点；否则，如果不是凸四边形或者两个分支都是开曲线，就不进行三角形变换。图 7-28(a)是三角形变换前的等高线图，图 7-28(b)是三角形变换后的等高线图。

(3) 等高线中尖点的处理

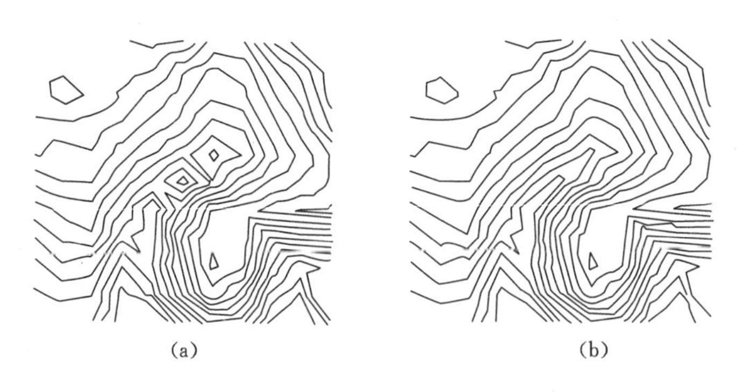

图 7-28 用动态三角形网控制等高线的走向

在等高线的查询过程中，可能会有两个相邻三角形使等高线形成尖点，如图 7-29 所示。

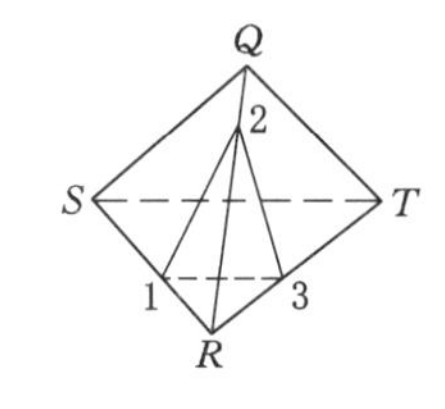

图 7-29 等高线中尖点的处理

三角形 QSR 和三角形 QRT 相邻，等高线的走向是从 1 点经过 2 点到达 3 点，从而形成了尖点。但在手工绘图时，一般都是直接从 1 点到 3 点而不经过 2 点，所以绘出的等高线也就比较光滑，所以在查询等高线的过程中，对于上述这种情况，我们也用三角形变换的方法来解决。在变换之前必须判断相邻三角形组成的四边形是否是凸四边形以及点 1、3 是否在直线 ST 的同侧，如果这两个条件同时满足，就进行三角形交换，将相邻三角形 QRS 和 QRT 变换成相邻三角形 QST 和 RST，等高线就从 l 点到 3 点而不经过 2 点，否则，就不进行变换。这样得到的等高线就比较光滑而且也不改变等高线的形状。

7.3 曲线与曲面拟合

地形图上的曲线具有多种类型，例如境界、道路、等高线和水网线等，这些曲线图形多数是多值函数，呈现大挠度、连续拐弯的图形特征。计算机绘制光滑曲线的基本思想是把一条曲线看成是由一系列的密集点联结而成的。所以，如果已知曲线上若干样点，就可以通过一定的数学方法进行插值或逼近，得到一系列密集的点列的平面位置，并确保在这些点列上具有连续的一阶导数或连续的二阶导数，就可以保证绘出的曲线是光滑的。显然，由离散点绘制光滑曲线，并满足上述条件的数学方法是很多的，而且使用不同的方法绘出的曲线也不能完全重合，所以不同的方法适用于不同的应用问题。本节将要讨论五种曲线拟合的方法，并给出这些方法的比较，以便在实际绘图中根据具体情况选择合适的方法。

7.3.1 曲线拟合

7.3.1.1 分段三次多项式差值法

本方法首先要求给出的数据点是属于一个连续的光滑曲线模型。其分段三次多项式的含义是每两个数据点之间建立一条三次多项式曲线方程，要求整条曲线上具有连续的一阶导数来保证曲线的光滑性。各个节点的一阶导数是以一点为中心，四边相邻各两点（共五个点）来确定的，因此，该方法又称之为五点光滑法。

若将五点坐标记为$(x_i, y_i) = 1, \cdots, 5$，且其编号依次记为 1，2，3，4，5（图 7-30），则中间

点 3 的斜率 t_3 可按下列方法计算出来：先计算出线段 12、23、34、45 的斜率 m_1, m_2, m_3, m_4 其公式为：

$$m_i = \frac{b_i}{a_i} \tag{7-15}$$

其中，$a_i = x_{i+1} - x_i$，$b_i = y_{i+1} - y_i$（$i = 1,2,3,4$），再计算：

$$t_3 = \frac{|m_4 - m_3| m_2 + |m_2 - m_1| m_3}{|m_4 - m_3| + |m_2 - m_1|} \tag{7-16}$$

显然，在曲线的两端，各有两个点的斜率不能由式(7-15)求出。因为在这四个点上，总有一侧不够两个点，所以要求在端点以外补上两个点。补点的方法可以是这样的(见图 7-31)：

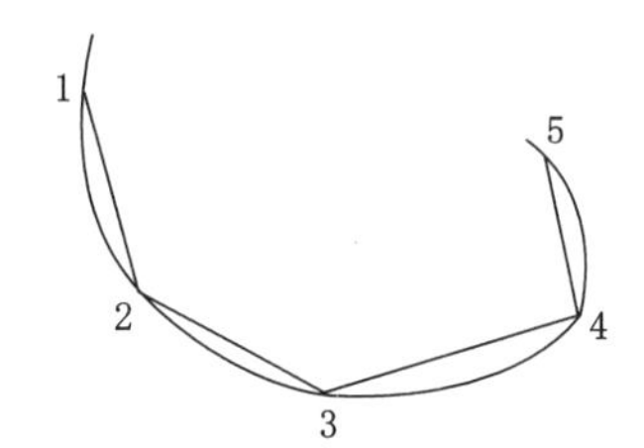

图 7-30　五点光滑法图

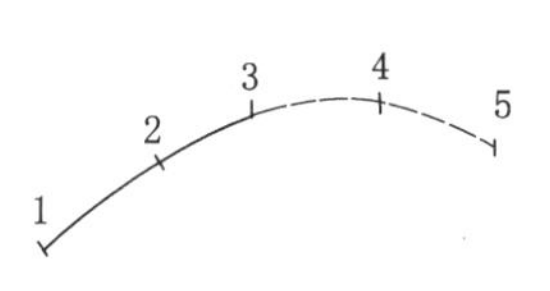

图 7-31　补点的方法

我们要求端点(x_3, y_3)和其相邻的两个数据点(x_2, y_2)，(x_1, y_1)以及将要补足的两个点(x_4, y_4)，(x_5, y_5)都在抛物线 $y = g_0 + g_1(x - x_3) + g_2(x - x_3)^2$ 上，这样可以满足曲线的原有趋势。设定 $x_5 - x_3 = x_4 - x_2 = x_3 - x_1$，就能相应地确定 y_4 和 y_5，于是有：

$$\frac{y_5 - y_4}{x_5 - x_4} - \frac{y_4 - y_3}{x_4 - x_3} = \frac{y_4 - y_3}{x_4 - x_3} - \frac{y_3 - y_2}{x_3 - x_2} = \frac{y_3 - y_2}{x_3 - x_2} - \frac{y_2 - y_1}{x_2 - x_1} \tag{7-17}$$

即 $m_4 - m_3 = m_3 - m_2 = m_2 - m_1$。

因而有

$$m_3 = 2m_2 - m_1$$

$$m_4 = 2m_3 - m_2$$

于是，曲线在每个数据点上的曲线斜率都可确定下来，而且这种确定只涉及包括该点本身在内的相邻的五个数据点。

上面的补点方法只适用于开曲线。如果是闭曲线，由于首末两点重合，所以在首点的补点直接利用$(n-1)$、$(n-2)$两点，在终点的补点是直接利用 2、3 两点。

现在，我们就可以采用分段三次多项式插值法，顺序地过相邻两点作一条三次曲线的方程：

$$y = p_0 + p_1(x - x_i) + p_2(x - x_i)^2 + p_3(x - x_i)^3 \tag{7-18}$$

并使式(7-18)满足以下四个条件：

$$x = x_i, y = y_i; \left.\frac{d_y}{d_x}\right|_{x = x_i} = t_i$$

$$x = x_{i+1}, y = y_{i+1}; \left.\frac{d_y}{d_x}\right|_{x = x_{i+1}} = t_{i+1}$$

从而推出：

$$\begin{cases} p_0 = y_i \\ p_1 = t_i \\ p_2 = \left(3 \cdot \dfrac{y_{i+1} - y_i}{x_{i+1} - x_i} - 2\, t_i - t_{i+1}\right) / (x_{i+1} - x_i) \\ p_3 = (t_{i+1} + t_i - 2 \cdot \dfrac{y_{i+1} - y_i}{x_{i+1} \quad x_i}) / (x_{i+1} - x_i)^2 \end{cases} \tag{7-19}$$

由式(7-18)、式(7-19)确定的整条曲线，满足一阶导数的连续性，所以就能表示一条连续的光滑曲线。上面均是从单值函数 $y=f(x)$ 的情况来讨论的。在多值函数的情况下，就需采用参数方程，并用 $\cos\theta_3$ 和 $\sin\theta_3$ 来代替第三点的原斜率 $t_3=\mathrm{tg}\,\theta_3$ 的表示方法，于是就有：

$$\cos\theta_3 = \frac{a_0}{\sqrt{a_0^2+b_0^2}};\sin\theta_3 = \frac{b_0}{\sqrt{a_0^2+b_0^2}}$$

其中

$$a_0 = \omega_2 a_2 + \omega_3 a_3; b_0 = \omega_2 b_2 + \omega_3 b_3$$

$$\omega_2 = |a_3 b_4 - a_4 b_3|; \omega_3 = |a_1 b_2 - a_2 b_1|$$

$$a_i = x_{i+1} - x_i; b_i = y_{i+1} - y_i (i=1,2,3,4)$$

今设相邻两点 (x_i, y_i) 和 (x_{i+1}, y_{i+1}) 之间的三次曲线方程为：

$$\begin{cases} x = p_0 + p_1 z + p_2 z^2 + p_3 z^3 \\ y = Q_0 + Q_1 z + Q_2 z^2 + Q_3 z^3 \end{cases} \tag{7-20}$$

上式中 p_i、Q_i 均为常数，z 为参数，当曲线从 (x_i, y_i) 到 (x_{i+1}, y_{i+1}) 点时，z 从 0 变化到 1，由于这两点的坐标值和斜率是已知的，一次满足下列条件：

$z=0$ 时，
$$x=x_i, y=y_i; \frac{\mathrm{d}x}{\mathrm{d}z} = r\cos\theta_i, \frac{\mathrm{d}y}{\mathrm{d}z} = r\sin\theta_i$$

$z=1$ 时，
$$x=x_{i+1}, y=y_{i+1}; \frac{\mathrm{d}x}{\mathrm{d}z} = r\cos\theta_{i+1}, \frac{\mathrm{d}y}{\mathrm{d}z} = r\sin\theta_{i+1} \tag{7-21}$$

$$r = [(x_{i+1} - x_i)^2 + (y_{i+1} - y_i)^2]^{1/2}$$

由条件式(7-21)就可唯一确定常数 p_i、$Q_i (i=0,1,2,3)$

$$\begin{cases} p_0 = x_i \\ p_1 = r\cos\theta_i \\ p_2 = 3(x_{i+1} - x_i) - r(\cos\theta_{i+1} + 2\cos\theta_i) \\ p_3 = -2(x_{i+1} - x_i) + r(\cos\theta_{i+1} + \cos\theta_i) \\ Q_0 = y_i \\ Q_1 = r\sin\theta_i \\ Q_2 = 3(y_{i+1} - y_i) - r(\sin\theta_{i+1} + 2\sin\theta_i) \\ Q_3 = -2(y_{i+1} - y_i) + r(\sin\theta_{i+1} + \sin\theta_i) \end{cases} \tag{7-22}$$

依据以上的计算方法可得到三次曲线方程。

7.3.1.2 Bezier 曲线法

Bezier 曲线的数学基础是在第一个和最后一个端点之间进行插值的多项式函数。通常将 Bezier 曲线段以参数方程表示如下：

$$P(t) = \sum_{i=0}^{n} P_i B_{i,n(t)} \quad t \in [0,1] \tag{7-23}$$

这是一个 n 次多项式，具有 $n+1$ 项，其中 $P_i(i=0,1,\cdots,n)$ 表示特征多边形 $n+1$ 个顶点的位置向量。所谓特征多边形，即依次用线段连接 $P_i(i=0,1,\cdots,n)$ 中相邻两个向量的终点，这样组成的 n 边折线多边形称为 Bezier 多边形或特征多边形。$B_{i,n(t)}$ 是 Bernstein 多项式，称为基底函数，表示如下：

$$B_{i,n(t)}=\frac{n!}{i!\ (n-i)!}t^i(1-t)^{n-i} \qquad i=0,1,2\cdots,n \tag{7-24}$$

必须注意，当 $i=0,t=0$ 时，$t^i=1,0!\ =1$。

由上两式可得到三次 Bezier 曲线的数学表达式。

$$P(t)=\sum_{i=0}^{n} P_i B_{i,3(t)} = (1-t)^3 P_0+3t(1-t)^2 P_1+3t^2(1-t)P_2+t^3 P_3 \quad t\in[0,1] \tag{7-25}$$

写成矩阵的形式为：

$$P(t)=[t^3 \quad t^2 \quad t \quad 1]\cdot\frac{1}{6}\begin{bmatrix}-1 & 3 & -3 & 1\\ 3 & -6 & 3 & 0\\ -3 & 0 & 3 & 0\\ 1 & 4 & 1 & 0\end{bmatrix}\begin{bmatrix}P_0\\ P_1\\ P_2\\ P_3\end{bmatrix} \quad t\in[0,1] \tag{7-26}$$

7.3.1.3　B 样条法

Bezier 曲线的实质是：在给定了一串点列 $P_i(i=0,1,\cdots,n)$ 后，我们选择函数族 $\{B_{i,n(t)}\}$ 作为基函数，而且由此作出向量值形式的 Bernstein 逼近。在 1972～1974 年期间，人们拓广了 Bezier 曲线，将基函数 $\{B_{i,n(t)}\}$ 换成 n 次 B 样条基函数，从而将向量值形式的 Bernstein 逼近改成向量值形式的 B 样条逼近，构造了等距节点 B 样条曲线。

若给定 $m+n+1$ 个空间向量 $P_k(k=0,1,2,\cdots,m+n)$，称 n 次参数曲线

$$P_{i,n(t)} = \sum_{i=0}^{n} P_{i+l} F_{l,n(t)} \qquad t\in[0,1] \tag{7-27}$$

为 n 次 B 样条的第 i 段曲线($i=0,1,\cdots,m$)，它的全体称为 n 次 B 样条曲线。相应地，如果依次用线段 $P_{i+l}(l=0,1,\cdots,n)$ 中相邻两个向量的终点，那么所组成的多边形称为样条的第 i 段的 B 特征多边形。

$n=2$ 时，则二次 B 样条曲线可以写成下列矩阵的形式：

$$P(t)=\sum_{i=0}^{2} P_l F_{l,2(t)} = [t^2 \quad t \quad 1]\cdot\frac{1}{2}\begin{bmatrix}1 & -2 & 1\\ -2 & 2 & 0\\ 1 & 1 & 0\end{bmatrix}\begin{bmatrix}P_0\\ P_1\\ P_2\end{bmatrix} \quad t\in[0,1] \tag{7-28}$$

$n=3$ 时，三次 B 样条曲线也可以写成下面矩阵形式：

$$P(t)=[t^3 \quad t^2 \quad t \quad 1]\cdot\frac{1}{6}\begin{bmatrix}-1 & 3 & -3 & 1\\ 3 & -6 & 3 & 0\\ -3 & 0 & 3 & 0\\ 1 & 4 & 1 & 0\end{bmatrix}\begin{bmatrix}P_0\\ P_1\\ P_2\\ P_3\end{bmatrix} \quad t\in[0,1] \tag{7-29}$$

B 样条算法：

```
/*
@ remark                    计算 B 样条基函数，金字塔算法通式
```

```
@ para num                      多项式的阶数
@ para t                        参数
@ para SectNum                  B 样条分段的段号
@ para PolynomialsValues        生成的多项式系数
@ return                        生成正确返回 true,否则返回 flase
*/
bool BSplineBase ( int stage, double t, int SectNum, std::deque< double> & Polynomials-
Values)
{
  double        parentL, parentR, delta, cPL, cPR, value;
  double        tCurLeft, tCurRight;
  int            i, j, oldLength;
  // 参数检查
  delta =  1.0/(2 * stage- 1);
  tCurLeft =  (3+ SectNum)  * delta;
  tCurRight =  tCurLeft- delta;
  PolynomialsValues.push_back ( 1 );
  // 开始计算
  for ( i= 0; i< stage; + + i ){
    oldLength =  PolynomialsValues.size();
    if ( oldLength = =  1 )
      parentL =  parentR =  PolynomialsValues[0];
    else{
      parentL =  PolynomialsValues[0];
      parentR =  PolynomialsValues[1];
    }
      // 左边缘单独处理
      cPL =  tCurLeft -  tCurRight;
      value =  Normalize( parentL  *  (tCurLeft- t) / cPL, 4 );
      PolynomialsValues.push_back ( value );
      // 处理中间部分
      tCurLeft + =  delta;
      for ( j= 0; j< oldLength- 1; + + j ){
        parentL =  PolynomialsValues[j];
        parentR =  PolynomialsValues[j+ 1];
        cPL= tCurLeft- delta- tCurRight;
        cPR= tCurLeft- tCurRight- delta;
        value= ((t- tCurRight) * parentL)/cPL+ ((tCurLeft- t) * parentR)/cPR;
        PolynomialsValues.push_back ( Normalize( value, 4 ) );
        tCurLeft + =  delta;v     tCurRight + =  delta;
    }
    // 右边缘单独处理
    tCurLeft - =  delta;
```

```
        cPR =  tCurLeft- tCurRight;
        value =  Normalize( parentR * (t- tCurRight) / cPR, 4 );
        PolynomialsValues.push_back ( value );
        // 删除上一行的内容
        PolynomialsValues.erase(PolynomialsValues.begin(),PolynomialsValues.begin()+
        oldLength);
        // 改变左右系数
        tCurLeft =  (3+ SectNum) * delta;
        tCurRight =  tCurLeft- (i+ 2) * delta;
    }

    return true;
}
```

7.3.1.4　张力样条法

张力样条函数的显著特征是具有一个张力系数 σ，当 $\sigma\to 0$ 时，张力样条函数就等同于三次样条函数，当 $\sigma\to\infty$ 时，它将退化成分段线性函数，即从结点到结点是折线联结。因此可以选择适合的 σ，使得点与点之间的曲线尽量缩短，好像在整条曲线的两端用一种作用力拉到合适的程度，既能消除可能出现的多余拐点，又能保持了曲线的光滑性。

设 $(x_1,y_1),(x_2,y_2),\cdots,(x_n,y_n)$ 为平面上已知的一组数据点，且 $x_1<x_2<\cdots<x_n$，另外给出一个常数 $\sigma\neq 0$（称为张力系数），现在试求一个具有二阶连续导数的单值函数 $y=f(x)$，使它满足：

$$y_i=f(x_i)\quad i=1,2,\cdots,n \tag{7-30}$$

同时还要求 $f''(x)-\sigma^2 f(x)$ 必须连续地在每个区间 $[x_i,x_{i+1}]$ $(i=1,2,\cdots,n-1)$ 上呈线性变化，即

$$f''(x)-\sigma^2 f(x)=[f''(x_i)-\sigma^2 y_i]\frac{x_{i+1}-x}{h_i}+(f''(x_{i+1})-\sigma^2 y_{i+1})\frac{x-x_i}{h_i} \tag{7-31}$$

其中，$h_i=x_{i+1}-x_i$，$x_i\leqslant x\leqslant x_{i+1}$。

方程(7-31)是一个二阶非奇次的常系数线性微分方程，它的通解为：

$$f(x)=y+\bar{y}$$

其中 y 为对应的齐次方程 $f''(x)-\sigma^2 f(x)=0$ 的通解，即 $y=c_1 e^{\sigma x}+c_2 e^{-\sigma x}$，可为它的一个特解，即 $\bar{y}=ax+b$。根据式(7-31)的初始条件式(7-30)，就可确定出 c_1、c_2 和 a,b 的值。最后经过整理得到式(7-31)的解。

$$f(x)=\frac{1}{\sigma^2\sin h(\sigma h_i)}[f''(x)\sin h(\sigma(x_{i+1}-x))+f''(x_{i+1})\sin h(\sigma(x-x_i))]+$$
$$\left[y_i-\frac{f''(x_i)}{\sigma^2}\right]\frac{x_{i+1}-x}{h_i}+\left[y_{i+1}-\frac{f''(x_{i+1})}{\sigma^2}\right]\frac{x-x_i}{h_i} \tag{7-32}$$

$(x_i\leqslant x\leqslant x_{i+1},i=1,2,\cdots,n-1)$

式(7-32)就是通过所设数据点 $[x_i,y_i]$ $(i=1,2,\cdots,n)$ 的张力样条函数。显然，只能确定各数据点的二阶导数 $f''(x_i)$，这个张力样条函数就完全确定了。我们可根据定义来解决求 $f''(x_i)$ 的问题。

根据节点关系式：

$$f'(x_i^-)=f'(x_i^+) \quad (i=2,3,\cdots,n-1)$$

及端点条件(周期与非周期):

周期函数:

$$f(x_1)=y_1=f(x_{n+1})$$
$$f'(x_1)=f'(x_{n+1})$$
$$f''(x_1)=f''(x_{n+1})$$

非周期函数:给出二端点处的导数

$$f'(x_1)=y'_1;f'(x_n)=y'_n$$

$$\begin{bmatrix} b_1 & c_1 & & & & a_1 \\ a_2 & b_2 & c_2 & & & \\ & a_3 & b_3 & & c_3 & \\ & & \ddots & \ddots & \ddots & \\ & & a_{n-1} & b_{n-1} & c_{n-1} & \\ c_n & & a_n & b_n & & \end{bmatrix} \begin{bmatrix} \frac{f''(x_1)}{\sigma^2} \\ \frac{f''(x_2)}{\sigma^2} \\ \frac{f''(x_3)}{\sigma^2} \\ \vdots \\ \frac{f''(x_{n-1})}{\sigma^2} \\ \frac{f''(x_n)}{\sigma^2} \end{bmatrix} = \begin{bmatrix} d_1 \\ d_2 \\ d_3 \\ \vdots \\ d_{n-1} \\ d_n \end{bmatrix} \tag{7-33}$$

式(7-33)的系数矩阵是严格对角占有的,是非奇异的,因而有唯一组解$\frac{f''(x_i)}{\sigma^2}(i=1,2,\cdots,n)$,将此解代入式(7-32),即得所求的张力样条函数。

7.3.1.5 三次样条

三次样条函数的曲线插值方法具有二阶导数的连续性,在国内外现已广泛地应用于飞机、船舶、汽车等机械设计中,在土木工程的各种地图的计算机绘制中也被广泛地采用。下面介绍三次样条函数的一种扩展形式,它提供了一个参数以供调节曲线的形状,可以适用于不同的场合。该函数应用于解决等高线因光滑而在密集处产生相交的问题是非常有效的。

已知平面上 n 个点$P_1(x_1,y_1)$,$P_2(x_2,y_2)$,$\cdots$,$P_n(x_n,y_n)$,假设函数 f 是插值于P_1,P_2,$\cdots$,P_n之间的三次样条插值函数,并设$V_i=(V_{ix},V_{iy})(i=1,\cdots,n)$是使 f 达到c^2连续地在$P_i(i=1,\cdots,n)$处的切矢量。我们知道,给定两个点P_0,P_1以及曲线在这两点的切矢量V_0,V_1,可唯一确定一段三次参数曲线。设平面上三次参数曲线段为:

$$\begin{cases} x(t)=a_0+a_1t+a_2t^2+a_3t^3 \\ y(t)=b_0+b_1t+b_2t^2+b_3t^3 \end{cases} \tag{7-34}$$

取曲线段上两端点$P_i(x_i,y_i)$,$P_{i+1}(x_{i+1},y_{i+1})$,由假设知,过这两点的切矢量为V_i,V_{i+1},在此我们引入实参数 λ,对切矢量进行控制,该曲线段的端点条件为:

$$\begin{cases} x(0)=x_i,y(0)=y_i \\ x(1)=x_{i+1},y(1)=y_{i+1} \\ x'(0)=\lambda V_{i,x},y'(0)=\lambda V_{i,y} \\ x'(1)=\lambda V_{i+1,x},y'(1)=\lambda V_{i+1,y} \end{cases} \tag{7-35}$$

由式(7-34)、式(7-35)可求出a_0,a_1,a_2,b_0,b_1,b_2,从而得出实用三次样条曲线段方程:

$$\begin{cases} x(t)=x_i+\lambda V_{ix}t+[3(x_{i+1}-x_i)-2\lambda V_{ix}-\lambda V_{(i+1)x}]t^2+ \\ \qquad [\lambda V_{ix}+\lambda V_{(i+1)x}-2(x_{i+1}-x_i)]t^3 \\ y(t)=y_i+\lambda V_{iy}t+[3(y_{i+1}-y_i)-2\lambda V_{iy}-\lambda V_{(i+1)y}]t^2+ \\ \qquad [\lambda V_{iy}+\lambda V_{(i+1)y}-2(y_{i+1}-y_i)]t^3 \end{cases} \tag{7-36}$$

对于点列P_i，$i=1,\cdots,n$，上式可写成一般式：

$$\begin{cases} x_i(t)=x_i+\lambda V_{ix}t+[3(x_{i+1}-x_i)-2\lambda V_{ix}-\lambda V_{(i+1)x}]t^2+[\lambda V_{ix}+ \\ \qquad \lambda V_{(i+1)x}-2(x_{i+1}-x_i)]t^3 \\ y_i(t)=y_i+\lambda V_{iy}t+[3(y_{i+1}-y_i)-2\lambda V_{iy}-\lambda V_{(i+1)y}]t^2+[\lambda V_{iy}+ \\ \qquad \lambda V_{(i+1)y}-2(y_{i+1}-y_i)]t^3 \end{cases}$$

$$(i=1,\cdots,n-1,0\leqslant t\leqslant 1) \tag{7-37}$$

三次样条函数：

```
Function value= MySpline(X,Y,x)
n= length(x);
Value= zeros(1,n);
N= length(X);
M= zeros(1,N- 2);% 存储二阶导函数值；
% a,b,c 所对应的为严格对角占优的三对角矩阵下,中,上三行数组；
a= zeros(1,N- 3);
b= zeros(1,N- 2);
c= zeros(1,N- 3);
d= zeros(1,N- 2);
% 存储样条函数系数；
s= zeros(N- 1,4);
for i= 1:N- 2
b(i)= 2;
  f1= (Y(i+ 1)- Y(i))/(X(i+ 1)- X(i));% f[x(k- 1),x(k)]的差商；
  f2= (Y(i+ 2)- Y(i))/(X(i+ 2)- X(i));% f[x(k- 1),x(k+ 1)]的差商；
  d(i)= 6* ((f2- f1)/(X(i+ 2)- X(i+ 1)));% f[x(k- 1),x(k),x(k+ 1)]的差商；
if i= = N- 2
break
else
    a(i)= (X(i+ 2)- X(i+ 1))/(X(i+ 3)- X(i+ 1));% u[k]= h[k- 1]/(h[k- 1]+ h[k]),h[k]
    = x[k+ 1]- x[k];
if i= = 1
c(i)= 1- (X(2)- X(1))/(X(3)- X(2));
else
c(i)= 1- a(i- 1);% lanbute[k]= 1- u[k];
end
end
end
a(N- 3)= 1- (X(N)- X(N- 1))/(X(N- 1)- X(N- 2));% 对 a(N- 2)重新赋值
```

```
b(1)= b(1)+ (X(2)- X(1))/(X(3)- X(2));
b(N- 2)= b(N- 2)+ (X(N)- X(N- 1))/(X(N- 1)- X(N- 2));
M= Chase(a,b,c,d);% 利用追赶法求解 M;
U1= (X(2)- X(1))/(X(3)- X(1));
U2= (X(N- 1)- X(N- 2))/(X(N)- X(N- 2));
LBT1= 1- U1;
LBT2= 1- U2;
M0= (M(1)- M(2) * U1)/LBT1;
Mn= (M(N- 2)- LBT2 * M(N- 3))/U2;
for i= 1:N- 3
  s(i+ 1,1)= (M(i+ 1)- M(i))/(6* (X(i+ 2)- X(i+ 1)));
s(i+ 1,2)= M(i)/2;
  f= (Y(i+ 2)- Y(i+ 1))/(X(i+ 2)- X(i+ 1));
s(i+ 1,3)= f- (2 * M(i)+ M(i+ 1))/6 * (X(i+ 2)- X(i+ 1));
s(i+ 1,4)= Y(i+ 1);
end
s(1,1)= (M(1)- M0)/(6* (X(2)- X(1)));
s(1,2)= M0/2;
s(1,3)= (Y(2)- Y(1))/(X(2)- X(1))- (2 * M0+ M(1))/6.0* (X(2)- X(1));
s(1,4)= Y(1);
s(N- 1,1)= (Mn- M(N- 2))/(6.0 * (X(N)- X(N- 1)));
s(N- 1,2)= M(N- 2)/2.0;
s(N- 1,3)= (Y(N)- Y(N- 1))/(X(N)- X(N- 1))- (2 * M(N- 2)+ Mn)/6.0 * (X(N)- X(N- 1));
s(N- 1,4)= Y(N- 1);
% 根据系数求解待插点的函数值
for i= 1:n
for j= 1:N- 1
if (x(i)- X(j)) * (x(i)- X(j+ 1))< = 0
    Value(i)= s(j,1) * (x(i)- X(j))^3+ s(j,2) * (x(i)- X(j))^2+ s(j,3) * (x(i)- X(j))+
s(j,4);
end
end
end
value= Value';
end
```

7.3.2 曲面拟合

三维物体曲面的显示是图形显示系统应用中的一个重要问题,其目的是给用户提供一组立体实物的不同视图。在地形地貌图中,地表面就是一个三维曲面,地表面是通过等高线来表示的,前面我们介绍了绘制等高线的方法,对于离散点除了用三角网方法绘制等高线外,还可以先把离散点拟合成曲面,然后再插值出网格点数据,用规则网格点数据绘制等高线,所以用计算机绘制地形图,所要处理的也就是表示为数学曲面的地形模型。同时,在船舶、汽车和飞机等制造业的几何外形设计和放样工作中,曲面拟合技术也得到广泛的应用。

曲面的表达和曲线很类似，从某种意义上来讲曲面的表达可以看成是曲线表达方式的扩展。

在曲线、曲面的拟合与设计中，曲线是基础。曲面的生成可以看成是曲线按一定的规律运动而产生，这就是所谓的“母线法”，一个曲面可以用下述三种形式的方程之一来描述：

显示：　　$z=f(x,y)$

代数式：　　$F(x,y,z)=0$

参数式：　　$x=x(u,v),y=y(u,v),z=z(u,v)$

本节将介绍 coons 曲面，Bezier 曲面和 B 样条曲面。

7.3.2.1　coons 曲面

工程中通常应用的是双 coons 曲面。它的描述方法是对它的四条边界曲线 $P(u,0)$，$P(u,1)$ 及 $P(0,w)$，$P(1,w)$ 和它的调配函数都使用三次样条曲面来描述。

现在，首先让我们来看一下三次样条曲线的插值公式：

$$P(t)=F_0(t)+F_1P(t)+G_0(t)P'(0)+G_1P'(t)(0\leqslant t\leqslant 1) \tag{7-38}$$

其中：

$$P'(0)=\left.\frac{\mathrm{d}P(t)}{\mathrm{d}t}\right|_{t=0}$$

$$P'(1)=\left.\frac{\mathrm{d}P(t)}{\mathrm{d}t}\right|_{t=1}$$

$$F_0(t)=1-3t^2+2t^3$$

$$F_1(t)=3t^2-2t^3$$

$$G_0(t)=t-2t^2+t^3$$

$$G_1(t)=t^3-t^2$$

$F_0(t),F_1(t),G_0(t),G_1(t)$ 为调配函数，$P(0)$，$P(1)$ 表示曲线的始点和终点，$P'(0)$、$P'(1)$ 表示曲线的始点和终点的切线矢量。

将式(7-38)写成矩阵形式，得：

$$P(t)=[t^3\quad t^2\quad t\quad 1][C]\begin{bmatrix}P(0)\\P(1)\\P(2)\\P(3)\end{bmatrix}\quad(0\leqslant t\leqslant 1) \tag{7-39}$$

上式 $[C]$ 为：

$$[C]=\begin{bmatrix}2&-2&1&1\\-3&3&-2&-1\\0&0&1&0\\1&0&0&0\end{bmatrix}$$

式(7-38)或式(7-39)即为三次样条曲线的计算公式。现在以此为基础来推导双三次曲面的计算公式。

如图 7-32 所示，曲面的形成可以看成以一条动母线 uw' 沿 w 方向在整个区域上扫描而成，$P(0)$，$P(1)$，$P'(0)$、$P'(1)$ 不再是个常数，而是 w 的一个函数，则曲面方程为：

$$P(u,w)=[u^3 \quad u^2 \quad u \quad 1][C]\begin{bmatrix} P(0,w) \\ P(1,w) \\ \frac{\partial P}{\partial u}(0,w) \\ \frac{\partial P}{\partial u}(1,w) \end{bmatrix} \quad (0 \leqslant t \leqslant 1) \tag{7-40}$$

其中函数 $P(0,w)$，$P(1,w)$定义了用参数 u 所表示的曲线的始点和终点。对于任一确定的 w 值，就确定了两个特定的点与此类似，$\frac{\partial P}{\partial u}(0,w)$，$\frac{\partial P}{\partial u}(1,w)$也定义了用 u 表示的曲线在始点和终点的两个切线矢量。

下面再把 $P(0,w)$，$P(1,w)$，$\frac{\partial P}{\partial u}(0,w)$，$\frac{\partial P}{\partial u}(1,w)$分别表示为三次样条曲线，则

$$P(0,w)=[w^3 w^2 \ w \ 1]C\begin{bmatrix} P(0,0) \\ P(0,1) \\ \frac{\partial P}{\partial u}(0,0) \\ \frac{\partial P}{\partial u}(0,1) \end{bmatrix} \quad (0 \leqslant w \leqslant 1) \tag{7-41}$$

$$P(1,w)=[w^3 w^2 \ w \ 1]C\begin{bmatrix} P(1,0) \\ P(1,1) \\ \frac{\partial P}{\partial u}(1,0) \\ \frac{\partial P}{\partial u}(1,1) \end{bmatrix} \quad (0 \leqslant w \leqslant 1) \tag{7-42}$$

$$\frac{\partial P}{\partial u}(0,w)=[w^3 w^2 \ w \ 1]C\begin{bmatrix} \frac{\partial P}{\partial u}(0,0) \\ \frac{\partial P}{\partial u}(0,1) \\ \frac{\partial P}{\partial u\partial w}(0,0) \\ \frac{\partial P}{\partial u\partial w}(0,1) \end{bmatrix} \quad (0 \leqslant w \leqslant 1) \tag{7-43}$$

$$\frac{\partial P}{\partial u}(1,w)=[w^3 w^2 \ w \ 1]C\begin{bmatrix} \frac{\partial P}{\partial u}(1,0) \\ \frac{\partial P}{\partial u}(1,1) \\ \frac{\partial P}{\partial u\partial w}(1,0) \\ \frac{\partial P}{\partial u\partial w}(1,1) \end{bmatrix} \quad (0 \leqslant w \leqslant 1) \tag{7-44}$$

为了便于记忆，作一些必要的简化：

四条边界线为：

$$u=0 \quad 0w=P(0,w)$$

$$u=1 \quad 1w=P(1,w)$$
$$w=0 \quad u0=P(u,0)$$
$$w=1 \quad u1=P(u,1)$$

四个角点为：

$$u=0 \quad w=0 \quad 00=P(0,0)$$
$$u=0 \quad w=1 \quad 01=P(0,1)$$
$$u=1 \quad w=0 \quad 10=P(1,0)$$
$$u=1 \quad w=1 \quad 11=P(1,1)$$

四个角点的切向量为：

$$00_u=\frac{\partial P(u,w)}{\partial u}\bigg|_{\substack{u=0\\w=0}} \quad 00_w=\frac{\partial P(u,w)}{\partial w}\bigg|_{\substack{u=0\\w=0}}$$
$$01_u=\frac{\partial P(u,w)}{\partial u}\bigg|_{\substack{u=0\\w=1}} \quad 01_w=\frac{\partial P(u,w)}{\partial w}\bigg|_{\substack{u=0\\w=1}}$$
$$10_u=\frac{\partial P(u,w)}{\partial u}\bigg|_{\substack{u=1\\w=0}} \quad 10_w=\frac{\partial P(u,w)}{\partial w}\bigg|_{\substack{u=1\\w=0}}$$
$$11_u=\frac{\partial P(u,w)}{\partial u}\bigg|_{\substack{u=1\\w=1}} \quad 11_w=\frac{\partial P(u,w)}{\partial w}\bigg|_{\substack{u=1\\w=1}}$$

四个角点扭向量：

$$00_{uw}=\frac{\partial^2 P(u,w)}{\partial u\partial w}\bigg|_{\substack{u=0\\w=0}}$$
$$01_{uw}=\frac{\partial^2 P(u,w)}{\partial u\partial w}\bigg|_{\substack{u=0\\w=1}}$$
$$10_{uw}=\frac{\partial^2 P(u,w)}{\partial u\partial w}\bigg|_{\substack{u=1\\w=0}}$$
$$11_{uw}=\frac{\partial^2 P(u,w)}{\partial u\partial w}\bigg|_{\substack{u=1\\w=1}}$$

将式(7-41)至式(7-44)合并，用一个行矢量来表示这个四个三次样条曲线：

$$[0w\ 1w\ 0w_u\ 1w_u]=[w^3 w^2\ w\ 1][C]\begin{bmatrix}00 & 10 & 00_u & 10_u\\01 & 11 & 01_u & 11_u\\00_w & 10_w & 00_{uw} & 10_{uw}\\01_w & 11_w & 01_{uw} & 11_{uw}\end{bmatrix} \quad (0\leqslant w\leqslant 1) \tag{7-45}$$

用恒等式 $(ABC)^T=C^T B^T A^T$ 将方程两边进行行转置，则变为一个矢量：

$$\begin{bmatrix}0w\\1w\\0w_u\\1w_u\end{bmatrix}=\begin{bmatrix}00 & 10 & 00_u & 10_u\\01 & 11 & 01_u & 11_u\\00_w & 10_w & 00_{uw} & 10_{uw}\\01_w & 11_w & 01_{uw} & 11_{uw}\end{bmatrix}[C^T]\begin{bmatrix}w^3\\w^2\\w\\1\end{bmatrix} \quad (0\leqslant w\leqslant 1) \tag{7-46}$$

将式(7-46)代入式(7-40)，则曲线面方程也就变化为：

$$P(u,w)=[u^3 u^2\ u\ 1][C]\begin{bmatrix}00 & 10 & 00_u & 10_u \\ 01 & 11 & 01_u & 11_u \\ 00_w & 10_w & 00_{uw} & 10_{uw} \\ 01_w & 11_w & 01_{uw} & 11_{uw}\end{bmatrix}[C^T]\begin{bmatrix}w^3 \\ w^2 \\ w \\ 1\end{bmatrix}\begin{cases}(0\leqslant u\leqslant 1) \\ (0\leqslant w\leqslant 1)\end{cases} \tag{7-47}$$

式(7-47)即为双三次 coons 曲面的插值计算公式。

双三次 coons 的程序为：

```
Subroutine Coons(JU,KU,X)
real C(4,4),CT(4,4),Q1(4,4),CQ(4,4)
real CQCT(4,4),Q(4,4,3),X(JU,KW,3),XX(1,1)
COMMON /C1/Q
DATA U(1,4)/1./,W(4,1)/1./
DATA UU(1)/0./,WW(1)/0./
DATA C/2.,- 3.,0.,- 2.,3.,0.,0./
     1.,- 2.,1.,0.,1.,- 1.,0.,0./
DATA CT/2.,- 2.,1.,1.,- 3.,- 2.,- 1.,
       0.,0.,1.,0.,1.,0.,0.,0./
DU= 1./FLOAT(JU- 1)
DW= 1./FOLAT(KW- 1)
DO 5 KI= 2,KW
WW(KI)= WW(KI- 1)+ DW
CONT INUE
D0 80 I= 1,3
   DO=  10   IJ= 1,4
   DO=  10   IK= 1,4
Q1(IJ,IK)= Q(IJ,IK,I)
   CONTINUE
   CALL MAT(C,Q1,CQ,4,4,4)
   CALL MAT(CQ,CT,CQCT,4,4,4)
   DO 50 J= 1,JU
UU(J+ 1)= UU(J)+ DU
U(1,3)= UU(J)
U(1,2)= UU(J) * UU(J)
U(1,1)= U(1,2) * UU(J)
   CALL MAT(U,CQCT,UCT,1,4,4)
   DO 40K= 1,KW
W(3,1)= WW(K)
W(2,1)= WW(K) * WW(K)
W(1,1)= W(2,1) * WW(K)
   CALL MAT (UCT,W,XX,1,4,1)
X(J,K,I)= XX(1,1)
   CONTINUE
```

```
   CONTINUE
CONTINUE
RETURN
END
Subrtine MAT(A,B,C,L,M,N)
DIMENSION  A(L,M),B(M,N),C(L,N)
DO 10 I= 1,L
DO 10 J= 1,N
C(I,L)= 0
DO  5 K= 1,M
   C(I,J)= C(I,J)+ A(I,K) * B(K,J)
   CONTINUE
   CONTINUE
END
```

7.3.2.2　Bezier 曲面

Bezier 曲面是在 Bezier 曲线基础上扩展而成的设空间给定一组网络点 P_{ij}，其位置矢量为$P_{ij}(i,j=0,1,2,3)$，则可用母线法来构造出 Bezier 曲面(图 7-33)，根据多边形$p_{00}p_{01}p_{02}p_{03}$、$p_{10}p_{11}p_{12}p_{13}$、$p_{20}p_{21}p_{22}p_{23}$和$p_{30}p_{31}p_{32}p_{33}$，则可定义四条三次 Bezier 曲线。

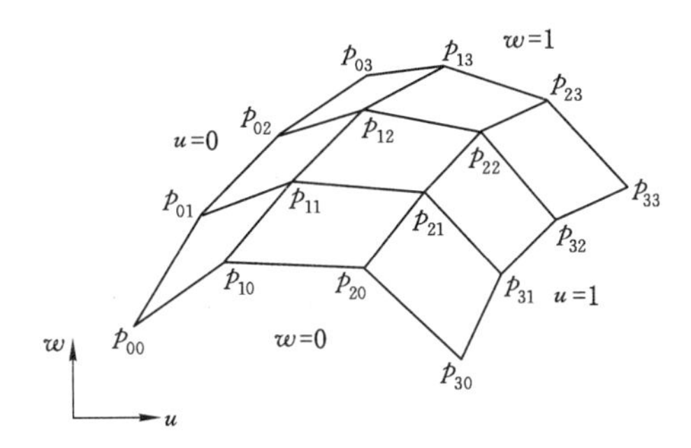

图 7-33　Bezier 曲面

$$p_i(w)=\sum_{i=0}^{3}B_{j,3}(w)p_{i,j}\quad(i=0,1,2,3)\tag{7-48}$$

其中：

$$B_{j,3}(w)=c_3^j(1-w)^{3-}w^j\quad(j=0,1,2,3)$$

这就是 Bemsteim 基函数。写成矩阵形式即为：

$$[B_{0,3}(w)\quad B_{1,3}(w)\quad B_{2,3}(w)\quad B_{3,3}(w)]=[w^3\quad w^2\quad w\quad 1]\begin{bmatrix}-1 & 3 & -3 & 1\\ 3 & -6 & 3 & 0\\ -3 & 3 & 0 & 0\\ 1 & 0 & 0 & 0\end{bmatrix}$$

若给定一个 w 的值 u，设 $w=w'(0<w'<1)$，则在上述四条曲线上又得到四个点 $p_i(w')(i=0,1,2,3)$，这四个点形成的多边形又可以定义一条三次 Bezier 曲线：

$$Q(u)=\sum_{i=0}^{3}B_{j,3}(u)p_i(w)\quad(0\leqslant u\leqslant 1)\tag{7-49}$$

这里面上的一条母线，当w'由 0 变化到 1 时，则可得到由网格点所确定的一个曲面，由于 u,w 都是三次的，因此也称为双三次 Bezier 曲面，曲面方程为：

$$
\begin{aligned}
p(u,w) &= \sum_{i=0}^{3} B_{j,3}(u)p_i(w) \\
&= \sum_{i=0}^{3}\sum_{j=0}^{3} B_{j,3}(u)p_{i,j}B_{j,3}(w) \\
&= [B_{0,3}(u) \quad B_{1,3}(u) \quad B_{2,3}(u) \quad B_{3,3}(u)][p]\begin{bmatrix} B_{0,3}(w) \\ B_{1,3}(w) \\ B_{2,3}(w) \\ B_{3,3}(w) \end{bmatrix} \\
&= [u^3 u^2\ u\ 1]\begin{bmatrix} -1 & 3 & -3 & 1 \\ 3 & -6 & 3 & 0 \\ -3 & 3 & 0 & 0 \\ 1 & 0 & 0 & 0 \end{bmatrix}[p]\begin{bmatrix} -1 & 3 & -3 & 1 \\ 3 & -6 & 3 & 0 \\ -3 & 3 & 0 & 0 \\ 1 & 0 & 0 & 0 \end{bmatrix}\begin{bmatrix} w^3 \\ w^2 \\ w \\ 1 \end{bmatrix} \\
&= [U][B][P][B]^{\mathrm{T}}[W]^{\mathrm{T}}(0 \leqslant u \leqslant 1, 0 \leqslant w \leqslant 1)
\end{aligned} \tag{7-50}
$$

其中：

$$
[B] = \begin{bmatrix} -1 & 3 & -3 & 1 \\ 3 & -6 & 3 & 0 \\ -3 & 3 & 0 & 0 \\ 1 & 0 & 0 & 0 \end{bmatrix}
$$

$$
[P] = \begin{bmatrix} p_{00} & p_{01} & p_{02} & p_{03} \\ p_{10} & p_{11} & p_{12} & p_{13} \\ p_{20} & p_{21} & p_{22} & p_{23} \\ p_{30} & p_{31} & p_{32} & p_{33} \end{bmatrix}
$$

$p_{i,j}(i,j = 0,1,2,3)$ 为特征网格顶点向量。

7.3.2.3 B 样条曲面

B 样条曲面是由 B 样条曲线扩展而成的。若给定空间一组网格点 $p_{i,j}(i,j=0,1,2,3)$，$p_{i,j}$是其位置矢量，则可用母线法来构造双三次 B 样条曲面。如图 7-34 所示，根据特征多边形$p_{i,0}p_{i,1}p_{i,2}p_{i,3}$可以定义四条三次 6 样条曲线：

$$
p_i(w) = \sum_{i=0}^{3} F_{j,3}(w)p_{i,j} \quad (i = 0,1,2,3)(0 \leqslant w \leqslant 1) \tag{7-51}
$$

其中$F_{j,3}(w)$为三次样条 B 基函数，写成矩阵形式为：

$$
[F_{0,3}(w) \quad F_{1,3}(w) \quad F_{2,3}(w) \quad F_{3,3}(w)] = [w^3 \quad w^2 \quad w \quad 1]\begin{bmatrix} -1/6 & 1/2 & -1/2 & 1/6 \\ 1/2 & -1 & 1/2 & 0 \\ -1/2 & 0 & 1/2 & 0 \\ 1/6 & 2/3 & 1/6 & 0 \end{bmatrix} \tag{7-52}
$$

对于每个确定的 w 值，设 $w=w'(0<w'<1)$在上述四条曲线上均可得到四个相应的点 $p_i(w)(i,j=0,1,2,3)$，于是这四个点又形成一个多边形，则可以定义一条三次样条曲线：

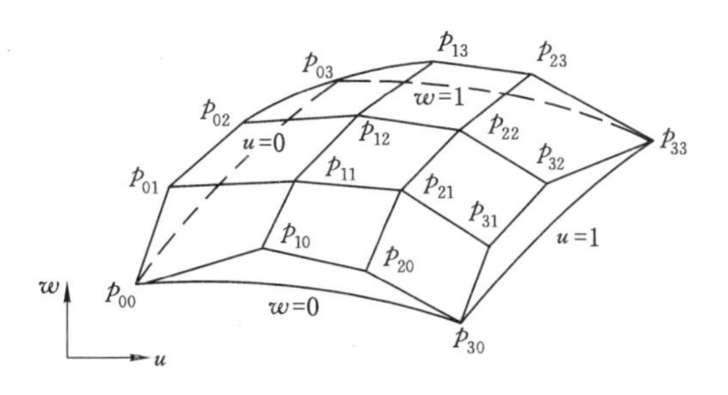

图 7-34　B 样条曲面示意图

$$Q(u)=\sum_{i=0}^{3} F_{j,3}(u)p_i(w') \quad (0 \leqslant u \leqslant 1) \tag{7-53}$$

这是曲面上的一条母线，当 w' 由 0 变化到 1 时，则得到双三次 B 样条曲面，曲面方程为：

$$\begin{aligned}
p(u,w) &= \sum_{i=0}^{3} F_{j,3}(u)p_i(w) \\
&= \sum_{i=0}^{3}\sum_{j=0}^{3} F_{j,3}(u)p_{i,j}F_{j,3}(w) \\
&= [F_{0,3}(u) \quad F_{1,3}(u) \quad F_{2,3}(u) \quad F_{3,3}(u)][p]\begin{bmatrix} F_{0,3}(w) \\ F_{1,3}(w) \\ F_{2,3}(w) \\ F_{3,3}(w) \end{bmatrix} \\
&= [u^3 \quad u^2 \quad u \quad 1][F][P][F]^{\mathrm{T}}[W]^{\mathrm{T}}\begin{bmatrix} w^3 \\ w^2 \\ w \\ 1 \end{bmatrix} \\
&= [U][F][P][F]^{\mathrm{T}}[W]^{\mathrm{T}}(0 \leqslant u \leqslant 1, 0 \leqslant w \leqslant 1)
\end{aligned} \tag{7-54}$$

其中：

$$[F]=\begin{bmatrix} -1/6 & 1/2 & -1/2 & 1/6 \\ 1/2 & -1 & 1/2 & 0 \\ -1/2 & 0 & 1/2 & 0 \\ 1/6 & 2/3 & 1/6 & 0 \end{bmatrix}$$

$$[P]=\begin{bmatrix} p_{00} & p_{01} & p_{02} & p_{03} \\ p_{10} & p_{11} & p_{12} & p_{13} \\ p_{20} & p_{21} & p_{22} & p_{23} \\ p_{30} & p_{31} & p_{32} & p_{33} \end{bmatrix}$$

$p_{i,j}(i,j=0,1,2,3)$为特征网格顶点向量。

由于三次 B 样条曲线具有 $c^{(2)}$ 连续性，因此每相邻的两块三次 B 样条曲面片之间也必然达到 $c^{(2)}$ 连续。这样就较好地解决了曲面片之间的拼接问题。但由于三次 B 样条曲面放弃了四个角点的插值条件，所以虽然 16 个控制点的矩阵确定了一个曲面片，但曲面片一般不通过特征网格的任意一个网格点。

若给定网格顶点$p_{i,j}(i=0,1,\cdots,m,j=0,1,\cdots,n)$同样用上述方法，可以求出该网格点所定义的B样条曲面方程为：

$$p(u,w)=\sum_{i=0}^{m}\sum_{j=0}^{n}F_{i,m}(u)p_{i,j}F_{j,n}(w)\quad(0\leqslant w\leqslant 1,0\leqslant u\leqslant 1)\tag{7-55}$$

式中$F_{i,m}(u)$为n次B样条基函数。

上式写成矩阵形式为：

$$P(u,w)=[F_{0,m}(u)\quad F_{1,m}(u)\quad F_{2,m}(u)\quad F_{3,m}(u)][p]\begin{bmatrix}F_{0,n}(w)\\F_{1,n}(w)\\F_{2,n}(w)\\F_{3,n}(w)\end{bmatrix}$$

$$(0\leqslant w\leqslant 1,0\leqslant u\leqslant 1)\tag{7-56}$$

其中：

$$[P]=\begin{bmatrix}p_{0,0}&\cdots&p_{0,n}\\\vdots&\ddots&\vdots\\p_{m,0}&\cdots&p_{m,n}\end{bmatrix}$$

$p_{i,j}(i=0,1,\cdots,m,j=0,1,\cdots,n)$为特征网格顶点向量。

7.4 地图符号的绘制

7.4.1 地图符号的概念

地图符号是所有符号中具有空间特征的一种视觉符号，它以其视觉形象指代抽象的概念。它比语言、文字等符号更直观、形象，不仅解决了描绘真实世界的困难，而且能反映出事物的本质和规律。因此，地图符号的形成实质上是一种科学抽象的过程，是对制图对象的第一次综合。

地图符号在很多地图学文献中常被称为“地图语言”，这表明对地图符号本质认识的深化。人们已不局限于地图符号个体的直接语义信息价值，而且也十分重视地图符号间相互联系的语法价值。这对于探索地图符号的性质、规律和深化地图信息功能具有十分重要的意义。

广义的地图符号的概念是指表示地表各种事物现象的线划图形、色彩、数学语言和注记的总和，也称地图符号系统。完整的地图符号系统由图解语言（地图符号）、写出语言（色彩和地貌立体表示）、自然语言（名称注记）和数学语言（地图投影、比例尺、方向）四部分组成。

狭义的地图符号概念是指在图上表示制图对象空间分布、数量、质量等特征的标志、信息载体，包括线划符号、色彩和注记。

7.4.2 地图符号的分类

随着地图内容的扩展，地图形式的多样化，地图符号还在不断地变革、补充和完善，地图符号的类别也将更多。现代地图符号可以从不同的角度进行分类。

(1) 按符号所表现的制图对象的几何特征分类

现实世界尽管形态各异，千变万化，但是从几何的角度可将其分为点状地物、线状地物和面状地物，因而表达地物的符号也相应地有点状符号、线状符号和面状符号。注记作为一种特殊的符号，直接说明这些点、线、面的某些属性。

点状符号是不依比例尺表示的小面积地物（如油库、水井）或点状地物（如测量控制点）等。点状符号的特点是：图形固定，不随它在图面上的位置的变化而变化；符号都有确定的定位点和方向性；点符号图形大多比较规则，由简单几何图形构成。图 7-35 为点状符号实例。

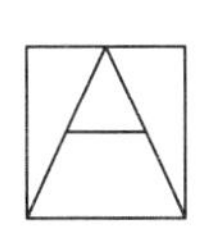

图 7-35　点状符号图例

线状符号是长度依比例尺表示而宽度不依比例尺表示的符号，用于表示呈线状（如边界线）或细条带状延伸的地物（如河流、道路）。线符号的特点是：都有一条有形或无形的定位线；符号可进一步划分为曲线、直线、虚线、平行线、沿定位线连续配置点符号等；符号可进一步分解为单一特征的线状符号，即线状符号可由若干条具有单一特征的线状符号组成。图 7-36 为线状符号实例。比较复杂的（需要用独立符号进行组合的）线型，如行树、高压电力线、坎、石质无滩陡崖等见图 7-37。面状符号是指在二维平面上能按一定比例尺表示地物分布范围的符号，用于表示面状分布物体或地理现象。面符号的特点是：有一条封闭的轮廓线；多数面符号是在轮廓线范围内配置不同的点状符号、绘阴影线或涂色，如图 7-38 所示。

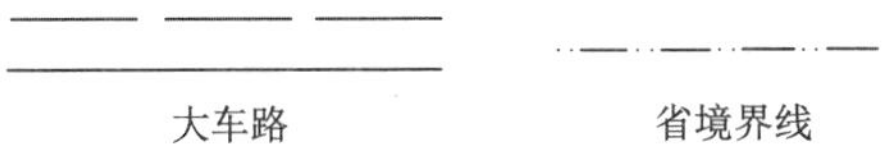

大车路　　省境界线

图 7-36　线状符号图例

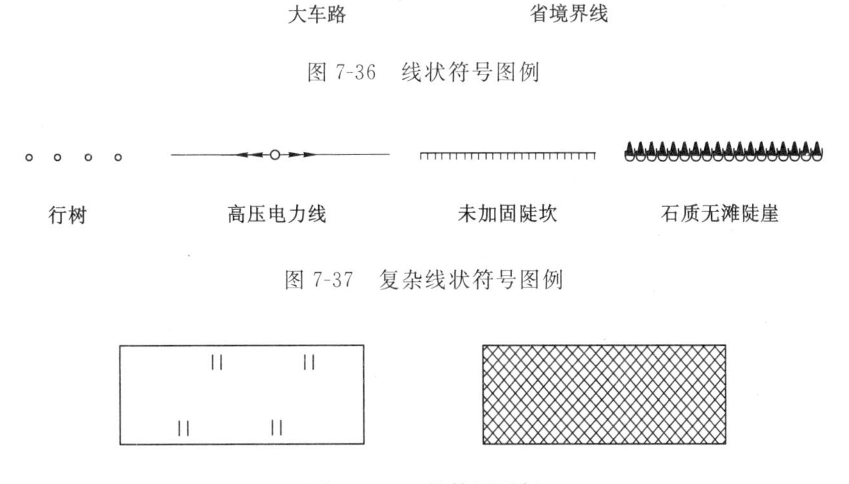

图 7-37　复杂线状符号图例

图 7-38　面状符号图例

另外还有少数符号极具特殊性，如坡、坡上线及坡下线符号，上下关联；又如广告牌，局部依比例，局部又不依比例。它们各具自己的特点，需专门编程绘制，归为特殊符号类，如图 7-39 所示。

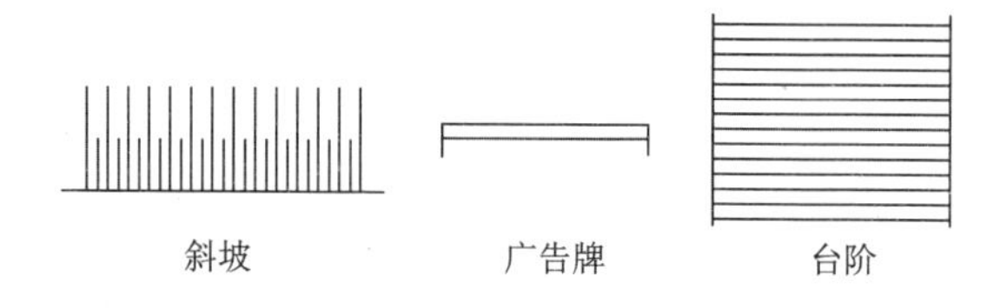

图 7-39　特殊面状符号图例

实际上，点、线、面符号不是孤立的，它们之间存在一定的联系。线符号中往往包含点符号，面符号中也可能包含线、点符号。

（2）按符号与地图比例尺的关系分类

按符号与地图比例尺的关系可将符号分为依比例符号、不依比例符号（非比例符号）和半依比例符号。制图对象是否能按地图比例尺用与实地相似的面积形状表示，取决于对象本身的面积大小和比例尺大小。依比例符号主要是面状符号，只有在一定比例尺的条件下，制图对象的宽度或面积仍可保持在图解清晰度允许的范围内时才可使用；不依比例符号主要是点状符号；而半依比例符号主要是线状符号。

（3）按符号所表示的制图对象的地理特征量度分类

按符号所表示的制图对象的地理特征量度可分为定性符号、定量符号和等级符号。定性符号主要反映对象的类别、性质，虽然依比例符号可以反映出对象的实际大小，但这种大小是由对象在图面上的形状自然决定的，所以普通地图符号除数字注记外，绝大多数属于定性符号。定量符号则是依据某种比例关系来表示对象数量指标的地图符号，这种比例关系和地图比例尺无关，利用该关系可目估或量测制图对象的数量差异，如用不同大小图形符号表示城市人口多少的符号。等级符号是表示对象的顺序等级的地图符号，如用大、中、小三种不同大小的圆表示大、中、小三种城市等级。有些等级符号通过图例说明与相应的数量建立了联系，实际已具有了定量的性质。

（4）按符号的图形特征分类

根据符号的形状特征，依据不同图像形式可将符号划分为几何符号、艺术符号、文字符号。几何符号是用基本几何图形构成的较为简单的记号性符号，若由各类结构图案组成可称为“面状符号”；若由颜色形成，但在视觉形式上不同，则可称为“色域符号”；若几何图形所反映的主要是对象数量概念的定量符号，则称为“图表符号”。艺术符号是指与对象相似且艺术性较强的符号，它可以分为“象形符号”和“透视符号”两类。文字本身就是一种符号，但它同时具备了地图的空间特性，因而是地图符号的一种特殊表示。

7.4.2.1　地形图图式

地形图图式是地图符号样式和描绘规则的规范，它规定了相应比例尺地形图上表示各种地物、地貌要素的符号、注记和颜色，以及使用这些符号的原则、要求和基本方法。地形图图式是测绘和出版地形图必须共同遵守的基本依据之一，是由国家统一颁布执行的标准。

不同比例尺地（形）图，由于所表示的地形要素的要求、详细程度和侧重点不同，国家制定了不同比例尺系列地形图图式，例如《1∶500、1∶1000、1∶2000 地形图图式》、《1∶5000、1∶10000 地形图图式》等。除了国家标准外，在铁路、电力等行业还制定有各自的部门标准，它们主要是针对专业特点作了若干补充，当然也可能带来符号分类体系的变化。

一个计算机地图制图系统，往往需要根据地形图图式建立符号库。

7.4.3　矢量符号绘制方法

计算机地图制图软件中地图符号绘制的实质是将符号坐标系中图形元素特征点的坐标(x, y)变换到地图坐标系中的坐标(X, Y)并按给定的顺序连线的过程。目前，计算机制图中符号绘制（符号化）方法有两种，即编程法和信息法。

编程法是由绘图子程序按符号图形参数计算绘图矢量并操作绘图仪绘制地图符号。这种方法中每一个地图符号或同一类的一组地图符号可以编制一个绘图子程序。这些子程序就组成一个程序库。在绘图时按符号的编码调用相应的绘图子程序，并输入适当的参数，该程序便根据已知数据和参数计算绘图向量并产生绘图指令，从而完成地图符号的绘制。这种方法适合那些能用数学表达式描述的地图符号，其特点是增加符号不方便，即使增加一个符号也要对程序库进行重编译；给用户的自主权不大，因而很难作为商业软件进行流通。目前这种方法的应用越来越少。

信息块法也称为符号库方法。绘图时只要通过程序处理已存在符号库中的信息块，即可完成符号的绘制。信息块即为描述符号的参数集。随着符号在地图上的表现形式不同，信息块的存放格式也不同。通常符号信息块的构成有两种：直接信息法和间接信息法。

直接信息法是存储符号图形特征点的坐标（矢量形式）或具有足够分辨率的点阵（栅格数据），直接表示图形的每个细部点。这种方法获得符号信息较为困难，占用存储空间大，当符号精度要求较高时尤为突出，对符号进行放大时符号容易变形。但这种方法有可能使绘图程序统一算法，它面向图形特征点而与符号图形无关。图7-40为纪念碑符号的放大表示，可按图中点号顺序在信息块中记录$\{(P_i, x_i, y_i)\}$ $(i=1,2,\cdots,11)$，P_i为i点的抬落笔码。绘图时，绘图程序直接将符号在地图坐标系中符号特征点的位置信息转换为地图坐标系中的矢量数据（图形特征点坐标）或栅格数据，然后有序连接各特征点或输出点阵，绘成地图符号。

间接信息法存放的是图形的几何参数，如图形的长、宽、间隔、半径、方向角、夹角等，其余数据都由绘图程序在绘制符号时按相应的算法计算出来。这种方法占用存储空间小，能表达较复杂的图形，且绘图精度高，对符号进行无级放大也不变形，符号的图形参数可方便地利用交互式符号设计系统获得，但该方法的程序量相对大些，编程工作也较复杂。如图7-40所示如按间接信息法存储，则要记录三条直线：1—2，3—4，10—11，一个半圆弧4—7—10。绘图时，绘图程序必须先将符号图形的几何参数转换为符号坐标系中的坐标值，再转换为地图坐标系中的矢量数据（图形特征点坐标）或栅格数据，然后有序连接各特征点或输出点阵，绘成地图符号。显然，间接信息法比直接信息法要多一个由几何参数转换为绝对坐标值的过程。目前，绝大多数地理信息系统软件、数字化测图软件中的地图制图模块均采用间接信息块方法来绘制符号，并提供相应的符号设计模块。

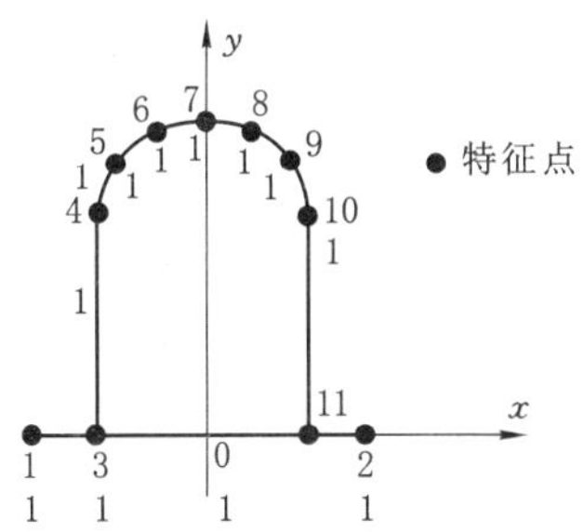

图7-40　点符号及其特征点

7.4.3.1　点状符号的生成算法

点状符号是指定位于某一点的个体符号，又称定位符号，符号的大小与地图比例尺无关。在普通地图上主要有控制点、独立地物、非比例居民地符号等，各种注记也可视为点状符号。

7.4.3.1.1 点状符号信息块

点状符号信息块采用以符号定位为原点的局部坐标系，信息块中记录符号的颜色、笔粗码、图形特征点坐标及其联系(一般用表示绘或不绘的抬落笔码表示)。

例：放大的纪念碑符号表示可可按中点号顺序在信息块中记录$\{p_i, x_i, y_i\}$ ($i=1,2,\cdots,11$)，p_i 为点 i 的抬落笔码，(x_i, y_i)代表局部坐标系中的坐标值。

由于任意曲线都可由若干折线逼近到任意程度，因而只要选择适当分辨率的符号空间大小，任意点状符号均采用上述信息块构成。把一个信息块组成一行记录，有序地组织它们为一个文件，即是矢量点状符号库。

绘图时，读入该符号库相应记录的信息块，按上图描述位置和方向，将信息块中坐标先平移至中心，必要时进行缩放和旋转，即可调用两点绘线语句予以绘出，各种点状符号均可用统一规范符号的程序绘制。

7.4.3.1.2 点状符号程序块

程序块方法认为点状符号通常都可以用直线段配合圆弧组合而成。现以圆弧和椭圆绘制说明其算法。

任何一个圆都可以用正多边形来逼近，其边数越多，圆弧越光滑。只要适当选择圆心角，使其相对应的正多边形与圆弧之间的拱高小于某一限差 d，就可使多边形在视觉上成为一个光滑的圆。拱高 d、圆心角 θ 与圆半径 r 之间的关系为：

$$\begin{cases} d=r(1-\cos\dfrac{\theta}{2}) \\ \theta=2\arccos(1-\dfrac{d}{r})\approx 2.8\sqrt{\dfrac{d}{r}} \end{cases} \tag{7-57}$$

则
$$n=\left[\frac{2\pi}{\theta}\right]$$

式中：[ ]是指对括号内数据取整。因此，只要给定了限差 d(一般取 0.05～0.1 mm)和可能最大圆的半径 r 就可算出 n 和 θ。即半径为 r 的圆可用正 n 边多边形取代，可采用角增量 θ，按逆时针连续旋转计算出各坐标并顺次连接而成。各点坐标按下式计算：

$$\begin{cases} x_i=r\cos(i\cdot\theta)+x_c \\ y_i=r\sin(i\cdot\theta)+y_c \\ (i=0,1,2,\cdots,n) \end{cases} \tag{7-58}$$

式中：(x_c, y_c)是圆心坐标。画圆时从(x_n, y_n)开始，顺序连至(x_0, y_0)，使多边形准确闭合。

当绘制一端圆弧时，只要知道起始点半径与终止点半径及它们分别与 x 轴的夹角，不难用上述算法完成。

椭圆的绘制也可用类似的方法进行，不过在计算 θ 角时应以长半轴作为 r，这样可以保证所绘制的椭圆有最佳视觉效果。多边形各顶点的计算公式为

$$\begin{cases} x_i=a\cos(i\cdot\theta)+x_c \\ y_i=b\sin(i\cdot\theta)+y_c \\ (i=0,1,2,\cdots,n) \end{cases} \tag{7-59}$$

式中：a 是椭圆的横半轴(在 x 方向)；b 是椭圆的纵半轴(在 y 方向)；$i\cdot\theta$ 是离心角。

可以推得，以圆弧的起点坐标、圆弧的起始角、圆弧的终止角、圆弧的起始点半径和终止

点半径为参数设计绘圆的程序，这个绘圆程序也能绘制圆弧和螺线；以椭圆的起始点坐标、长半轴、短半轴、长半轴与 x 轴的夹角、起始点和终止点到中心点连线分别与 x 轴的夹角为参数来设计绘制椭圆的程序，这个程序既能绘制椭圆，也能绘制圆弧并调整椭圆长轴的方向。

绘制一个点符号所需参数为：定位点(x_0，y_0)、缩放系数 *scale*、旋转角。符号库中保持的符号描述信息都是基于符号坐标系的，因此，绘制点符号时应对点符号的图元进行一系列变换，即缩放、旋转、平移，如图 7-41 所示。

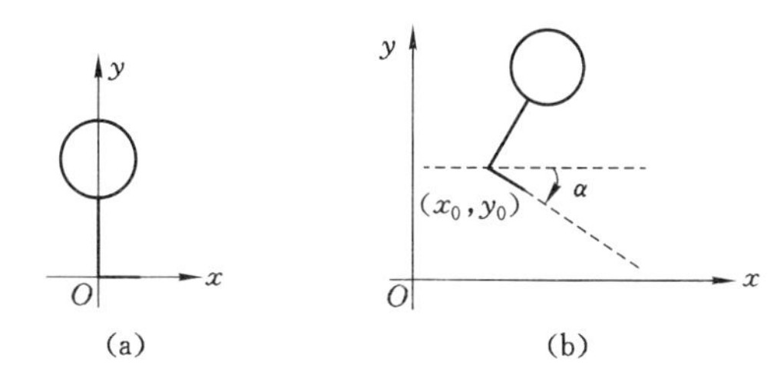

图 7-41 点符号坐标变换

(a) 符号坐标；(b) 地图坐标系

$$\begin{bmatrix} X \\ Y \end{bmatrix} = \begin{bmatrix} x_0 \\ y_0 \end{bmatrix} + R \cdot S \begin{bmatrix} x \\ y \end{bmatrix} \tag{7-60}$$

$$R = \begin{bmatrix} \cos\alpha & -\sin\alpha \\ \sin\alpha & \cos\alpha \end{bmatrix} \tag{7-61}$$

$$S = \begin{bmatrix} scale & 0 \\ 0 & scale \end{bmatrix} \tag{7-62}$$

(1) 坐标变换函数

```
void CSymbol:CoorRot(double X, double Y, double A, double Scale, double * X1,double *
Y1)
{
    double Dx, Dy;
    Dx =  Scale * ((*X1)- X);
    Dy =  Scale* ((*Y1)- Y);
    *X1 =  (double) (X +  Dx* cos(A) -  Dy* sin(A));
    *Y1 =  (double) (Y +  Dx* sin(A) +  Dy* cos(A));
}
```

(2) 多边形图元绘制函数

```
void CPointSymbol:GPolygon(CDC*DrawDC, POINT*Points, int n, BOOL Fill, COLORREF Brush-
Color)
{
    int nSaveDC =  DrawDC- > SaveDC();
    CBrush *pBrush, *oldBrush;
    DrawDC- > Polyline(Points,n+ 1); //绘边界线
    if(Fill){ //实心多边形
    int nSaveDC =  DrawDC- > SaveDC();
```

```
        CBrush *pBrush, * oldBrush;
        pBrush =  new CBrush(BrushColor);//选择填充色
        oldBrush =  DrawDC- > SelectObject(pBrush);
        DrawDC- > Polygon(Points,n);//多边形填充
        DrawDC- > SelectObject(oldBrush);
        DrawDC- > RestoreDC(nSaveDC);
        delete pBrush;
    }
    }
```

7.4.3.2 线状符号生成算法

线状符号用以表示线状延伸分布的地物或制图对象,如交通线、境界线等,其长度与地图比例尺有关。这里,地物在数字化时只获取其中心轴线的平面位置(坐标),在图形可视化时将已设计的符号沿中心轴线配置。

7.4.3.2.1 线状符号信息块

信息块方法把各类线状符号看做是由符号单元沿线状要素中轴线重复串接而成,如图7-42所示,其中L为符号的单元长。

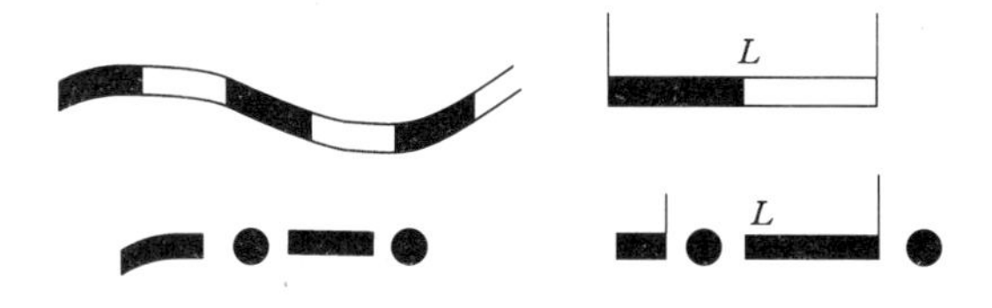

图 7-42 线状符号的符号单元

每一单元由线符号部分和点符号部分组成,线符号中的点符号部分只是部分线符号才有,它仅是一定部位,并以线符号延伸方向为 x 轴(曲线的 x 长轴),并没有什么变形,按单元距离 L,重复配置;而线符号部分,以线符号中心线为配置轴线,单元长一样,但需要在弯曲部分进行一定的压缩和拉伸,像一根理想的橡皮条一样。

因此,为了方便符号化和防止不必要的符号化处理,线状符号的信息块可以按点符和线符两部分分开定义:线-线信息块和线点信息块。

一般的,线符号中的点符号部分不会超过两个;没有点符号时,点符号数为零。把上述两个信息块分别作一行记录,以同样的记录号,放入线-线符号库和线-点符号库。绘制该线状符号时,分别取两库中同一记录号的两信息块,采用不同的方法重复绘制两个信息块,可高质量地完成线状符号绘制。

7.4.3.2.2 线状符号程序块

线状符号的程序块的绘制,其已知条件是中心轴线及需配置的线状符号的结构尺寸。以土地符号为例,绘制该符号要解决两个问题:一是确定每一条横短线的位置,即确定横短线与中轴线的交点坐标;二是确定横短线两端点的坐标。

中心轴线是从指定起点开始按顺序排序列的直线段衔接而成的折线。对于其中任意一直线段,称与前一线段连接点为第一节点,坐标为(x_1, y_1),与后一线段连接为第二节点,坐标为(x_2, y_2),则该线段为:

$$d_{12}=[(x_2-x_1)^2+(y_2-y_1)^2] \tag{7-63}$$

于是,与前一节点距离为 d_{1p} 的横短线位置(x_p,y_p)可由下式计算:

$$\begin{cases} x_p=x_1+(x_2-x_1)\dfrac{d_{1p}}{d_{12}} \\ y_p=y_1+(y_2-y_1)\dfrac{d_{1p}}{d_{12}} \end{cases} \tag{7-64}$$

设此直线方向余角为 φ,则

$$\begin{cases} \sin\varphi=\dfrac{y_2-y_1}{d_{12}} \\ \cos\varphi=\dfrac{x_2-x_1}{d_{12}} \end{cases} \tag{7-65}$$

由横短线两端点坐标

$$\begin{cases} x_t=x_p\pm t\cdot\sin\varphi \\ y_t=y_p\pm t\cdot\cos\varphi \end{cases} \tag{7-66}$$

这是可计算下一横短线,离第一节点距离

$$d'_{1p}=d_{1p}+L \tag{7-67}$$

若 $d'_{1p}\leqslant d_{12}$ 则令 d'_{1p} 为新的 d_{1p},按上式计算下一横短线在折线 12 上的位置和新的横短线端点坐标 ,继续进行上式的步骤。否则,说明 d_{12} 上已经安排不下一个横短线,这时应使 $d'_{1p}=d_{1p}-d_{12}$,并把 2 点作为 1 点,且把下一个节点作为 2 点,按式计算 d_{12},再进行下式比较后决定运算流向。如此,直至用完所有节点,即可把中心轴线都绘上了横短线,再把中心轴线均绘上土堤中心线,这就完成了土堤绘制。顾及视觉效果,需做如下特殊处理:

① 如果 P 点在节点 2 上,或接近 2 点,当此点是最后一点时,横短线照常绘制,否则应绘制在过 2 点的角平分线上。

设中心轴线上有相邻 3 个节点,分别为 $i-1$、i、$i+1$。横短线位置位于 i 点上,所在角平分线指向前进方向的左侧,该方向与 x 轴正向的夹角为 A_m(反时针方向计)。

$$A_m=\begin{cases} (A_{i-1}+A_i+\pi)/2 & \text{当 } A_{i-1}+\pi>A_i \text{ 时} \\ (A_{i-1}+A_i-\pi)/2 & \text{当 } A_{i-1}+\pi<A_i \text{ 时} \end{cases} \tag{7-68}$$

② 线状地物的中心轴线长一般情况下不是横短线间隔的整数倍,可适当调整 L 的长度。方法是首先计算中心轴线长度

$$d_s=\sum_{i=1}^{n-1}\sqrt{(x_{i+1}-x_i)^2+(y_{i+1}-y_i)^2} \tag{7-69}$$

然后计算调整后横短线间隔

$$d'=d_s/[d_s+0.5] \tag{7-70}$$

式中:[　] 是对括号内数取整。

以上介绍的土堤符号的算法可被扩展来获得其他线状符号:顺次连接或间隔连接中心轴线两侧的横短线端点,可生成双线公路、街道等符号;当用不同的连接方向将计算的横短线端点连接起来,可产生长城、陡坎、境界线、大车路、地类界等一类沿中心轴线保持点和短线有一定规律配置的符号;若用不同的 $2t$ 分别计算横短线的端点,还可获得粗细变化的曲线。

7.4.3.3 面状符号生成算法

面状符号是指地图上用来表示呈面状分布的地物或地理现象的符号。这些符号的共同特点就是在面域内填绘不同方向、不同间隔、不同粗细的“晕线”，或填充规则与不规则分布的个体符号、花纹或颜色来反映这些现象的质量特征和数量差异。

7.4.3.3.1 面状符号信息块

面状符号信息中存储的是填充符号的单元信息，它的结构类似于线状符号中线-线信息块，但需增加三种信息：行距、行向倾角、排列方式，行向倾角指晕线方向与 x 轴的夹角，地图中有时有两组相交的晕线，故有可能有两种倾角；排列式中有图单元长度可变、行距和单元长度均可变以及倾角、单元长、行距三者可变三种。

面状符号信息块中填充符号比线状符号中配置情况简单很多，由于它不需要顾及弯曲时的配置，只考虑直线轴时的配置。

7.4.3.3.2 面状符号程序块

面状符号的图案千差万别，但晕线填充是其基本形式。所谓“晕线”，即是一组平行的等间距的平行线。下面论述中，设晕线与 x 轴倾角为 θ，并设晕线间距为 d。

(1) 在多变行内填绘晕线

在多边形内填绘晕线的已知的条件是该多边形的封闭轮廓线(图 7-43)，其算法步骤如下：

① 旋转和平移坐标系，使新坐标系轴 y' 与晕线平行，且轮廓点均位于第一象限。

设晕线与 x 轴之间的夹角为 $\theta(-\frac{\pi}{2}\leqslant\theta\leqslant\frac{\pi}{2})$，新坐标系 $x'o'y'$ 下所有轮廓坐标为：

$$\begin{cases}x'_i=x_i\cos\theta+y_i\sin\theta+A\\x'_i=-x_i\cos\theta+y_i\sin\theta+B\end{cases}\tag{7-71}$$

式中：$x'_{n+1}=x'_1, y'_{n+1}=y'_1$ 即外轮廓线首末点相同。

② 在 $x'o'y'$ 下计算第一条晕线位置，对已知多边形轮廓各节点，求坐标系 $x'o'y'$ 下 x' 的横坐标最小值 $x'_{\min}$ 和最大值 $x'_{\max}$，这时第一条晕线的 x' 值为

$$a=\left[\frac{x'_{\min}-0.012}{d}\right]+d\tag{7-72}$$

式中：d 是晕线间隔距离；[ ] 是取整符号；a 是当前晕线与多边形轮廓的交点的 x 坐标。当 $a>x'_{\min}$ 时停止运算，否则进行下步。

③ 求晕线与各轮廓线各边交点，其晕线与任一边有无交点，判别式如下：

若 $(a-x'_i)(a-x'_{i+1})<0$ 则交点为 $\left(a, y'_i+\frac{(y'_{i+1}-y'_i)(a-x'_i)}{x'_{i+1}-x'_i}\right)$。

否则，若 $(a-x'_i)=0$ 且 $(a-x'_{i+1})(a-x'_{i-1})<0$，则交点为 (x'_i, y'_i)。

④ 将交点按 y' 值排序，并顺序记录排序后的各点坐标。

⑤ 将交点坐标变换回原始坐标系，其序不变。配对绘线，即连 1～2，3～4，以此类推。

⑥ 计算新的晕线位置

$$a=a+d$$

当 $a>x'_{\max}$ 时停止运算，否则继续③、④、⑤、⑥。

可增加平行或垂直的另一组晕线，也可适当改进⑤中配对绘线程序为点、实线、虚线组

合，进行各种面状符号灵活绘制。

以上算法考虑的是单个多边形，在环形多边形内填充晕线的问题更复杂一些。这里所讲的环形多边形是指一个多边形里除去嵌套的一个或多个其他多边形的剩余部分。这时必须计算每条晕线与有关多边形轮廓的所有交点，然后统一排序，配对输出。

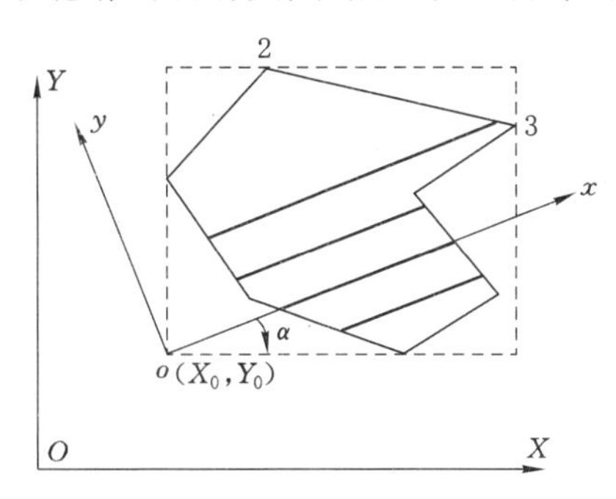

图 7-43　面符号晕线

(2) 在圆内填绘晕线

在圆内填绘比较简单，可以通过从圆心反向绘平行弦来实现。如果第一条晕线是圆的一条直径，相邻两条弦间距为 d，则第 k 对弦与直径的距离为 dk。

位于直径上下相同距离处且平行于 x 轴的两条弦的端点用勾股定理容易求出。若圆心坐标为 (x_c, y_c)，半径为 r，弦心距为 dk，则两条弦的端点坐标是 (x_c-os, y_c+dk)、(x_c+os, y_c+dk)、(x_c-os, y_c-dk)、(x_c+os, y_c-dk)，其中 $os=\sqrt{r^2-(dk)^2}$，如果需要给出与 x 轴有任意夹角 α $\left(-\frac{\pi}{2}\leqslant\alpha\leqslant\frac{\pi}{2}\right)$ 的平行线，则只要将上述端点坐标旋转和平移。

7.4.4　栅格符号绘制方法

利用栅格符号信息绘制符号的算法比较单纯，主要利用对栅格符号信息作栅格的基本运算完成。一般点符号的绘制是平移采用产生，对于有向点符号，亦是先旋转后平移到指定的位置上输出。面符号的绘制，首先在轮廓内填"实"，然后将填实的区域图像分块与栅格点符号进行逻辑"与"运算，结果便能在轮廓内形成规则配置的面符号。线符号的产生是对信息块逐列处理的过程，由于线状符号走向多变，因此不能对信息块整体操作。这里介绍线符号的"位移法"。首先在符号库中获得描述符号的像元矩阵，接着从左至右逐列取出点阵信息，按线符号定位线走向旋转变换（列向与定位线垂直），然后平移至指定位置输出，如图 7-44所示。

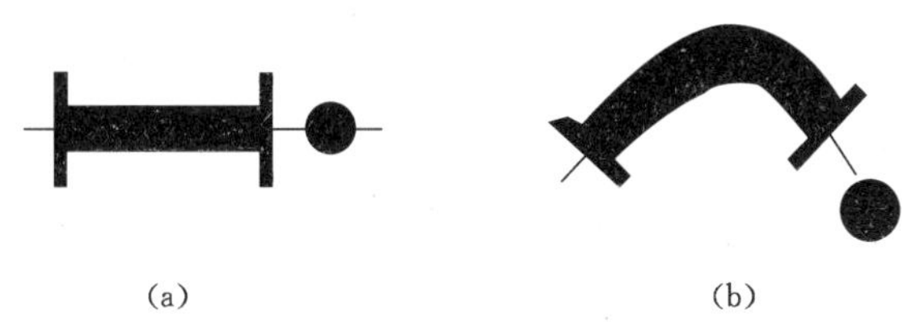

图 7-44　线符号"位移"配置的原理

(a) 点符号栅格图像；(b) 沿定位线逐列配置后的栅格图像

栅格符号的绘制方法，可以采用栅格数据处理来实现，这里主要介绍其中的基本运算以及在数字地图制图中常用的宏运算。

7.4.4.1 栅格数据的基本运算

（1）灰度值变换

栅格数据中像元的原始灰度值往往需要按某种特定方式进行变换，从而得到较好的图形质量或分析效果。其变换方式通常用“传递函数”来描述。其中原始灰度值与新灰度值之间的关系正如函数中自变量与因变量之间的关系。常用的传递函数包括数学上的线性、分段线性和非线性函数，此外，还包括临界值操作和分割型传递函数。临界值操作是指凡低于（或高于）某一个临界值的灰度值都被置成一种新灰度值（例如 0），其余的可置为另一种不同的灰度值（例如 1），当灰度值只有 0 和 1 时也称图像二值化。分割型传递函数的目标是把一定范围内（如 100～200）之间的原始灰度值原封不动地保留，而把其余所有的原始灰度值均变换为零。

（2）栅格数据的平移

平移是栅格数据处理中简单而重要的运算。它是将原始的栅格图形数据按事先给定的方向平移一个确定的像元数。这里，方向是指栅格像元八向领域中的任何方向。图 7-45 显示了原始图形向右平移一个像元的情况。

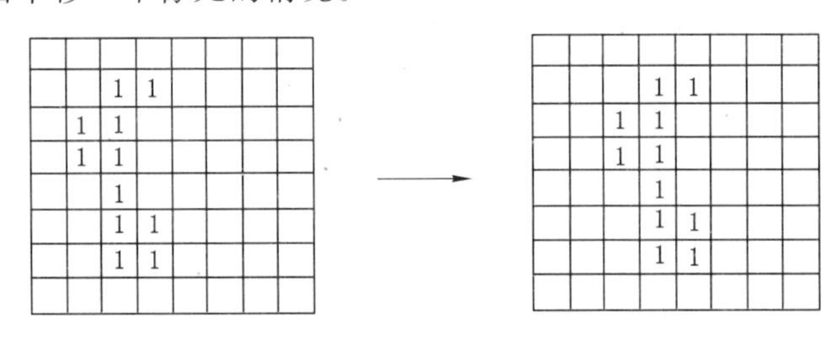

图 7-45 栅格数据平移示意

（3）两个栅格图形数据的算术组合及逻辑组合

算术组合是指将两个栅格图形数据相互重叠，使它们对应像元的灰度值相加、相减、相乘等（见图 7-46 的（a），（b），（a）＋（b））。

逻辑组合则是利用逻辑算子“或”、“异或”、“与”、“非”，对两个栅格图形中的相应像元进行逻辑组合（见图 7-46 中的（a）“或”（b）、（a）“与”（b）、（a）“非”（b））。

此外，还要许多常见的基本运算，如将栅格数据中所有灰度值置成一个常数（如 0）；把所有灰度值加上或乘以一个常数；求所有元素灰度值之和；找出灰度值为最大的元素等。

7.4.4.2 位图符号的绘制

位图符号是计算机地图制图中不可缺少的符号之一，例如，在旅游地图的制作过程中需要在旅游景点绘制描述景点的位图符号、在特定矩形区域内绘制位图或采用位图填充的方式填充多边形区域。对基于 Windows 的地图制图系统，采用颜色填充和纹理填充的区域方式绘制面符号比较适合，这时，可采用创建刷子和位图填充的方法来填充多边形。例如，对于植被填充或晕线填充，可以通过扫描方式建立它们的基本位图图案，也可以在绘制过程中通过它们的矢量描述信息建立临时位图图案，最后采用创建刷子或位图填充的方式来填充多边形。显然，栅格制图计算量小、可视化速度快，适合面对象任何形式的可视化方法，但要

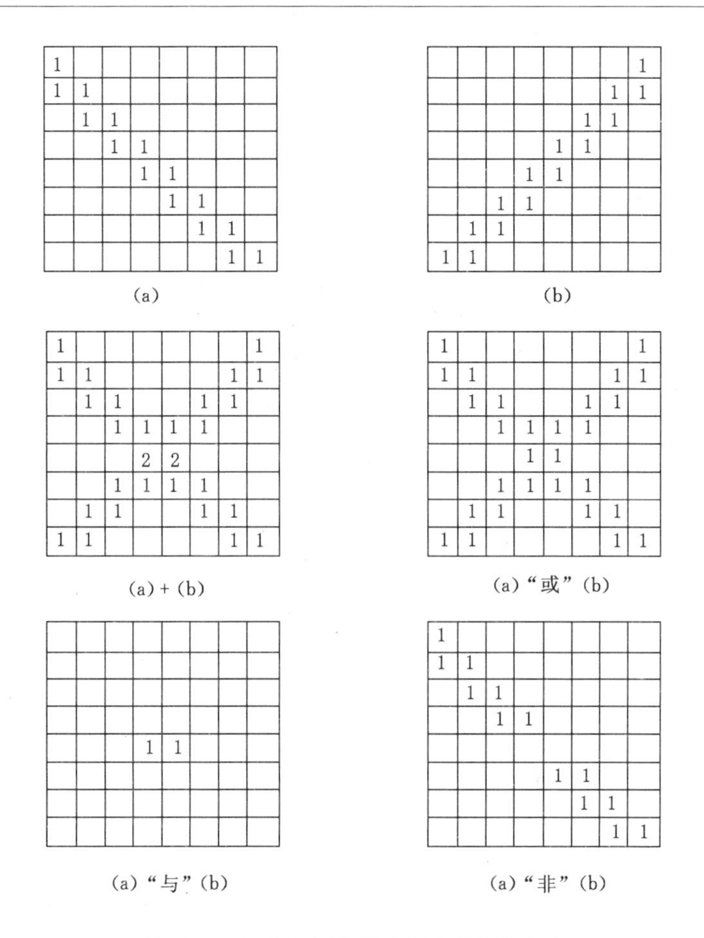

图 7-46　栅格数据的算术组合及逻辑组合

基于栅格绘图仪才能得到较好的输出效果。

下面给出两种位图符号绘制函数代码。

(1) 在定位点上绘位图符号

```
void CBmpSymbol :: ShowBmpSymbolInPoint(CDC *pDC, POINT pt, BITMAPINFO* m_pBMI, BYTE
*m_pDIBData, )
{
  int XDest,YDest,nDestWidth,nDestHeight;
vdouble scalex = 1.0f,scaley = 1.0f;
  int rtWidth,rtHeight,bmWidth,bmHeight;
  bmWidth = m_pBMI- > bmiHeader.biWidth;
  bmHeight = m_pBMI- > bmiHeader.biHeight;
  SIZE size;
  size.cx = bmWidth;
  size.cy = bmHeight;
  pDC- > DPtoLP(&size);
  nDestWidth = size.cx;
  nDestHeight = - size.cy;
```

```
vXDest =  pt.x -  nDestWidth/2;
  YDest =  pt.y -  nDestHeight/2;
  HPALETTE hPal,hOldPal;
  HGDIOBJ hbm_old;
  int i;
  if(m_pBMI- > bmiHeader.biBitCount! = 24 &&
    m_pBMI- > bmiHeader.biBitCount! = 0){
    WORD clrl =  m_pBMI- > bmiHeader.biClrUsed;
vif(clrl = =  0) clrl =  pow(2,m_pBMI- > bmiHeader.biBitCount);
    LPLOGPALETTE lpLogPal= (LPLOGPALETTE) GlobalAlloc(GPTR,sizeof(WORD)* 2+ sizeof
    (PALETTEENTRY)* clrl);
    lpLogPal- > palVersion =  (WORD)0x300;
    lpLogPal- > palNumEntries =  (WORD)clrl;
    for ( i =  0; i <  clrl; i+ + )
    {
      lpLogPal- > palPalEntry[i].peRed =  m_pBMI- > bmiColors[i].rgbRed;
      lpLogPal- > palPalEntry[i].peGreen =
        m_pBMI- > bmiColors[i].rgbGreen;
      lpLogPal- > palPalEntry[i].peBlue =  m_pBMI- > bmiColors[i].rgbBlue;
      lpLogPal- > palPalEntry[i].peFlags =  0;
    }
    hPal =  CreatePalette(lpLogPal);
    GlobalFree((HGLOBAL)lpLogPal);
    hOldPal =  ::SelectPalette(pDC- > GetSafeHdc(),hPal,FALSE);
    pDC- > RealizePalette();
  }
  pDC- > SetStretchBltMode(COLORONCOLOR);
  StretchDIBits(pDC- > GetSafeHdc(),
    XDest,YDest,
    nDestWidth,nDestHeight,
    0,0,
    bmWidth,bmHeight,
    m_pDIBData,m_pBMI,
    DIB_RGB_COLORS,
    SRCCOPY);
  if(m_pBMI- > bmiHeader.biBitCount! = 24 &&
    m_pBMI- > bmiHeader.biBitCount! = 0)
{
    ::SelectPalette(pDC- > m_hDC,hOldPal,FALSE);
    ::DeleteObject(hPal);
  }
}
```

（2）用位图符号以刷子形式填充带岛屿多边形

```
//阴影线填充数据结构
typedef struct tagParallelF
{
  float angle, width, originx, originy, deltx, delty, real, empty; //阴影线倾角、间隔、起点坐标、x 和 y 方向偏移量,阴影线实部长度和虚部长度
  COLORREF color;//颜色
  }ParallelF;
  //点符号填充数据结构
  typedef struct tagPointSF
  {
  float deltx, delty, row, column, scale, angle, angtype, loctype;//点符号起点坐标、x 和 y 方向配置符号间隔、符号缩放比例尺、旋转角、旋转角类型、定位方式
  char symid[8];//符号代码
}PointSF;
void CSurfSymbol:: DrawBmpSurfSymbol (CDC * hdc, char * SShapeScr, int Scrn, LPPOINT lpPoints, LPINT lpPolyCounts, int nCount)
{
  int i,ll;
  char Code[8];
  int size= 0;
  SymBoxAng symba; //位图刷子尺寸参数
  ParallelF aparaf; //晕线填充数据结构
  PointSF apsf; //点符号填充数据结构
  symba.width =  566;
  symba.height =  566;
  symba.angle =  0.0;
  double scale;
  int bmpwidth,bmpheight,mm,pixel;
    mm =  hdc- > GetDeviceCaps(HORZSIZE); //Width of the phisical display(in millimeters)
  pixel =  hdc- > GetDeviceCaps(HORZRES); //Width of the display(in pixels)
  scale =  ((double)pixel)/((double)(10.0f* mm));
  bmpwidth =  (int)( symba.width* scale);
  bmpheight =  (int)( symba.height* scale);
  double expand =  bmpwidth/2.0f;
  x =  new double[6]; y =  new double[6]; n =  5;
  x[1] =  - expand; y[1] =  bmpheight+ expand;
  x[2] =  - expand; y[2] =  - expand;
  x[3] =  bmpwidth+ expand; y[3] =  - expand;
  x[4] =  bmpwidth+ expand; y[4] =  bmpheight+ expand;
  x[5] =  - expand; y[5] =  bmpheight+ expand;
  CDC *pMemDC =  new CDC();
```

```
    pMemDC- > CreateCompatibleDC(hdc);
    pMemDC- > SetROP2(R2_COPYPEN);
    CBitmap *pMemBitmap= new CBitmap;
    pMemBitmap- > CreateCompatibleBitmap(hdc,bmpwidth- 1,bmpheight- 1);
    pMemDC- > SelectObject(pMemBitmap);
    pMemDC- > PatBlt(0,0,bmpwidth+ 1,bmpheight+ 1,WHITENESS);
    CPen hPen(PS_SOLID,1, PenColor);
    pMemDC- > SelectObject(hPen);
    ll =  sizeof(SymBoxAng);
    for(;;)
    {
      SStrcpytostr(SShapeScr,Code,ll,2);
      if( ! strcmp(Code,"71"))//以晕线填充方式创建位图
      {
        aparaf =  BitToStructParallelL(SShapeScr,ll+ 2);
        ll =  ll +  sizeof(ParallelF) +  2;
        SChangPenBegin(aparaf.color,aparaf.width* scale);
        ParallelFill(pMemDC,aparaf,x,y,n); //在位图数据块中增加晕线
        SChangPenEnd();
      }
      if( ! strcmp(Code,"72"))//以点符号填充方式创建位图
      {
        apsf = BitToStructPointS(SShapeScr,ll+ 2);
        ll =  ll +  sizeof(PointSF) +  2;
        PointFill(pMemDC,apsf,x,y,n); //在位图数据块中增加点符号
      }
      Code[0]= '\0';
      if(ll+ 1> Scrn)break;
    }
    delete pMemDC;
    CBrush brush(pMemBitmap);
    delete pMemBitmap;
    CBrush * oldBrush =  hdc- > SelectObject(&brush);
    hdc- > SetBkMode(TRANSPARENT); //选透明刷子
    hdc- > SetROP2(R2_MASKPEN);
    hdc- > PolyPolygon(lpPoints, lpPolyCounts, nCount); //填充多边形
    hdc- > SetROP2(R2_COPYPEN);
    delete x;
    delete y;
    hdc- > SelectObject(oldBrush);
  }
```

7.5　地图注记

地图注记由自然语言构成，对地图符号起着重要的补充作用。地图上的注记可以分为名称注记、说明注记、数字注记以及图幅注记。地图注记包含两方面的内容，一是地图上的内容注记，如地物名称等，它本身可以作为地图数据库中一项内容；第二种是制图说明注记，这种注记仅与地图输出有关，地图数据库中一般不存储这些内容。仅讨论地图内容注记。

7.5.1　地图注记的功能

地图注记有标识制图对象、指示制图对象属性、表明对象间关系以及说明性的功能。

(1) 标识制图对象

地图用符号表示物体或现象，用注记注明对象的名称。名称和符号相配合，可以准确地标识对象的位置和类型，例如“武当山”、“武汉市”等。

(2) 指示制图对象的属性

文字或数字形式的说明注记标明地图上表示的对象的某种属性。如树种注记、梯田比高注记、公路路面材料注记等。

(3) 表明对象间的关系

经区划的区域名称往往表明影响区划的各重要因素间的关系，如“温暖型褐土及栗钙土草原”，表明气候、土壤、植被间的关系，“山地森林草原生态经济区”表明地貌、植被、经济等生态结构区划的划分。

(4) 说明性功能

地图符号通过文字说明才能让使用者真正理解地图符号的真实含义，达到信息传输的功能。

7.5.2　地图注记的设计

7.5.2.1　注记字体

字体即字的形状。我国使用的汉字字体繁多，地图注记目前一般采用印刷出版行业用的字库。这种印刷字库具有多种汉字字体，包括宋体、仿宋、细线、中等线、黑体、楷书等。字体有点阵字库、矢量字库和 TrueType 字体之区别。点阵汉字占用了大量存储空间。矢量汉字具有光滑的外形和较少的存储量，更适合于地图上使用。TrueType 字体是一种点阵与矢量结合的字体，它以普通栅格字库的形式存放，采用直线和二次 B 样条曲线来描述字符的轮廓，既能保证轮廓曲线的光滑性，又利于提高字型还原速度，使得字体可以任意放大、缩小、旋转和变形而不会影响输出质量。

地图上用字体的不同来区分制图对象的类别，已形成习惯性的用法。如宋体常用于表示较小居民地注记，左斜或右斜宋体表示水系名称，扁宋体、竖宋体用于表示图名、区域名，黑体(等线体)用于图名、区域名和大居民地注记，细黑体用于小居民地和说明注记(最小注记的常用字体)，耸肩黑体用于山脉名称，长黑体用于山峰、山隘名称，扁黑体用于区域名称，长、扁黑体也用于图名和图外注记，仿宋体多用于表示较小居民地名称，隶体、魏体常用作图名、区域名表面注记，美术体多用于图名。

地图注记的字体设计应遵照明显性、差异性和习惯性的原则。明显性表示重要性的差别，差异性表示类(质)的差别，习惯性则主要考虑读者阅读的方便。

7.5.2.2 注记字大

地图上用字的大小来反映被注对象的重要性、等级或数量关系。越是重要的事物，其注记越大，反之亦然。如居民地注记大小，按照其行政等级和隶属关系，依首都，省、区、直辖市，地区、自治州，市，县、旗、自治县，镇、乡的层次关系，注记逐渐变小。地图用途和使用方式对字大设计有显著影响。地图上最小一级注记的字大对地图的载负量和易读性均有重要影响，是设计的重点。为了便于读者清楚区分不同大小的注记，注记的级差之间至少要保持 0.5 mm(2 级)以上。

7.5.2.3 注记字色

字体的颜色起到增强分类概念和区分层次的作用。通常水系注记用蓝色，地貌的说明注记用棕色，而地名注记通常都用黑色，特别重要的(区域表面注记或最重要的居民地)用红色，大量处于底层(如专题地图的地理底图上)的居民地名称常使用钢灰色，以减小视觉冲击。

7.5.2.4 注记字距

字距是指一条注记中字间的距离大小。字距大小以方便确定制图对象的分布范围为依据，且每一单体对象注记的字距应相等。最小的字隔通常为 0.2 mm，而最大字隔不应超过字大的 5～6 倍，否则读者将很难将其视为是同一条注记。点状物注记字距小；线状物注记字距较大，当被注记的线状对象很长时，可以重复注记；面状物注记字距据所注面积大小来确定。

7.5.2.5 注记配置

注记配置指注记的位置和排列方式。注记摆放的位置以接近并明确指示被注记的对象为原则，通常在注记对象的右方不压盖重要物体(尤其是同色的目标)的位置配置注记，当右边没有合适位置时，也可放在上方、下方、左方。注记的排列有四种方式如图 7-47 所示。

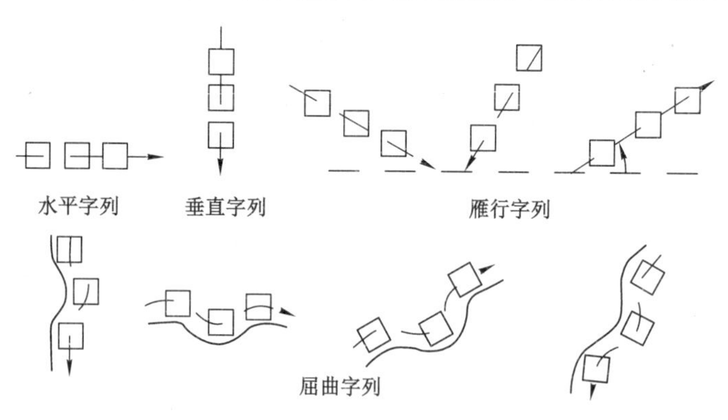

图 7-47 注记排列方式

① 水平字列注记方式常用于地图上点状物体名称注记。

② 垂直字列注记方式常用于地图上少数用水平字列不好配置的点状物体的名称及南北向的线状、面状物体的名称注记。

③ 雁行字列注记方式常用于地图上注记中心连线可以保持在一条直线上的线状、面状物体的名称注记。

④ 屈曲字列注记方式常用于地图上呈自然弯曲线状物体的名称注记。

7.6　开窗、平移(漫游)操作与双缓冲技术

7.6.1　地形图的开窗算法

“开窗”是计算机图形学中点的基本问题之一，又称“图形裁剪”。地图图形开窗是地图制图过程的一项重要技术，其本质是提取地图数据库的一个子集。在地图制图过程中，用户通常需要把指定范围(窗口)内的要素在显示器上放大显示出来，为编辑的操作提供便利，这种显示或提取数据库图形的一部分的过程就是一种开窗。开窗技术还可用于地图的放大、缩小、漫游显示定位查询、绘图范围选择、局部图形转存等过程中。

开窗按照窗口的形状可分为矩形开窗、圆形开窗、任意多边形开窗等；按照窗口与待裁剪数据之间的关系，可分为正开窗与负开窗。所谓正开窗，就是窗口里的内容被选取的过程；负开窗是指窗口外的内容被选取的过程。通常情况下，真开窗的用途更大一些。下文开窗即指正开窗。

以下针对点状、线状、面状三种要素，分别论述地图制图中的矩形开窗和任意多边形开窗的一些常见算法。

7.6.1.1　矩形开窗算法

7.6.1.1.1　点状要素的处理

设矩形窗口左下角和右上角坐标为 (x_{min}, y_{min}) 和 (x_{max}, y_{max})，则对于点要素 $P(x_p, y_p)$ 来说，只要

$$x_{min} < x_p < x_{max} \text{ 且 } y_{min} < x_p < y_{max}$$

成立，则点在窗口内予以选取，否则舍去不予选取。

7.6.1.1.2　线状要素的处理

线状要素是由有序线段组成的折线来逼近的，因此对线状要素的选取，只要讨论线段的选取就可以了。

为了简化处理过程，识别全部落在窗口外的线段显得尤为重要，这可以通过有关的编码方法来解决，下面介绍两种编码方法。

(1) 四比特串编码法

线段的每个端点由下列 4 个条件来评定：① 点子在窗口上边线之上；② 点子在窗口下边线之下；③ 点子在窗口右边线之右；④ 点子在窗口左边线之左。

四比特串由四个比特组成，从左至右分别为第一、二 、三、四比特。每个比特用来描述上述四个条件之一：如果满足第一个条件第一位记 1，否则为 0；如果满足第二个条件第二位记 1，否则为 0；如果满足第三个条件第三位记 1，否则为 0；如果满足第四个条件第四位记 1，否则为 0。这样，由四个比特构成的四比特串就可唯一地描述矩形窗口四条边所在直线把平面分成的九个区域之一，即每个数据点所在区域都有一个唯一的四比特串与之对应(见图 7-48)。只要比较数据点坐标 (x, y) 与窗口角隅点相应坐标，每个条件都可得到检验。例如位于左上角区域的点，满足第一第四个条件，其编码肯定是 1001。

此时，为了确定一条线段是在窗口内还是窗口外，可为该线段建立一个新的复合比特

1001	1000	1010
0001	0000	0010
0101	0100	0110

图 7-48　四比特编码

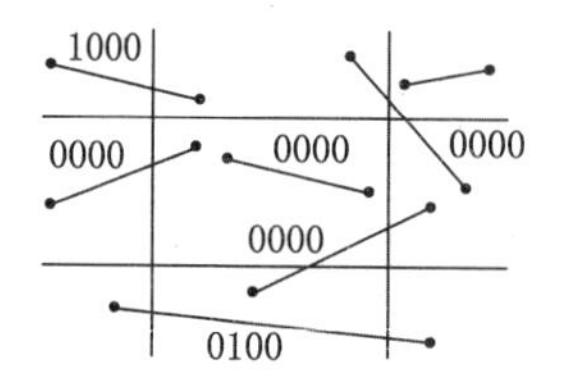

图 7-49　复合比特串

串，即该线段两个端点的四比特串之逻辑“与”(见图 7-49)。如果复合比特串不为 0，则该线段位于窗口外而不予选取。否则有三种情况：两端点的比特串均为 0，则该线段全部位于窗口内而被选取；其中有一个比特串为 0，则该线段与窗口有一个交点，计算该交点，并与线段另一端点连线，选取之；都不为 0，则该线段与窗口有两个交点或无交点，无交点时线段不选取，反之则连接两个交点成新线段并选取之。

(2) 参数编码法

如图 7-50 所示，对于每一条线段端点，有两个编码参数 IX 和 IY，其值分别取决于该点坐标 x 是位于窗口的左面(−1)、中间(0)还是下面(−1)。

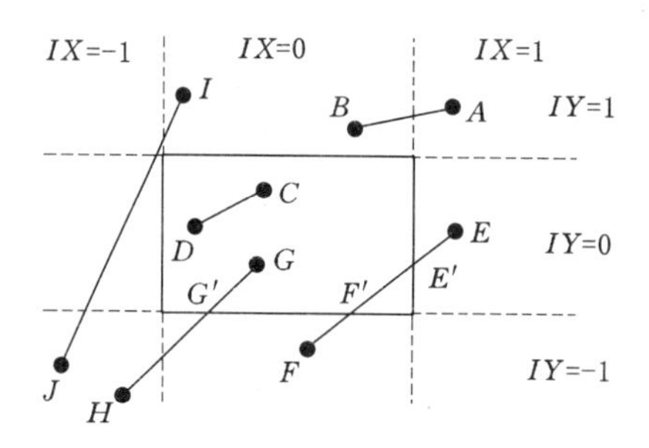

图 7-50　参数编码法

假设线段两端点坐标为(x_1, y_1)和(x_2, y_2)，它们分别有参数(IX_1, IY_1)和(IX_2, IY_2)，据此可判断该线段与窗口的位置关系：

① 若 $IX_1 = IX_2 \neq 0$ 或 $IY_1 = IY_2 \neq 0$，则整条线段位于窗口外不予选取，如图 7-50 中线段 AB。

② 若 $IX_1 = IX_2 = IY_1 = IY_2 = 0$，则整条线段位于窗口内予选取，如图 7-50 中线段 CD。

③ 其他情况均需计算该线段与窗口边所在直线的交点，并判断交点是否落在窗口边上。经判断，如果只有一个交点落在窗口边上，则该点取代这条线段参数不为零的端点，与另一个参数为零的端点连线并选取；若有两个交点落在窗口边则选取这两个交点的连线。

在这两种编码方法中，无一不涉及交点的计算问题，无论是有一个交点还是有两个交点，都要设计有效的算法。一个直接的解法是求得该线段与窗口边所在直线的所有交点，然后判断哪些交点落在窗口上。通常的方法是用线性方程表示线段和窗口边界线。然后建立 4 个联立方程组，分别对它们求解，便可求得 4 个交点的坐标(除非该线段与窗口边平行，这样就只能求得 2 个交点坐标)。

为了准确地判断所求交点是否在窗口边上且同时在线段上，可采用判别条件：

$$[(x - x_{min})(x - x_{max}) \leqslant 0 \text{ 且 } (y - y_{min})(y - y_{max}) \leqslant 0]$$

和 $$[(x-x_1)(x-x_2)\leqslant 0 \text{ 或 } (y-y_1)(y-y_2)\leqslant 0]$$

如果条件成立，说明点(x,y)落在线段和窗口边上。这里x、y是所求交点之一的坐标，x_{min}、y_{min}是窗口左下角点的坐标，x_{max}、y_{max}是窗口右上角的坐标。上式中，若线段的$|x_2-x_1|>|y_2-y_1|$，则采用$(x-x_1)(x-x_2)\leqslant 0$判别式；反之采用$(y-y_1)(y-y_2)\leqslant 0$判别式。

(3) 面状要素(多边形)处理

对于多边形元素来说，由于它实际上是一组有序线段串联且首尾相接闭合而成，因此其裁剪的基本方法与线段裁剪基本上相同，但是要把窗口边界上有关线段加入裁剪所得折线使其重新闭合形成新的多边形，这里不再详细讨论。

7.6.1.2　任意多边形开窗算法

7.6.1.2.1　点状要素的处理

对于任一离散点，均可利用著名的铅垂线内点法判别该点是在窗口多边形内还是外，从而决定该点选取与否。如图7-51所示，P_1、P_2点不选取，P_3点选取。

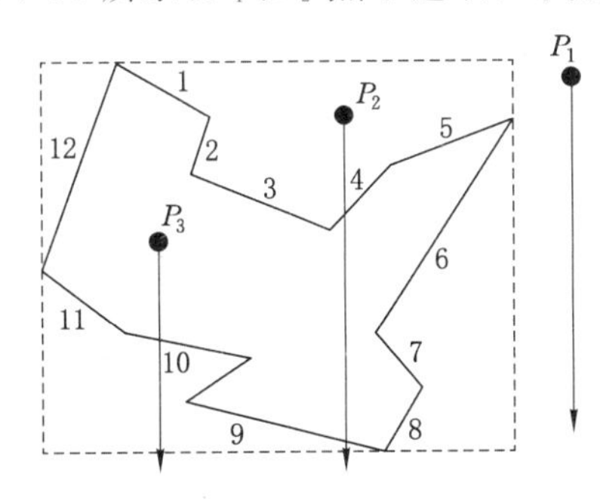

图7-51　垂线法示意图

7.6.1.2.2　线状要素的处理

对于任一条折线，要确定哪一部分在窗内是根据各线段两端点相对于窗口位置情况决定的，通常是从折线的起始点开始。按顺序逐段判别各线段与窗口多边形各边有无交点。设其中一线段的端点为A_1和A_2，多边形某一边的端点为B_1和B_2，如果判别条件

$$\max(x_{A_1},x_{A_2})<\min(x_{B_1},x_{B_2}) \text{ 或 } \min(x_{A_1},x_{A_2})>\max(x_{B_1},x_{B_2})$$

或 $$\max(y_{A_1},y_{A_2})<\min(y_{B_1},y_{B_2}) \text{ 或 } \min(y_{A_1},y_{A_2})>\max(y_{B_1},y_{B_2})$$

成立，则这两条线段与窗口不可能有交点。对于每一线段来说，首先均需按此条件判断它与多边形各边有无交点的可能，如果有可能则计算交点坐标(须排除不在线段或窗口边上的交点)，然后连同线段端点坐标按x(或y)坐标依次排队(从小到大或从大到小)，最后按下面两种情况配对连线：

① 若点1在窗内，可按12,34,56顺序配对，这里1,2,…为排队后交点的序号，下同；

② 若点1在窗口外，可按23,45,67,…顺序配对；

7.6.1.2.3　面状要素(多边形)的处理

(1) Weiler-Athenton算法

Weiler-Athenton算法是一种有代表性的无拓扑多边形裁剪算法，主要适用于被裁剪的多边形与裁剪区域(即窗口)均为任意多边形的情形。该算法中的多边形用有序、有向的顶

点环形表描述，当用裁剪区域来裁剪多边形时，裁剪多边形与被裁剪多边形边界相交的点成对出现且分为两类：其一为入点，即被裁剪多边形进入裁剪多边形内部的交点；其二为出点，即被裁剪多边形离开裁剪多边形内部的交点。该算法的基本原理为：由入点开始，沿被裁剪多边形追踪，当遇到出点时跳转至裁剪多边形继续追踪；如果再次遇到入点，则跳转回被裁剪多边形继续追踪。重复以上过程，直到回到起始入点，即完成一个多边形的追踪过程。

① 算法步骤

设 PA 为被裁剪多边形，其顶点序列为 $A=\{A_0,A_1,\cdots,A_m\}$ $(A_0=A_m)$；PB 为裁剪多边形，其顶点序列为 $B=\{B_0,B_1,\cdots,B_n\}$ $(B_0=B_n)$；用 PB 裁剪 PA 所得的多边形为 PC，其顶点序列为 $C=\{C_0,C_1,\cdots,C_s\}$ $(C_0=C_s)$。三者的外边界顶点均按顺时针方向排列。内边界顶点均按逆时针顺序排列。裁剪算法步骤如下：

第一步，求 PA 与 PB 边界交点，将交点（设为 $2k$ 个）分别加入 PA、PB 的顶点表中，新多边形记为 $PA'=\{A_0,A_1,\cdots,A_{m+2k}\}$，$PB'=\{B_0,B_1,\cdots,B_{n+2k}\}$；

第二步，建立交点表 $I=\{I_0,I_1,\cdots,I_{2k}\}$，记录交点类型及其在 PA、PB 顶点表中的位置；

第三步，在交点表 I 中取出一个入点 I_i，在 PA' 中找到 I_j 的位置并沿顺时针方向追踪 PA' 的顶点表，直到遇到下一个交点 I_j，将追踪得到的顶点序列加入 PC 中；

第四步，在 PB' 中找到 I_j 的位置，并沿顺时针方向追踪 PB' 的顶点表，直到遇到下一个交点，将追踪得到的顶点序列加入 PC 中；

第五步，跳转至 PA'，重复第三、第四步，直到回到起始交点，得到 PB 裁剪 PA 所得内侧多边形 PC（正开窗）。

若由出点出发，按上述步骤，反方向追踪则会得到多边形 PC（负开窗）。

② 算法实例

如图 7-52 所示：

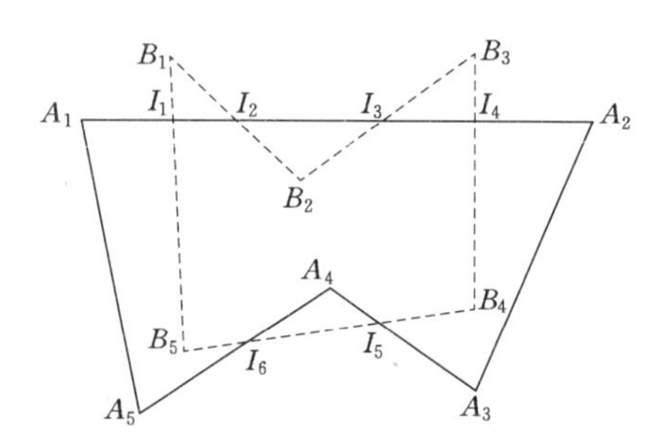

图 7-52 Weiler-Athenton 算法实例

$PA=\{A_1,A_2,A_3,A_4,A_5,A_1\}$，$PB=\{B_1,B_2,B_3,B_4,B_5,B_1\}$

PA 与 PB 的交点集 $I=\{I_1,I_2,I_3,I_4,I_5,I_6\}$，重构 PA、PB 多边形顶点序列得到

$$PA'=\{A_1,I_1,I_2,I_3,I_4,A_2,A_3,I_5,A_4,I_6,A_5,A_1\}$$

$$PB'=\{B_1,I_2,B_2,I_3,B_3,I_4,B_4,I_5,I_6,B_5,I_1,B_1\}$$

PB 裁剪 PA 所得的外侧多边形为

$$PC_{内}=\{I_1,I_2,B_2,I_3,I_4,B_4,I_5,A_4,I_6,B_5,I_1\}$$

PB 裁剪 PA 所得的外侧多边形为

$$PC_{外}=\{I_2,I_3,B_2,I_2\}\cup\{I_4,A_2,A_3,I_5,B_4,I_4\}\cup\{I_6,A_5,A_1,I_1,B_5,I_6\}$$

图 7-53 所示为 Weiler-Athenton 算法的顶点追踪过程。

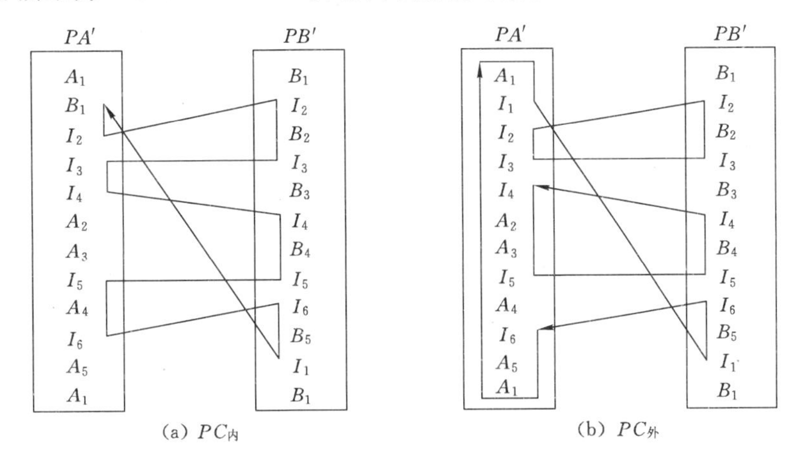

图 7-53　Weiler-Athenton 算法的顶点追踪实例

(2) 有拓扑多边形图裁剪算法

上述算法均没有顾及图形的拓扑关系。在有拓扑关系的情况下，开窗裁剪算法必须维护拓扑关系的正确性和一致性。否则，需要在裁剪之后重建拓扑关系。原拓扑关系及其他一些附加信息可能会丢失，且裁剪前后拓扑关系之间不存在继承性。这里以任意多边形窗口下的多边形裁剪为例，介绍一种顾及图形拓扑关系的新算法，该算法由吴兵等提出。

① 新算法原理

Weiler-Athenton 算法是以多边形的顶点序列为基础的，而具有拓扑关系的多边形并不是直接以顶点序列而是以弧段序列组成的。因此，可按多边形弧段求交、多边形拓扑重组和追踪裁剪结果多边形 3 个基本步骤，将具有复杂拓扑关系的多边形裁剪问题转化为类 Weiler-Athenton 算法裁剪。

设域 R 由一组具有空间拓扑关系的多边形组成，记为 $R=\{P_0,P_1,\cdots,P_n\}$；其中的任一多边形 P_i，均由一组有向弧段组成，记为 $P_i=\{A_0,A_1,\cdots,A_m\}$，$P_i$ 的外边界取 A_i 的顺时针方向，内边界取 A_i 的逆时针方向。令弧段由其顶点序列来描述，记 $A_i=\{V_0,V_1,\cdots,V_k\}$，其中 V_0 为起点，V_k 为终点。除此之外，弧段与左右多边形的关系、结点与弧段之间的关系等均已知，即多边形的空间拓扑关系已经得到正确描述。

新算法增加了处理空间拓扑的步骤，用交点、弧段混合表取代原 Weiler-Athenton 算法的交点表，将原算法中追踪多边形顶点序列改造为追踪多边形弧段序列。从而保证当一个多边形被裁剪为多个多边形时，这些多边形会正确继承原多边形的拓扑信息及其附加属性，而不必在裁剪之后重建拓扑关系。

② 新算法步骤

第一步，将 R 的所有弧段与裁剪多边形的弧段求交；

第二步，根据交点重组 R 的所有多边形与裁剪多边形，并维护原有拓扑关系；

第三步，对每个多边形建立交点、弧段混合表；

第四步，遍历所有多边形，反复执行第五至第八步；

第五步，从交点、弧段混合表中取出一个入点，在被裁剪多边形中按弧段方向追踪，直至遇到下一个交点，将追踪所得的弧段序列加入到裁剪结果多边形中；

第六步，跳转至裁剪多边形相应位置，按弧段表方向追踪，直至遇到下一个交点，将追踪所得的弧段序列加入到裁剪结果多边形中；

第七步，跳转至被裁剪多边形相应位置，重复第五、第六步，直至回到起始交点处，完成一个多边形的追踪；

第八步，当多边形的交点、弧段混合表中的所有入点均追踪完毕，即完成此多边形的裁剪重构。

如图 7-54 所示，被裁剪区域 $R=\{P_1,P_2,P_3\}$，$P_1=\{A_1,A_4,A_5\}$，$P_2=\{A_1,-A_6,-A_4\}$，$P_2=\{A_3,-A_5,A_6\}$。

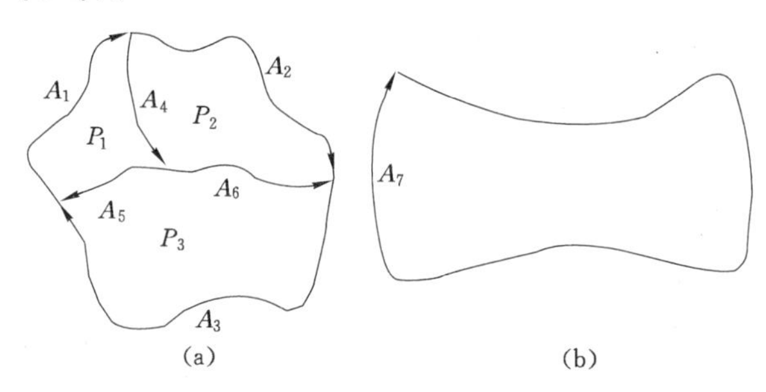

图 7-54 被裁剪区域与裁剪多边形示例

(*a*) 被裁剪区域；(*b*) 裁剪多边形

第一步，将裁剪多边形 $P_c=\{A_7\}$的弧段与 R 的所有弧度求交，得到交点集 $I=\{I_1,I_2,I_3,I_4,I_5\}$；

第二步，对 R 的所有多边形进行拓扑重组，得到：

$$P_1=\{A_8,A_9,A_{15},A_{16},A_5\}$$

$$P_2=\{A_{10},A_{11},-A_6,-A_{16},-A_{15}\}$$

$$P_3=\{A_{12},A_{13},A_{14},-A_5,A_6\}$$

$$P_c=\{A_{17},A_{18},A_{19},A_{20},A_{21},A_{22}\}$$

第三步，以 P_1 为例建立多边形交点、弧段混合表：

$$M_1=\{A_8,I_1,A_9,A_{15},I_2,A_{16},A_5\}$$

$$M_c=\begin{Bmatrix}A_{17},I_1,A_{18},I_2,A_{19},I_3\\A_{20},I_4,A_{21},I_5,A_{22}\end{Bmatrix}$$

在 M_1 中 I_2 为出点，由此点开始追踪外裁剪结果多边形，得到：

$$P_{1内}=\{A_{16},A_5,A_8,A_{18}\}$$

在 M_1 中 I_1 为出点，由此点开始追踪外裁剪结果多边形，得到：

$$P_{1外}=\{A_9,A_{15},-A_{18}\}$$

以同样的方法可得到其他两个多边形的裁剪结果：

$$P_{2内}=\{A_{11},-A_6,-A_{16},A_{19}\}$$

$$P_{3内}=\{A_{14},-A_5,A_6,A_{12},A_{21}\}$$

$$P_{2外}=\{-A_{15},A_{10},-A_{19}\}$$

$$P_{3外} = \{A_{13}, -A_{21}\}$$

最后，多边形 P_c 对区域 R 的拓扑裁剪结果为：

$$R_{内} = \{P_{1内}, P_{2内}, P_{3内}\}$$

$$R_{外} = \{P_{1外}, P_{2外}, P_{3外}\}$$

上例中，裁剪之前 P_1 与 P_2 拥有公共弧段 A_4，分别为 A_4 的右、左多边形。内裁剪之后 $P_{1内}$ 与 $P_{2内}$ 拥有公共弧段 A_{16}，分别为 A_{16} 的右、左多边形，即 $P_{1内}$ 与 $P_{2内}$ 在裁剪之后仍然是空间相邻关系，并且分别继承了 P_1 与 P_2 的各种属性信息。这表明经过本算法拓扑裁剪之后的多边形的空间拓扑关系得以维持与继承。

7.6.2　区分鼠标状态

许多地图制图程序和地理信息系统软件都具有一个通用的操作界面，其中有一系列的鼠标工具，如放大镜工具、缩小镜工具、平移工具和选取工具。选用放大工具可以用鼠标在图形上拉出一个动态的矩形框作开窗放大；选用缩小镜工具可以缩小图形；选用平移工具可以平移图形，平移时图形会随着鼠标光标在屏幕上漫游。这些都是鼠标左键的操作，鼠标右键则会触发一个弹出式菜单，列出系统的主要功能以供快速选择，将介绍这些电子地图功能，包括开窗、平移、弹出式菜单和双缓冲区技术。

要实现鼠标工具，首先我们需要用变量记录鼠标上当前是什么工具，在界面上同样也要能够反映出当前鼠标工具，然后根据不同的工具制作出动态矩形框和图形漫游的效果。

7.6.2.1　鼠标状态的记录

实现制图程序中的放大镜工具、缩小镜工具和平移工具。首先需要用一个变量来记录当前鼠标的状态，这个状态可以通过工具栏上的按钮来改变。根据这个鼠标状态变量，窗口的鼠标事件 MouseDown、MouseMove 和 Mouseup 作出不同的处理。我们用一个枚举类型 TMouseState 代表鼠标的状态。

TMmouse＝(msZoomIn，msZoomOut，msPan，msSelect)；

其中 msZoomIn、msZoomOut、msPan 和 msSelect 分别代表鼠标是放大镜工具、缩小镜工具、平移工具和地物查询工具，本章用到前三个。当前鼠标的状态放在变量 MouseStatus 中：MouseStatus：TMouseState；鼠标工具由工具栏上的按钮和弹出式菜单来设置，缺省状态 MouseStatus 为 msPan。

7.6.2.2　“开关”式工具按钮

在主窗口工具栏上增加三个工具按钮“放大”(btnZoomIn)、“缩小”(btnZoomOut)和“平移”(btmPan)，它们与以往的“新建”、“打开”、“保存”按钮不同，是“开关”式的，即一个按下其他两个弹出，因为鼠标工具一次只能选择一个。两组按钮之间的短竖线用 TBevel 构件实现。

“开关”式工具按钮制作方法是：

将按钮的 GroupIndex 属性都设置为 1，AllowAllUp 属性都设置为 False。将它们的 Tag 属性分别设置为 1、2、3。这个 Tag 属性使得它们能共享同一段鼠标单击事件响应程序 ZoomExecute。在 ZoomExecute 通过 case TComponent(Sender). tag of 语句区分是哪个按钮发出，然后为 MouseStatus 赋值。所以三个按钮的 onClick 事件属性都设置为 ZoomExecute，因为 MouseStatus 缺省状态为 msPan，所以缺省时“平移“按钮(btnPan)为按下状态，故设置 Down 属性为 true。

7.6.2.3 弹出式菜单

弹出式菜单即是在窗口中单击鼠标右键而在鼠标光标位置上出现的菜单。Windows 程序经常使用弹出式菜单,将用户经常调用的功能放在弹出式菜单中。

制作弹出式菜单的过程是放置一个 TPopupMenu 控件,系统自动命名为 PopupMenu1 将绘图区 Paintbox1 的 PopupMenu 属性设置为 PopupMenu1。程序运行时当在主窗口绘图区按鼠标右键就能触发这个弹出式菜单。

我们在 PopupMenu1 添加菜单项“放大”(ZoomIn1)、“缩小”(ZoomOut1)、“平移”(Pan1)、分割线和“显示全图”,如图 7-55 所示。其中“显示全图”菜单项的 onClick 事件属性设置为与主菜单中的“显示全图”菜单项一致,即 ZoomToAllClick。“放大”、“缩小”和“平移”菜单项前面打钩(checked),以表示当前鼠标工具状态。这三个菜单项的 Tag 也分别设置为 1、2、3,它们的 onClick 事件属性都设置为 ZoomExecute。所以三个弹出式菜单项与三个工具按钮共享一段程序。

图 7-55 弹出式菜单

7.6.2.4 设置鼠标工具的程序

三个工具按钮和三个弹出式菜单项共享 ZoomExecute 过程.它首先将 ZoomIn1、ZoomOut1 和 Pan1 三个弹出式菜单项前的选中标记清除,然后根据调用它的构件(按钮和菜单项都是构件)的 Tag 设置鼠标状态,设置弹出式菜单项前的选中标记和工具栏按钮的状态。工具栏按钮不需要先全部设置为弹出状态,因为只要设置其中一个按下,其他按钮会自动弹出。

```
//设首鼠标状态
Procedure TfrmMain.ZoomExecute(Sender:TObject);
Begin
  ZoomIn1.Checked:= false;
  ZoomOut1.Checked:= false;
  Pan1.Checked:= false;
  Case TComponent(Sender).tag of
  1: begin
     MouseStatus:= msZoomIn;
     btnZoomIn.Down:= true;
     ZoomIn1.Checked:= true;
     End;
  2:begin
     MouseStatus:= msZoomOut;
     btnZoomOut.Down:= true;
     ZoomOut1.Checked:= true;
     End;
  3:begin
     MouseStatus:= msPan;
     btnPan.Down:= true;
     Pan1.Checked:= true;
```

```
    End;
    End;
    End;
```

7.6.3　鼠标拖动产生的效果

7.6.3.1　鼠标效果分析和基类 TDragTool 设计

这里我们需要两个效果：当使用放大镜工具时需要动态的矩形框效果，当使用平移工具时需要图形漫游的效果。虽然这两个效果看似差异很大，但是它们的运作过程可抽象为：

① 鼠标下落，开始拖动，记录起始位置。

② 鼠标移动中，抹去前一个位置上的矩形框或者漫游的图形，在当前位置画新的矩形框或者漫游的图形。

③ 鼠标键弹开、拖动结束，记录结束位置。

由此可见这两种效果整体过程基本一致，只在具体动态图形的画法上有矩形框和漫游的图形之别，据此我们定义对象类 TDragTool 对应这个过程，并预留了纯虚过程_Draw，留给 TDragTool 的派生类填入具体画法以实现矩形框或者漫游图形。

```
TDragTool =  class(TObject)
   Private
   Origin,MovePt:TPoint;
     Canvas:TCanvas;
     Public
     Constructor Create(ACanvas:TCanvas);
     Procedure MouseDown(x,y:integer);virtual;
     Procedure MouseMove(x,y:integer);virtual;
     Procedure MouseUp(x,y:integer;var x1,y1,x2,y2:integer);virtual;
     Procedure DblClick; virtual;
     Protected
       Procedure_Draw(TopLeft,BottonRight:TPoint);virtual;abstract;
End;
```

TDragTool 响应鼠标操作的方法如下：

—MouseDown 方法中用 _Draw 画出初始图形；

—MouseMove 方法中的第一个_Draw 是在上一个位置上抹去老的图形，第二个_Draw 是在鼠标拖动的新位置上画出新的图形；

—MouseUp 方法中返回本次鼠标的起始和最终位置。TDragTool 方法定义为调用虚方法_Draw，如图 7-56 的线路①。因为 TWindowTool. _Draw 和 TPanTool. _Draw 重载了虚方法_TDragTool_Draw，所以，调用拖动工具 TDragTool 的 MouseMov 时系统能根据面向对象的多态性功能自动调用实际的 TWindowTool. _Draw 或者 TPanTool. _Draw，如图 7-56 中的线路②和③。

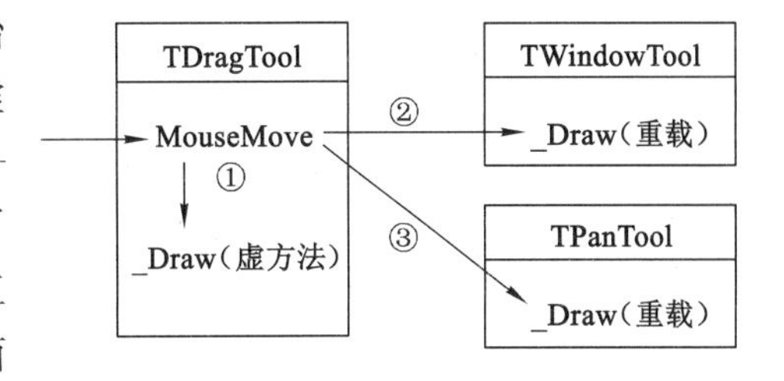

图 7-56　鼠标效果的动态性示例

_Draw 方法有两个参数，分别代表鼠标拖动过程中上一个位置点的坐标和新位置点的坐标。这是一个纯虚方法，在 TDragTool 没有定义，TDragTool 的派生类必须重载它。

抹去前一个动态图形，但是背景图形不能抹去，然后画上一个新的动态图形可以使用 not xor 模式，即 Pen. Mode：＝pmNotXOR，此时在屏幕第一次画时为显示图形，第二次画时为抹去图形。因此这里定义一个_Draw 过程就够了。

7.6.3.2　动态矩形框的类设计

针对矩形框的情况，继承 TDragTool，派生出 TWindowTool，它只需要重载_Draw。

```
TWindowTool = class(TDragTool)
  Procedure_Draw(TopLeft , BottomRight:TPoint);
Begin
  With Canvas do begin
    MoveTo(TopLeft.X , TopLeft.Y);
    LineTo(TopLeft.X , BottomRight.Y);
    LineTo(BottomRight.X , BottomRight.Y);
    LineTo(BottomRight.X ,TopLeft.Y);
LineTo(TopLeft.X , TopLeft.Y);
End;
End;
```

7.6.3.3　图形漫游的类设计

漫游图形的情况稍微复杂些，除了继承 TDragTool，派生出 TPanTool，它还需要增加一些额外的属性。

```
TPanTool= class(TPanTool)
            offScrBMP , BMP : TBitmap;
             DrvRect : TRect;
              isCls:boolean;
               x0 , y0 :integer;
                Constructor Create(ACanvas:TCanvas;ww,hh:integer);
                  Destructor destory;override;
                Procedure_Draw(TopLeft,BottomRight:TPoint);override;
        End;
```

这里使用了两个内存图形，这两个内存图形在 TPanTool 创建时生成，TPanTool 释放时释放。

```
Constructor TPanTool.Create(ACanvas:TCanvas;ww,hh:integer);
Begin
Inherited Created(ACanvas);
OffScrBMP := TBitmap.creat;
BMP := TBitmap.Creat;
DrvRect.left:= 0;DrvRect.left:= ww;
DrvRect.top:= 0;DrvRect.bottom= 0;
offScrBMP.Width:= ww;
  offScrBMP.Canvas.Brush.Color:= clWhite;
  offScrBMP.Canvas.Brush.Style:= bsSolid;
```

```
BMP.Width:= ww;
BMP.Height:= hh;
BMP. Canvas.Brush.Color:= clWhite;
BMP. Canvas.Brush.Style:= bsSolid;
BMP. Canvas.CopyRect(DrvRect,Canvas,DrvRect);
isCls:=true;
end;
rdectructor TPanTool
Begin
Inherited;
offScrBMP. free;
BMP. free;
End;
```

其中一个内存图形在鼠标下落时,保存了将作漫游的图形的副本。

BMP. Canvas. CopyRect(DrvRect,Canvas,DrvRect)

有这个漫游图形的副本就可以实现漫游。可以先清屏,然后用 Canvas. draw 方法将漫游图形的副本复制到新的屏幕位置上。这个方法虽然简单,但是频繁的滑屏过程会引发屏幕的闪烁,效果不好。所以本书用了两个内存图形。第一个内存图形存放漫游图形的副本,第二个内存图形作为缓冲区,清屏和漫游图形副本在新位置的复制,先在第二个内存图形中完成。然后将第二个内存图形中的最后结果一次性复制到窗口中。这样避免:在窗口中清屏,也就减少了屏幕的闪烁。因此 TPanTool 重载的_Draw 过程如下:

```
Procedure TPanTool. _Draw(TopLeft , BottomRight:TPoint);
Begin
If(not isCls) then begin
      OffScrBMP.Canvas.FillRect(DrvRect);
      OffScrBMP.Canvas.Draw ( BottomRight.x- TopLeft.x ,BottomRight.y- TopLeft.y,
      BMP);
      Canvas.Draw(0,0,OffScrBMP);
   End
Else begin
   x0:= BottomRight.x- TopLeft.x;
   y0:= BottomRight.y- TopLeft.y;
   End;
   isCls:= not isCls;
   End;
```

7.6.4 双缓冲区技术

专业的地图制图程序和地理信息系统软件的界面上除了放大、缩小、平移等功能外往往还具有窗口迅速恢复的功能,这是一个不太被注意的功能,它在计算机屏幕上有多个窗口同时操作时起作用。当屏幕上有另外一个程序窗口覆盖地图制图程序窗口全部或者一部分以后又被移开,专业的地图制图程序能立刻恢复被覆盖地图图形,不需重新绘制。而我们制作的制图程序会先清屏,然后从头绘制一遍图形。

双缓冲区功能通过在 TGeoDrv 类的基础上派生新类的方法实现，新的类取名为 TGeoDrvWithDoubleBuffer。

```
TGeoDrvWithDoubleBuffer =  class(TGeoDrv)
  Private
   OffScrBMP:TBimap;
   DoubleBuffered:boolean;
  Public
  Constructor Create(ACanvas: TCanvas; ADoubleBuffered: Boolean);
  Destructor destory; override;
  Procedure pMoveTo(x ,y :single );override;
  Procedure pLineTo(x ,y :single );override;
  Procedure Resize(ll ,tt ,ww,hh:integer );override;
  Procedure Cleaar;override;
  Procedure Paint;
  Procedure CopyToClipBoard;
  Procedure pPolygon(xys: PXYArry; nn: integer);override;
  Procedure pPolyLine(xys: PXYArry; nn: integer);override;
End;
```

7.6.4.1 属性分析

TGeoDrvWithDoubleBuffer 有两个重要的属性，DoubleBuffered 和 OffScrBMP。DoubleBuffered 为双缓冲区标志，OffScrBMP 为内存图形。DoubleBuffered 标志着是否打开双缓冲区，它在 TGeoDrvWithDoubleBuffer 创建时传入。为什么要区分标志是否打开双缓冲区？因为双缓冲区主要用于屏幕窗口制图的情况中，而当把 TGeoDrvWithDoubleBuffer 用于打印机或者绘图仪的时候，我们则不需要双缓冲区功能，所以用 DoubleBuffered 加以区分。TGeoDrvWithDoubleBuffer 的 OffScrBMP 是内存图形，它在 TGeoDrvWithDoubleBuffer 创建时生成，释放时也释放。

```
Constructor TGeoDrvWithDoubleBuffer.Create(ACanvas: TCanvas; ADoubleBuffered: Boole-
an);
    Begin
    Inherited Create(ACanvas);
    DoubleBuffered :=  ADoubleBuffered;
    If DoubleBuffered then OffScrBMP := TBimap.Create
End;
Destructor TGeoDrvWithDoubleBuffer.destory ;
Begin
Inherited;
If DoubleBuffered then OffScrBMP.free;
End;
```

7.6.4.2 重载 Resize 方法

TGeoDrvWithDoubleBuffer 的 Resize 方法需要重载，以便能在制图窗口大小变化时调整内存变化的大小。

```
Procedure TGeoDrvWithDoubleBuffer.Resize(ll,tt,ww,hh,integer);
Begin
  If DoubleBuffered the begin
      If OffScrBMP< > nil then OffScrBMP.free;
      OffScrBMP:=  TBimap.Create;
      OffScrBMP.Width:= ww;
      OffScrBMP.Hight:= hh;
    End;
Inherited resize (ll , tt , ww, hh);
End;
```

7.6.4.3　增加 Paint 方法

TGeoDrvWithDoubleBuffer 新增的方法 Paint 将 OffScrBMP 复制到 Canvas 中。

```
Procedure TGeoDrvWithDoubleBuffer.Paint;
Begin
  If DoubleBuffered then Canvas.Draw(0,0,OffScrBMP);
End;
```

7.6.4.4　增加剪贴板图形复制功能

内存中的窗口副本，除了能做快速窗口恢复外，还可被复制到剪贴板中，以实现地图图形到剪贴板的复制功能，复制到剪贴板中的图形可粘贴到其他程序中。

```
  Procedure TGeoDrvWithDoubleBuffer.CopyToClipBoard;
Begin
  If DoubleBuffered then ClipBoard.Assign(OffScrBMP);
End;
```

7.7　面积与体积计算

面积计算是工程设计中经常碰到的问题。例如：矿山设计中，需要测定地面工业广场的面积；农田水利规划中，需要测定水库的汇水面积；自然资源调查中，需要测定地表植被的面积；地质普查中，需要计算矿藏分布的面积，等等，此类问题不胜枚举。另外，准确地确定局部地形所构成的体积或所围成空间的容积，同面积问题一样，是比较费时的。当然体积的计算必须建筑在面积计算的基础之上，计算机在这方面的应用较为广泛且较易实现。本章将从两个方面介绍，首先介绍直接由地形图确定面积和体积的计算机处理方法，然后介绍直接利用原始数据计算体积的计算机程序设计方法。

本节将介绍如何借助于计算机将平面等高线地形图引入到计算机内。然后由计算机自动地进行有关区域的面积和体积的计算。在算法的实现过程中，主要需解决以下四个难点：

① 如何将一幅平面等高线图形输入到计算机。

② 采用何种数据结构来描述等高线图形。

③ 怎样计算任意一条等高线或闭等高线所围区域的面积。

④ 如何自动识别相关的等高线，然后求出空间体积。

下面我们将系统地介绍该算法的实现技术。由于地形图上的面积与实地面积存在比例问题。所以，首先介绍图形面积与实地面积间的换算关系式。

7.7.1 比例关系

从地形图测定的各种面积，仅仅是地面实形的缩影，还须根据图纸比例尺换算成它所反映的地面真实面积。换算的原理很简单。由平面几何学可知，相似图形的面积之比，等于其相应边平方之比。众所周知，地形图上的图形与地面上相应的实形是相似的，因此有

$$\frac{p}{P}=\frac{l^2}{L^2} \tag{7-73}$$

其中 P 表示图形实地面积；p 表示图形反映在地形图的面积（P、p 在计算中取相同单位）。L 表示图形实地边长，l 表示地形图上相应边长（l、L 在计算中也取相同单位）。

由分数比例尺的一般表达式可知：

$$\frac{1}{M}=\frac{l}{L} \tag{7-74}$$

其中 M 是地形图比例尺的分母，则有关系式：

$$\begin{cases}\dfrac{p}{P}=\dfrac{1}{M^2}\\ P=pM^2\end{cases} \tag{7-75}$$

7.7.2 图形输入技术

当对某一图形，在能用计算机处理之前必须变换为一个数据文件，这一过程被为数字化。它包括两个过程：取样和量化。

第一个过程是在被输入的图形上选择一组点，把每一个点的图形特征测量出来并用后面的处理。因为所有的计算机都只有一定量的存储器，因此，必须量化的过程中必须用有限数目的数字来描述这些测量量。

由于电视摄像机已经实现了由光信号到电信号的变换，因此在很多数字变换设备中采用，所得的电信号再由模-数转换器（A/D）取样和量化。这种图形输入设备处理速度快，但别比较费事。常用的是输入板数字变换设备。用户只要把图形平铺在输入板上，然后按照图形的变化特征取点或取线。由于输入板是一个磁化的表面，当用一个电指示笔来确定一个点或一条线时，就可以在计算机内得到所有点或线的数字化坐标序列，从而生成表示这个图形的数据文件。在某些应用中，需要直接对物体数字化，这通常是由专用设备，用指针沿着物体的表面移动而完成的。在指针移动的同时，其(x,y,z)坐标也被取样得到。

7.7.3 直接由平面等高线图形计算土方的方法

7.7.3.1 平面图形的输入

对任意的一张平面等高线应需满足条件

① 等高线图形清晰可辨；

② 各条等高线对应标高已知。

借助计算机系统所配置的数字化输入装置，如数字化仪、图形输入板、摄像机等，将等高线图形输入计算机，并以一定的数据结构存储在相应的文件记录中。为说明方便起见，下面以图形输入板为例来讲述。

将等高线图形平铺且固定在图形输入板台面上，启动输入程序 tablinput，对每条等高线，首先由键盘输入其标高，存放在该等高线所对应的文件记录头部。然后用鼠标器依一定的方向及规则沿着该条等高线移动。每移动一个点，就得到一组虚坐标（$\overline{x}_i$，$\overline{y}_i$，cod_i）。

```
Real* 8 vx, vy, wx, wy, w
Print 'n'
Read (* ,* )n
Print 'dx dy'
Read(* ,* ) dx,dy
Rewind n
Iu= - 3
Iv= - 2
Iw= - 1
Wx= (vx+ 1)* dx
Wy= (vy+ 1)* dy
```

程序对该虚坐标进行处理，将其转换成屏幕坐标(x_i，y_i)，依次存放到该等高线的文件记录中，其记录格式见表 7-1。

表 7-1　　屏幕坐标的记录格式

……				
标高 h_1	x_{i1}，y_{i1}	x_{i2}，y_{i2}	…	x_{in}，y_{in}
……				

鼠标器在等高线上移动是有方向性的(其方向将在后面定义)，键入的点数 n 是任意的。在精度要求较高的场合，键入的点数可多一点。

在实际的平面等高线图上，等高线的类型可分成两类：开曲等高线和闭合等高线。可以证明完全处于论域内部的等高线是闭合等高线。否则是开曲等高线，且开曲等高线的端点总是处于边界线上，如图 7-57 所示。对于开曲等高线，需根据该等高线所定义的实际区域来实施补缺，使其变成等价的闭合等高线来处理。

定义：设 b 是论域 P 的边界线的任意子线段，若 b 能与开曲等高线 l 构成闭合曲线，恰能使 l 所定义的区域处于 $l+b$ 这条闭合曲线之内，则称 $c=l+b$ 为类闭合等高线。在图中，开曲等高线 l 的端点为 e_1 和 e_2，两端点间所夹边界线为 b(b 也可以是不规则曲线)，则开曲等高线 l 在论域 P 内所围区域的类闭合等高线为：

$$c=l+b \tag{7-76}$$

在此，l 和 b 都需看成有向曲线。那么其方向是如何确定的呢？

定义：对闭合等高线，使等高线内部区域始终保持在左边的方向，称为等高线的正方向。对开曲等高线 l，类闭合等高线 $c=l+b$ 的方向就是开曲等高线 l 的方向。

等高线的方向确定后，图形的输入就有规律可循了。图形的输入规则如下：

规则 1：读入的始点可处于闭合等高线或类闭合等高线上任意一点。

规则 2：始点确定后，鼠标器沿着闭合等高线或类闭合等高线的正方向移动输入，至遇到始点。

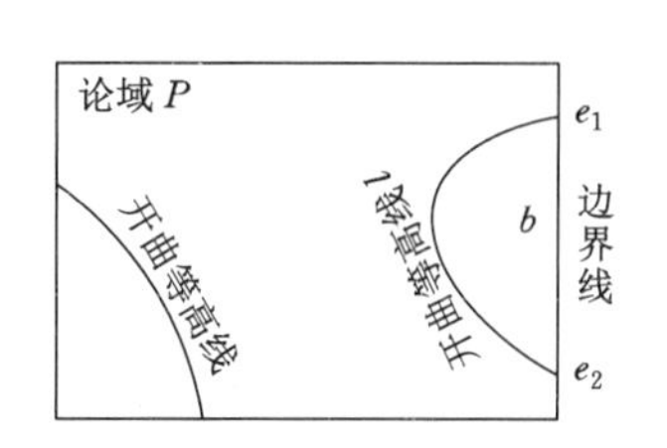

图 7-57　开曲等高线取点示意图

鼠标器沿着等高线移动取点的稀疏程度，可据实际需要而定，原则上讲是任意的。

曲线较平坦的部分取点可稀一点，曲线弯曲的部分取点可密一点。

7.7.3.2 去凹点算法

当论域内的所有等高线都输入计算机后，就可进行体积的计算。

两条相邻等高线(图 7-58)i 和 $i+1$，它们描述的空间物体元素可近似地还原成图 7-59 所示的这种薄台柱体。这种侧面为不规则表面的台柱状体积 ΔV_1，可利用上表面 S_i 和下表面 S_{i+1} 及高 h 来计算，而 S_i 恰为第 i 条等高线所围的面积，S_{i+1} 为第 $i+1$ 条等高线所围面积，h 为第 i 条等高线的标高减去第 $i+1$ 条等高线的标高所得的差。空间物体的体积 V 恰为这些体积元素 ΔV_i 的和 $V=\sum \Delta V_i$。

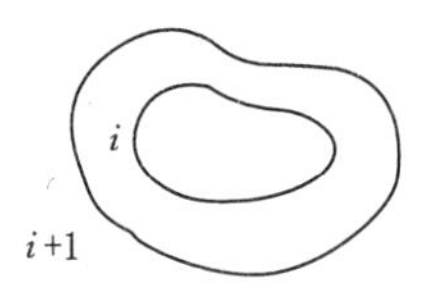

图 7-58 相邻等高线

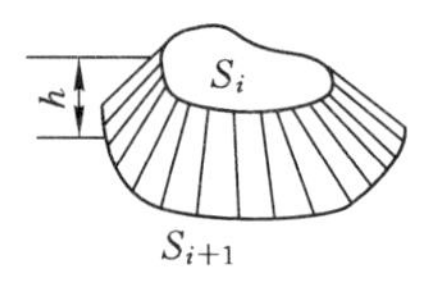

图 7-59 薄台柱体示意图

在整个体积计算过程中，S_i 的计算是关键。

由于 S_i 的周线是等高线，实际在输入计算机的过程中，该等高线已近似为一个多边形。该多边形的各顶点坐标已存储在数据文件中，过程如图 7-60 所示。

现在的问题是：已知一个任意多边形的顶点坐标，怎样求出该多边形的面积。

设平面多边形 $A_1, A_2, \cdots, A_n$ 的各顶点坐标为 $A_1(x_1, y_1), A_2(x_2, y_2), \cdots, A_n(x_n, y_n)$。

若该多边形是凸多边形，则它的面积可由下式来计算：

$$S=\frac{1}{2}\left(\begin{vmatrix} x_1 & y_1 \\ x_2 & y_2 \end{vmatrix}+\begin{vmatrix} x_2 & y_2 \\ x_3 & y_3 \end{vmatrix}+\cdots+\begin{vmatrix} x_n & y_n \\ x_1 & y_1 \end{vmatrix}\right) \tag{7-77}$$

如果该多边形是一个有若干个凹点的任意多边形，本算法采用去凹点的方法，使其变成凸多边形再进行面积计算。

(1) 凹点的判断

在任意多边形中，相邻两边所夹的内角大于180°时，该角的顶点称为凸点，当相邻两边所夹的内角小于180°时，该角的顶点称为凹点。

我们知道，任意一个多边形均可以看成是几个向量$\overrightarrow{A_1A_2}, \overrightarrow{A_2A_3}, \cdots \overrightarrow{A_nA_1}$按起点和终点顺次连接而成。不失一般性，假设 $A_1, A_2, \cdots, A_n$ 是按该等高线的正方向顺次取得的。从图 7-61 中可看出，向量$\overrightarrow{A_{i-1}A_i}$与向量$\overrightarrow{A_iA_{i+1}}$相交于 A_i 点。

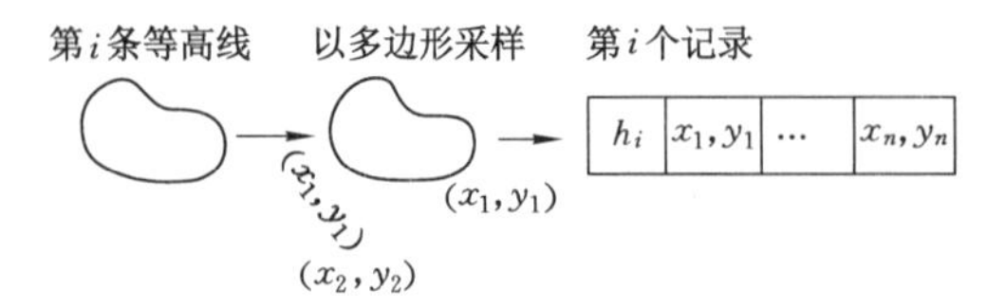

图 7-60 等高线记录形式

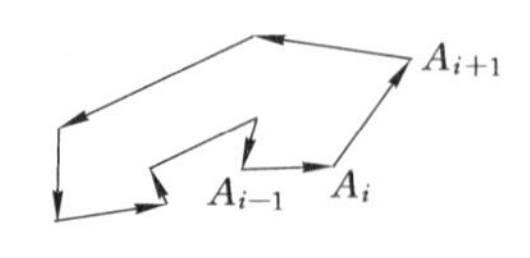

图 7-61 任意多边形连接示意图

要判断 A_i 顶点的凸凹性，只要利用它相邻两边矢量的叉积

$$\overrightarrow{A_{i-1}A_i} \times \overrightarrow{A_iA_{i+1}}$$

基于以上约定，$\overrightarrow{A_{i-1}A_i}$，$\overrightarrow{A_iA_{i+1}}$ 和 $\overrightarrow{A_{i-1}A_i} \times \overrightarrow{A_iA_{i+1}}$ 构成右手系。取

$$\Delta=(x_i-x_{i-1})(y_{i+1}-y_i)-(y_i-y_{i-1})(x_{i+1}-x_i) \tag{7-78}$$

判断时只需考虑 Δ 的符号：

若 Δ 为正，则该顶点为凸点；

若 Δ 为负，则该顶点为凹点；

若 Δ 为零，则两矢量共线，该顶点可删去。利用以上方法，对多边形中的任一顶点只要根据该点及相邻两顶点的坐标就能判断出该顶点的凸凹性。

(2) 去凹点

每条等高线的数据文件的存储结构可采用循环双链表结构。其中，第 n 个顶点 A_n 的坐标记录的下一个记录是第一个顶点 A_1 的坐标记录。

查询从链头开始，对第 j 个顶点记录，利用其链表中第$j-1$个及 $j+1$ 个记录信息来判断第 j 个顶点的凸凹性。若该顶点是凹点，就利用这三点坐标计算出三角形的面积$\overline{S_\Delta}$，累加到$\overline{S_n}$中，然后将该点记录从链表中删去，再在修改后的链表上以同样的方法查询下一点。

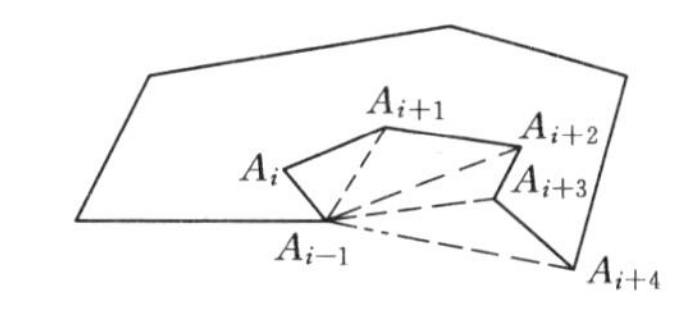

图 7-62　任意多边形去凹点示意图

任意多边形去掉凹点后，又可能产生新的凹点，如图 7-62 所示。倘若在链表中，其相应的记录如图 7-63 所示。

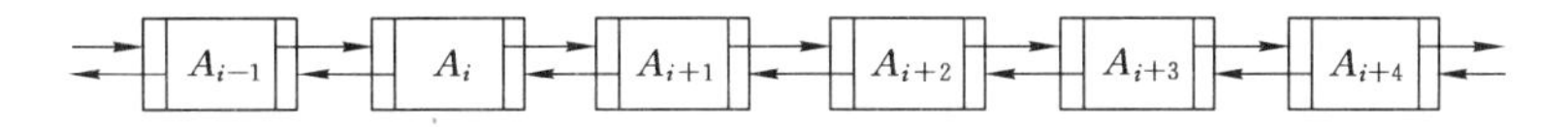

图 7-63　任意多边链表记录示意图

通过查询知 A_{i+1} 为凸点，继续下一点 A_i，A_i 点为凹点，则利用 A_{i-1}，A_i，A_{i+1} 三点信息计算$\overline{S_\Delta}$，然后把 A_i 记录从链表中删去，该段链表变成图 7-64 所示。

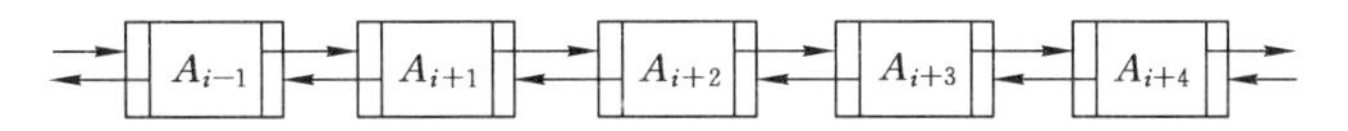

图 7-64　删除凹点后链表记录示意图

继续查询 A_{i+1}，此时，所用相邻点的信息为 A_{i-1}，A_{i+1}，A_{i+2} 三点，对应到图 7-62 中，就相当于 A_{i-1} 与 A_{i+1} 连起了一条边。

通过凹点判断后，A_{i+1} 记录仍需删去，该段链表中剩下 A_{i-1}，A_{i+2}，A_{i+3} 记录。继续判断 A_{i+2}，…，如此下去，直至 A_{i+4} 才判断出是凸点，此时该段链表中只剩下 A_{i-1}、A_{i+4} 两个记录了。但在当前记录链表中，A_{i-1} 点是不是凸点呢？这难以回答，因为去凹点后有可能使本来是凸点的 A_{i-1} 点变成凹点，事实上，在这种情况下，A_{i-1} 由原来的凸点变成了凹点，所以需要多查询循环链表，保证链表中所有顶点均为凸点，查询才能终止。可以证明，通过若干次去凹点后，多边形总能变成凸多边形。由于每次去凹点后，由该凹点的相邻两顶点构成一条新的边而得到一个新的多边形，该凹点与相邻两顶点所构成的三角形在原多边形外，而在新

的多边形内部。这样，每去一凹点，多边形的面积就增加一部分，增加部分恰为该凹点与前后两相邻点组成的三角形面积。最后，我们所研究的多边形的面积恰为：$S=S_{凸}-\overline{S_m}$。

该多边形的面积 S 就近似为第 i 条等高线所围成的面积 S_i。

7.7.3.3 空间体积的计算

在平面等高线地形图上确定指定区域内的土石方，基本方法是在地形图上先求出构成台体的各等高线围成的面积，再乘上等高距，算出各层的体积，各层体积的总和，即为所求立式台体的总体积，每层台体体积的计算公式为：

$$V_i=\frac{1}{2}(S_i+S_{i-1})\cdot h_i \tag{7-79}$$

其中 V_i 表示第 i 层台体的体积；S_{i-1}，S_i 表示第 i 层台体的上、下底面积；h_i 表示 S_{i-1}，S_i 之间的垂直距离。

立式台体总体积为：

$$V=\sum_{i=1}^{n}V_i=\sum_{i=1}^{n}\frac{1}{2}(S_i+S_{i-1})\cdot h_i \tag{7-80}$$

其中 V 表示立式台体总体积。

当 h_i 采用等高距 h 时，各层间距相等，则总体积公式变为：

$$V=\sum_{i=1}^{n}V_i=\left(\frac{S_0+S_n}{2}+\sum_{i=1}^{n-1}S_i\right)\cdot h \tag{7-81}$$

例如，设计要求把图 7-65(a)所示图廓所固定的土丘，平整为标高等于+45 m 的水平台地，想知道土方搬运量。这就是一个立式台体体积计算的问题。计算时，可以把土丘依照图 7-65(b)所示的那样，将等高距分成七个单层，算出各个单层的体积，汇总后就得出整个土方的搬运量。

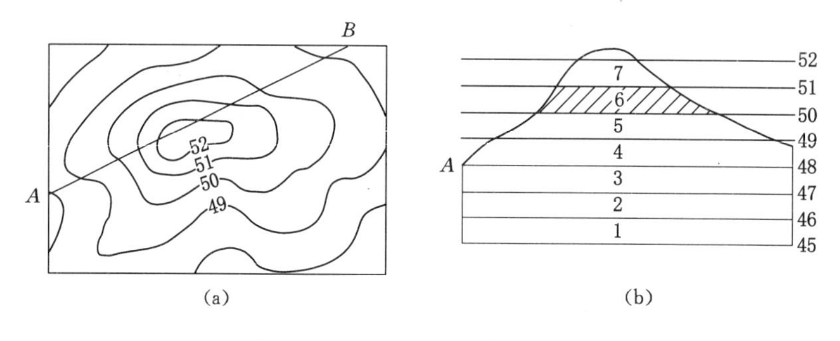

图 7-65 土丘的等高线和剖面图

在我们的算法中，等高距 A 可与平面等高线图形的等高距统一。这样，如图 7-58 所示，空间物体的体积元素，可看成是两相邻等高线所夹体积 ΔV_i(图 7-59)。当利用去凹点算法，计算出了 S_i 和 S_{i+1} 后，就可根据相应的信息计算每一个台柱体积 ΔV_i，而所研究的空间体积 则为 $\Delta=\sum\Delta V_i$。

但是，哪些等高线是相关的呢？可由哪两条等高线组成薄台柱体呢？假设高程为 $h_i=70$ 的等高线 S_i 有一条，高程 $h_{i+1}=69$ 的等高线有两条 S_{i+1} 与 S_{i+2}，那么 S_{i+1} 与 S_i 组成台柱体，还是与 S_{i+2} 组成台柱体呢？为了能自动识别，我们归纳出如下规则：只有具有包含关系的闭合或类闭合等高线才具有空间相关性。图 7-66 中 S_{i+1} 和 S_i 具有空间相关性。据此，我们就在高程相邻的等高线中间选取具有相关性的等高线来计算薄台柱体体积 ΔV_i，其包含关系的判断，直接借助每条等高线备点坐标中 $X_{\min}$、$X_{\max}$、$Y_{\min}$ 和 $Y_{\max}$ 来进行。

通常，计算土方量要指定某一区域范围、某一高程以上的部分。这要对所输入的等高线进行取舍。该算法的整个流程如图 7-67 所示。该算法也适用于由等值线图形计算某些物理量的场合，如电磁场理论中磁通量的计算。

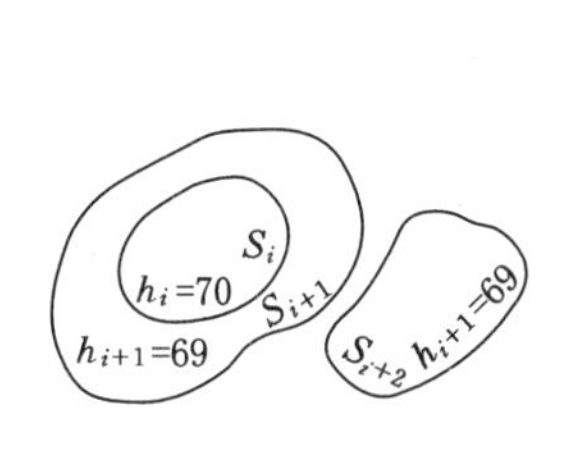

图 7-66　等高线空间相关性

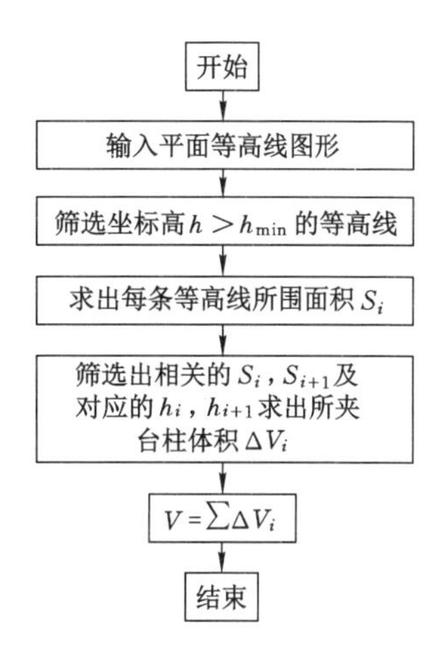

图 7-67　土方量计算流程图

7.8　地形断面图绘制

地形断面图是解决某些工程技术问题的基本手段。在一地区，铅垂平面（如图 7-68 所示的 V 平面）和地形面相截的交线，叫做地形断面轮廓线，如果把该轮廓线投影到另一个与切割面 V 平行的竖直平面 V' 上，所得的投影轮廓面就称为该剖线方向上的地形断面。

利用计算机在图形终端屏幕上或在绘图机上全自动地绘制地形断面图，可在若干分钟内完成一幅图的全部绘制。而且，所用的输入数据可直接采用在前述所描述的地面模型数据文件或其他数据文件。这无疑可大大节省工程设计所用的时间，并为工程设计优化提供自动化的手段。

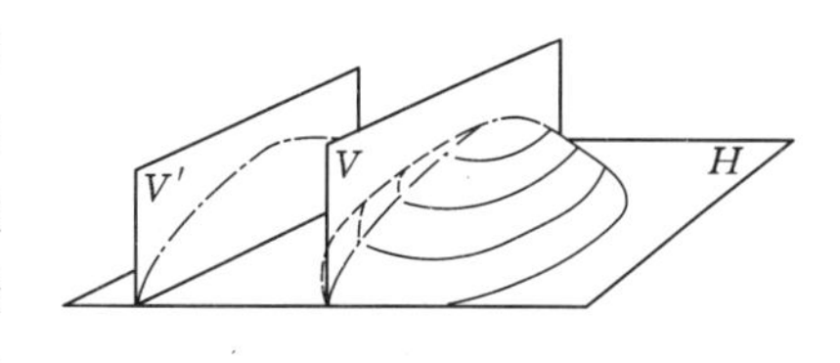

图 7-68　地形断面示意图

7.8.1　约定

在许多场合，所画剖面的实际尺寸与屏幕的坐标系统完全不相适应。例如一幢楼房的实际断面可比所画的断面大几百、几千倍，而一个真正的分子又比图上所画的分子模型要小得多。

下面先引入视区的概念：视区可看成是围绕所画物体（或物体的一部分）的矩形框，可以包括或不包括整个物体。如果不包括，视区外的部分必须切掉，这个工作称为裁剪。另外视区的大小和位置可根据所给物体来计算，也可人为指定。

在坡面图的显示中，我们作如下约定：

① 整幅剖面图要完全绘制在区内；

② 从实际剖面到视区的映射中，水平方向和垂直方向的刻度可不相同；

③ 视区平面与剖面平行。

第1点约定要求剖面是有限的。对人部分应用问题，这是容易满足的。另外，因为能完全显示一个剖面，所以不会发生裁剪。要做到这一点，可通过两次扫描原始数据来实现。第一次扫描时，确定$(x_{min}, y_{min}, x_{max}, y_{max})$。第二次扫描再画图。第3点约定，使剖面图总是以真实形状显示，即把视点放在剖面的正对面。用平行投影的方法，使剖面清楚可见。

7.8.2 映射规则

由于剖面图的切口位置是随意的，对同一个物体来说，切口位置不同，切口的长度也会变化。如图7-69所示，在$(x_{min}, y_{min})\sim(x_{max}, y_{max})$的矩形区域内（当然，对任何形状的空间物体，总能找到它的最小外包立方体，所以我们以立方体区域来讨论），如果切口通过h，k点其切口长度为$x_{max}-x_{min}$，而当切口通过P，Q点时，其切口长度为：$\sqrt{(x_{max}-x_{min})^2+(y_{max}-y_{min})^2}$。显然，在此矩形区域内，过任意位置的切口长度$L$满足：

$$|x_{max}-x_{min}| \text{或} |y_{max}-y_{min}| \leqslant L \leqslant \sqrt{(x_{max}-x_{min})^2+(y_{max}-y_{min})^2} \tag{7-82}$$

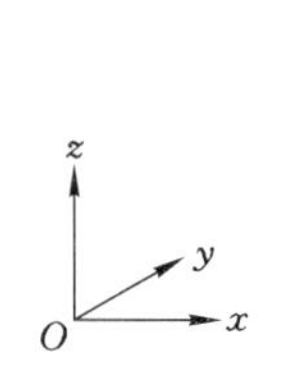

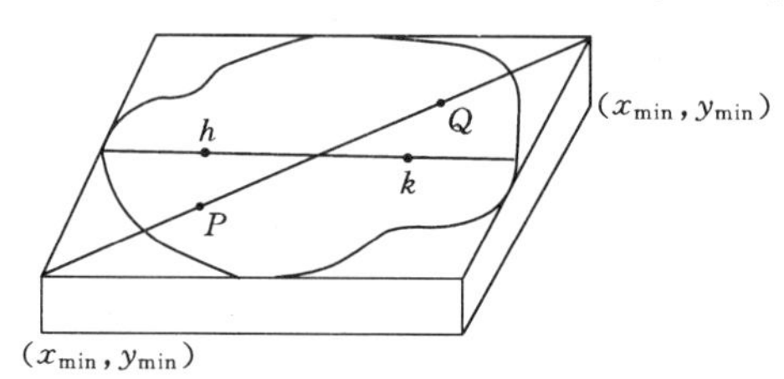

图7-69　切口长度示意图

由于交互式的显示剖面图，其切口位置是任意的，所以切口长度是变化的。那么对于切口长度不确定的切面图，如何才能把它完整地显示在相应的计算机屏幕上呢？

下面介绍的φ和ψ两个映射可达到此目的。

在介绍两个映射公式之前，先介绍在这里所采用的物空间坐标系统与屏幕坐标系统的转换规则：

设物空间的坐标系统为(x, y, z)，屏幕坐标系统为(screen$x$，screen$y$)。

规则一：如果切平面平行于物理空间的x轴，则以x轴方向作为screen$x$轴的方向，以z轴方向作为screen$y$轴方向，以切平面与y轴的交点为屏幕坐标系统的原点O'，如图7-70所示。

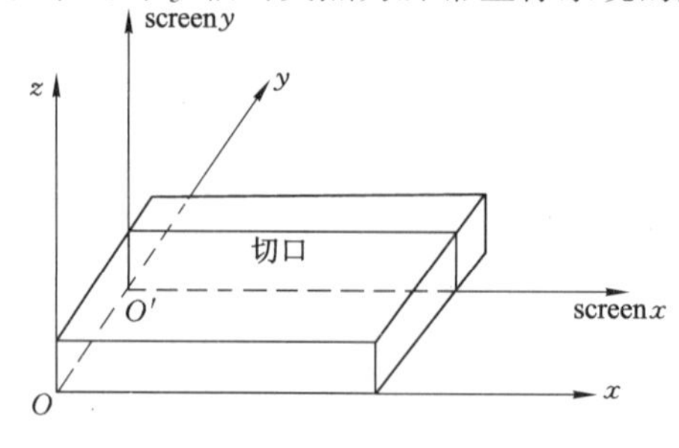

图7-70　规则1的示意图

规则二：如果切平面平行于物空间的 y 轴，则以 y 轴方向作为 screen$x$ 轴的方向，以 z 轴方向作为 screen$y$ 轴方向，以切平面与 x 轴的交点为屏幕坐标系统的原点 O'。

规则三：如果切平面既不平行于物空间的 x 轴、也不平行于 y 轴，当切平面与 x 轴正方向交角的绝对值于等于 45°时，切平面与 xOy 平面的交线为 screen$x$ 轴，screen$x$ 轴的正向指向 x 轴的正半空间，屏幕坐标轴的原点 O'是切平面与坐标轴的交点。如图 7-71 所示，且 screen$x$ 轴的控制变量与 x 抽的控制变量相对应。

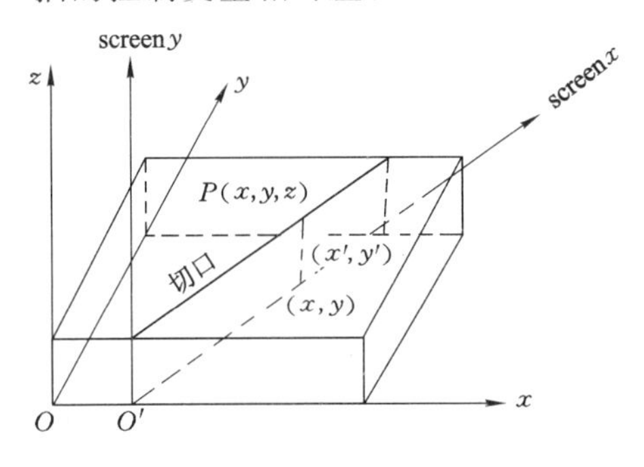

图 7-71　规则三示意图

规则四：当切平面与 x 轴正向的交角的绝对值大于 45°时，则以切面与 xOy 平面的交线为 screen$x$ 轴，screen$x$ 轴的正向指向 y 轴的正半空间。屏幕坐标轴的原点 O'是切平面与物空间坐标轴的交点，且 screcn$x$ 轴的控制度量与 y 轴的控制度量相对应。

7.8.3　切口线屏幕坐标的计算

根据以上四个转换规则，可将切平面物空间的三维坐标(x、y、z)映射成像空间的二维坐标(x'，y')。

以图 7-71 中的 P 点为例，在物空间的坐标系统中，P 点的坐标为(x，y，z)映射到像空间的坐标系统中，P 点的坐标为(x'，y')。(x，y，z)到(x'，y')的转换可借助于两个映射：

$$Z \xrightarrow{\phi} y'$$

$$(Y) \xrightarrow{\psi} Z'$$

其中 ϕ：$y'=z, z\in Z$。

ψ：

$$x'=\begin{cases} x & \text{满足规则一} \\ y & \text{满足规则二} \\ kx & \text{满足规则三} \\ k'y & \text{满足规则四} \end{cases}$$

这里，$x, y\in(Z, Y)$，k、k'分别为切平面与物空间的 x 或 y 轴交角的正割线值。

这样简单的 ϕ，ψ 映射，就可以将物空间的三维坐标变换成像空间的二维坐标。

如果表示物空间的数据形式是离散的网格数据，则沿着 screen$x$ 轴，以轴上的坐标单位从 beginpoint 点开始，逐一增量查询处理，对切口线上每一切点 P，根据物空间中周围点的坐标值进行插值，如图 7-72 所示，用(x，$i-1$)、(x，i)，(x，$i+1$)点的高程来插值，以求出该切点的高程值 y'。插值函数可采用拉格朗日插值法进行。

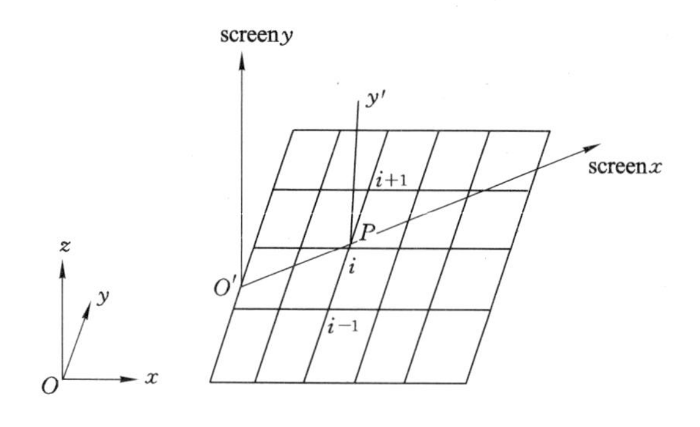

图 7-72　用插值法求解切点高程值

程序如下：

```
function f= Language(x,y,x0)
symst;
if(length(x)= = length(y))
    n= length(x);
else
    disp('x 和 y 的维数不相等!');
return;
end
f= 0.0;
for(i= 1:n)
    l= y(i);
for(j= 1:i- 1)
        l= l * (t- x(j))/(x(i)- x(j));
end;
for(j= i+ 1:n)
        l= l * (t- x(j))/(x(i)- x(j));
end;
    f= f+ l;
simplify(f);
if(i= = n)
if(nargin= = 3)
            f= subs(f,'t',x0);
else
            f= collect(f);
            f= vpa(f,6);
end
end
end
```

插值出的结果就是切口线上 P 点的高程值，也就是屏幕坐标系统中的 y 值。沿着 screen$x$ 轴查询到 endpoint 点结束，就得到了该切口线的屏幕坐标值(Z',Y')集合。

7.8.4　查询范围的限制

由于切口位置的任意性，用户给定的切口可能完全在所给数据的区域外。也可能只涉及一部分，也可能切到整个区域。对全在区域外的情况，可在输入(x_1, y_1)，(x_2, y_2)切口位置时，检查它的有效性。这里不多介绍。

下面介绍切面切到所论区域的情况。假设(x_1, y_1)，(x_2, y_2)均处在所论区域内，由于切口位置的任意性，所以垂直切平面与所论区域的交线就会出现如图 7-73 所示的各种各样的情况。

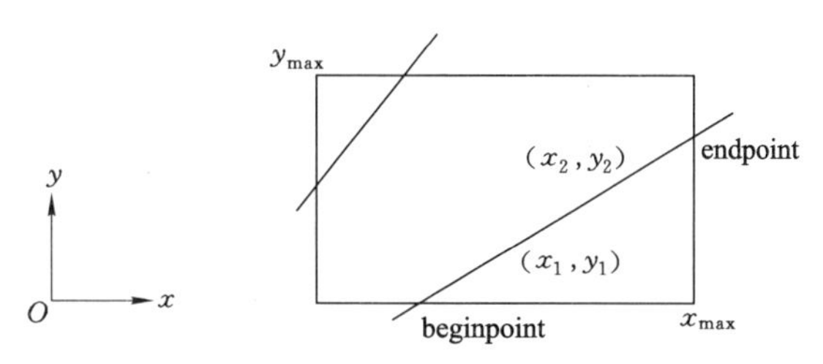

图 7-73　垂直切平面与所论区域的交线

由输入点(x_1, y_1)，(x_2, y_2)可求出切口在 xOy 平面上的直线方程：

$$y=\frac{y_2-y_1}{x_2-x_1}(x-x_1)+y_1 \tag{7-83}$$

把垂直切平面与区域边界线的交点称为 beginpoint 和 endpoint。可见在查询时，只要查询 beginpoint 到 endpoint 之间的剖面情况。下面叙述求交点 beginpoint 和 endpoint 的算法。

若满足规则一或规则二，则从 1 至x_{max}或y_{max}结束。

若满足规则三：

取 $x=1$

若 $y>y_{max}$，则 $\text{beginpoint}=\left[\frac{x_2-x_1}{y_2-y_1}(y_{max}-y_1)+x_1\right]$

若 $y<1$，则 $\text{beginpoint}=\left[\frac{x_2-x_1}{y_2-y_1}(1-y_1)+x_1\right]$

否则，beginpoint$=1$。

取 $x=x_{max}$

若 $y>y_{max}$，则 $\text{endpoint}=\left[\frac{x_2-x_1}{y_2-y_1}(y_{max}-y_1)+x_1\right]$

若 $y<1$，则 $\text{endpoint}=\left[\frac{x_2-x_1}{y_2-y_1}(1-y_1)+x_1\right]$

否则，endpoint$=x_{max}$。

若满足规则四：

取 $y=1$

若 $x>x_{max}$，则 $\text{beginpoint}=\left[\frac{x_2-x_1}{y_2-y_1}(x_{max}-x_1)+y_1\right]$

若 $x<1$，则 $\text{beginpoint}=\left[\frac{x_2-x_1}{y_2-y_1}(1-x_1)+y_1\right]$

否则，beginpoint＝1。

取 $y=y_{max}$

若 $x>x_{max}$，则 endpoint$=\left[\dfrac{x_2-x_1}{y_2-y_1}(x_{max}-x_1)+y_1\right]$

若 $x<1$，则 endpoint$=\left[\dfrac{x_2-x_1}{y_2-y_1}(1-x_1)+y_1\right]$

否则，endpoint$=y_{max}$。

7.8.5 切口线的光顺

对于光滑表面物体的剖面，其切口线还需进行光滑。当利用以上算法沿着 screen$x$ 轴逐点处理，依次求出其屏幕坐标(x'，y')，并将其存放在数组中，然后再调用插值程序进行插值。

地形断面的程序：

```
dimension a(61,61)
lx= 51, ly= 51;xp= 300,yp= 199;
nx= 51,ny= 51;mx= 50,my= 50;
h= 4.0,isx= 10;isy= 10,ipx= 40;ipy= 40
call reliefmap(a,lx,ly)
read * x1,y1,x2,y2
aa= (x1- x2)/(y1- y2)
bb= x1- aa * y1;ibb= int(b)
xe= float(lx- 1);ye= float(ly- 1)
ratex= xp/xe;ratey= yp/ye
pp= ratey* a(ibb,1.0)
x= 10.0;y= pp+ 10.0;
x= x * 0.8;y= y * 0.6;
call jmove(x,y)
call drawline(x,y)
do 40 iy= 2,ly- 1
x= aa * iy+ bb
ix1= int(x);ix2= int(x+ 1.0)
posi= (a(ix1,iy)+ a(ix2,iy))/2
qq= abs(iy * aa);
x= qq * ratex+ 10.0;y= posi * ratey+ 10.0
x= x * 0.8;y= y * 0.6
call jdraw(x,y)
call drawline(x,y)
continue
stop
end
subroutine reliefmap(a,lx,ly)
dimension a(lx,ly)
my= ly- 1;mx= lx- 1
```

```
do 10 iy= 1,ly
do 10 ix= 1,lx
a(lx,ly)= 0.0
contine
do 20 iy= 1,my
do 20 ix= 1,mx
read(001,* ),a(ix,iy)
continue
return
end
subroutine drawline(x,y)
call jmove(x,y)
call jdraw(x,1)
call jmove(x,y)
return
end
```

7.9　消　隐

因为计算机图形处理的过程中，不会自动消去隐藏部分，相反会将所有的线和面都显示出来，所以如果想真实地显示三维物体，必须在视点确定之后，将对象表面上不可见的点、线、面消去。执行这种功能的算法，称为消隐算法。根据消隐对象的不同可分为线消隐(hidden-line)和面消隐(hidden-surface)。

7.9.1　线消隐

线消隐处理对象为线框模型，是以场景中的物体为处理单元，将一个物体与其余的 $k-1$ 个物体逐一比较，仅显示它可见的表面以达到消隐的目的。此类算法通常用于消除隐藏线。

7.9.1.1　凸多面体的隐藏线消隐

凸多面体是由若干个平面围成的物体。假设这些平面方程为

$$a_i x + b_i y + c_i z + d_i = 0 \quad (i=1,2,\cdots,n) \tag{7-84}$$

物体内一点 $P_0(x_0, y_0, z_0)$ 满足 $a_i x_0 + b_i y_0 + c_i z_0 + d_i < 0$，平面法向量 (a_i, b_i, c_i) 指向物体外部。此凸多面体在以视点为顶点的视图四棱锥内，视点与第 i 个面上一点连线的方向为 (l_i, m_i, n_i)。那么第 i 个面为自隐藏面的判断方法是：

$$(a_i, b_i, c_i) \times (l_i, m_i, n_i) > 0$$

对于任意凸多面体，可先求出所有隐藏面，然后检查每条边，若相交于某条边的两个面均为自隐藏面，根据任意两个自隐藏面的交线，为自隐藏线，可知该边为自隐藏边(自隐藏线应该用虚线输出)。

7.9.1.2　凹多面体的隐藏线消隐

凹多面体的隐藏线消除比较复杂。假设凹多面体用它的表面多边形的集合表示，消除隐藏线的问题可归结为：一条空间线段 P_1P_2 和一个多边形 a，判断线段是否被多边形遮挡。

如果被遮挡，求出隐藏部分。以视点为投影中心，把线段与多边形顶点投影到屏幕上，将各对应投影点连线的方程联立求解，即可求得线段与多边形投影的交点。

如果线段与多边形的任何边都不相交，则有两种可能，线段投影与多边形投影分离或线段投影在多边形投影之中，前一种情况，线段完全可见；后一种情况，线段完全隐藏或完全可见。然后通过线段中点向视点延伸，若此射线与多边形相交，相应线段被多边形隐藏；否则，线段完全可见。若线段与多边形有交点，那么多边形的边把线段投影的参数区间[0，1]分割成若干子区间，每个子区间对应一条子线段，每条子线段上的所有点具有相同的隐藏性，如图 7-74 所示。为进一步判断各子线段的隐藏性，首先要判断该子线段是否落在该多边形投影内。对于子线段与多边形的隐藏关系的判定方法与上述整条线段与多边形无交点时的判定方法相同。

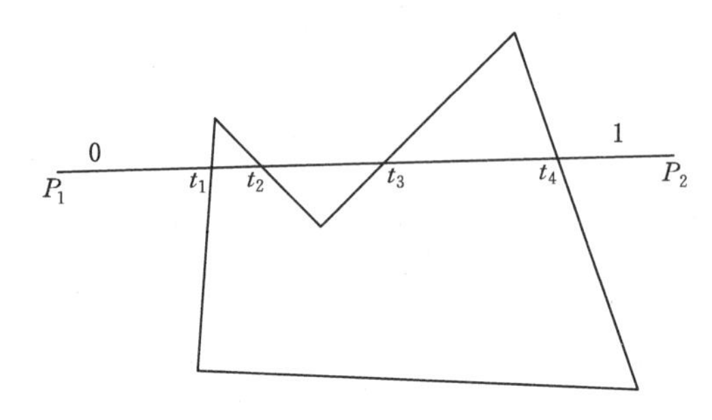

图 7-74　多边形分割线段投影

把上述线段与所有需要比较的多边形依次进行隐藏性判断，记下各条边隐藏子线段的位置，最后对所有这些区域进行求并集运算，即可确定总的隐藏子线段的位置，余下的则是可见子线段。

7.9.2　面消隐

面消隐(hidden-surface)处理对象为填色图模型，是以窗口内的每个像素为处理单元，确定在每一个像素处，场景中的物体哪一个距离观察点最近(可见的)，从而用它的颜色来显示该像素。此类算法通常用于消除隐藏面。

7.9.2.1　区域排序算法基本思想

在图像空间中，将待显示的所有多边形按深度值从小到大排序，用前面可见多边形去切割后面的多边形，最终使得每个多边形要么是完全可见，要么是完全不可见。用区域排序算法消隐，需要用到一个多边形裁剪算法。当对两个形体相应表面的多边形进行裁剪时，称用来裁剪的多边形为裁剪多边形，另一个多边形为被裁剪多边形。算法要求多边形的边都是有向的，不妨设多边形的外环总是顺时针方向，并且沿着边的走向，左侧始终是多边形的外部，右侧是多边形的内部。若两多边形相交，新的多边形可以用“遇到交点后向右拐”的规则来生成。于是被裁剪多边形被分为两个乃至多个多边形；把其中落在裁剪多边形外的多边形叫做外部多边形；把落在裁剪多边形之内的多边形叫做内部多边形。

算法的步骤如下：

① 进行初步深度排序，如可按各多边形 z 向坐标最小值(或最大值、平均值)排序。

② 选择当前深度最小(离视点最近)的多边形为裁剪多边形。

③ 用裁剪多边形对那些深度值更大的多边形进行裁剪。

④ 比较裁剪多边形与各个内部多边形的深度，检查裁剪多边形是否是离视点最近的多边形。如果裁剪多边形深度大于某个内部多边形的深度，则恢复被裁剪的各个多边形的原形，选择新的裁剪多边形，回到步骤③再做，否则做步骤⑤。

⑤ 选择下一个深度最小的多边形作为裁剪多边形，从步骤③开始做，直到所有多边形都处理过为止。在得到的多边形中，所有内部多边形是不可见的，其余多边形均为可见多边形。

7.9.2.2　深度缓存(Z-buffer)算法

深度缓存(Z-buffer)是一种在图像空间下的消隐算法，包括帧缓冲器——保存各像素颜色值(CB)；Z缓冲器——保存各像素处物体深度值(ZB)。其中Z缓冲器中的单元与帧缓冲器中的单元一一对应。

深度缓存思路：先将Z缓冲器中各单元的初始值置为－1(规范视见体的最小 n 值)。当要改变某个像素的颜色值时，首先检查当前多边形的深度值是否大于该像素原来的深度值(保存在该像素所对应的Z缓冲器的单元中)，如果大于，说明当前多边形更靠近观察点，用它的颜色替换像素原来的颜色；否则说明在当前像素处，当前多边形被前面所绘制的多边形遮挡了，是不可见的，像素的颜色值不改变。

Z-buffer算法的步骤如下：

① 初始化 ZB 和 CB，使得 $ZB(i,j)=Z_{\max}$，$CB(i,j)$＝背景色。其中，$i=1,2,\cdots,m$，$j=1,2,\cdots,n$。

② 对多边形 a，计算它在点 (i,j) 处的深度值 $z_{i,j}$。

③ 若 $z_{i,j}<ZB(i,j)$，则 $ZB(i,j)=z_{i,j}$，$CB(i,j)$＝多边形 a 的颜色。

④ 对每个多边形重复步骤②、步骤③。最后，在 CB 中存放的就是消隐后的图形。

7.9.2.3　扫描线算法

在多边形填充算法中，活性边表的使用取得了节省运行空间的效果。用同样的思想改造Z-buffer算法：将整个绘图区域分割成若干个小区域，然后一个区域一个区域地显示，这样Z缓冲器的单元数只要等于一个区域内像素的个数就可以了。如果将小区域取成屏幕上的扫描线，就得到扫描线Z缓冲器算法。扫描线算法描述for(各条扫描线)子函数简单介绍如下：

```
{将帧缓冲器I(x)置为背景色；
将Z缓冲器的Z(x)置为最大值；
        for  (每个多边形)
        {求出多边形在投影平面上的投影与当前扫描线的相交区间
         for(该区间内的每个像素)
            if (多边形在此处的Z值小于Z(x) )
                        {置帧缓冲器I(x)值为当前多边形颜色；
置Z缓冲器Z(x)值为多边形在此处的Z值；}
                }
}
```

7.9.2.4　消隐的主要程序

```
void  CMyView::Project(float X, float Y, float Z)//此函数求点的平行投影和透视投影坐
```

标值

```
{
      XObs = - X * Aux1 +  Y * Aux3;
      YObs = - X * Aux5 -  Y * Aux6 +  Z * Aux4;
      //求透视投影坐标值
    ZObs = - X * Aux7 -  Y * Aux8 -  Z * Aux2+ Rol;
    XProj =  DE * XObs / ZObs;
    YProj =  DE * YObs / ZObs;
}
```

void CMyView::WLineTo(float X, float Y, float Z,CDC* pDC)//用三维点坐标直接从当前点画线到一点的函数

```
{
  Project(X, Y, Z); //将三维点作投影
  XScreen =  floor(0.5 +  XProj * Scale + 150); // 圆整
  YScreen =  floor(0.5 +  100 -  YProj); // 圆整
  pDC- > LineTo(XScreen, YScreen); // 画线到一点
}
```

void CMyView::WMoveTo(float X, float Y, float Z,CDC* pDC)//三维坐标下直接将当前点移动到某点的函数

```
{
  Project (X, Y, Z); //将三维点作投影
  XScreen =  floor(0.5 +  XProj * Scale+ 150); // 圆整
  YScreen =  floor(0.5 +  100 -  YProj); // 圆整
  pDC- > MoveTo(XScreen, YScreen); //移动到某点
}
void  CMyView::ReadVertics()//此函数用来给数组 St 的元素赋顶点坐标值
{
St[1][1]  =  40;    St[1][2]  =  154;    St[1][3]  = - 20;
St[2][1]  =  40;    St[2][2]  =  154;    St[2][3]  =  0;
St[3][1]  =  40;    St[3][2]  = 46;      St[3][3]  =  0;
St[4][1]  =  40;    St[4][2]  = 46;      St[4][3]  = - 20;
St[5][1]  = - 40;   St[5][2]  = 46;      St[5][3]  = - 20;
St[6][1]  = - 40;   St[6][2]  =  154;    St[6][3]  = - 20;
St[7][1]  = - 40;   St[7][2]  =  154;    St[7][3]  =  0;
St[8][1]  =  0;     St[8][2]  =  134;    St[8][3]  =  40;
St[9][1]  =  0;     St[9][2]  = 66;      St[9][3]  =  40;
St[10][1] = - 40;   St[10][2] = 46;      St[10][3] =  0;
}
void  CMyView::ReadFaces()//此函数给数组 Fc 的元素赋表面有关的数据值
{
    NF=  9;
    Fc[1][0]= 4;  Fc[1][1]= 1;  Fc[1][2]= 2;  Fc[1][3]= 3;  Fc[1][4]= 4;
    Fc[2][0]= 4;  Fc[2][1]= 1;  Fc[2][2]= 6;  Fc[2][3]= 7;  Fc[2][4]= 2;
```

```
    Fc[3][0]= 3;  Fc[3][1]= 2;  Fc[3][2]= 7;  Fc[3][3]= 8;
    Fc[4][0]= 4;  Fc[4][1]= 2;  Fc[4][2]= 8;  Fc[4][3]= 9;  Fc[4][4]= 3;
    Fc[5][0]= 4;  Fc[5][1]= 1;  Fc[5][2]= 4;  Fc[5][3]= 5;  Fc[5][4]= 6;
    Fc[6][0]= 4;  Fc[6][1]= 7;  Fc[6][2]= 10; Fc[6][3]= 9;  Fc[6][4]= 8;
    Fc[7][0]= 3;  Fc[7][1]= 3;  Fc[7][2]= 9;  Fc[7][3]= 10;
    Fc[8][0]= 4;  Fc[8][1]= 10; Fc[8][2]= 5;  Fc[8][3]= 4;  Fc[8][4]= 3;
    Fc[9][0]= 4;  Fc[9][1]= 5;  Fc[9][2]= 10; Fc[9][3]= 7;  Fc[9][4]= 6;
}
void  CMyView::VisionVector(int St1)  /* 该函数用于求观察方向矢量 St1 is the first
point of a face.  */
{
    v1= O1- St[St1][1];
    v2= O2- St[St1][2];
    v3= O3- St[St1][3];
}
void  CMyView::NormalVector(int St1, int St2, int St3)//此函数用表面三个顶点调用求该表
面的法矢
  // St_i is the i_th point of a face.
{
float   P1, P2, P3, Q1, Q2, Q3;
        //求一个向量
P1 =  St[St2][1]-  St[St1][1];
P2 =  St[St2][2]-  St[St1][2];
P3 =  St[St2][3]-  St[St1][3];
        //求另一个向量
Q1 =  St[St3][1]-  St[St1][1];
Q2 =  St[St3][2]-  St[St1][2];
Q3 =  St[St3][3]-  St[St1][3];
        //用向量积求法向量
n1 =  P2 * Q3-  Q2 * P3;
n2 =  P3 * Q1-  Q3 * P1;
n3 =  P1 * Q2-  Q1 * P2;
}
float  CMyView::ScaleProduct(float v1, float v2, float v3,
    float n1, float n2, float n3)// 此函数用于求观察方向矢量与表面法矢的数量积
{
float   SProduct;
SProduct =  v1 * n1 +  v2 * n2 +  v3 * n3;
return(SProduct);
}
void  CMyView::DrawFace(CDC* pDC)//画出立体上的平面
{
int     S, NS, No;
```

```
float   X, Y, Z, X0, Y0, Z0;
NS =  Fc[F][0];
for ( S =  1;  S< =  NS;  S+ +  )
{
    No =  Fc[F][S];
    X =  St[No][1];
    Y =  St[No][2];
    Z =  St[No][3];
if ( S = =  1 ) {
  WMoveTo(X, Y, Z,pDC);
  X0 =  X;
  Y0 =  Y;
  Z0 =  Z;
}
else  WLineTo(X, Y, Z,pDC);
}
WLineTo (X0, Y0, Z0,pDC);
}
void  CMyView::DrawObject()//此函数用于绘出消隐立体图
{ int St1, St2, St3;
CDC* pDC= GetDC();
CPen pen1(PS_SOLID,1,(COLORREF)1),pen2(PS_DOT,1,(COLORREF)1);
CPen *pOldPen= pDC- > SelectObject(&pen1);
for ( F =  1;  F< =  NF;  F+ +  )
{
    St1 =  Fc[F][1];    St2 =  Fc[F][2];    St3 =  Fc[F][3];
    VisionVector(St1); //求观察方向矢量
    NormalVector(St1, St2, St3); //求表面法矢
    if ( ScaleProduct( v1,v2,v3,n1,n2,n3 ) >  0 ) //判断数量积正否
{
pDC- > SelectObject(&pen1);
     DrawFace(pDC); //数量积大于零,表面可见,画出此表面
}
else;
   }
pDC- > SelectObject(pOldPen);
ReleaseDC(pDC);
}
void  CMyView::VisionPoint()//此函数用于给出视点位置
{
  //投影时初始值即正弦值和余弦值及其乘积的计算、赋值
float  Th, Ph;
     Th   =  3.1415926 * Theta / 180;
```

```
    Ph   =  3.1415926 * Phi / 180;
    Aux1 =  sin(Th);
    Aux2 =  sin(Ph);
    Aux3 =  cos(Th);
    Aux4 =  cos(Ph);
    Aux5 =  Aux3 * Aux2;
    Aux6 =  Aux1 * Aux2;
    Aux7 =  Aux3 * Aux4;
    Aux8 =  Aux1 * Aux4;
    //给出视点位置
    O1 =  Rol * Aux7;
    O2 =  Rol * Aux8;
    O3 =  Rol * Aux2;
}
void CMyView::Mydraw()
{
RedrawWindow();
ReadVertics();
ReadFaces();
//绘出透视投影下的凸多面体图形
VisionPoint(); //给出视点位置
    DrawObject(); //画出立体的图形
}
//////////////////////////////////////////////////////////////
void CMyView::OnKeyDown(UINT nChar, UINT nRepCnt, UINT nFlags)
{//此函数用来利用上下左右键移动视点角度位置,C 键切换投影类型。
//读者可以自己定义其他键值以及其他参数。
switch(nChar){
case VK_UP://上下左右键选择
    Phi= Phi- IncAng;
    Mydraw();
    break;
case VK_DOWN:
    Phi= Phi+ IncAng;
    Mydraw();
    break;
case VK_RIGHT:
    Theta= Theta+ IncAng;
    Mydraw();
    break;
case VK_LEFT:
    Theta= Theta- IncAng;
    Mydraw();
```

```
    break;
default:
    break;
}
}
void CMyView::OnTumianti()
{//透视投影赋初值
  Rol =  600.0;
  S= 1;
  Theta =  60;
  Phi =  135;
DE  =  1000;
Mydraw();
   CDC* pDC= GetDC();
   pDC- > TextOut(10,10,"按下键盘上的"上"、"下"、"左"、"右"箭头可从各方位观看图形");
ReleaseDC(pDC);
}
```

第 8 章　计算机地图制图系统设计

计算机地图制图(CAC,Computer Aided Cartography)系统是计算机地图制图软件与硬件的集成系统。随着计算机硬件技术和设备,包括图形图像输入输出设备的不断发展,CAC 系统的性能在另一方面也越来越依赖于软件系统开发功能的完善程度。在前面的章节中详细介绍了计算机地图制图各个环节的原理、方法与技术,本章将这些知识结合起来,介绍如何设计开发一个计算机地图制图软件系统。

8.1　计算机地图制图系统开发的基础知识

20 世纪 60 年代末提出了软件工程,即采用工程化的思想进行软件开发与维护。CAC 系统的软件开发既要遵循软件工程的一般理论与方法,同时也要考虑 CAC 系统的自身特点,即以地图数据采集、处理与表达为核心。

CAC 系统开发需要软硬件环境支持和系统设计、开发人员的创造性劳动。如图 8-1 所示,开发 CAC 系统必须具备以下三个基础条件。

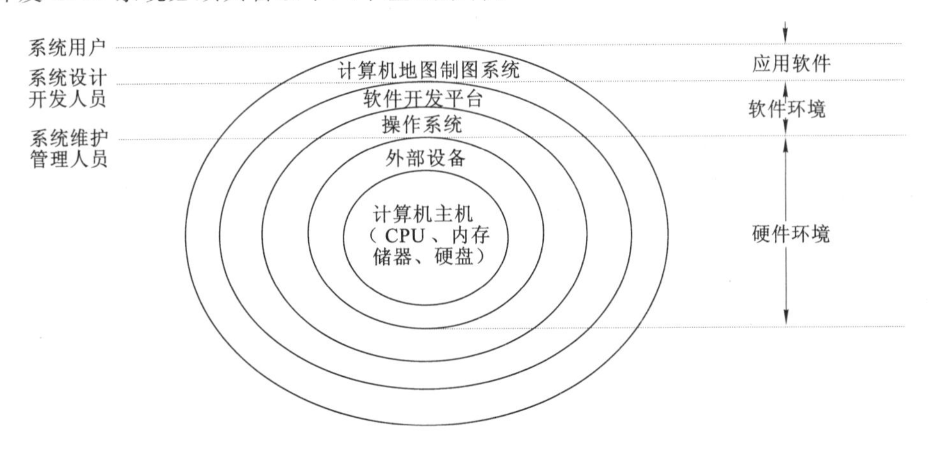

图 8-1　计算机地图制图系统构架图

8.1.1　可支撑的硬件环境

硬件环境是软件开发的物质基础,即开发所需要的设备条件。如果没有相应的设备支持,软件开发就成为无米之炊。对于 CAC 软件系统而言,往往需要对大数据量的图形图像数据进行存取、运算、处理和分析,因此需要计算机设备具有大容量的存储器(主存储器和外存储器)和快速、高效的中央处理器(CPU)。

在 20 世纪 90 年代以前，主要依靠图形工作站，而目前高性能微机的内存容量已能达到 1 G 以上，外存储器容量可达到数百个 G，甚至更大，CPU 更是不断推出新的产品，已经完全能够取代图形工作站，且在软件系统上具有更大的灵活性。此外，大幅面高精度的图形图像输入输出设备，加数字化仪、扫描仪、屏幕、激光或喷墨打印机等也成为系统的支撑条件。

8.1.2 适合的软件环境

应用软件系统的开发需要软件环境的支持，包括操作系统和软件开发平台。目前应用较普遍的操作系统有 Microsoft windows 系统、UNIX 系统和开放源代码的 Linux 系统等，它们均支持处理器管理、存储管理、设备管理、文件系统和作业控制五大功能。其中，windows 系统应用最广，具有良好的图形用户界面和网络服务支持等。软件开发平台是应用软件开发的前端环境和加工车间，它包括开发所需的工具和软件支持，如程序设计语言、数据库系统以及支持图形数据处理的各种动态库、组件，等等。选择什么样的软件开发平台，决定了软件开发的效率、目标和质量。因此，CAC 系统的软件开发平台应同时兼顾到地图图形数据和属性数据的组织、管取与运算。

目前基于 Windows 环境的程序开发语言，如 Visual C++、Visual BASIC、Borland C、Delphi 等，都具备了丰富的图形图像处理与表达功能。对于数据库系统，一种方式是将地图图形数据交给专门开发的地图数据库系统来组织、管理，并实现图形数据与属性数据的相互连接；另一种方式是运用商业数据库系统，如 Dbase、FoxPro、Access、Sybase、Informix、Oracle 等，它们通常都用于非空间数据的管理，其中 Oracle 推出的 Spatial 组件已经实现了在关系型数据库中存储、管理空间数据，其他数据库如 FoxPro、Access 等经过特定的软件开发也可以应用于管理图形数据。

8.1.3 全面的专业知识与技能

CAC 系统作为一个专业软件系统，要求系统设计开发人员首先全面地了解甚至掌握传统地图制图的专业知识与专业技能，包括地图(制图)学的理论、方法、技术与应用，特别是地图的分类、投影变换、制图流程(含设计、绘制、整饰、输出)、制图规范等几个关键性环节；其次是熟悉与计算机地图制图相关的学科，如数学、图形学、测绘学、计算机科学的理论与方法，熟练掌握软件开发平台的应用。

8.2 计算机地图制图系统分析与设计

计算机地图制图系统的设计、开发应按照软件工程的思想与方法进行，以保证系统的先进性、实用性和可靠性。软件工程是采用工程的概念、原理、技术和方法来开发、维护软件，是开发与维护软件的规范化系统方法。它将完善的工程原理应用于经济生产，既可靠，又能在实际的机器上有效运行。按照软件工程的原理与方法，开发一个完善的软件系统应包括问题定义、可行性分析、需要分析、总体设计、详细设计、编码实现、系统测试、运行维护八个阶段，即所谓软件开发的“瀑布”模型。以下重点对计算机地图制图系统设计与开发中的需求分析、系统设计、开发实现进行论述。

8.2.1 需求分析

8.2.1.1 需求分析概述

需求分析(requirement analysis)是软件生命周期中最为重要的环节之一,是在进行软件计划与可行性研究之后,由系统分析员对用户的要求进行具体的分析,确定解决问题的途径。需要分析的主要任务就是确定系统必须完成哪些工作,把软件计划期间建立起来的(以用户要求为主的)系统需求描述求精和细化,将软件的功能和性能的总体概念描述为具体的系统规格说明书,这是进行软件和系统验收的基础。用户要求是需求分析的基础和归宿。用户对系统提出的要求可以概括为四个方面:对系统功能的要求;对系统性能的要求;对系统运行的要求以及将来可能出现的要求。基于数据流的结构化分析方法是需求分析最常用的方法。

结构化分析的主要思路即是进行系统自顶向下,逐层分解。软件分解主要包括横向分解和纵向分解。横向分解将一个系统分为多个同一层次的子系统,纵向分解将一个系统在不同层次上进行分割,实际上多与横向分解形式相结合进行分解。如果一个系统比较复杂,就将它分为多个子系统,在子系统中如果某个子系统仍比较复杂,再增加一个层次,将该子系统继续进行分解,直到分解成的各级子系统都能清楚明白地表示出它的具体含义为止。结构化分析的结果通常由以下几部分进行描述:一套分层数据流图;一组数据字典;一组加工说明(小说明)。

用结构化分析方法进行系统需求分析主要是导出逻辑模型的过程。其步骤如下:① 系统分析员与开发人员一起调查用户的情况,查阅软件计划和可行性分析报告;② 分析当前系统的具体模型,去掉当前系统中的非本质因素,抽象出当前系统的逻辑模型,以图形方式表示;③ 分析用户需求,建立目标系统的逻辑模型,分析当前系统逻辑模型与目标系统逻辑模型的差别(找出变化的部分和不变的部分);④ 补充目标系统的逻辑模型,确定目标系统中各个具体物理组成成分,写出系统规格说明书(保留不变部分,增加、修改、补充变化部分);⑤ 对软件系统需求规格说明书进行审查,直至确认符合标准要求为止,为软件开发方和用户方提供文档资料。以下假设没有当前系统,需求分析的主要目标即是要建立一个满足用户需求的计算机地图制图软件系统。

8.2.1.2 计算机地图制图系统需求分析

在计算机地图制图系统中,需要分析即是要针对用户对计算机地图制图系统在功能、性能和运行环境方面的要求,并以开发人员可以理解的方式予以描述,从而作为系统设计与开发的基础。

用户对系统功能的要求是需求分析中主要考虑的问题,在计算机地图制图系统中,用户对系统的功能要求主要包括:

(1) 地图制图数据采集与输入

地图制图原始数据具有典型的多源、多格式特性,早期地图制图数据主要是单一数据源、单一格式数据,如基于野外测量数据的地图制图、遥感制图等。随着计算机地图制图技术的发展,使用多种数据源进行综合制图、开发,综合考虑多种数据源的制图系统等都具有更为重要的意义。因此,计算机地图制图系统首先应具有多源制图数据采集与输入的功能。一些典型的数据源主要包括:

野外实测数据:包括以经纬仪、水准仪等测量仪器实测并记录的数据和以全站仪、GPS

接收机等野外测量存储的电子数据。记录数据必须提供相应的输入界面，电子数据则应根据有关数据格式提供通用或针对典型仪器的数据传输接口。

遥感影像数据：随着卫星遥感空间分辨率的提高，利用高分辨率卫星影像更新和制作地形图或专题地图正在成为地图制图重要的方向。从目前的实际来看，数字地图制图系统包括数字测图系统、遥感制图系统、数字摄影测量系统等，专业计算机地图制图系统应该兼具有对不同源数据进行采集、处理与制图的功能，因此需要具备遥感影像数据采集与输入能力。

数字摄影测量数据：数字摄影测量近年来发展迅速，全数字化摄影测量软件如 Virtuozo、JX4A 等都在生产实践中得到了广泛应用。数字摄影测量用于制作地形图、实现三维景观等，成为数字城市建设重要的信息源。

其他数据导入：此外，计算机地图制图系统应具备对其他格式的数据导入的功能，主要包括对扫描地图图像的导入、已有数字地图的导入等，其主要手段是通过借助于标准文件接口读写来实现的。

（2）地图制图数据预处理

地图数据预处理的任务是将多源、多格式的制图源数据，经过一定的处理与操作，转换成为适合地图制图要求的，以点、线、面以及其他辅助信息等形式表达的数字地图制图要素集合。如前所述的投影变换、坐标转换、矢量化等都是预处理的典型步骤，对于不同格式来源的数据，按照测量数据处理、遥感影像处理、数字摄影测量等的要求和步骤，进行针对性的处理，也属于地图制图数据预处理的范畴。

（3）地图数据组织与存储

计算机地图制图系统不仅要能够采集和处理制图数据，还应该能够对地图数据进行合理的组织，并以数据库或数据文件进行存储。地图数据存储中不仅需要存储地图数据，还需要存储有关辅助数据，如地图元数据、地图符号等，具体内容可参考地图数据库。

（4）地图符号库与符号定义功能

地图符号作为地图的语言，是计算机地图制图系统最为重要的要素。地图制图系统不仅应提供良好的地图符号库，还应提供地图符号设计与定义模块，供用户根据需求自行定义相应的地图符号。

（5）标准地图布局生成

地图输出一般情况下都是按照标准的地图布局加入地图信息，因此一个完善的计算机地图制图系统应该按照有关规范与标准，设置好标准地图布局模板，用户根据需要选择相应的模块后，加入和编辑相应的信息和辅助信息，即可生成最终输出的地图，其功能实现类似于当前一些地理信息系统软件的“Layout”。

（6）地图生成与编辑

首先需要根据地图数据库中存储的地图数据、地图符号库中存储的地图符号以及地图布局向导，通过制图实体符号化过程生成地图，然后对生成的地图进行交互编辑，使其符合用户要求。

（7）地图操作与分析

不同于传统的模拟地图，数字地图还应突出地图分析、派生数据的生成。如地图量算、统计分析、剖面图生成、土方量计算等，实现基于数字地图的分析与应用。

（8）地图输出

地图制图输出是计算机地图制图的最后一个环节，由于地图输出的复杂性及其对硬件设备的要求，一般都需要专业的制图输出系统来完成这一工作。但如果可行的话，往往在计算机地图制图系统中增加这一模块。

系统分析的成果表达方式主要是通过数据流图、数据字典等形式提交。

8.2.2　总体设计

软件设计是软件从分析到实现的中间环节，也是软件工程最为重要的环节。一般软件设计分为总体设计和详细设计两个环节。总体设计主要是根据需要分析的结果，将用户的需求转换为开发者能够理解的数据结构和软件的系统结构；详细设计则是软件结构表示的细化，得到软件的详细数据结构表达和具体算法描述。

从系统开发的角度看，需求分析已经完成了部分功能设计，即将系统按功能进行了逐层分解，使每一部分完成简单的功能，且各个部分之间又保持一定的联系，此外还要将该层次结构的各个部分组合起来形成统一的系统。包括：采用某种设计方法，将一个复杂的系统按功能划分为模拟的层次结构；确定各个模拟的功能，建立模拟与功能的对应关系；确定模块间的调用关系和接口（模拟间传递的信息）关系；设计接口的信息结构；评估模拟的划分质量，导师模块结构规则，这是总体设计的主要工作。

数据结构设计是总体设计的另一项重要工作，这一阶段要确定软件涉及的数据文件系统结构及数据库模式、子模式及进行数据完整性和安全性设计，具体任务包括：数据文件的详细数据结构；确定算法所需要的详细逻辑数据结构和操作；确定对数据结构进行操作的程序模块，确定和尽可能限制各个数据操作模拟和设计决策所涉及的影响范围；确定系统调用的详细数据结构和使用规则；进行数据的保护性设计，保证软件运行过程中所使用的数据类型和取值范围不变等。

此外，总体设计还要进行处理方式设计、可靠性设计等工作，最后要编写设计文档，进行设计审查和复查。

对于计算机地图制图系统进行总体设计，主要工作集中在系统软件结构总体设计和数据结构设计两个方面。

8.2.2.1　软件结构总体设计

软件总体结构设计的主要途径是模块划分，通过“模块内的高聚合和模块间的低耦合”实现高模块独立性是软件结构总体设计的基本要求。按照模块设计的一般原则，结合计算机地图制图系统的要求，对本系统的模块进行设计。系统结构设计的主要步骤是：① 采用某种设计方法，将一个复杂的系统按功能划分成模块；② 确定每个模块的功能；③ 确定模块之间的调用关系；④ 确定模块之间的接口即模块之间传递的信息；⑤ 评价模块结构的质量。

对计算机数字地图制图系统的模块进行如图8-2所示划分。各模块的功能如需求分析中所述。模块之间的联系主要表现为两种：一是数据流，即将数据从一个模块转移到另一模块进行处理；二是控制流，即通过一个模块的操作控制另一个模块产生的数据或结果。

具体来说，每一模块又可划分为多个下一级子模块，如数据采集输入模块可以划分为野外测绘数据采集输入、扫描地图数据输入、GPS数据输入、遥感影像数据输入等；数据处理与转换模块对应于每一类源数据可分为对应的二级甚至三级模块。

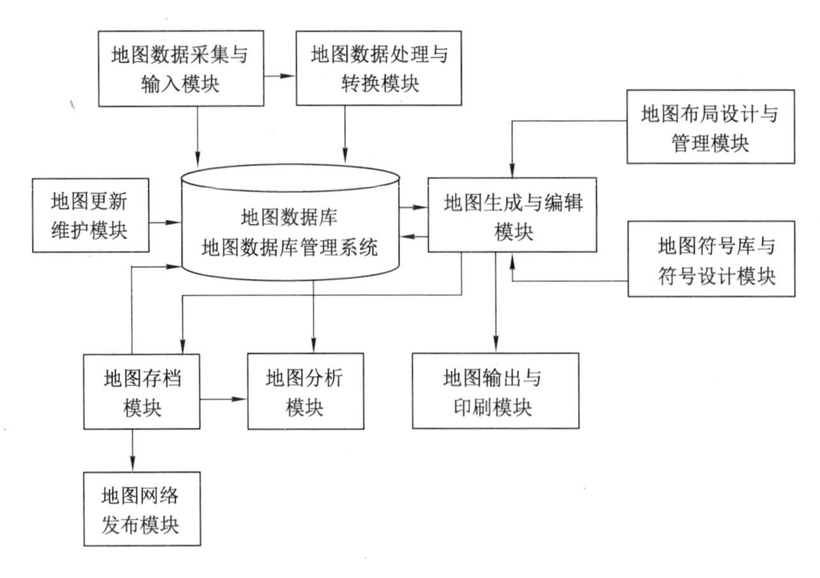

图 8-2　计算机数字地图制图系统的模块

8.2.2.2　数据结构设计与数据库设计

计算机地图制图中的数据结构与数据库设计主要涉及以下几种数据的设计与管理。

(1) 地图要素数据结构与数据库设计

地图要素数据结构设计是地图数据库设计的核心。地图要素包括点、线、面、文字注记。点、线、面之间又具有层次关系。其中涉及三类信息：一是位置信息；二是连接信息；三是属性信息。这也是地图制图系统数据管理的主体，一般这类数据的管理按照地理信息系统中矢量数据的管理方式进行。

(2) 地图图幅数据管理

地图图幅数据管理是指对于已按照图式、规范制作完成的地图对地图“产品”而非数据的管理。图幅数据管理一般都按照图幅进行存储、管理，每幅图以特定的文件格式存储。

(3) 地图符号库设计与管理

符号是地图制图系统中一种特殊的数据。对于符号这一特殊数据库管理，一般是通过建立符号库管理系统实现的。

(4) 地图元数据设计与管理

此外，在计算机地图制图系统中，还涉及对地图进行管理、查询等方面的操作，这些操作往往都是通过元数据实现的，一般元数据与图幅数据管理相对应。

8.2.2.3　详细设计

详细设计的主要任务是对总体设计中确定的每一功能模块的具体实现方法进行设计、对数据结构与不同数据的管理结合数据库管理系统进行设计，以及系统的输入/输出设计、用户界面设计。以下结合计算机地图制图系统的一些典型问题进行分析。

(1) 用户界面设计

用户界面作为人机接口在软件系统中发挥着重要作用，它的好坏直接影响到软件的性能和寿命。一个好的用户界面应具有可使用性(如使用的简单性、术语标准化和一致性、拥有帮助功能、快速的系统响应和低的系统成本、具有容错能力与错误诊断功能)、灵活性(如算法的可稳可显性、用户根据需要定制和修改界面方式、提供满足用户需求的响应信息、与其他软件系统具有标准的界面)、适度的界面复杂性、界面可靠性。图形用户界面(Graphic User Interface, GUI)是当前主要的用户界面方式,也是计算机地图制图系统应采用的用户界面。

(2) 功能模块详细设计

如前所述,一个完整的计算机地图制图系统应具有强大的地图源数据采集输入、数据预处理、数据转换、数据管理与存储、符号生成、地图制图、地图排版、地图输出、地图分析等方面的功能,这些功能分别通过不同的功能模块实现,在详细设计中应对每一功能模块进行设计,作为系统开发的基础。详细设计的主要方法包括程序流程图、N-S盒图、PAD图、判定表、PDL(设计程序用语言)等,其中程序流程图是最流行的方法。在计算机地图制图系统各功能模块的设计中,应综合不同模块的功能特点和数据流程以及所采用程序设计语言的特点采用不同的设计方法,一般来说,程序流程图和N-S盒图是最常用的方法。对于比较简单的功能模块,也可以将详细设计与编码结合实现。

(3) 数据库管理系统详细设计

数据库管理系统的详细设计主要是设计数据库中的表、表之间的关联、表的结构等要素,从而将总体设计中每一类数据的管理方法通过表结构予以表达,为最终的实现奠定基础。

8.2.3 软件实现

软件实现是系统开发的核心环节,它直接表现为程序编制,即将系统设计的结果采用特定的程序设计语言,如BASIC、C++、PASCAL等编写出来。具体选择何种程序设计语言作为地图制图系统的开发语言,需要考虑多个因素,包括语言是否有丰富的、调用方便的图形图像处理函数、开发人员对语言的熟悉程度,语言的可移植性,编译程序的效率,等等。不过在此之前,软件开发平台还要首先考虑数据的存储与管理问题,即根据数据库设计的数据模型选择或者开发数据库系统,同时数据库系统和程序设计语言之间应具有良好的接口。在程序编制过程中,为了保证程序质量,要求编写的程序源代码具有正确性、可读性、可移植性、结构性与高效性等。

8.2.4 软件测试

软件测试的目的是尽可能找出在总体设计、详细设计、软件编码中的错误,加以纠正,从而确保得到高质量的软件。软件测试包括单元测试、组装测试、确认测试、系统测试等。其中,单元测试早在软件编码时就已经开始;组装测试是在将单元模块集成起来时进行的测试,解决单元之间不能正确结合的问题;确认试验是检验软件是否符合软件规格说明的技术标准;而系统测试主要是测试软件和硬件、数据等其他支持环境一起在实际运行情况下与用户需求的匹配程度。

在各个测试环节,实施测试的方法有分析方法(静态分析法和白盒法)与非分析方法(黑盒法)两种。白盒法也称为逻辑驱动方法,它通过分析程序内部的逻辑与执行路线来进行测试。黑盒法是功能驱动方法,仅根据I/O数据条件来设计测试用例,不管程序的内部结构与路径如何。

8.2.5 运行维护

测试通过的系统经过一定时期(一般为几个月)的试运行并得到进一步完善后,可以正式投入运行使用。但是，软件中仍然可能存在暂未发现的问题隐患，系统的数据、功能在实践过程中需要修改、调整，需要适应新的系统工作环境、设备等，都会提出系统维护的要求。在地图制图系统中，地图数据采集设备的不断更新、采集方式的不断进步、地图制图规范的进一步完善，都会导致系统软件的升级维护。

8.3 软件开发模型

软件开发模型是软件工程思想的具体化，是实施于过程模型中的软件开发方法和工具，是在软件开发实践中总结出来的软件开发方法和步骤。总之，软件开发模型是跨越整个软件开发过程、工作与任务的结构框架。

目前，软件开发模型有瀑布模型、增量模型、螺旋模型和喷泉模型等。

8.3.1 瀑布模型

瀑布模型又称为生存周期模型，它将软件开发过程从需求分析开始，到系统设计、软件编码、测试与维护，各个环节由前至后，相互衔接，从而按照线性顺序连接起来，如同瀑布流水，自上而下，逐级下落（见图 8-3）。

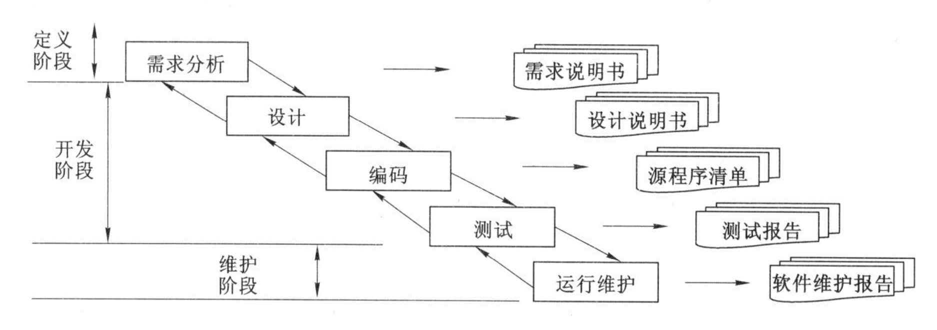

图 8-3 瀑布模型

瀑布模型强调了生存周期中各个阶段的严格性，且前一个阶段的成果总是决定着后一个阶段的任务实施，特别是开发前期的良好需求说明和系统设计，避免了盲目进行软件程序编写易造成的巨大浪费。但是该模型是一种理想的线性开发模型，缺乏灵活性，尤其是无法解决软件需求不明确或不准确的问题，在开发效率上也存在着明显的不足。一旦需求分析和系统分析存在隐性问题，在开发完成后才能发现，但这时已为时太晚。因此，瀑布模型适合于功能和性能明确、完整、无重大变化的软件开发。

8.3.2 增量模型

增量模型主要针对用户需求不明确或者不完整的情况，由用户首先给出核心需求，开发人员按照需求开发出一个原型系统，实现部分主要功能，提交给用户并征求他们的反馈意见，然后逐步完善，直至整个系统的最终完成。

增量模型弥补了传统瀑布模型在每个阶段都要求严格、完整的不足，建立了一种更加灵活、有效的软件开发机制，可以通过局部功能的实现来促进用户对整个软件需求的认识，从而达到实现用户需要的最终目标。

8.3.3　螺旋模型

螺旋模型是在瀑布模型与增量模型结合的基础上，加入风险分析所建立的模型。在软件开发中，有各种各样的风险，且风险有大有小。开发项目越大、越复杂，其设计方案、资源、成本和进度等因素的不确定性越大，风险也越大。为了保证软件开发的顺利实施。人们将开发过程划分为几个螺旋周期，每个螺旋周期都包含计划制订、风险分析、实施工程和用户评估几个步骤，且比其前一周期有着更为完善的软件新版本(见图 8-4)。

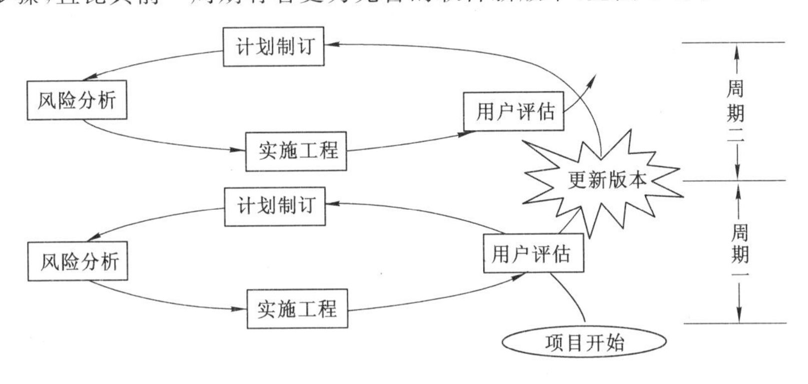

图 8-4　螺旋模型

螺旋模型适合于复杂的大型软件的开发，它使得开发人员和用户对每个螺旋周期出现的风险有所了解，并因此做出正确的反应。假如风险过大，开发人员和用户都无法承受，项目就有可能中止。

8.3.4　喷泉模型

瀑布模型、增量模型和螺旋模型在开发过程中都有明显的层次性、阶段性，一个阶段完成才能进入下一个阶段。在面向对象程序设计中基于每个对象的分析、设计、编码、测试等活动不断重复进行。喷泉模型将这些活动统一起来，且在各活动之间不存在明确的界线，并能够反复进行，体现了迭代和无间歇的特征，因此，主要用于支持面向对象的软件开发。

8.4　计算机地图制图系统开发与实现

计算机地图制图系统的实现是在系统分析和设计的基础上，选择合适的程序设计语言与工具，设计和实现计算机地图制图系统。本节对几种常用的实现方法进行介绍。

8.4.1　基于高级语言的底层开发实现

目前主要的高级语言如 Visual Basic、Visual C++、Delphi 等都具备一定的绘图程序编写功能，如孙以义在《计算机地图制图》一书中以 Delphi 作为编程语言，陈建春则实现了基于 Visual C++的矢量图形系统开发编程。利用高级语言从底层开发计算机地图制图系统，开发难度大，工作量大，开发周期长，一般应用较少。下文结合陈建春《矢量图形系统开发与编程》一书，以基于 Visual C++的地图制图系统开发为例进行介绍。

在 Visual C++中，几个与绘图有关的类主要包括 CDC 类、CPaintDC 类、CClientDC 类、CWindowDC 类等，其中 CDC 类是所有绘图类的基类，它定义了一个设备描述对象，

CDC 类提供了对设备描述对象进行操作的成员函数，以及对与窗口客户区有关的显示区进行操作的成员函数，通过 CDC 类及其派生类定义的对象，可以利用 CDC 类的所有成员函数完成图形的绘制工作，CDC 类提供的成员函数可以用于对设备描述对象进行的操作、绘图工具的使用、图形设备界面的选择，以及颜色和调色板的操作，此外，它提供的成员函数还具有取得和设置绘图属性、映像方式、视口和窗口范围的操作、坐标的转换、区域的使用、剪取、画线，以及绘制图形、文字等操作。除绘图类外，VC 还具有一些已定义好的绘图设备类，包括 CGdiObject、CPen、CBrush、CFont、CRgn、CPlatte、CBitmapod 类等。这些绘图设备类创建的对象可以被选入到绘图类对象中，完成有关的操作。

针对矢量图形绘制的要求，通过对各种图形元素的分析，可以发现各类图形元素具有一些相同的属性和操作功能，如图形元素的颜色、线型、线宽、所在层等属性和得到一个图形元素是否做了删除标志等操作，因此可以将这些图形元素中共性的属性和操作组织存放在一个图形元素基类中，然后由这个图形元素基类派生具体的图形元素。以下为用 ClassWizard 增加的图形元素基类 CDraw，其父类为 COjbect，具体定义如下：

```
class CDraw:public CObject//图形元素基类,用来存储图形的颜色、线型、层等信息
{
protected:
    short m_ColorPen;// 画笔颜色
    short m_ColorBrush;// 填充颜色
    float m_LineWidth;// 线宽
    short m_LineType;// 线型
    float m_xScale;// 线型横向参数
    short m_Layer;// 所处图层
    int m_id_only;// 图形元素唯一的识别号
    BOOL b_Delete;//是否处于删除状态
public:
    CDraw(){};//构造函数
    CDraw(short ColorPen, short ColorBrush, float LineWidth, short LineType, float xS-
    cale, short Layer, int id_only, BOOL Delete)//构造函数
    {
      m_ColorPen = ColorPen;
      m_ColorBrush = ColorBrush;
      m_LineWidth = LineWidth;
      m_LineType = LineType;
      m_xScale = xScale;
      m_Layer = Layer;
      m_id_only = id_only;
      b_Delete = Delete;
        }
}
```

以这一图形元素基类为基础，可以派生其他图形元素类如直线类、多边形区域类、圆类、圆弧类等，以下为直线类 CLine 的派生。

```
class CLine:public CDraw//直线类
{
protected:
    float m_X1, m_X2, m_Y1, m_Y2;    // 直线的起点和终点坐标
public:
    CLine(){};//不带任何参数的构造函数
    CLine(short ColorPen, short ColorBrush, float LineWidth, short LineType, float xS-
    cale, short Layer, int id_only, BOOL Delete, float X1, float Y2, float X2, float Y2):
    CDraw(ColorPen, ColorBrush, LineWidth, LineType, xScale, Layer, id_only, Delete)//
    构造函数
    {
      m_X1 =  X1;
      m_Y1 =  Y1h;
      m_X2 =  X2;
      m_Y2 =  Y2;
    }
}
```

除以上图形元素基类外，还定义了一个用来管理诸如颜色、图层等方面信息的图形参数类 CGraphPara，该类的定义如下：

```
class CGraphPara//用来存储图形参数的类
{
protected:
    int n_ColorNumbAll;//总的颜色数
    int n_LayerNumbAll;//总的图层数
    int n_ColorNumb;//系统当前具有的颜色数
    int n_LayerNumb;//系统当前具有的图层数
    long*  m_ColorList;//用来存储颜色列表的数组
    LayerStruct *  m_LayerList;//用来存储图层列表的结构数组
public:
    CGraphPara()
    {
    ……
    }
}
```

通过以上图形元素基类、派生类和图形参数类，利用 Visual C++编程，可以实现鼠标交互绘图、标注文本交互绘制、图形操作、图形重画、图形放大和漫游等操作，进行图形元素的删除、图形存取，实现矢量图形系统的子图、颜色和图层管理，并提供图形的打印输出，在此基础上，还可以实现一些高级功能如线型的定制和绘制、多边形区域的填充、图形系统的外部接口、位图显示、利用剪贴板操作图形、计算图形元素的现状几何关系等，具体内容可参考陈建春著《矢量图形系统开发与编程》(电子工业出版社，2004)。

可见，用高级语言从底层开发一个计算机地图制图系统是一项非常复杂的工作，因此目前一般计算机地图制图系统都采用一些更先进的方法，充分应用软件工程和计算机图形学

领域的新技术。

8.4.2 基于计算机图形学软件平台的实现

8.4.2.1 基于 CorelDraw 的地图制图

CorelDraw 是目前最为流行的计算机制图软件之一。CorelDraw 软件在广告业应用非常普及,并以"所见即所得"、杰出的图文创意功能而著称。使用 CorelDraw 可以非常方便而又精确地编辑任何线条、图形或文字,由于这些强大功能,CorelDraw 软件同样能很好地应用于专题地图的编制。CorelDraw 能直接导入、导出近二十种较通用的数据格式,可以充分利用已有的各种数据格式的图文数据,缩短地图的制作周期提高劳动生产率。早期 CorelDraw 在地图制图领域的应用不是很多,但近年来这方面的工作不断增多,而且出版了相关书籍《CorelDraw 地图制图》(姚兴海等,2003)。以下以利用 CorelDraw 绘制专题地图为例进行介绍。

专题地图的制作一般包括地理底图的制作和专题要素的制作。利用 CorelDraw 软件制作专题地图,其地理底图的获得通常有以下几种方法:直接导入现有地图数据;没有数据可以直接利用的,可以把资料底图进行扫描获得栅格数据,以此栅格数据作为背景通过数字化跟踪编辑,获得矢量数据的底图;还可以直接利用各种遥感影像数据作为背景图或地理底图。专题要素的制作一般可把编绘好的作者原图进行扫描,数据导入后与地理底图进行套合,再根据要求进行编辑处理。或者根据专题资料直接在处理好的地理底图上按照要求进行编辑。各种统计图表可以直接在 CorelDraw 内做好后定位,也可以借助于诸如 Excel 等软件制作,导入后进行定位。对于图片资料可以在专业的图像处理软件下进行处理后,导入 CorelDraw 后进行拼装。CorelDraw 的文本处理功能强大,一般的文本处理都能胜任,如果已有文本数据,直接插入编辑即可。

CorelDraw 软件有较强的图层数据管理功能,图层用来组织和管理复杂描绘中的对象,数据的图层管理对于专题地图的制作是非常重要的。首先,专题地图要表示的要素多,有诸如行政区划、居民地、水系、植被、地貌、交通等要素,同一要素又包括很多内容,例如交通要素就包括铁路、地铁、高速公路、国道、高架道路、街道、航线、桥梁、隧道、汽车站等内容。把不同内容要素数据放在不同的数据层面,便于数据的管理与地图的编辑应用。其次,要合理地处理符号、文字、线划、面域的压盖关系及各种表示效果的制作也要借助于图层的先后次序得以实现。具体操作中选择版面菜单中的图层管理器打开图层的滚动窗,通过图层滚动窗,可以进行新建图层,重命名图层名,可以用移动或者复制命令将所选择的对象从一个图层移动或者拷贝到另外的图层中,用删除命令将指定的图层及其中包含的所有内容去除。可以用编辑跨层来控制是否编辑当前图层以外的对象。地图编辑制作过程中应按照图层关系一层一层地把各要素编辑清楚,专题地图数据图层之间的前后关系,一般要按照文字符号在最上层、线划在中间、面积色在最底层的原则。就我们现在制作的交通类专题地图而言,内容要素比较多,一般要有三四十个层面。面积色的压盖要非常注意,较常规的顺序是:境界带色、高架等骨架道路色、公园绿地色、水域色、区域底色。

在实际制图过程中用到最多的就是线划,在 CorelDraw 下可用画笔工具(手绘工具和贝塞线工具)画线划,用整形工具(节点编辑)来修饰线划,用轮廓线工具来定义线型,实现专题地图线划要素的跟踪(数字化)和编辑。线形绘制的一般步骤为:先用贝塞线工具(或手绘工具)跟踪出大体的轮廓,再用形状工具对细部进行修改,根据需要对节点进行编辑(如连接、中断分离等），最后用轮廓工具定义线划的宽度、线型、颜色等。如绘制境界时，用贝塞线工具跟踪出大致曲线轮廓，然后开窗放大在拐弯处用形状工具修改曲线的细节，再根据要求定义线形的宽度、样式、角、线条的端点。在轮廓线工具中有画笔卷帘窗一栏，可迅速地对各类线形进行编辑、修改。又如铁路绘制分四个步骤：① 按线形跟踪出中心线；② 按中心线生成轮廓线，在效果栏中选择轮廓图项，点中向外，在偏移栏中填入铁路所需宽度的1/2，在步数项里填入“1”，再点击应用即可；③ 在排列栏中选择分色项，再单独点取轮廓线，将它取消组合，用整形工具将线的两端修整齐，再用轮廓线工具定义它的宽度和颜色，就形成了铁路边线；④ 将中心线用轮廓线工具来定义其宽度和黑白节长短，再用整形工具定义修改其两端就形成了铁路的黑白节。

在CorelDraw中必须有封闭的曲线才能生成面域。例如：用矩形工具画一个矩形或用画笔工具画一个封闭的曲线，都可用各种填充工具填充颜色形成面域。面域的制作在CorelDraw中包括面域的生成和颜色的填充两部分。在专题地图制作中要用面积色表示的一般有境界色带、质底色、植被色、水域色、分区设色、面状符号、图外整饰色等，这些要素的面域生成各有不同。质底色、植被色、水域色往往是独立的不规则的形状，一般利用画笔工具根据底图绘出封闭的曲线；饼状图、柱状图等面状符号可用相应的形状工具绘出规则图形形成面域；境界色带等面积色是依据线划要素的走向所产生的，可以根据该线划生成封闭的曲线。分区设色等有一定拓扑关系的面域可以用造型工具来生成一些与其他面要素的关系比较复杂的面域，造型工具有相交、接合、修剪三种生成面域的方式。CorelDraw内的面域填充非常丰富，利用其填色功能，可以实现专题地图的各种用色效果。只要用上述的方法生成了封闭的曲线就可以用标准填充、渐变填充、底纹填充、双色位图图样填充等填充工具进行各种填色。

专题地图中各种符号的应用非常广泛，在CorelDraw中创建一个符号，有很多不同的方法。其软件本身提供了一个常用的符号库，只要点击符号按钮就会自动弹出CorelDraw系统的符号库，把需要的符号点取后拉至所需要的地方即可。符号库可以扩充，一般情况下可以把一些诸如医院、学校、宾馆等几何符号添加到符号库中随时取用，把各种复杂的艺术符号按照设计要求做好放在一个 *.cdr 文件中，使用时把需要的符号拷贝后定位到图上即可。在CorelDraw符号库中创建一个符号，步骤如下：① 用各种工具绘制出想要的图形，把图形结合后转换成封闭的曲线；② 点击标准栏的中符号按钮，选中符号的滚动窗。选中曲线对象，并选择工具菜单下的创建符号命令；③ 给新的符号命名（例如FH）并选确认键；④ 在符号滚动窗中，选择刚创建的符号字体以确保对象是正确的；⑤ 要给FH符号字体中添加一个符号，选中要将其添加的曲线封闭的对象并选择工具菜单下的创建符号命令，再从创建符号对话框选择已经创建的FH符号字体，最后左键点击确认键。

关于应用CorelDraw绘制地图中的具体技术问题可参看《CorelDraw地图制图》（姚兴海等，2003）。

8.4.2.2　基于AutoCAD的地图制图

AutoCAD在地图制图领域得到了广泛应用，一些数字化测图软件如南方CASS即在AutoCAD的基础上进行二次开发。

8.4.2.3　计算机图形学软件系统二次开发

应用常用图形学软件包括CorelDraw、AutoCAD等可以实现数字地图绘制、编辑等任务，但在图形分析、数据采集、转换、处理等方面则存在较多不足，为了充分应用这些图形软件系统强大的图形功能，同时又能够针对计算机地图制图系统的要求提供相应的处理与分析模块，一种可行的路线就是对计算机图形学软件进行二次开发，通过高级语言结合图形学软件实现数字地图制图系统。如 AutoCAD 提供了 AutoLISP、ARX、VBA、Active X Automation 等二次开发模式，可用于地图制图软件的开发。

8.4.3 基于组件 GIS 产品的实现

随着组件式 GIS(Com GIS)的发展，基于组件 GIS 产品的应用系统开发已成为各种应用型地理信息系统、计算机地图制图系统等的主要趋势，ArcObjects、MapX、SuperMap Objects 等组件式 GIS 产品得到了广泛应用。任何组件 GIS 产品中都提供若干个与地图制图有关的控件，利用这些控件，辅助程序设计语言进行必要的开发，可以开发一个功能强大的计算机地图制图系统。以下以 SuperMap Objects 为例予以介绍。

SuperMap Objects 是由超图地理作为技术有限公司基于 ActiveX/COM 技术开发的组件式 GIS 软件平台，由一系列的 ActiveX 组件组成，其中与地图制图有关的组件包括核心组件、布局组件、图例组件等。

SuperWorkspace 控件是 SuperMap Objects 的核心控件之一，其主要功能是管理数据，包括工作空间文件的创建、打开、保存、关闭，数据源文件的创建、打开、修复和压缩，数据集的创建以及数据库的管理等。它相关于一个数据库仓库，SuperMap Objects 的其他控件所需要的数据都要从 SuperWorkspace 控件中获取，同时 SuperWorkspace 控件还负责为 SuperMap 控件的正常工作进行一些必要的辅助处理。

SuperMap 控件是核心控件的重要组成部分，负责二维空间数据的显示，其主要功能包括：空间数据浏览与调整环境设置；图层管理；地理对象编辑；地理对象与属性双向查询；影像配准；动态目标的显示与跟踪；空间分析；地图输出等。

SuperLegend 图例控件的主要功能是提供地图的说明，正确显示地图窗口的图例，并提供图层管理、专题图向导等功能。

地图排版控件(SuperLayout)提供了创建标题艺术字体、复杂图框、表格、接图表、责任栏、模板和模板嵌套等地图排版功能。

8.5 基本绘图子程序

基本绘图子程序又称一级绘图子程序，是控制绘图机基本动作等最常用的子程序。如绘图机初始准备、驱动、校笔，绘数字、字母等子程序。法国本森绘图机一级库程序主要包括基本绘图子程序，如表 8-1 所示(与计算机地图制图有密切关系的)。

表 8-1　　基本绘图子程序

子程序名称	功　能
IBENA	绘图机初始准备子程序
PNUMA	确定坐标原点和地址块子程序
TRAA	绘直线子程序

续表 8-1

子程序名称	功　　能
PLUMA	换笔子程序
POSA	求笔的当前位置子程序
PCARA	写字符子程序
NOMBA	写浮点数子程序

8.5.1　IBENA 子程序

SUBROUTINE　IBENA(I1,I2,I3)

功能：

① 给公共区变量赋初值；

② 输出开始控制磁带。

参数：

I1=0,I2=0,在程序中已有赋值,或直接写上变量 I1,I2；

I3 输出设备号。

调用：

CALL　IBENA(0,0,14)

在一个绘图程序中,在调用其他库程序之前,必须首先调用 IBENA 子程序,而且只需调用一次。

8.5.2　PNUMA 子程序

SUBROUTINE PNDMA(X1,Y1,IBLO,X2,Y2)

功能：

① 未满缓冲区输出；

② 改变坐标原点；

③ 输出开始控制信息,包括在磁带上写地址块号；

④ 关闭通道。

参数：

X1,Y1　改变原点前笔位坐标,以厘米为单位,也就是调用时,先抬笔走到 X1,Y1 点；

X2,Y2　笔位对新原点坐标系的坐标,以厘米为单位；

IBLO 地址编号,每调用一次自动加 1,最大值为 9999 时,就自动关闭通道。

调用：

例 8-1　不改变原点。

CALL　PNUMA(0.,0.,IBLO,0.,0.)

这种调用一般均写在程序末尾,目的是将缓冲区未满时的内容输出(缓冲区满了,程序能将缓冲区内容自动输出)。

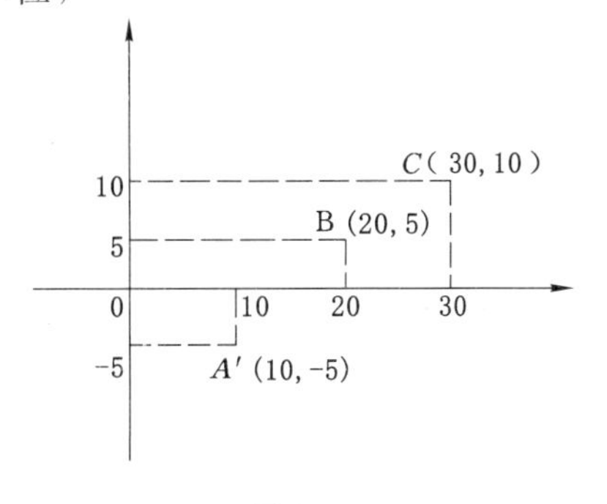

图 8-5

例 8-2　改变原点。如图 8-5 所示,设原来原点

为 $O(0,0)$，新原点为 $A'(+10.0,-5.0)$，则可用下列两种调用方法来达到。

① 使笔在原来坐标系中 $C(30.0,10.0)$ 点

CALL PNUMA(30.,10.,IBLO,20.,15.)

② 使笔移到新原点 $A'(+10.0,-5.0)$

CALL PNUMA(10.,-5.,IBLO,0.,0.)

③ 使笔抬起走到 B(20.0,5.0)。

CALL PNUMA(20.,5.,IBLO,10.,10.)

8.5.3 TRAA 子程序

SUBROUTINE TRAA(X,Y,M)

功能：

笔从当前位置抬笔或落笔移动到坐标为(X,Y)的点，即画一直线或空走一段距离。

参数：

X,Y　笔移动所要到达点的坐标，以厘米为单位。

J　抬落笔及相对坐标绝对坐标信息。

J=0，表示抬笔 ⎫
J=1，表示落笔 ⎭ 绝对坐标；

J=2，表示抬笔 ⎫
J=3，表示落笔 ⎭ 相对坐标；

调用：

CALL　TRAA(15.64,16.43,0)

CALL　TRAA(24.86,28.41,1)

CALL　TRAA(16.84,5.63,3)

第一个调用语句表示笔从当前位置按绝对坐标抬笔走到 A 点，第二个调用语句表示从 A 点按绝对坐标落笔定到 B 点，第三个调用语句表示从 B 点按相对坐标落笔走到 C 点，如图 8-6 所示。

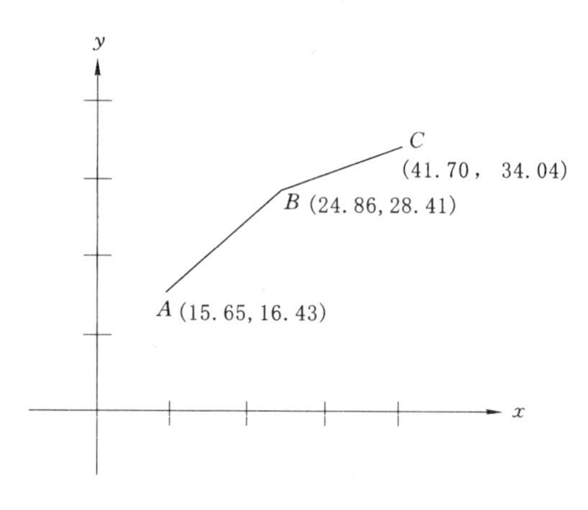

图 8-6　绘图和绘直线

8.5.4 POSA 子程序

SUBROUTINE　POSA(X,Y)

功能：

求笔的当前位置的坐标，以厘米为单位。

参数：

X,Y　笔的当前位置坐标(调用后返回结果)。

8.5.5 PLUMA 子程序

SUBROUTINE　PLUMA(IPL)

功能：

换笔。

参数：

IPL 笔号

IPL＝0　用 0 号笔绘图；

IPL＝1　田 1 号笔绘图；

IPL＝2　用 2 号笔绘图；

IPL＝3　用 3 号笔绘图。

因此可以绘出四种不同颜色的彩色图形。在程序中如不调用 PLUMA 子程序则表示用 0 号笔绘图。

调用：

CALL　PLUMA(2)

调用后，表示已换成 2 号笔绘图。

8.5.6　PCARA 子程序

SUBROUTINE　PCARA(X，Y，J，N L IS，NC，HX，HY，C0SA，SINA)

功能：

写一串字符，字符大小和方向可以由参数决定。

参数：

X，Y　字符网格起点坐标，每个字符在 6×6 的网格中，为了在字符与字符之间留有空隙，网格的开始和最后行是空着的，如图 8-7 所示；

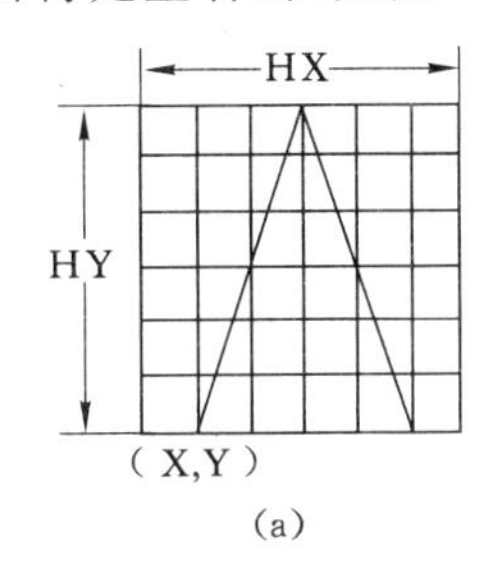

(a)

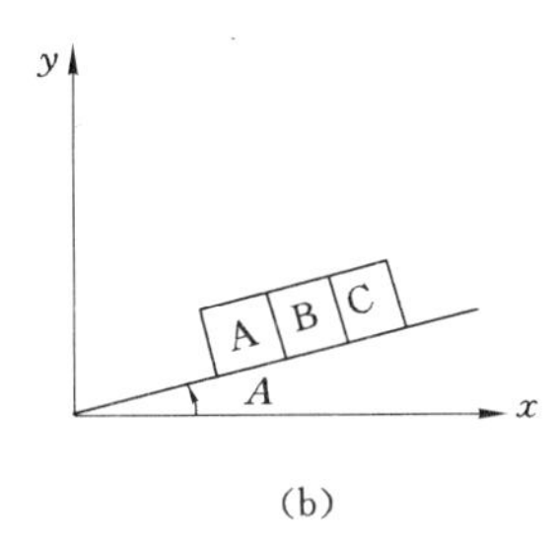

(b)

图 8-7　字符绘制

(a) 字符安排；(b) 字符倾斜

J　抬、落笔和相对坐标、绝对坐标信息(同 TRAA 子程序中参数 M)

NLIS　存放字符的数组名

NC　字符个数；

HX、HY　字符网格的宽度和高度；

COSA，SINA　字符串方向与 X 轴夹角的余弦和正弦值，见图 8-7(b)。

调用：

在汉语拼音地图上，在(32.25，20.13)位置处，倾斜 45°写南京市(NANJING SHI)，其程序如下：

```
DIMENSION  A(3)
DATA  A/'NANJING SHI'/
"
"
"
```

```
″

CALL PCARA(35.25,20.13,0,A,11,0.6,0.6,0.707,0.707)
″
″
″
″
```

8.5.7 NOMBA 子程序

SUBROUTINE　NOMBA(X,Y,J,FNP,NC,HX,HY,COSA,SINA)

功能：

写一个浮点数，数字大小和数字排列方向可由参数决定。

参数：

X,Y,J　同 PCARA 子程序的相应参数；

FNP　存放数字的变量；

NC　指明所绘浮点数的类型；

NC≥0　按 F 型格式绘数字，小数点后的位数等于 NC；

NC＝－1　按 I 型格式绘数字；

NC＜－1　按 E 型格式绘数字，且有效数字的位数等于 NC 的绝对值；

HX,HY　数字的宽度和高度，以厘米为单位；

COSA,SINA　数字串方向与 X 轴夹角的余弦值和正弦值。

调用：

```
CALL　PLUMA(2)
```

例 8-3　要绘出图 8-8 所示的浮点数，程序如下：

```
″
″
″
″

X＝1.0
Y＝13.0
READ(13,101)FX
FORMAT(F6.2)
NC＝- 2
DO1I＝1,5
CALL　NOMBA(X,Y,0,FX,NC,0.6,0.5,1.0,0.0)
NC＝NC＋1
Y＝Y- 1.0
″
″
″
″

(FX的值为 135.43)
```

0.14E+0.2
135
135.
135.4
135.43

图 8-8　写浮点数

例 8-4　在(15.30,20.41)点开始沿等高线方向(与 *X* 轴倾斜 15°)注记高程 155,字高和字宽均等于 0.3 厘米。

```
″
″
″
″
H= 155.0
COSA=COS(15.0/57.2958)
SINA=SIN(15.0/57.2958)
CALL NOMBA(15.30,20.41,0,H,- 1,0.3,0.3,COSA,SINA)
″
″
″
```

参考文献

[1] 杜培军,程朋根.计算机地图制图原理与方法[M].徐州:中国矿业大学出版社,2006.
[2] 郑海鹰,李爱光,郭黎,等.地理空间图形学原理与方法[M].北京:测绘出版社,2014.
[3] 艾自兴,龙毅.计算机地图制图[M].武汉:武汉大学出版社,2005.
[4] 胡友元,黄杏元.计算机地图制图[M].北京:测绘出版社,1987.
[5] 孙以义.计算机地图制图[M].北京:科学出版社,2000.
[6] 孙以义.计算机地图制图[M].第2版.北京:科学出版社,2015.
[7] 王红,李霖.计算机地图[M].制图原理与应用[M].北京:科学出版社,2014.
[8] 王家耀.数字地图综合进展[M].北京:科学出版社, 2011.
[9] 高俊.地图制图基础[M].武汉:武汉大学出版社,2015.
[10] 阎浩文,等.计算机地图制图原理与算法基础[M].北京:科学出版社,2007.
[11] 龙毅,温永宁,盛业华.电子地图学[M].北京:科学出版社,2006.
[12] 汪厚祥,杨薇薇,陈东方,等.现代计算机图形学[M].北京:高等教育出版社,2005.
[13] 孔令德.计算机图形学——基于MFC三维图形开发[M].北京:清华大学出版社,2014.
[14] 徐文鹏,侯守明,刘永和,等.现代计算机图形学[M].北京:机械工业出版社,2009.
[15] 张怡芳,李继芳,柴本成.计算机图形学基础及应用教程[M].北京:机械工业出版社,2007.
[16] 和青芳.计算机图形学原理及算法教程[M].北京:清华大学出版社,2010.
[17] 王来生,鞠时光,郭铁雄,等.大比例尺地形图机助绘图算法及程序[M].北京:测绘出版社,1992.
[18] 祝国瑞,郭礼珍,尹贡白,等.地图设计与编绘[M].武汉:武汉大学出版社,2001.
[19] 程辉,田少煦.数字地面模型[M].北京:科学出版社,1993.
[20] 朱庆,林浑.数码城市地理信息系统—虚拟城市环境中的三维城市模型初探[M].武汉:武汉大学出版社,2004.
[21] 管伟光.体视化技术及其应用[M].北京:电子工业出版社, 1998.
[22] 张子平,肖平,龚健雅.时态土地资源信息系统中数据结构的研究[J].武汉测绘科技大学学报,1998,23(2):141-144.
[23] 袁相儒,等.Internet GIS的部件化结构[J].测绘学报,1998.27(4),363-369.
[24] 陈军,蒋捷.多维动态GIS的空间数据建模处理与分析[J].武汉测绘科技大学报,2000.
[25] 易善祯,李琦.3D-GIS数据表示和空间插值方法研究[J].北京:中国图象图形学报,1999.

[26] 金泰虎.三维电子地图设计与实现[D].上海：复旦大学，2008.
[27] 黄 辉，陆利忠，闫 镔等.三维可视化技术研究[J].信息工程大学学报，2010，11(2)，218-222.
[28] 李德仁，李清泉.一种三维GIS混合数据结构[J].测绘学报，1997，26(2)：128-133.
[29] 李清泉，李德仁.三维空间数据模型集成的概念框架研究[J].测绘学报，1998，27(4)：325-330.
[30] 龚健雅，夏宗国.矢量与栅格集成的三维数据模型[J].武汉测绘科技大学学报，1997，22(1)：7-15.
[31] 赵永军，李汉林，王海起.GIS三维空间数据模型的发展与集成[J].石油大学学报(自然科学版)2011，25(5)：24-28.
[32] 周珂.多源栅格数据统一化处理模型及插值算法研究[D].开封：河南大学，2011.
[33] 刘相滨，邹北骥，孙家广.基于边界跟踪的快速欧氏距离变换算法[J].计算机学报，2006，02：317-323.
[34] 陈晓飞，王润生.基于非脊点下降算子的多尺度骨架化算法[J].软件学报，2003，05：925-929.
[35] 丁颐，刘文予，郑宇化.基于距离变换的多尺度连通骨架算法[J].红外与毫米波学报，2005，04：281-285.
[36] 杜世宏，杜道生，樊红，万幼川.基于栅格数据提取主骨架线的新算法[J].武汉测绘科技大学学报，2000，05：432-436.
[37] 邓国强，孙景鳌，蔡安妮，董守平.一种基于曲线积分的区域填充算法[J].北京邮电大学学报，2001，02：87-91.
[38] 周丹凤，蒋建国，詹曙，王杰.视觉显著性特征约束下的骨架生长算法[J].电子测量与仪器学报，2012，06：535-540.